TECHNISCH-GEWERBLICHE BÜCHER
BAND 7

Lehrbuch der Glasbläserei

einschließlich der Anfertigung der Aräometer, Barometer, Thermometer, maßanalytischen Geräte, Vakuumröhren und Quecksilberluftpumpen

Mit Anleitungen für die Messung des Vakuums, der Quecksilberdampflampen, Justierung der Instrumente, Arbeiten an der Hochvakuumpumpe und die Behandlung des Quecksilbers

von

Kommerzialrat **Carl Woytacek**

Lehrer für Glasbläserei und Glastechnik an der Technischen Hochschule
in Wien und Fachschuldirektor a. D.

Zweite, neubearbeitete und erweiterte Auflage

Mit 624 Abbildungen im Text

Springer-Verlag Berlin Heidelberg GmbH

ISBN 978-3-662-34260-2   ISBN 978-3-662-34531-3 (eBook)
DOI 10.1007/978-3-662-34531-3

ALLE RECHTE, INSBESONDERE DAS
DER ÜBERSETZUNG IN FREMDE SPRACHEN,
VORBEHALTEN.

Vorwort.

Nach Überwindung mannigfaltiger Schwierigkeiten kann ich hiermit der Fachwelt endlich die seit langem erwartete neue, zweite Auflage meines „Lehrbuches der Glasbläserei", das seit einigen Jahren vergriffen war, vorlegen. Die technischen Fortschritte erforderten eine völlige Umarbeitung, ich möchte fast sagen eine Neugestaltung. So sind die neuen, in den letzten Jahren aufgekommenen Glassorten behandelt, der Spannungsprüfer und die Spannungen im Glas, sowie das Verspiegeln, Erweiterungen, die sicherlich von allen Berufsangehörigen begrüßt werden. An Apparaten und Instrumenten sind neu aufgenommen und einer gründlichen Beschreibung und Behandlung zugeführt: das Präzisionsbarometer, das Photothermometer, die Leuchtröhren, verschiedene Metallpumpen, unter anderen die neue Diffusionspumpe aus Glas, ferner die Universalteilmaschine, der Gasometer nach Wohlrab, ein Quecksilberfiltrier- und -trockenapparat.

Entsprechend der Vermehrung und Neubearbeitung des Textes ist auch das Abbildungsmaterial verbessert und ergänzt worden. So habe ich auch einige neue Bilder gebracht, die den Arbeitsgang in den verschiedenen Phasen photographisch wiedergeben und das Verständnis des Dargestellten wesentlich erleichtern werden.

Alles in allem hoffe ich, daß die neue Auflage meines auf Grund jahrzehntelanger Werkstättenerfahrung und erprobter Unterrichtsmethodik geschriebenen Buches nicht nur für die neuen Jünger unserer Kunst ein Helfer und Berater sein wird, sondern ich möchte auch wünschen, daß es den erfahrenen Berufskollegen gute Dienste leisten möge.

Allen denjenigen, die mir auch bei dieser zweiten Auflage ihre Unterstützung durch Beistellung von Abbildungen, Daten usw. angedeihen ließen, danke ich bestens, ebenso auch meinem neuen Verlag für die interesse- und verständnisvolle Herstellung und sorgfältige Ausstattung.

Wien, im Oktober 1932.

Carl Woytacek.

Inhaltsverzeichnis.

Erster Teil. Anleitung zum Glasblasen.

	Seite
A. Das Material	1
I. Das Glas im allgemeinen	1
1. Chemische Zusammensetzung	1
2. Rohmaterialien	4
II. Das Glas und seine Eigenschaften mit besonderer Berücksichtigung der Verarbeitung an der Lampe	4
a) Die physikalischen Eigenschaften	4
1. Spezifisches Gewicht	5
2. Die Widerstandsfähigkeit, Festigkeit	5
3. Das Wärmeleitungsvermögen	5
4. Die Farbe	6
5. Der Schmelzpunkt	6
b) Die chemischen Eigenschaften	7
1. Die Einwirkung von Wasser und Alkalien	7
2. Die Erblindung	8
3. Die Einwirkung der Metalloxyde	8
III. Die Glassorten	9
a) Gewöhnliche Sorten	9
b) Spezialsorten	9
IV. Die Glasröhren und Stäbe	15
V. Die farbigen Röhren	18
B. Die Geräte des Glasbläsers	18
I. Die Gebläselampen	18
1. Lampen älterer Form	18
2. Gaslampen	21
3. Handgebläse	23
II. Die Druckluftvorrichtungen	24
1. Die Blasebälge	24
2. Die Blasetische	25
3. Die Wasserstrahlgebläse	26
4. Die Motorpumpen	28
C. Die Werkzeuge des Glasbläsers	29
1. Die Schneidevorrichtungen	29
2. Die Hilfsgeräte	29
3. Meßvorrichtungen	32
D. Die Flamme	33
E. Das Glasblasen	36
1. Vorbereiten und Reinigen d. Röhren	37
2. Verhalten der Röhren in der Flamme	41
3. Handstellungen beim Glasblasen	43
4. Schneiden	43
5. Sprengen der Röhren	44
6. Spannungsprüfung	47

Inhaltsverzeichnis.

	Seite
I. Das Ziehen der Spitzen, Einschnüren, Verengen und Stauchen der Röhren, Blasen von Löchern	50
1. Ziehen der Spitzen	50
2. Kapillarspitzen	53
3. Einschnüren	55
4. Stauchen	56
5. Blasen von Löchern	59
II. Das Biegen der Glasröhren, Ansetzen, Rändern, Böden	60
1. Verschiedene Büge	60
2. U-Röhren	63
3. Kühlschlangen	65
4. Ansetzen	67
5. Ansetzen verschieden weiter Stücke	69
6. T- und Gabelstücke, Rändern	70
7. Runde und flache Böden	73
8. Blasen von Kugeln	75
9. Blasen von Kolben	77
10. Blasen von Kugeln an einer beliebigen Rohrstelle	80
III. Blasen kleiner Retorten	81
IV. Herstellung von Trichtern und Trichterröhren. Einschmelzen	83
1. Trichter	83
2. Waschflaschen, Wasserstrahlpumpen, Destillierröhren	85
3. Dewargefäße, Rückflußkühler	88
V. Anfertigung der Stöpsel, Schiffe, Hähne	91
1. Wägeröhrchen	92
2. Hohle und massive Stöpsel	93
3. Gewöhnliche und Quecksilberschliffe	94
4. Rückschlagventile	96
5. Trockenvorlagen	97
6. Planschiffe	100
VI. Die Glashähne	100
VII. Einschmelzen der Elektroden	105
F. Die Bearbeitung des Glases in kaltem Zustande	109
1. Schleifen von Rändern und Flächen	109
2. Schleifen von Stöpseln	111
3. Bohren von Löchern	113
4. Ätzverfahren	114
5. Gravieren und Sandblasen	118
6. Herstellung von Spiegeln	118

Zweiter Teil. Die Anfertigung der Apparate und Glasinstrumente.

	Seite
A. Die Aräometer, Pyknometer und Aräopyknometer	121
I. Das Aräometer	121
1. Aräometersätze	122
2. Einteilung nach der Verwendungsart	124
3. Blasen der Aräometer	125
4. Aräometerzylinder	131
II. Pyknometer	132
III. Aräopyknometer	133
B. Barometer	134
1. Toricellischer Versuch	134
2. Demonstrationsbarometer	136
3. Birnbarometer	139
4. Gefäßbarometer	141
5. Heberbarometer	144

Inhaltsverzeichnis.

	Seite
6. Präzisionsbarometer	147
7. Gefäßheberbarometer	148
8. Noniusablesung, Korrektionstabelle	149
9. Doppel- oder Kontrabarometer, Variometer	150
I. Metallbarometer	152
1. Erklärung der Systeme	152
2. Prüfung	153
3. Registrierbarometer	154
C. Thermometer	154
1. Entwicklung	154
2. Glasarten für Thermometer	154
3. Kalibrieren, Messen von Thermometerröhren	157
4. Herstellung	158
5. Glaseinschlußthermometer	166
6. Fieberthermometer. Maximalsystem	169
7. Füllflüssigkeiten	173
8. Normalthermometer	174
9. Laboratoriumsthermometer	175
10. Beckmannthermometer	177
11. Tiefseethermometer	178
12. Maximum- und Minimumthermometer	179
13. Psychrometer, Hygrometer	181
14. Registrierthermometer, Regenmesser	184
15. Demonstrationsthermometer. Thermometer als Lehrmittel. Thermoskope	185
16. Industriethermometer	187
17. Kontaktthermometer	191
18. Thermoregulatoren	193
D. Maßanalytische Gefäße und Geräte	195
I. Messer der maßanalytischen Glasgefäße und -geräte	195
1. Mensuren. Meß- und Mischzylinder	195
2. Büretten	196
3. Ablesevorrichtungen	201
4. Pipetten	202
5. Meßkolben. Mischkolben	204
6. Gasmeßröhren. Eudiometer. Gasbüretten	205
7. Gaspipetten. Wasserzersetzungsapparate	207
8. Ausmeßmethoden	211
E. Vakuumröhren	214
1. Spektralröhren	214
2. Kathodenstrahlenröhren	217
3. Versuchsröntgenrohr	217
4. Fluoreszenzröhren	217
5. Leuchtröhren	219
F. Luftpumpen und Messung des Vakuums	223
I. Die Luftpumpen, im besonderen die Quecksilberluftpumpen und die Messung der Verdünnung	223
1. Stiefel- und Kolbenpumpen	223
2. Kapsel- und Ölluftpumpen	225
3. Wasserstrahlluftpumpen	228
4. Quecksilberluftpumpen	229
5. Quecksilberdampfstrahlpumpen	247
II. Messung der Luftverdünnung	256
1. Einfache Verdünnungsmesser	256
2. Barometerproben	258
3. Vakuummeter für feine Messungen	261

Inhaltsverzeichnis.

Seite

G. Quecksilber-Dampflampen ... 266
H. Justieren der Instrumente. ... 271
    1. Justieren der Thermometer ... 271
    2. Justieren der Barometer ... 279
    3. Justieren der Aräometer ... 279
    4. Ausführung der Teilungen. Teilmaschinen ... 285
    5. Skalen ... 293
  I. Die Arbeit an der Quecksilberluftpumpe ... 296
    1. Vakuumleitungen bzw. -verbindungen ... 296
    2. „Abstechen" ... 298
    3. Gasometer nach Wohlrab ... 299
    4. Behandlung von Vakuumröhren an der Pumpe ... 301
K. Das Quecksilber, dessen Reinigung und Destillation ... 302
    1. Art der Verunreinigungen ... 302
    2. Technische Reinigung. ... 303
    3. Chemische Reinigung ... 304
    4. Quecksilberdestillation ... 306
    5. Geräte für Arbeit mit Quecksilber ... 308

Namenverzeichnis ... 310
Sachverzeichnis ... 311

I. Anleitung zum Glasblasen.

A. Das Material.

I. Das Glas im allgemeinen.

Von größter Bedeutung bei jedweder Arbeit ist wohl immer der Stoff, aus welchem der Künstler oder Handwerker sein Werk herzustellen beabsichtigt. Von der Güte des zur Arbeit gewählten Materials hängt doch der ganze Wert, besonders aber der innere Wert ab. Ist das Material schlecht oder schlecht gewählt, so ist das beste Können und Wollen und die sorgfältigste und gewissenhafteste Arbeit ganz wertlos, und wird nie die aufgewendete Mühe und Zeit lohnen, am allerwenigsten aber die Freude an der Arbeit fördern, ohne die eigentlich keine Arbeit in Angriff genommen und ausgeführt werden soll.

Zur Einführung und Erlernung der in diesem Buche beabsichtigten Handfertigkeiten soll und muß immer das beste Material verwendet werden, und es soll auch immer nur von diesem die Rede sein.

Zur Verarbeitung an der Lampe, wie wir die Arbeit des Glasbläsers im Sinne dieses Buches nennen wollen, wird das Glas nur in Form von Röhren, Stäben und Streifen, seltener in Stücken verwendet.

Dieses Material muß von besonders guter Beschaffenheit sein und es soll bei der Arbeit eine Verwendung des Materials von ganz gleicher Eigenschaft beobachtet werden, später soll auch über dieses Kapitel eingehender gesprochen werden.

Glas im allgemeinen ist das Schmelzprodukt eines Gemenges von Kieselsäure und einem Alkali (Kali oder Natron) und Kalk und, je nach seiner Bestimmung, einem Metalloxyde und zwar: Blei, Bor, Thallium, Tor, Wismuth u. a. wie bei den Jenaer Spezial- und optischen und einigen Thüringer Gläsern.

Nach der chemischen Zusammensetzung unterscheidet man drei Hauptgruppen von Glas. Deren mittlere Zusammensetzung ist:

1. Natron-Kalkglas:

   Kieselsäure 75,6
   Natron 11,6
   Kalk 12,8

2. Kaliglas:

   Kieselsäure 71,2
   Kali 17,8
   Kalk 11,0

3. Bleiglas:

   Kieselsäure 52,0
   Kali 12,8
   Bleioxyd 35,2

Außer diesen Hauptgruppen gibt es dann eine Menge Sondergruppen und Sorten — je nach dem Zwecke, dem sie dienen sollen — auf die im jeweiligen Absatze eingegangen werden wird.

Die zur Herstellung des Glases erforderlichen Rohstoffe und Mineralien müssen von größter innerer Reinheit und bester Beschaffenheit sein.

Als Kieselsäure (H_2SiO_3) wird Quarzsand von sehr hohem Kieselsäuregehalt und besonderer Reinheit verwendet. Am besten eignet sich der Sand der Gruben von Hohenbocka in Sachsen, von Nivelstein bei Aachen und von Lemgo in Lippe-Detmold, auch finden sich andere Lager in Frankreich, Belgien, England, Alexandrien, Amerika und Australien, doch kommen speziell jene Sande unter der Bezeichnung „Glassand" wegen ihres bis zu 99,93 % Kieselsäuregehalts zur Verwendung. Eine weitere gute Eigenschaft dieser Sande ist der ungemein geringe Gehalt an Eisen. Überdies wird der zu verwendende Sand einem sorgfältigen Reinigungsprozeß unterzogen, indem er zuerst mit verdünnter Salzsäure behandelt wird. Nach dieser Behandlung wird er gewaschen und geschlämmt, dann getrocknet und geglüht, wodurch die organischen Substanzen zerstört und der Eisengehalt, der in Form von Eisenoxydul vorhanden ist, in Eisenoxyd verwandelt wird. Zum Schlusse wird der Sand fein vermahlen und so dem Gemenge beigefügt. Über die Beschaffenheit und Behandlung des Glassandes schreibt Dr.-Ing. R. Staufer, Wien, wie folgt:

Um kurz ein Bild über die erforderliche Reinheit, insbesondere des Quarzes zu geben, seien hier folgende Ziffern genannt: Für die Glasfabrikation kommt nur ein Glassand in Betracht, der mindestens 96 % Kieselsäure enthält. Ein Quarz mit geringerem Kieselsäuregehalt kommt praktisch nicht mehr zur Verwendung. Im allgemeinen gilt, daß zur Herstellung von besserem farblosem Glas der Kieselsäuregehalt mindestens 98—99 % betragen muß. Insbesondere Verunreinigungen von Ton entwerten den Sand stark, da diese Verunreinigungen zur Bildung von festen Ausscheidungen in der Glasschmelze führen, wodurch die Entstehung eines klaren Glasflusses wesentlich erschwert ist.

Speziell der Sand von Hohenbocka erreicht einen Gehalt bis 99,93 % Kieselsäure. Wie schon erwähnt, ist eine weitere, unbedingt erforderliche Eigenschaft dieser Sande der ungemein geringe Gehalt an Eisenoxyd. Es ist unter den genannten Bedingungen klar, daß der natürlich vorkommende Sand noch einem sorgfältigen Reinigungsprozeß in Form von wiederholtem Waschen und Schlämmen unterworfen wird. Nach meist sechsmaligem Waschen wird er getrocknet und geglüht, wodurch die organischen Substanzen zerstört und der Eisengehalt von der Oxydulstufe in die Oxydstufe gebracht wird.

Der Eisengehalt eines Glassandes darf für folgende Glassorten den angegebenen Gehalt nicht übersteigen:

Gewöhnliches Flaschenglas	0,3 %
Gebrauchsglas	0,1 %
Feinere Glaswaren	0,05%
Für Glasbläsereizwecke	0,05%

Optische Spezialgläser 0,02%
Quarzglas 0,01%

Vielfach wird der Sand vor dem Waschprozeß einer Behandlung mit verdünnter Salzsäure unterworfen, um ihm noch etwas Eisenoxyd zu entziehen.

In vielen Fällen jedoch ist die Behandlung mit verdünnter Salzsäure ziemlich aussichtslos. Liegt nämlich der Eisengehalt in Form von eisenhaltigen, säureunlöslichen Silikaten vor, wie Hornblende, Augit, Magnesiaglimmer usw., so ist die Behandlung zwecklos, weil diese Silikate gegen Säuren und chemische Mittel im allgemeinen ebenso widerstandsfähig sind wie Quarz selbst. Häufig kommt es auch vor, daß die einzelnen Sandkörner im Inneren feine Adern von Eisenoxyd enthalten, welche für die Säure unzugänglich sind und daher ebenso einen unentfernbaren Eisengehalt vorstellen. Der Erfolg der Enteisenung des Quarzsandes ist daher von vornherein an gewisse Voraussetzungen geknüpft, so daß erst eine sorgfältige chemische Untersuchung darüber Aufschluß zu geben vermag, ob die Anwendung derselben gerechtfertigt ist oder nicht.

Außer den erwähnten Schwierigkeiten ist es vor allen Dingen die Salzsäure selbst, welche eine technisch erfolgreiche Enteisenung erschwert. Abgesehen von den gesundheitsschädlichen Dämpfen, greift Salzsäure, wie bekannt, alle technisch in Frage kommenden Metalle an und kann daher nur in nichtmetallischen Gefäßen verwendet werden. Die konstruktive Durchbildung und auch eine rationelle technische Ausführung der Enteisenung stößt daher auf die größten Schwierigkeiten. Eine andere Säure wie z. B. Schwefelsäure steht wieder der Salzsäure an Wirksamkeit soweit nach, daß ihre Verwendung dadurch hinfällig wird.

Neuerdings ist es jedoch zwei österreichischen Chemikern gelungen, das Lösungsvermögen verdünnter Schwefelsäure für Eisenoxyd durch billige Zusätze soweit zu steigern, daß ihre Wirkung der der Salzsäure gleichkommt. Erst dieses Verfahren der Alterra-A.-G.[1] erreicht in technisch einwandfreier Weise die rasche und sichere Entfernung von Eisenoxyd aus allen säureunlöslichen Rohstoffen wie Quarz, Feldspat, Baryt usw. Ferner liegt der Vorteil dieses Verfahrens darin, daß bedeutend größere Eisenoxydmengen in Lösung gebracht werden können als bisher durch Salzsäure, welche praktisch nur dazu herangezogen werden kann, geringfügige Verbesserungen im Eisengehalt durchzuführen.

In Verbindung mit dem Alterraverfahren ist somit die Beurteilung der Quarzsande auf eine neue Grundlage gestellt: Das Ausmaß der Verunreinigung durch Eisenoxyd ist nahezu bedeutungslos geworden, soweit der Kieselsäuregehalt des Sandes nach der Behandlung nur hoch genug wird. Daraus ergibt sich weiterhin, daß nun nicht mehr Sand das einzig mögliche Ausgangsprodukt zur Erzeugung von Glas ist, sondern auch Felsquarz zur Glaserzeugung herangezogen werden kann. Unter den gesteinsbildenden Quarzvorkommen sind insbesondere die kristallinen Quarzite durch hohen Kieselsäuregehalt (mit Ausnahme von Eisen-

---

[1] Alterra A.-G. Luxemburg, Boulevard Royal 2b.

oxydadern, welche jedoch durch die Zerkleinerung ausnahmslos freigelegt und dadurch der Einwirkung der Säure zugänglich werden) ausgezeichnet. Sie bilden daher ein vorzügliches Ausgangsmaterial zur Herstellung von hochwertigem Quarzsand. Aus einem solchen Quarzit, wie er in den Alpen häufig vorkommt, wurde z. B. bei einem Eisengehalt des Rohmaterials von durchschnittlich 0,87 % ein Glassand von 99,92 % Kieselsäure und 0,005 % Eisenoxyd erzielt.

Die Zerkleinerung des Quarzfelsens ist durch die hohen Frachtkosten, welche mit dem Transport der bisher üblichen Quarzsande verbunden sind, in sehr vielen Fällen vollkommen gerechtfertigt.

Selbstverständlich gestattet die Anwendung des Reinigungsverfahrens die Verwendung eiserner Geräte und Apparate vor der Enteisenung, da Eisenteile von der Säure ja gelöst werden.

Nach dem üblichen Waschen des Quarzsandes am Schluß des Verfahrens hinterbleiben keinerlei chemische Verunreinigungen. Störende Nebenerscheinungen durch die Anwendung des genannten Verfahrens treten daher nicht auf.

Dieses bereits in mehreren Fällen erprobte Verfahren läßt darauf hoffen, Gläser besonderer Reinheit leichter als bisher erzeugen zu können.

Das Natron (Na_2CO_3) wird dem Gemenge in Form von kohlensaurem Natron oder Soda zugeführt.

Kali kommt in Form des reinen kohlensauren Kali oder Pottasche (K_2CO_3) in Verwendung.

Kalk (CaO) wird dem Gemenge als Kalkspat einverleibt, seltener jedoch als Marmor, Kalkstein oder Kreide.

Beim Bleiglas wird der Kalk durch Bleioxyd (PbO) ersetzt und in der Form von Mennige (Minium) rotes Bleioxyd (Pb_3O_4) beigemengt. Bleiglas kommt, was besonders betont sei, bei der Herstellung von Apparaten und Instrumenten nur sehr wenig in Verwendung, spielt aber in der Optik und in der Glühlampenfabrikation eine bedeutende Rolle, die noch später Würdigung finden soll.

II. Das Glas und seine Eigenschaften mit besonderer Berücksichtigung der Verarbeitung an der Lampe.

a) Die physikalischen Eigenschaften.

Die guten und schlechten Eigenschaften des Glases stehen im innigen Zusammenhange mit der Behandlung, welche das Gemenge während des Schmelzens, das Schmelzgut und das fertige Glas bei seiner Verarbeitung erfahren.

Das Gemenge der Rohstoffe, welches für jede Gattung Glas ein anderes ist, führt die technische Bezeichnung „Glassatz" und muß schon beim Mischen sowie beim Beschicken der Häfen im Ofen besonders vorsichtig vor Verunreinigungen bewahrt werden. Die Beschickung des Hafens mit dem Glassatz erfolgt, wenn der Ofen abends abgekühlt ist und die Häfen ausgearbeitet sind, durch die Arbeitsöffnungen. Wenn dies geschehen, wird die Feuerung angeschürt und der Ofen stark angeheizt, wobei wieder gute Aufsicht angewendet und gleichmäßige Temperatur (Weißglut) erhalten werden muß. Sobald das im Hafen befindliche Gemenge niedergeschmolzen ist, wird durch die Arbeitsöffnung wieder nachgefüllt und dies von Zeit zu Zeit wiederholt, bis der Hafen ziemlich voll ist. Nach 6—7 Stunden, wenn das Gemenge schon ganz geschmolzen ist und der Glasmacher erkennt, daß keine ungeschmolzene Masse mehr vorhanden ist, wird das Glas der sog. Läuterung unterzogen. Diese Läuterung hat den Zweck, das Schmelzgut in Bewegung zu bringen, und wird dadurch erreicht, daß man die Glasmasse mit einem frischen Stück Holz oder mit einer auf einer Eisenstange aufgespießten Kartoffel umrührt, bzw. diese auf den Boden des Hafens bringt. Durch das Verdampfen und Vergasen dieser Mittel wird die geschmolzene Masse in rege Bewegung gebracht und die sich entwickelnden Dämpfe reißen alle Unreinigkeiten aus der Masse nach oben, von wo sie abgeschöpft werden können. Ist dies erreicht, was gewöhnlich ca. 12 Stunden dauert, so wird der Ofen auf eine mindere Temperatur gebracht und dann eine Probe vom Schmelzgute entnommen. Ist diese günstig ausgefallen, das heißt, zeigt das Glas keine Unreinigkeiten mehr, ist klar und rein, wird es dann durch die Arbeitsöffnung heraus verarbeitet. Für unsere Zwecke werden also aus dem Schmelzgut Röhren und Stäbe erzeugt, was später dann in einem anderen Abschnitte erklärt werden soll.

Das spezifische Gewicht des Glases schwankt zwischen 2,4 und 5,44, je nach seiner Bestimmung und Verwendung, wobei das Natronkalkglas das leichteste und Flintglas mit Borsäure hergestellt das schwerste ist. Je besser ein Glas gekühlt ist, desto größer ist sein spezifisches Gewicht.

Die Widerstandsfähigkeit, Festigkeit des Glases hängt wieder von seiner Behandlung ab, und zwar besonders von der Kühlung, durch welche man das Glas zum Feilen, Bohren und Schleifen geeignet machen kann. Auch die Eigenschaft des Glassatzes hat Einfluß auf seine Widerstandsfähigkeit.

Bei jedem durch Schmelzen hergestellten Materiale, ganz besonders aber beim Glase, sind die äußeren Schichten, welche ja zuerst erstarren, härter als die inneren. Dies beeinflußt die Elastizität deshalb ganz besonders, weil eben, sobald die Außenhaut gebildet ist, das Abkühlen der inneren Teilchen langsamer erfolgt und die Lagerung derselben eine andere sein muß. Diese Eigenschaft bezeichnet der Glasbläser als ,,Spannung", über welche später bei der eigentlichen Arbeit öfter gesprochen werden wird. Ein sehr deutlicher Beweis für Spannungen im Glase kann mit Glastränen geführt werden, ein weiterer mit den Bologneserfläschchen. Bei zunehmender Dünnheit des Glases tritt seine Elastizität deutlich zutage, was an der Glaswolle, d. i. fein gesponnenes Glas, am besten gezeigt werden kann (spiralförmig gesprengte Röhren, Abdampfschälchen, Haarröhrchen, Federn), und worüber auch wieder im betreffenden Abschnitt gesprochen werden soll.

Das Wärmeleitungsvermögen des Glases ist ein sehr geringes. Dadurch aber ist es eben möglich, das Glas jener Bearbeitung zu unterziehen, die in diesem Buche beschrieben wird. Ebenso gering ist die Leitungsfähigkeit des Glases für Elektrizität und daher ist es für die Verwendung als Isoliermaterial sehr geeignet. Die Druckfestigkeit des Glases ist eine ziemlich hohe, Glasröhren von einer Wandstärke von ca. 5 mm halten einen inneren Druck bis 120 Atm. aus.

Ebenso gut, eigentlich besser, ist die Undurchlässigkeit des Glases, die eine vollkommene ist, und ich möchte an dieser Stelle die Behauptung in einem geodätischen Werk, daß aus Libellen, welche mit Äther gefüllt und zugeschmolzen sind, sich der Äther verflüchtigen soll, als irrig bezeichnen oder aber auf schlechte Arbeit zurückführen.

Die Farbe des Glases, wie sie das Schmelzgut aufweisen soll, soll rein und hell durchsichtig sein. Wenn dies auch der Fall ist, so zeigt doch das Glas in größerer Schichtdicke eine deutliche Färbung, die oft auch Abkunft und Charakter erkennen lassen. Die eigentliche Färbung des Schmelzgutes ist ein grüner Farbenton, der von dem geringen Eisengehalte des Sandes herstammt. Dieser als nicht schön geltende Ton wird im Gemenge durch Zusatz von Braunstein (Mangansuperoxyd MnO_2), welcher das Glas in größeren Mengen dunkelviolett färbt, aufgehoben, d. h. entfärbt, wodurch das Glas einen angenehmeren Farbenton von Braungrün bekommt.

Das Glas ist auch dem Einflusse des Lichtes unterworfen und ändert dadurch seinen Farbenton. Glas, welches mit Mangan entfärbt wurde, wird durch Einwirkung des Sonnenlichtes zuerst blaßgelb und geht bald in zartes Violett über.

Zur Entfärbung wird auch Selenoxyd verwendet, welches das Glas rosa färbt. Diese Gläser zeigen dann durch die Einwirkung des Lichtes eine ganz schwache Rosafärbung. Die Entfärbung oder, wie der Glastechniker sagt, die „Seifung" des Glases mit Mangan ist am besten an den Fenstertafeln von alten Gebäuden zu sehen, welche sonnig gelegen sind. In Wien sind die Fensterscheiben einiger öffentlicher Gebäude von hohem Alter ein Schulbeispiel für diese Verfärbung (Kreditanstalt am Hof).

Der bekannte Glasfachmann Studienrat Dr.-Ing. Lud. Springer, Direktor der Glasfachschule in Zwiesel hat eine Reihe von Versuchen auf diesem Gebiete unternommen, indem er Glas verschieden lange Zeit den Sonnenstrahlen aussetzte und den Beweis der Verfärbung erbrachte.

Was die Sonnenstrahlen erst nach Jahren hervorzurufen vermögen, kommt bei Röntgenstrahlen an den Röhren durch Gebrauch in einigen Monaten und bei Glasapparaten für die Radiumforschung schon nach einigen Tagen zum Vorschein.

Der Schmelzpunkt des Glases, welches in der Instrumentenmacherei zur Verwendung gelangt, ist je nach seiner Zusammensetzung und Bestimmung verschieden. Das am meisten verwendete Glas ist das Natronglas, welches leichter schmelzbar ist und einen Schmelzpunkt hat, der um 1000^0 C liegt; am leichtesten schmelzbar ist das Bleiglas (600^0 C), und am schwersten schmelzbar ist das Kaliglas, dessen Schmelzpunkt ca. 1200^0 C beträgt.

Eine Erscheinung und Eigentümlichkeit des Glases, deren Ursache aber noch sehr wenig erforscht ist, ist das „Entglasen" desselben. Erhitzt man Glas längere Zeit an der Gebläseflamme, so wird dasselbe trübe, kristallinisch und auch leicht brüchig. Diese Erscheinung dürfte darauf zurückzuführen sein, daß gewisse Substanzen, und zwar besonders Natron, herausbrennen, was ja die Flammenreaktion zeigt, noch besser aber durch den Umstand erklärt wird, daß man durch Bestreuen mit Chlornatrium (Kochsalz) in der Flamme es halbwegs wieder herstellt, also Natron wieder zusetzt. Das Entglasen tritt aber eigentlich nur bei den minderwertigen Gläsern auf; bei den mit Recht den besten Ruf genießenden Jenaer Glassorten kommt es nicht vor, oder auch nur dann, wenn dieselben nicht von Fachleuten oder mit zu scharfer Flamme bearbeitet werden, wobei man ganz gut beobachten kann, daß zuerst nur die äußere Schicht entglast und bei Behandlung mit weniger scharfer Flamme die Entglasung verschwindet, weil von den inneren Partien noch nicht zersetztes Glas sich mengt. Eine andere, ähnliche Erscheinung tritt auf bei Glassorten, welche schon älter sind und durch Aufbewahrung in schlechten und feuchten Räumen gelitten haben oder mit Säure oder Lauge oder Wasser in Berührung kamen.

Durch Umschmelzen und Umblasen können solche schlechte oder minderwertige Glassorten wieder ihren Glanz und ihre Reinheit erhalten.

Als gute Apparategläser seien auch die „Fischer-Prima"-Röhren mit einer roten und einer weißen Linie als Warenzeichen, sowie das Schübel-Glas erwähnt, auf die an anderer Stelle noch näher eingegangen wird. Auch die Röhren der altbewährten Gehlberger Hütten sind dazu zu rechnen.

Alle diese Gläser können noch nach sehr langer Lagerung verarbeitet werden, ohne daß man, auch bei lang dauernder und wiederholter Erhitzung, ein Entglasen befürchten müßte.

b) Die chemischen Eigenschaften.

Gegen chemische Einflüsse ist das Glas mit seiner natürlichen Oberfläche ziemlich widerstandsfähig, weniger seine inneren Teilchen. Von Wasser, besonders von heißem, wird Glas je nach seinem Gehalt an Alkalien mehr oder weniger angegriffen. Auf dieser Eigenschaft beruht für den Glasbläser die Prüfung der zu verwendenden Gläser, wobei dieselben überhitztem Dampf einige Zeit ausgesetzt werden. Glassorten, welche hierbei ihren Glanz verlieren, sind zu Apparaten für genaue Untersuchungen nicht geeignet. Diesem Übelstande abzuhelfen, erzeugen einige deutsche Fabriken Glasröhren, welche sehr wenig, fast gar nicht angegriffen werden. An erster Stelle stehen hier die Jenaer Gläser, auf welche noch zurückgekommen wird. Ebenso wird Glas von Laugen und Säuren angegriffen, angeätzt, was in der Glastechnik auch Anwendung findet. Heiße Kalilauge und auch Kaliumpermanganatlösung greifen das Glas stark an und machen es blind, d. h., es verliert an den angegriffenen Stellen seinen Glanz und es schälen sich kleine irisierende Blättchen ab. Alle diese chemischen Wirkungen treten beim Jenaer Glase nicht auf, welche gute Eigenschaft durch einen ganz geringen Zusatz von Tonerde erreicht werden soll.

Von ausgezeichneter Beständigkeit gegen Kalilauge, Natronlauge usw. ist z. B. auch das Glas Fischer Prima, welches, wie schon früher erwähnt, eine rote und eine weiße Linie als Warenzeichen trägt. Bei sechsstündigem Kochen mit 2 n-NaOH hat es pro qm einen Gewichtsverlust von 8,25 g, während das Jenaer Glas bei der gleichen Behandlung 10,56 g an Gewicht verliert[1].

Starke Erblindung des Glases ruft auch die Einwirkung von Salzlösungen hervor, ebenso feuchte Wasserdämpfe in Gegenwart von Kohlensäure und Ammoniak, dessen Wirkung am besten an Fenstern von Ställen und nassen Kellerräumen zu bemerken ist. Am meisten und sehr rasch wird Glas, d. h. alle Glassorten, von der Flußsäure (Fluorwasserstoffsäure HF) angegriffen und gelöst, auf welcher Grundlage die vielen Ätzverfahren beruhen, welche mit der Flußsäure und den Fluorsalzen ausgeführt werden. Auch diese Anwendungen sollen in einem späteren Abschnitte eingehend behandelt werden.

Bezüglich des Einflusses der Luft und deren Verunreinigungen sei nochmals auf das Erblinden oder Verwittern des gewöhnlichen Glases hingewiesen, wozu noch zu bemerken wäre, daß die in der Glasbläserei verwendeten Glassorten der Verwitterung fast alle widerstehen.

Eine ungemein wichtige chemische Eigenschaft des Glases ist die Einwirkung der Metalle und Metalloxyde auf die Farbe desselben. Wie schon weiter vorne erwähnt, ist das von Natur aus im Sande vorhandene Eisenoxydul die Ursache, daß die Glasmasse eine grünliche Färbung erhält. Um nun die Glasmasse farblos zu erhalten, dienen die Entfärbungsmittel, welche die technische Bezeichnung Glasmacherseifen führen. Als solche kommt in erster Linie Braunstein in Verwendung; derselbe bildet im Schmelzgut kieselsaures Manganoxydul, welches eine violette Färbung erzeugt und das Glas dadurch farblos macht, was auf die Wirkung der komplementären Farben zurückzuführen sein dürfte. Dem Entfärben des Glases dienen außer dem Mangan noch Antimonoxyd, Nickeloxyd, Kobaltoxyd und arsenige Säure, je nach der Verwendung und Verarbeitung der Glasmasse und der Fabrikationsmethode.

Als Färbemittel dienen hauptsächlich folgende Metalle und Oxyde sowie deren Stufen:

Braunstein ruft je nach seiner Beschaffenheit und seinem Manganoxydgehalte eine violette bis dunkelweinrote Färbung des Glases hervor. Das Kobaltoxyd liefert tiefblaue Farbe, genannt Kobaltglas, das seine Verwendung besonders in der Finsenbelichtung und auch für Standgefäße für lichtempfindliche Substanzen findet. Kupferoxyd färbt blaugrün, Kupferoxydul blutrot, Gold dagegen rubinrot, das herrliche satte rote Glas, welches in der Ornamentalkunst den Namen Kathedralglas führt und in der Photographie eine bedeutende Rolle spielt. Uran färbt grüngelb, solches Glas hat die Eigenschaft, in den elektrischen Entladungen im luftleeren Raume zu leuchten (fluoreszieren); Silber gibt Hellgelb, Schwefel aber gibt jenes gelbe Glas, welches in der Photographie (Gelbscheibe) verwendet wird, ebenso werden aus diesem Glase die gelben Standgefäße für lichtempfindliche Präparate hergestellt. Zur Herstellung des opaken sog. Milchglases, wird Zinnoxyd, Knochenasche oder Kryolith, je nach dem Zwecke, dem das Glas dienen soll, verwendet.

---
[1] Thiene, H.: Ztschr. f. angew. Ch., Bd. 39, S. 193/94.

III. Die Glassorten.

Die in der Glasbläserei Verwendung findenden Glasröhren und Stäbe sind folgende Sorten:

a) Gewöhnliche Sorten:

Natronglas, gewöhnliches Thüringer Glas;
Kaliglas, böhmisches Glas;
Bleiglas, französisches Emailglas.

b) Spezialsorten:

Jenaer Gläser:
  Instrumentenglas 16 III;
  Borosilikatglas 59 III, bzw. 2954 III;
  Geräteglas;
  Kaliglas und noch einige Sorten (siehe Liste Glaswerk Jena);
  Quarzglas.

Fischer Gläser:
  Fischer Primaglas;
  Normalglas „Gege Eff";
  Platin-Einschmelzglas;
  X-Glas ⎫
  Röntgenglas ⎬ für Vakuumzwecke;
  (weitere Spezialsorten siehe Röhrenliste Gustav Fischer, Ilmenau).

Schübel-Spezialglas:
  Röhren und Stäbe für Laboratoriums-Instrumente und Geräte (Bechergläser, Kochkolben u. dgl.).

Das am meisten gebrauchte Natronglas führt mit Recht die Bezeichnung Thüringerglas, weil es bis jetzt tatsächlich in bester Beschaffenheit nur in seiner Heimat im Thüringer Wald, der ebenso auch die Heimat der Glasbläserei genannt werden kann, erzeugt wird.

Das Kaliglas hat wieder die Bezeichnung böhmisches Glas und war bis zur Herstellung des Jenaer Kaliglases wohl das beste. Das letztere hat dem böhmischen Kaliglase den Rang leicht streitig machen können, weil z. B. ein böhmisches Verbrennungsrohr bei der Elementaranalyse nur eine einzige Verbrennung aushielt, höchstens bei sehr vorsichtiger Behandlung eine zweite, nie aber wie die Jenaer bis zu 20 und mehr ausgehalten hat.

Das Bleiglas besitzt einige sehr wertvolle Eigenschaften, erstens, daß es sehr leichtflüssig ist und in der Instrumentenbläserei beim Einschmelzen von Platin sehr gute Dienste als Einschmelzmittel leistet, und zweitens läßt es sich fast an alle Glassorten anschmelzen und diese im Notfalle miteinander verbinden. Bei der Verarbeitung muß aber darauf gesehen werden, daß es nur im oxydierenden Teil der Gebläseflamme (siehe diese) bearbeitet wird, weil sonst das Blei an seiner Oberfläche reduziert wird und das Glas schwarz erscheint. Sollte diese Schwärzung des Glases bei der Arbeit dennoch nicht vermieden werden können, so kann man nach dem Erkalten die Stellen durch vorsichtiges Betupfen mit verdünnter Flußsäure wieder rein bringen, nur muß man die anderen Glaspartien im Auge behalten, um sie nicht matt zu ätzen. Dies kann man auf die Art machen, daß man die zu schützenden Partien mit einem leicht und schnell trocknenden Harzweingeistlack abdeckt.

Eine sehr schöne Eigenschaft ist beim Bleiglase noch die, daß dasselbe infolge seines niederen Schmelzpunktes ganz schlieren- und blasenfrei hergestellt und geblasen werden kann, und bei ziemlich großer Wandstärke noch immer fast farblos ist. Diese und die vorangeführte Eigenschaft des Platineinschmelzens hat das Bleiglas in der Fabrikation der Glühlampen unentbehrlich gemacht. Es ist selbstverständlich, daß, wie in allen Erzeugnissen in der Welt, auch die Konkurrenz die Güte der Glasröhren beeinflußt, und es ist daher für den Glasbläser, der gute Arbeit liefern will, sehr wichtig, nur von erstklassigen Fabriken sein Material zu beziehen.

Das zur Zeit beste Material für Instrumente und Geräte ist das der Jenaer Glaswerke, deren Röhrensorten für die verschiedensten Verwendungszwecke wohl mit Recht die Bezeichnung Spezialsorten verdienen.

In neuerer Zeit stellen auch die Glashütten Gustav Fischer in Ilmenau und Gebr. Schübel in Frauenwald Spezialgläser von hohen Qualitäten her. Diese Gläser werden auf den Seiten 7 bis 14 besonders beschrieben.

Eigentlich sind diese Gläser auf Grund der Fehler aller anderen und durch die Ansprüche, die die wissenschaftlichen Arbeiten stellen mußten, erfunden und erzeugt worden und rechtfertigen ihren Weltruf. Diese Gläser werden nur sehr wenig chemisch angegriffen und zeigen viele Eigenschaften, die in den betreffenden Abschnitten gewürdigt werden sollen.

Wie schon erwähnt, ist die Kunst der Glasbläserei im Thüringer Wald zu Hause und wurde eigentlich von böhmischen Glasbläsern namens Müller und Greiner, die vor langer Zeit über die Grenze gingen, dort heimisch gemacht; von diesen Familien ist der Weltruf gegründet und ausgebaut worden.

Bis zum Beginn der achtziger Jahre des vorigen Jahrhunderts litten die Instrumente an einem Fehler des Thüringer Glases, das ausschließlich verwendet wurde, den man als thermische Nachwirkung bezeichnete. Dieser Übelstand machte sich besonders an den für genaue Arbeiten benützten Thermometern usw. bemerkbar, indem diese Instrumente selbst nach jahrelanger Lagerung noch immer Veränderungen zeigten, die darin zu suchen waren und erklärt wurden, daß sich das Glas nach seiner Verarbeitung immer noch zusammenzog und sich das Verhältnis des Volumens des Quecksilbergefäßes zum Querschnitt des Thermometerrohres änderte, das Instrument daher nicht mehr genau war. Ebenso waren die Angaben der Instrumente nach ihrer Benützung beim Siede- oder Gefrierpunkte einige Zeit danach unrichtig, weil sich eben die erhitzten Partien noch nicht soweit zusammengezogen hatten, wie es vor der Benützung der Fall war, was fortwährend Korrektionen notwendig machte, die wieder nicht ganz genau festgesetzt werden konnten.

Diesem Übelstande wurde 1884 durch die Herstellung des Thermometerglases 16 III abgeholfen. Dasselbe ermöglicht die Herstellung von Präzisionsinstrumenten bis zum Höchstpunkt von 450^0 C.

Die Glassorten.

Das Zeichen dieses Glases ist ein durch die Länge der Röhre laufender roter Streifen, der aber manchesmal so fein ist, daß er nur mit der Lupe oder gar dem Mikroskop wahrgenommen werden kann.

Das Normalglas „Gege Eff" der Firma Gust. Fischer, Ilmenau ist auf Grund amtlichen Zeugnisses ebenfalls zur Herstellung jeder Art von wissenschaftlichen Thermometern bis ca. 450°C zugelassen. In höheren Temperaturen verhält es sich sogar noch etwas besser als das Jenaer Glas 16 III. Um es vor Verwechslungen zu schützen trägt es eine rote und eine blaue Linie als Warenzeichen.

Eine weitere Forderung der Wissenschaft war, Instrumente zu besitzen, die zur sicheren Messung sehr hoher Temperaturen geeignet wären.

Die thermische Nachwirkung äußerte sich naturgemäß bedeutend mehr bei Thermometern, die für höhere Temperaturen bestimmt waren. Alle diese Thermometer, welche bei Temperaturen über 200°C Verwendung fanden, konnten, wenn sie luftleer waren, über diese Temperatur nicht verwendet werden, weil das Quecksilber bei dieser Temperatur zu kochen und zu hüpfen anfing. Um dies zu verhindern, machte man diese Thermometer nicht luftleer, sondern füllte den Raum über dem Quecksilber mit einem indifferenten Gas. Meist verwendete man Stickstoff, es kann aber auch Kohlensäure oder Wasserstoff verwendet werden. Dieses Gas wird unter einem Drucke von ca. 20 Atm. bei gewöhnlicher Temperatur eingefüllt, es ist daher begreiflich, daß bei einer nicht sehr aufmerksamen Verwendung dieser Thermometer bei hohen Temperaturen der Druck im Innern ganz beträchtlich zunimmt und daß es vorkommt, daß das Quecksilbergefäß, wenn es nicht zerspringt, oft so ausgedehnt wird, daß es sich vergrößert und das Thermometer dadurch ganz unbrauchbar wird.

Alle diese Fehler sind bei einem Thermometer aus Borosilikatglas 59 III nicht vorhanden, es bietet überhaupt noch den Vorteil, daß man hochgradige Thermometer herstellen kann, die ohne jede Gefahr bis 510°C verwendet werden können, während jene aus gewöhnlichem Glase, abgesehen von der Gefahr der Veränderung des Volumens, nur bis höchstens 400°C verwendbar sind.

Es wurden trotzdem aus 59 III-Glas Thermometer bis 575°C häufig hergestellt, doch ist dies aber, wenn nicht ein Mißbrauch, zum mindesten ein Wagnis und nur der Umstand, daß die Thermometer in der Praxis fast nie in ihrem vollen Skalenbereich ausgenützt werden, ist die Ursache, daß zu diesem Übel nicht öffentlich Stellung genommen wurde.

Durch immer höhere Anforderungen an die Genauigkeit der Instrumente sah sich das Jenaer Glaswerk veranlaßt, an Stelle des 59 III-Glases ein neues Glas mit besseren Eigenschaften in thermometrischer Hinsicht zu schmelzen, welches aber auch gleichzeitig das Normalglas 16 III bei der Herstellung besserer Thermometer ersetzen soll.

Dieses Glas führt die Bezeichnung 2954 III und ist das beste von allen Thermometergläsern, welche bisher (1930) der Physikalisch-Technischen Reichsanstalt vorgelegen haben. Die Erweichungstemperatur des Glases 2954 III liegt noch mindestens 25° höher als beim Glase 59 III und daher können daraus hochgradige Thermometer, die unter einem Druck von ca. 25 Atm. gefüllt und zugeschmolzen sind, bis zu einem Bereich von 535° C hergestellt werden.

Im Jahre 1898 brachte das Jenaer Glaswerk das **Jenaer Verbrennungsglas** (auch Jenaer Kaliglas genannt) in den Handel. Dieses bläulich opalisierende Glas ermöglichte nicht nur die Verwendung für Verbrennungsröhren und die Herstellung schwerschmelzbarer Geräte an der Lampe, sondern auch guter hochgradiger Thermometer bis 575° C.

Dieses Verbrennungsglas wurde 1914 durch das **Jenaer Supremaxglas** überholt, dessen Schmelzpunkt noch erheblich höher liegt als der des älteren Jenaer Verbrennungsglases. Thermometer aus Supremaxglas können ohne Gefahr bis 635° C verwendet werden, wenn sie bei 30 Atm. Innendruck gefüllt sind.

Die chemischen Eigenschaften dieses Glases sind nicht besonders bemerkenswert.

Das Supremaxglas wird infolge seiner hohen Schmelztemperatur vor dem Sauerstoffgebläse verarbeitet.

Das **Jenaer Geräteglas** hat nun wieder den Forderungen in bezug auf die chemische Veränderung zu entsprechen. Es wird von Wasser, Säuren, Laugen fast gar nicht angegriffen und hat den weiteren Vorteil daß es gegen schroffe Temperaturunterschiede sehr unempfindlich und daher für Kochgefäße usw. sehr geeignet ist.

Die Jenaer Glaskochgefäße machen sich trotz ihres hohen Preises wegen ihrer Widerstandsfähigkeit bald bezahlt.

Das **Jenaer Geräteglas 20** hat einen Ausdehnungskoeffizienten, der etwa halb so groß ist wie bei den üblichen Thüringer-Wald-Gläsern. Bezüglich seiner chemischen Widerstandsfähigkeit steht dieses Glas entschieden an der Spitze. Die Verarbeitung dieses ziemlich harten Glases ist nicht ganz einfach und es empfiehlt sich auch in diesem Fall, der Gebläseluft etwas Sauerstoff zuzusetzen.

Ein vorzügliches Glas, welches an Wasser und verdünnte Lösungen praktisch keinerlei Bestandteile abgibt, ist das **Jenaer Fiolaxglas** zur Herstellung von Ampullen. Dieses läßt sich vor der Lampe leicht verarbeiten.

Im übrigen ist auch das für den gleichen Zweck von der bekannten Ilmenauer Hütte Gustav Fischer hergestellte Ampullaxglas sehr hochwertig.

Erwähnt sei auch das **Jenaer Uviolglas** für hochgesteigerte Durchlässigkeit ultravioletter Strahlen.

Für hochwertige Wasserstandsröhren stellt das Jenaer Glaswerk das sog. **Felsenglas** (Kennzeichen hellblauer Streifen), für höchste Beanspruchung das **Durobaxglas** (Kennzeichen roter Schutzstreifen) her. Besondere Gläser für **Röntgenröhren** stellen die Gehlberger Hütte von Emil Gundelach, die Ilmenauer Hütte Gustav Fischer und seit einiger Zeit in besonders hervorragender Qualität das Sendlinger Glaswerk in Stralau her.

Das Glaswerk Gustav Fischer, Ilmenau brachte im Jahre 1911 ein neues Thermometerglas heraus, bezeichnet mit Normalglas „Gege Eff", gekennzeichnet mit einer blauen und einer roten Linie als Warenzeichen.

Die amtliche Prüfung dieses Glases ergab, daß sich dasselbe bei niedrigen Temperaturen ebenso gut verhält wie das Jenaer Normalglas 16 III, bei höheren sogar noch etwas besser als dieses.

Das „Gege-Eff"- Glas ist amtlich zur Herstellung wissenschaftlicher, geeichter Thermometer zugelassen.

Näheres über dieses Glas ist einer im Verlag Emil Dreyers Buchdruckerei, Berlin SW. erschienen Schrift Prof. Dr. A. Mahlkes von der physikalisch-technischen Reichsanstalt Berlin, zu entnehmen.

Wo hohe Forderungen in bezug auf die chemische Veränderung oder besser gesagt an die chemische Widerstandsfähigkeit gestellt werden, ist das „Fischer-Prima"-Glas und Schübelglas (3. hydrolitische Klasse) sehr zu empfehlen. Wie das Jenaer Geräteglas wird auch dieses hervorragende Glas von Wasser, Säuren und Laugen fast gar nicht angegriffen und ist gegen schroffe Temperaturunterschiede sehr unempfindlich, was es zur Verwendung für Kochgefäße usw. sehr geeignet macht. Wie schon beim Jenaer Geräteglas erwähnt, macht sich die Verwendung solch widerstandsfähiger Gläser trotz ihres etwas höheren Preises bald bezahlt.

Auch für Vakuumzwecke stellt die Glashütte Gustav Fischer in Ilmenau Gläser von anerkannter Güte her. Es kommen hauptsächlich zwei Qualitäten in Frage und zwar das sog. Röntgenglas von saftgrüner Fluoreszenz und das sog. X-Glas, von ausgezeichneter Pumpfähigkeit und sehr günstigen elektrischen Eigenschaften. Das letztgenannte Glas hat die Eigenschaft, sich auch unter lang dauerndem Einfluß sehr harter Röntgenstrahlen nicht zu verfärben.

Im Jahre 1929 wurde von der Firma Gebrüder Schübel in Frauenwald ein neues Geräteglas herausgebracht, welches bemerkenswerte Eigenschaften besitzt.

Dieses, von der physikalisch-technischen Reichsanstalt in Charlottenburg sehr günstig beurteilte Glas habe ich einer Prüfung vom glastechnischen Standpunkt aus unterzogen. Die Schmelztemperatur des Schübelglases liegt augenscheinlich zwischen den Schmelztemperaturen des Jenaer Normalglases 16 III und des Jenaer Geräteglases. Das Schübelglas läßt sich im allgemeinen sehr gut verarbeiten, besitzt aber anderen Gläsern gegenüber die Eigentümlichkeit, sich mit vielen anderen der verschiedensten Art zu verbinden, was sehr wichtig und vorteilhaft ist.

Von einander unabhängige Versuche haben ergeben, daß Schübelglas sich mit gewöhnlichen Thüringer Gläsern Ilmenauer und Frauenwalder Provenienz, mit Jenaer Geräteglas, mit Jenaer Normalglas 16 III und sogar mit dem Jenaer Thermometerglas 2954 III, dem Ersatzglas für das frühere Borosilikatglas 59 III, verbindet.

Der Vorteil dieser Eigenschaft liegt für den Glasbläser klar auf der Hand. Wie leicht kommt man in die Lage, einen Apparat aus Jenaer Geräteglas oder ein Thermometer aus einem der obenerwähnten Jenaer Gläser reparieren zu müssen, findet aber in seinen Vorräten kein passendes Rohr aus demselben Glase. Hat man nun ein passendes Rohr aus Schübelglas, so kann man sich mit diesem sehr gut helfen. Versuche, aus Schübelglas Thermometer bis zum Meßbereich von 500º C herzustellen, haben bis jetzt, bei Verwendung von Kapillaren aus anderen Gläsern, gute Resultate erzielt, doch ist die Versuchsreihe zur Zeit noch nicht abgeschlossen. Zum besseren Verständnis sei bemerkt, daß es sich bei den zur Probe hergestellten Thermometern um solche für technische Zwecke — sog. Stockthermometer — handelt, deren Gefäß, Eintauchrohr und Zylinder in diesem Falle aus Schübelglas, deren Kapillare aus einem andern Glas gezogen ist.

Dieses Verfahren wurde gewählt, weil es in der Thermometerindustrie üblich ist, technische Thermometer, wenn solche nicht höher als bis 400^0 C geteilt sind, bis auf die Kapillare aus Jenaer Normalglas 16 III zu machen, die Kapillare aber aus einem der gewöhnlichen Thüringer Gläser. Auch bei den Fieberthermometern wird dies so gemacht. Vom wärmetechnischen Standpunkt aus ist dagegen ebenso wenig einzuwenden wie von anderen wissenschaftlichen Gesichtspunkten, da die Kapillare des Thermometers mit der thermischen Nachwirkung nichts zu tun hat, sondern lediglich das Quecksilbergefäß.

Dieses Verfahren, artfremde Kapillaren zu Thermometern aus Jenaer Glas zu verwenden ist wohl weniger darauf zurückzuführen, daß Jenaer Thermometerkapillaren etwas teurer sind, als auf den Umstand, daß das Jenaer Glaswerk keine Kapillaren mit farbiger Unterlage herstellt, während Fieberthermometer und auch technische Thermometer der besseren Ablesbarkeit halber überwiegend mit farbiger, meist gelber Unterlage verlangt werden.

Ein weiterer Vorteil des Schübelglases ist der, daß Kupfer-, Kupfermantel- und Molybdändraht ohne Zuhilfenahme eines Einschmelzglases direkt eingeschmolzen werden kann. Bei den Versuchen stellte sich heraus, daß nicht nur gut verblasene, sondern auch absichtlich laienhaft hergestellte Einschmelzungen gut halten.

Aus Schübelglas hergestellte Vakuumröhren halten gut dicht, bei den Entladungserscheinungen jedoch, im hohen Vakuum tritt nicht, wie beim Gehlberger Schilling- oder Fischerglas die schöne grüne Fluoreszenz auf, sondern sie ist bläulich grün, wie es bei bleihältigen Gläsern der Fall ist. Das Schübelglas ist aber bestimmt nicht bleihaltig, was ja die amtliche Prüfung betonen müßte.

Diese Erscheinung zu untersuchen ist der Mühe wert, und zur Zeit ist eine Prüfung im Gange.

Beim Bau von komplizierten Apparaten hat sich gezeigt, daß das Schübelglas gut verwendbar ist und sich, wie schon vorne erwähnt, mit den besseren Thüringer und den Jenaer Gläsern verbindet.

Kolben, Kugeln und alle auf der Hütte hergestellten Glasteile, sowie die Röhren zeigen gute Eigenschaften, doch muß das Material mit besonderem Verständnis und Sorgfalt behandelt werden, wie es ja bei jedem Spezialglas erforderlich ist.

Die Prüfung auf Spannung bei den Kochbechern, Kolben usw. hat vollständig befriedigt und wurde wie auf S. 8 ausgeführt, vorgenommen.

Als schwer schmelzbares Produkt kommt für die wissenschaftlichen Arbeiten noch das Quarzglas in Betracht. Dieses ist Quarz, ohne jeden Zusatz geschmolzen und zu Röhren gezogen.

Hierzu wird Bergkrystall verwendet, der bei ca. 600⁰ C in kleine Teilchen zerspringt und in der Knallgasflamme bei 1700⁰ C schmilzt. Dieses Produkt ist aber nie rein zu erhalten; um nun dies zu erreichen, ist man darauf gekommen, den Quarzkristall vor dem Schmelzen unter vorsichtigem Anwärmen unter Luftabschluß auf schwache Rotglut zu erwärmen und ihn dann rasch in den Schmelztiegel zu bringen.

In der Knallgasflamme läßt sich dann der Quarz so verarbeiten wie Glas, wobei natürlich durch die große Weißglühhitze und Zähigkeit des Quarzglases die Arbeit **sehr schwer und nur mit Schutzbrille** auszuführen ist.

Quarzglas widersteht jedem Temperaturwechsel und kann in weißglühendem Zustande ins Wasser geworfen werden, ohne den geringsten Schaden zu nehmen. Diese Eigenschaft und noch die, daß es für die ultravioletten Strahlen vollkommen durchlässig ist, macht das Quarzglas so geeignet für die Quecksilberdampflampen, über die noch gesprochen wird, es dient aber noch vielen anderen Zwecken.

IV. Die Glasröhren und Stäbe.

Die Herstellung der Glasröhren und Stäbe geschieht in der Regel ganz frei und ohne Form durch Ziehen der plastisch gewordenen Glasmasse.

Um Glasröhren herzustellen, bedient sich der Röhrenzieher, wie der Arbeiter genannt wird, der Glasbläserpfeife (Abb. 1). Diese ist ein Eisenrohr von ca. 1—1½ m Länge und 15 mm Dicke, welches an seinem unteren Ende schwach aufgewulstet ist, das obere Ende ist mit einem auswechselbaren Mundstück versehen und von diesem aus auf eine Länge von 50—70 cm mit einem Holzrohr überkleidet, um so das Halten der heißwerdenden Pfeife zu ermöglichen. Mit dieser Pfeife langt der Röhrenzieher durch die Arbeitsöffnung in den Glasofen in den vor dieser im Innern stehenden Hafen und entnimmt eine kleine Menge des zu verarbeitenden Glases. Bei dieser einfach scheinenden Handlung muß derselbe schon seine Geschicklichkeit anwenden, denn diese kleine Glasmenge, die er an der Pfeife hat, ist ja im weichsten Zustande und würde abtropfen. Durch geschicktes Drehen und Wenden aber formt sich diese Masse mit dem allmählichen Erkalten und Zäherwerden und durch die Oberflächenspannung in eine kleine massive Kugel. In diesem Stadium bläst nun der Arbeiter vorsichtig hinein und erreicht damit, daß die Kugel größer und hohl wird, und schon bis auf Rotglut abkühlt. Mit dieser rotwarmen Kugel taucht der Arbeiter nochmals in die geschmolzene Masse und erreicht dadurch, daß diesmal eine größere Menge hängen bleibt und die zu verarbeitende Masse sich vermehrt. Wieder muß der Arbeiter seine ganze Geschicklichkeit aufwenden, und unter Drehen bläst er jetzt die Kugel größer. Diese ist jetzt auch starkwandiger geworden, und er rollt sie nun auf einer glatten Stahlplatte derart, daß aus der Kugel ein Zylinder ent-

Abb. 1. Glasbläserpfeife.

steht, der unten geschlossen ist. In diesem Moment tritt sein Helfer in Aktion, der ebenfalls mit einem Eisenrohr ausgerüstet ist. An dessen Ende befindet sich eine tellerförmige Platte, die er vorher im Ofen auf Rotglut erhitzt hat, und die er an den noch immer weichwarmen Zylinder unten „anheftet". Jetzt setzt der Röhrenzieher die Pfeife an den Mund und bläst unter Drehen langsam in den Zylinder, während der Helfer sich in der entgegengesetzten Richtung entfernt. Das Tempo, in welchem sich der Helfer bewegen muß, hängt von den Dimensionen der herzustellenden Röhren ab. Bei sehr dünnen und engen Röhren muß der Helfer sehr schnellfüßig sein, bei starken und weiten Röhren kann er ruhig seine Bahn gehen. Der Raum, in welchem diese Röhren gezogen werden, ist lang und schmal wie eine Kegelbahn und muß vor Zugluft geschützt sein. Diese Röhrenzieher müssen, wenn sie ihrem Posten entsprechen sollen, wahre Künstler sein und man wird dies begreifen, wenn man sieht, wie die Leute nur nach dem Augenmaß ohne jedes Werkzeug außer ihrer Pfeife, jede Dimension, die ihnen angegeben wird, meist sofort treffen.

Auf die gleiche Art werden die Stäbe, auf der Hütte „Fäden" genannt, hergestellt, nur braucht der Arbeiter dabei nicht hineinzublasen.

Das Ziehen geschieht je nach der Weite der Röhren auf eine Länge von 40—100 m. Dann wird dieser Zug in Stücke von 1,60 m und auch 2 m, in Jena 1,40 m, zerschnitten, und so in die Hände des Glasbläsers gebracht. Röhren von besonderer Wandstärke und Weite und zu besonderer Verwendung bestimmte, werden wenn geschnitten, in den Kühlofen gebracht und dort sehr langsam und gut gekühlt.

Neuerdings sind in einigen Hütten Röhrenziehmaschinen im Gebrauch. Die Urteile über die damit hergestellten Fabrikate sind noch nicht als abgeschlossen zu betrachten. Daher beschränke ich mich an dieser Stelle nur mit der Erwähnung der Neuerung.

Um sich nun beim Versand und beim Bestellen des Materials gegenseitig verständigen zu können, hat man in Thüringen Bezeichnungen eingeführt, deren sich die ganze Fachwelt bedient.

Die Glasröhren werden eingeteilt in:

Zylinderröhren, unter welchen man Röhren versteht, die einen äußeren Durchmesser von 10—50 mm und mehr haben und deren Wandstärke zwischen 0,5—2 mm schwankt. Soll die Wandstärke größer sein, so empfiehlt es sich, diese anzugeben, am besten ist es immer, bei Bedarf den äußeren Durchmesser und die Wandstärke vorzuschreiben.

Die zunächst am meisten verwendeten Röhren sind die Biegeröhren, das sind solche, die einen äußeren Durchmesser von 3—20 mm und eine Wandstärke von 2—5 mm haben. Ihre Bezeichnung rührt daher, weil sich eben Röhren mit starker Wand zum Biegen besonders eignen. Auch hier gilt, wie oben gesagt, der Grundsatz: bei Bestellung Durchmesser und Wandstärke anzugeben.

Röhren, welche noch stärker in der Wand sind, werden Wasserstandsröhren, bei kleinerem Außendurchmesser Manometer- und Barometerröhren genannt. Röhren unter 10 mm äußerem Durchmesser mit sehr schwacher Wand werden als Spindelröhren oder

Die Glasröhren und Stäbe.

Stengelröhren bezeichnet, weil sie als Spindel oder Stengel für Aräometer verwendet werden.

Alle diese Glasröhren müssen, wenn sie den Anspruch auf Güte voll befriedigen sollen, rein und klar sein, dürfen keine Streifen zeigen (diese rühren von Bläschen her, die in der Schmelze entstanden) und keine Steinchen, Wellen und Schlieren in sich haben. Die Wandstärke soll überall gleich und der Querschnitt kreisrund sein. Am meisten leiden die Röhren daran, daß sie nicht überall den gleichen Durchmesser aufweisen, d. h. konisch sind, und das sind sie um so mehr, je kürzer ihr Zug war. Aus einem Zuge sind immer jene Stücke am wenigsten konisch, welche aus der Mitte kommen. Die schlechtesten Glasröhren sind die, deren Wandstärke nicht ganz gleichmäßig konzentrisch ist. Dieser Fehler rührt nur daher, wenn der Röhrenzieher nachlässig arbeitet. Solche Röhren sind aber auch regelmäßig noch dazu krumm, was auch an und für sich schon ein Fehler ist, der meist aber mit dem ersteren vereint erscheint und auf eine natürliche Lagerung der Teilchen zurückzuführen ist, wenn eben der Röhrenzieher beim Ziehen wenig oder gar nicht dreht.

Eine Spezialsorte für sich sind die Thermometerröhren, die aber wieder sehr mannigfach sind und je nach ihrer Querschnittsform und Verwendung benannt werden.

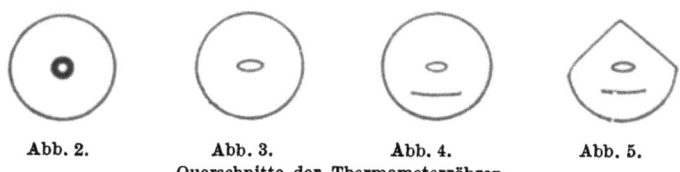

Abb. 2.   Abb. 3.   Abb. 4.   Abb. 5.
Querschnitte der Thermometerröhren.

In der Zeit, als die Thermometermacherei noch in den Anfängen war, wurden ja auch nur Röhren erzeugt, deren äußerer Durchmesser und Lumen (Abb. 2) kreisförmig waren. Aus diesem Grunde konnte man eigentlich den Thermometern keine besondere Empfindlichkeit geben, weil, um halbwegs große Grade zu erreichen, ein sehr großes Quecksilbergefäß notwendig war und diese größere Menge Quecksilber bei Änderungen der Temperatur nicht rasch genug folgen konnte. Der nächste Schritt, um diesen Fehler zu beheben, war nun der, daß man Röhren herstellte die außen rund und im Lumen oval (wie Abb. 3) waren. Dadurch kam man dem Ziele schon näher und erreichte überdies, daß der Quecksilberfaden schon besser zu sehen war. Bei sehr feinen Präzisionsinstrumenten mußte man noch immer die Fehler mit in den Kauf nehmen, entweder ein schwer empfindliches Thermometer zu benützen oder den Faden so dünn zu nehmen, daß er kaum zu sehen war. Um diesem Umstande abzuhelfen, versah man die Thermometerröhren mit einer weißen, in neuerer Zeit mit einer verschiedenfarbigen Emailunterlage (Abb. 4), die zwischen Wand und Lumen angebracht war und aus weißem oder farbigem Bleiglas bestand. Dies verbesserte die Sache wohl, konnte aber nur bei Thermometern für technische Zwecke angewendet werden, weil es bei Präzisionsinstrumenten der kathetometrischen Ablesung im Wege stand.

Ein großer Schritt wurde mit der Herstellung der sog. prismatischen Röhren (Abb. 5) gemacht, und man konnte nun besonders bei den kleinen Fieberthermometern die Ablesung und Empfindlichkeit wesentlich verbessern. Diese prismatischen Röhren (Abb. 5) stellte man so her, daß nur der halbe Querschnitt rund und die andere Hälfte dachförmig (prismatisch) geformt war. Dadurch erreichte man die Wirkung eines Prismas, und es scheint der Quecksilberfaden um ein Mehrfaches breiter, als er in Wirklichkeit ist. Dies kann besonders gut beobachtet werden, wenn man die Ablesung so vornimmt, daß man das Prisma nicht vertikal, sondern horizontal hält, so daß mit beiden Augen auf die Kante gesehen werden kann. Doch werden diese Röhren zu Normalthermometern wegen der genauen Ablesung mit dem Ablesefernrohre nicht genommen und nur bei technischen Arbeiten verwendet.

Für Thermometer, die mit anderen, für besondere Zwecke dienenden Substanzen als Quecksilber gefüllt sind, werden nur Thermometerröhren mit runden Lumen verwendet. Für diese kommen Weingeist, Schwefelsäure, Kreosot, Toluol, Xylol, Pentan usw., welche z. B. für tiefere Temperaturen bestimmt sind oder besonderen Zwecken dienen sollen, in Betracht.

V. Die farbigen Röhren.

Die Herstellung des gefärbten Glases wurde schon in einem früheren Abschnitte behandelt, es soll nur noch über die Verwendung der farbigen Röhren gesprochen werden.

In der Glasinstrumentenbläserei kommen eigentlich nur die gelben oder braunen und blauen Röhren zur Verwendung wegen ihrer Eigenschaft als Lichtschutz. Die übrigen bunten Stäbe und Röhren aber haben eine edlere Bestimmung, sie dienen zur Herstellung der künstlichen Augen und sind zu diesem Zwecke besonders hergestellt in bezug auf Schmelzbarkeit und Verschmelzung untereinander, z. B. zur Herstellung der Iris. Daß diese Röhren aber hauptsächlich der Spielzeugfabrikation dienen, ist wohl selbstverständlich, und diese Industrie ist in Thüringen sehr verbreitet.

Farbige Röhren bestimmter Lichtabsorption werden in letzter Zeit in ausgedehntem Maße in der Leuchtröhrenfabrikation verwendet. Das Glaswerk Gustav Fischer in Ilmenau stellt eine Reihe von Farbgläsern für diesen Zweck her, z. B.:

Glas Nr. 118, gelb, selektiv blau absorbierend zur Erzeugung des grünen Neonlichtes,
Glas Nr. 204, gelbgrün opak, für denselben Zweck,
Gelblichtglas Nr. 321 zur Erzielung gelben Neonlichtes usw.

B. Geräte des Glasbläsers.

I. Die Gebläselampen.

Zum Erhitzen benützt der Glasbläser die Stichflamme oder Gebläseflamme, eine Flamme von möglichst hoher Temperatur, doch nicht zu hoch, weil z. B. mit dem Knallgas (Knallgasgebläse) das Glas sehr leicht verbrannt wird.

Die Gebläselampen.

In früherer Zeit verwendete man als Brennmaterial das Baumöl oder auch Paraffin, Schmalz sowie Petroleum. Bei Verwendung dieses Brennmaterials in Ermangelung von Leuchtgas waren die Lampen (Abb. 6) höchst einfach, sie bestanden aus einer ovalen, mit einem Klappdeckel versehenen Blechdose, die am Rande eine Art Flaschenhals hatte, zur Aufnahme des Wolldochtes. Diese Dose wurde mit dem Brennstoffe gefüllt, Paraffin mußte zuerst geschmolzen, Öl oder Petroleum u. dgl. etwas angewärmt werden, daß sich der Docht gut ansaugen konnte. In die Flamme nun, die der Docht beim Brennen erzeugte, wurde durch ein Röhrchen aus Metall mit kleiner Öffnung ein Luftstrom geleitet, und die Stichflamme war vorhanden. Mit einer Zange oder Pinzette konnte dann der Glasbläser durch das Hin- und Herziehen des Dochtes die Flamme regulieren, was wohl im Vergleich zum Leuchtgasgebläse eine recht umständliche und nicht ganz rasche und reinliche Arbeit war. Ich führe dies nicht ohne Grund an, denn ich denke daran, daß sich gewiß mancherlei Leute finden, die sich mit der Glasbläserei beschäftigen möchten oder solche, die sich in Verhältnissen befinden werden, wo Leuchtgas nicht vorhanden ist, denen diene also dies als Weisung. Sehr nahe liegt die Frage, und oft wurde sie bei Vorträgen an den Verfasser gestellt, warum man nicht auch Weingeist verwende. Zur Erzielung einer Stichflamme von hoher Temperatur ist der Kohlenstoffgehalt des Brennstoffes von Wichtigkeit, der eben beim Weingeist nicht vorhanden ist, man müßte eben diesem Brennstoff Kohlenstoff zuführen, das heißt ihn carburieren, und den Weingeist mit 25 % Terpentinöl vermengen.

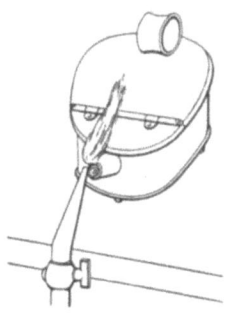

Abb. 6. Glasbläserlampe aus alter Zeit.

Einen guten Brennstoff bietet das Benzin, am besten solches von der Dichte 0,660, also möglichst leichtes, genannt Hydrür, Ligroin, wobei aber größte Vorsicht und Erfahrung nicht genug empfohlen werden kann. Wohl sind die Benzin-Lötlampen auch zum Glasblasen zu verwenden, aber die sind, wohl gemerkt, nicht gemeint. Soll mit diesem

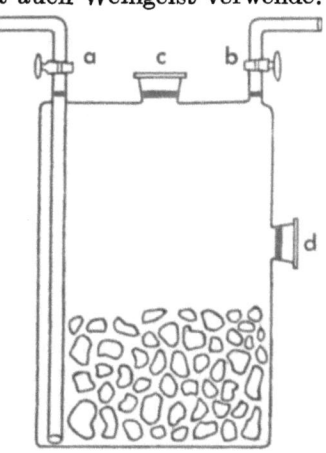

Abb. 7. Benzinapparat.

flüchtigen Zeug geblasen werden, so muß ein Luftstrom hergestellt werden, der stark mit Dämpfen dieses Stoffes geschwängert ist. Dies erreicht man am besten, wenn man sich ein Gefäß, am geeignetsten aus Blech, anfertigt oder anfertigen läßt, wie in Abb. 7 ersichtlich gemacht ist. Dieses Gefäß oder sagen wir dieser Kessel ist eigentlich eine Gaswaschflasche im großen, er besteht aus einem am besten zylindrischen Gefäße, am billigsten aus starkem Zinkblech, von ca. 20 cm Durchmesser und ca. 30 cm Höhe, also ca. 10 Liter Inhalt. An diesem Kessel befinden sich ein Einlaß a und ein Ablaß b, die zur Sicherheit beide mit Hähnen und überdies mit einer Drahtnetzsicherung versehen sind. Oben, in der Mitte befindet sich ein Tubus c, ebenso ein solcher d in der Höhenmitte des Zylinders, beide gut verschraubbar und auch mit Drahtnetzsicherung gegen das Hineinschlagen der Flamme. Zur Funktion füllt man den Kessel (Vorsicht!!!) mit dem Brennmaterial durch c, indem man vorher durch den Tubus d Holzwolle oder Bimssteinstücke eingefüllt hat. Diese Füllung hat den Zweck, die Verdunstung des Benzins durch Vergrößerung seiner Oberfläche zu beschleunigen, was noch durch Erwärmen auf eine ganz minimal erhöhte Temperatur (ca. 20^0) gefördert wird. Wird nun durch diesen Kessel ein recht langsamer Luftstrom bei a eingeleitet, so verläßt derselbe, mit Benzindämpfen gesättigt, den Auslaß b, von welchem er in die Gasgebläselampe geleitet werden kann, wie im nächsten Kapitel erläutert wird.

Das schönste und reinste Arbeiten für den Glasbläser ist und bleibt das mit der Leuchtgasflamme, und der Amateur kann sich recht leicht eine Gebläselampe, die wir fernerhin der Kürze halber Brenner nennen wollen, im Notfalle selbst herstellen. Wie schon erwähnt, denke ich immer auch an den Fall, daß man sich mit primitiven Mitteln helfen muß und nicht immer in der Großstadt oder in der Nähe derselben ist und sich sofort alles schaffen kann, was man braucht.

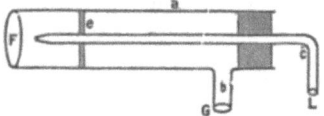

Abb. 8. Einfacher Brenner.

Der Brenner, den man sich selbst herstellen kann, besteht, wie in Abb. 8 ersichtlich gemacht ist, aus einem Metallrohr a, am besten aus Messing, von ungefähr 16—18 mm Weite und ca. 10—12 cm Länge, welches an beiden Enden offen, seitlich einen kleinen Ansatz b hat, der nicht weiter als 9—10 mm zu sein braucht und den Zweck hat, als Schlauchansatz zu dienen, daher nicht länger als 3—4 cm zu sein braucht. In dieses Metallrohr wird zentrisch ein engeres Metallrohr c eingeführt, welches ca. 5—6 mm weit ist, eine verengte Öffnung hat und leicht verschiebbar sein muß, um die Flamme einstellen zu können.

Mit einem Kork oder dergleichen fixiert, ist im Innern des weiten Rohres das Rohr c durch ein durchlochtes, siebartiges Plättchen e zentriert, auch kann hierzu ein Scheibchen aus Drahtnetz verwendet werden. Beim Tubus b wird nun Gas, bei L Luft eingeleitet und bei F angebrannt. Bei der Arbeit muß der Brenner in ein Stativ geklemmt und fixiert werden. Dies wäre nun der Bunsensche Gebläsebrenner in seiner einfachsten Herstellung, der, wenn er halbwegs gut gemacht ist, auch seine Dienste leisten wird.

Im Notfalle kann man sogar das Luftzufuhrröhrchen auch aus Glas herstellen.

Durch den Fortschritt und die Anforderungen, die die moderne Glasbläserei stellt, sind diese Brenner immer mehr und mehr vervollkommnet worden und werden in allen Formen und Größen, dem jeweiligen Zweck entsprechend, erzeugt. In Abb. 9—21 sollen Brenner veranschaulicht werden, wie selbe sich entwickelt haben.

Die Gebläselampen.

Aus den gewöhnlichen Gebläselampen und Hilfsmitteln ähnlich Abb. 6 und 8 haben sich mit der Zeit durch die allgemeine Einführung des Leuchtgases und unter dem Einfluß bekannter Chemiker wie Bunsen, Muencke u. a. Typen herausgebildet, wie sie in den Abb. 9—12 abgebildet sind. Diese Gebläselampen gewährleisten im Gegensatz zu den primitiven alten Hilfsmitteln eine gewisse Regulierbarkeit und Einstellungsmöglichkeit der Gebläseflamme infolge Einbau von Hähnen, drehbaren Brennerteilen und Gelenken, doch haben sie zumeist den Nachteil einer ungünstigen Hähneanordnung.

Eine durchgreifende Verbesserung wurde mit der Konstruktion der Gebläselampe Abb. 9 geschaffen, die vor langer Zeit von der Firma Gotthold Köchert & Söhne in Ilmenau herausgebracht, sich unter der Bezeichnung „Thüringer Modell" sehr schnell einführte und die älteren Typen Abb. 10, 11 u. 12 aus Glasbläsereien und Laboratorien ziemlich verdrängte. Die Vorteile dieser Gebläselampe „Thüringer Modell" liegen darin, daß sie eine schmale gedrungene Form aufweist, die Hähne dicht anliegen, somit wenig Raum beanspruchen und daß sie durch Einbau eines Kugelgelenkes in den Eisenfuß leicht in der Höhe und seitlich eingestellt werden kann. Diese Lampen werden mit Bohrungen von 4—12 mm hergestellt und eignen sich für kleinste und größte Flammen. Dadurch entsprechen sie auch den meisten Zwecken der Glasbläserei.

Abb. 9. Gebläsebrenner. Thüringer Modell.

Abb. 10. Lauschaer Brenner.

Eine Abart dieser Gebläselampe stellt die in Abb. 10 abgebildete sog. Lauschaer Gebläselampe dar, welche auf dem Arbeitstisch fest angeschraubt, jedoch sonst nach allen Seiten und in der Höhenstellung beweglich ist.

Abb. 11. Laboratoriumsbrenner.

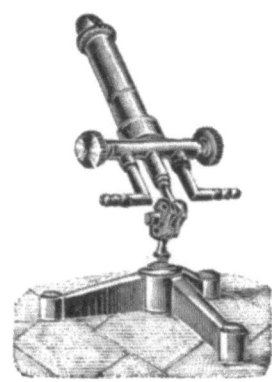

Abb. 12. Laboratoriumsbrenner.

War mit diesen Gebläselampen dem Bedürfnis der Glasbläsereien im allgemeinen Rechnung getragen, so nahm die Entwicklung dieser Werkzeuge doch trotzdem ihren natürlichen Lauf, indem von den verschiedenen Seiten versucht wurde, Sonderwerkzeuge und Sonderbrenner für engbegrenzte Spezialarbeiten herauszubringen. Diesem Drange folgend, fertigte sich ein Glasbläser eines abgelegenen Thüringer Walddorfes eine Gebläselampe mit mehreren Brennerdüsen aus Glas an, bei dem die Einzeldüsen radial nach innen gerichtet waren, um die Schmelzwirkung zu erhöhen und dadurch den Arbeitsprozeß zu beschleunigen.

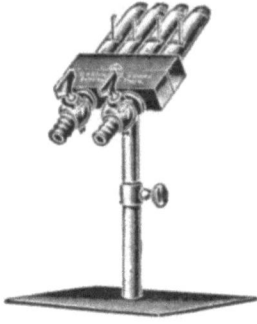

Abb. 13. Ampullenbrenner.

Diese Anregung oder vielleicht auch die Duplizität der Ideen veranlaßte wohl die Firma Bornkesselwerke, Berlin, einige Zeit nach der Jahrhundertwende eine bisher in der Glasbläserei nicht allgemein bekannte Brennertype herauszubringen, die nach demjenigen, welchem die Priorität der Veröffentlichung zukommt, Bornkesselbrenner genannt wurde.

Diese neu gearteten Gebläselampen boten gegenüber den vorher bekannten mancherlei Vorteile, die es mit sich brachten, daß sie sich schnell in größerem Maße einführten. An der Weiterentwicklung dieser neuen Brennertypen hat sodann auch die Firma Gotthold Köchert & Söhne in Ilmenau beachtlichen Anteil und beide genannten Firmen liefern heute eine große Auswahl recht guter Brenner für die verschiedensten Sonderzweige der Glasbläserei. Die Abb. 13 u. 14 zeigen Brenner, von denen Abb. 13 zur Herstellung von Ampullen, und für Glas-

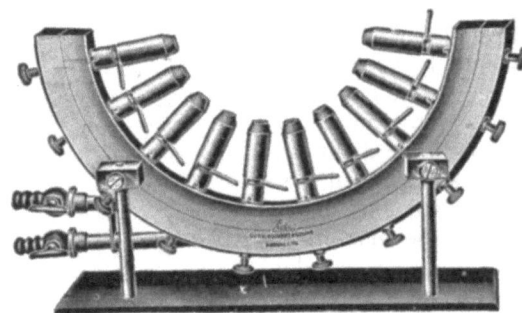

Abb. 14. Brenner für Massenarbeit.

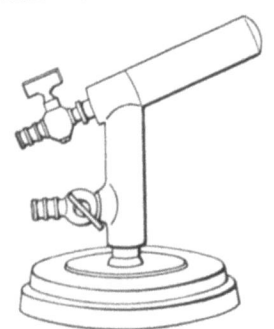

Abb. 15. Brenner für Apparatebau.

Abb. 16. Brenner für Apparatebau.

spinnereimaschinen, Abb. 14 für Massenherstellung von Tablettengläsern u. dgl. geeignet sind, während Abb. 15—18 ausgesprochene

Apparatenbläserlampen darstellen, weil sie mit einem einzigen Handgriff aus einer kleinen Spitzflamme eine große Brauseflamme und umgekehrt aus der letzteren die erstere erstehen lassen.

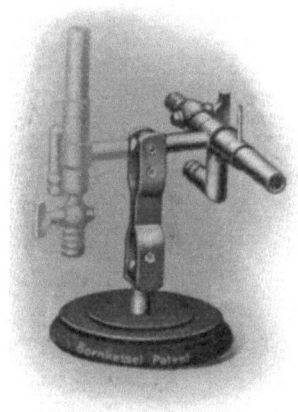

Abb. 17. Brenner für Apparatebau.

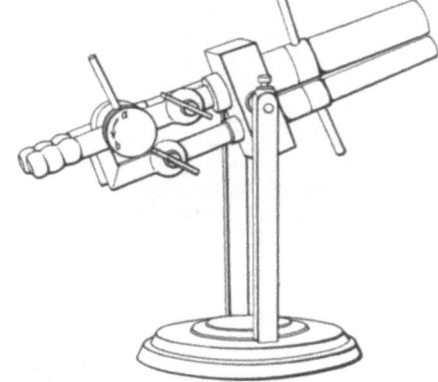

Abb. 18. Brenner für Apparate.

Für das Arbeiten des Glasbläsers an festliegenden Apparaten und Versuchsanordnungen, bei welchem die Flamme mit der Hand bewegt

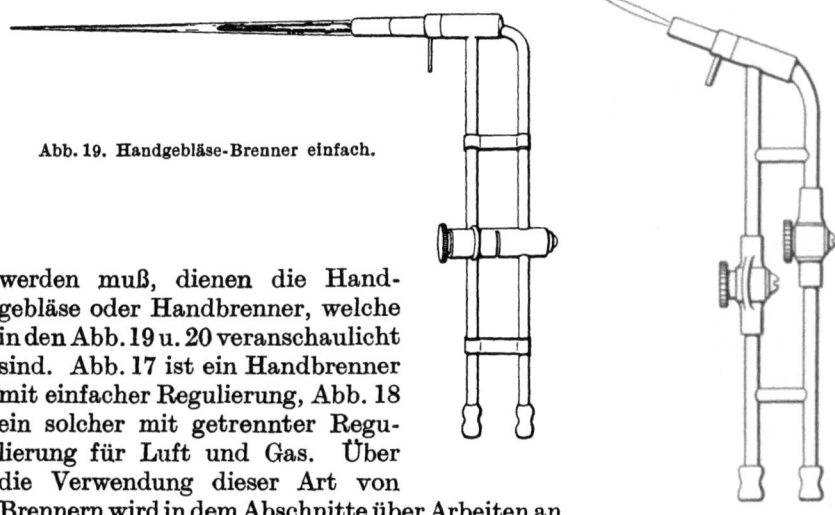

Abb. 19. Handgebläse-Brenner einfach.

werden muß, dienen die Handgebläse oder Handbrenner, welche in den Abb. 19 u. 20 veranschaulicht sind. Abb. 17 ist ein Handbrenner mit einfacher Regulierung, Abb. 18 ein solcher mit getrennter Regulierung für Luft und Gas. Über die Verwendung dieser Art von Brennern wird in dem Abschnitte über Arbeiten an der Quecksilber-Luftpumpe gesprochen werden.

Abb. 20.

Zur Verarbeitung von Quarz, worüber ein späteres Kapitel handelt, empfiehlt sich als Knallgasbrenner der in Abb. 21 dargestellte Brenner, der in Abb. 22 eine vollkommenere Ausführung zeigt und für Knallgas oder Dissougas geeignet ist, ebenso aber auch für Leuchtgas zur Ausführung kleinerer Arbeiten oder solcher mit Bleiglas.

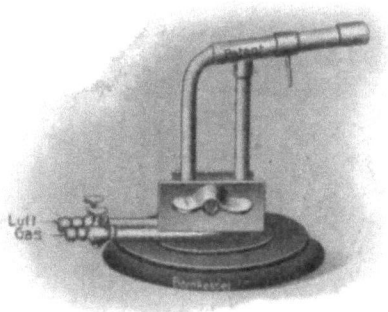 

Abb. 21. Knallgasbrenner für Quarz, einfach.   Abb. 22. Knallgasbrenner für Quarz mit Hähnen.

II. Die Druckluftvorrichtungen.

Zur Erhöhung der Hitze wird den Flammen Luft oder reiner Sauerstoff zugeführt. Um dies zu erreichen, benötigt der Glasbläser einen Luftstrom von bestimmter Stärke und konstanter Wirkung. Als älteste Vorrichtung hierfür ist wohl der Blasebalg zu nennen, der, obwohl er schon sehr alt, immer noch für den Glasbläser in Ermangelung von Wasser, Dampf oder Elektrizität, das beste ist.

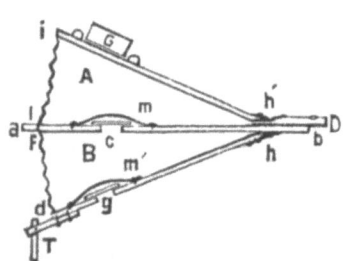

Abb. 23. Schematische Darstellung eines Tischblasebalges.

Als Blasebälge bringt unsere Industrie die verschiedensten Erzeugnisse auf den Markt, doch ist und bleibt der doppelte Blasebalg, in den Arbeitstisch eingebaut, immer noch der beste. Der doppelte Blasebalg soll in Abb. 23 beschrieben werden, so daß, wenn sich jemand einen solchen nicht oder nur schwer verschaffen, er sich denselben selbst anfertigen kann.

Doppelt wird der Blasebalg deshalb genannt, weil er aus zwei Räumen besteht, die in Abb. 23 mit A und B bezeichnet sind. A ist der Raum, in welchem die zum Luftstrome nötige Luft gesammelt und daher der obere Balg auch Windkessel genannt wird. Dieser wird durch das mittlere Brett $a\,b$, das obere Brett $i\,h'$ und den Lederüberzug $i\,l$ begrenzt. B ist der untere Balg oder Windfang und ist vom mittleren Brette $a\,b$, vom unteren Brette $d\,h$ und dem Lederbezug $f\,d$ gebildet. Das obere, wie das untere Brett sind bei h' bzw. h mit Scharnieren befestigt, um diese drehbar auf und ab zu bewegen.

Das mittlere Brett $a\,b$ und das untere Brett $d\,h$ besitzt jedes je zwei Ventile c bzw. g. Diese Ventile oder Klappen sind mit weichem Leder

(Wildleder) überzogene Brettchen, mit Scharnieren befestigt, die die in den Brettern angebrachten 4×8 cm großen Öffnungen bedecken, d. h. abschließen, wozu deren Ränder ebenso mit Wildleder beklebt sind. Um ein Umfallen der Deckel beim Einströmen von Luft zu verhüten, sind an denselben kleine Riemchen angebracht. Am mittleren Brette ist auch die Ausströmdüse D angebracht, von welcher aus der Luftstrom dem Brenner zugeführt wird. Am unteren Brette ist bei T eine Gabel angebracht, um es mit dem Tritte verbinden zu können, durch welchen die Luft vom Windfang in den Windkessel gepreßt wird.

Am oberen Brette wird ein Gewicht G angebracht, dessen Größe der beanspruchten Stärke des Luftstromes entspricht. Daß die Bretter, welche verwendet werden, gut trocken und ebensogut verleimt sein müssen, bedarf wohl nicht der besonderen Erwähnung, ebenso soll das Leder von guter Beschaffenheit und an den Stellen, wo es an das Holz geleimt wird, doppelt genommen werden, damit es nicht zu leicht ausreißt.

Der Vorgang ist nun folgender: Wird das untere Brett von T aus in der Richtung dF gedrückt, so öffnet sich c, und die Luft aus B wird nach A gepreßt. Mit dem Aufhören des Druckes bei T bewegt sich das untere Brett nach unten, es schließt sich c, wogegen sich g öffnet und neuerlich Luft ansaugt. Durch das Gewicht G wird die Luft von A bei D ausgeblasen und von dort durch einen Schlauch dem Brenner zugeführt.

Abb. 24. Thüringer Blasetisch.

Dieser Balg wird am besten in einen festen Tisch eingebaut, und so entsteht nun der Blasetisch des Glasbläsers, wie er in Abb. 24 gezeichnet ist. Der in der Abbildung ersichtliche Fußtritt bedarf wohl keiner Beschreibung. Die Platte des Tisches soll ca. ein Meter im Quadrat betragen, Seitenleisten haben und die Fläche mit Asbest bekleidet sein.

In vielen Anleitungen wird die Bekleidung des Tisches mit Metall usw. vorgeschlagen, dies alles verträgt sich aber nicht mit der Natur des Glases. Wenn es kein Asbest sein kann, so kann man Holzbrettchen verwenden, die man, wenn sie verbrannt sind, auswechseln kann, keinesfalls wird ein Glasbläser von Gefühl etwas anderes dulden.

Der Blasetisch dürfte so alt sein, wie die Glasblasekunst selbst, dürfte auch am leichtesten zu beschaffen und am billigsten sein, denn alle anderen Druckluftzerzeuger werden teurer, allerdings aber bequemer sein.

Zur Ausführung kleiner Arbeiten in Laboratorien, Apotheken, Krankenhäusern usw. werden kleine Tretgebläse verwendet, die nach ihrem Konstrukteur Fletscher benannt werden. Dieselben sind in den Abb. 25—29 abgebildet. Sie haben den Vorteil, weniger Raum zu beanspruchen, als die größeren Gebläsetische, dafür aber den erheblichen Nachteil, daß ihr Luftstrom nur gering und wenig gleichmäßig ist, große

Flammen sich also nicht damit erzielen lassen. Ein weiterer Nachteil ist die Empfindlichkeit der Gummiplatte, aus welcher der Windkessel besteht. Diese läßt verhältnismäßig bald an Elastizität nach, wird brüchig und zerreißt.

Hat man eine Wasserleitung von mindestens 1—2 Atm. Druck zur Verfügung und spielt der Verbrauch des Wassers keine besondere Rolle, so lassen sich damit ganz gute Druckluftvorrichtungen bauen und benützen.

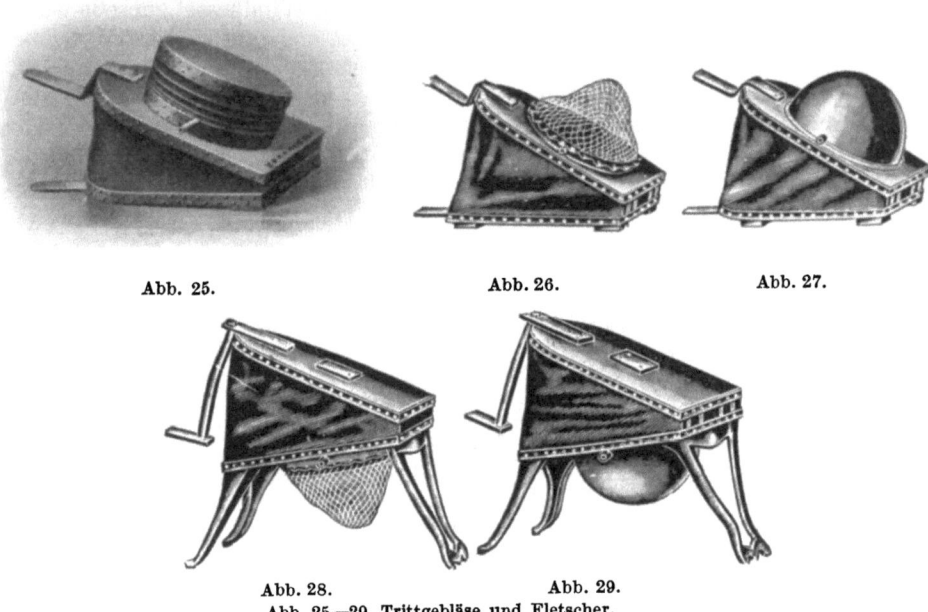

Abb. 25. Abb. 26. Abb. 27.

Abb. 28. Abb. 29.
Abb. 25—29. Trittgebläse und Fletscher.

Zuerst aber sollen immer Vorrichtungen beschrieben werden, die man sich im Laboratorium halbwegs leicht selbst herstellen kann. Das einfachste Wasserstrahlgebläse sehen wir in Abb. 30, das anzufertigen im Laboratorium auf keine besonderen Schwierigkeiten stößt. Besonders für Verhältnisse, wo der Wasserdruck nicht besonders stark ist, eignet sich die Anordnung Abb. 30. Eine Wasserluftpumpe mit gröberem Injektor wird mit einem möglichst langen Glasrohr b nicht über 7 mm lichte Weite versehen. Dies kann in der Gegend von c mit Gummiverbindung geschehen. Das Rohr b wird mit einem Kork in die Flasche d samt einem Winkelrohr e luftdicht eingekittet, ebenso das Rohr i. Wird nun der Rohransatz g durch einen Schlauch oder mit einem Holländer mit der Wasserleitung in Verbindung gebracht und strömt nun Wasser bei g ein, so wird durch den Injektor beim Rohransatz h Luft angesaugt und mit dem durch b ablaufenden Wasser in die Flasche mitgeführt. In der Flasche trennt sich Luft und Wasser, das letztere wird bei i herausgedrückt und die Luft unter dem Druck bei e ausgeblasen, der sich ergibt dem Drucke des Wassers in b und dem, der sich ergibt durch die Höhe des Bogens bei i. Von e weg kann der Luftstrom verzweigt, muß aber jedenfalls gedrosselt werden, da sonst das Wasser im Innern der Flasche zu hoch steigt. Je größer die zu verwendende Flasche ist, desto sicherer funktioniert der Apparat, über 3—4 Liter hinauszugehen, ist aber nicht nötig. Hat man zu diesem Zwecke keine Flasche mit Abzugtubus zur Verfügung, so kann man sich nach Art der Abb. 31 dadurch behelfen, daß man das Rohr i der Abb. 30 durch das Rohr F ersetzt, dasselbe aber etwas weiter nimmt und darauf sieht, daß es nicht als Heber wirkt.

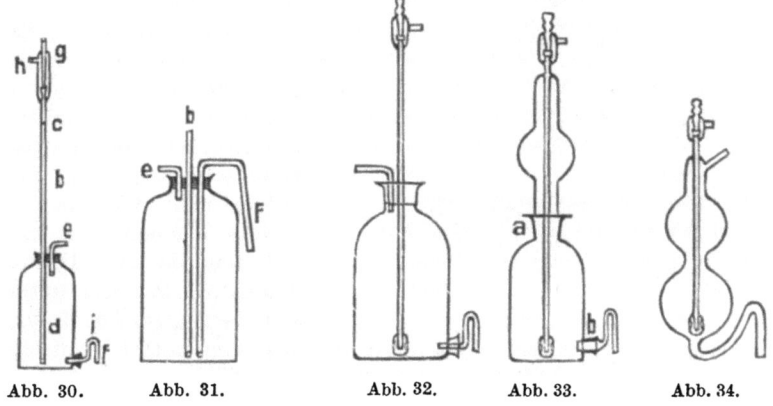

Abb. 30.   Abb. 31.   Abb. 32.   Abb. 33.   Abb. 34.
Hydraulische Luftdruckvorrichtungen.

Ist ein Wasserdruck vorhanden, der mindestens 2 Atm. beträgt, so braucht man das Rohr nur 35—40 cm lang zu machen und bringt am unteren Ende eine Vorrichtung an, daß sich in dieser Luft und Wasser trennt, welche Anordnung Abb. 32 zeigt. Das Ende hat beiderseits Öffnungen, die nicht kleiner als der doppelte Querschnitt des Rohres b in Abb. 30 sein dürfen, überhaupt möglichst groß sein sollen.

Diese Wasserstrahlgebläse sind alle bei einiger Geschicklichkeit von jedermann selbst herzustellen, der Berufsglasbläser aber stellt dieselben so her, daß sie dauerhafter und sicherer sind und auch dem Schönheitssinne Rechnung tragen.

Solche Wasserstrahlgebläse finden sich in den Abb. 33 u. 34 abgebildet. Zu Abb. 33 wäre zu bemerken, daß die Flasche mit 1½ l Inhalt groß genug und leicht zu reinigen ist, weil sie zerlegt werden kann. Sehr gut empfiehlt es sich, die Schliffe a und b mit einem leichtflüssigen Wachskolophoniumkitt einzukitten, welcher bei 40^0 schmilzt. Dieser Apparat kann auch als Arbeit für Amateure empfohlen werden. Der Apparat Abb. 34 ist schon ein Werk von höherer Glasbläserei und ist auf ein Brett montiert an der Wand angebracht eine Zierde jedes Laboratoriums, zumal derselbe nicht höher als 55 cm ist.

Einen Druckluftapparat, auch mit Wasser betrieben, jedoch kein Strahlgebläse, sondern eine doppelt wirkende Luftpumpe, welche schon bei ganz geringem Drucke arbeitet, finden wir in Abb. 35 vorgeführt. Sie

28   Anleitung zum Glasblasen.

ist aber nur für eine Flamme verwendbar, doch vollkommen ausreichend. Die Anordnung ist so getroffen, daß an der Pumpe ein Luftkessel angeschlossen ist (Kapselpumpe Gaede). Siehe Abschnitt Luftpumpen.

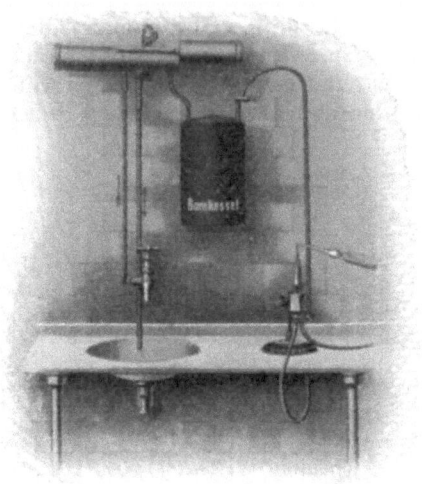

Abb. 35. Luftpumpe mit Wasserbetrieb als Druckluftvorrichtung.

Diese Anordnungen, um einen konstanten Luftstrom zu erzeugen, bedingen das Vorhandensein einer Wasserleitung, die ja eigentlich in jedem Laboratorium vorhanden sein soll.

Auch auf dem Gebiete der Drucklufterzeuger sind die beteiligten Firmen nicht müßig gewesen, sondern haben Apparate geschaffen, die von den Gebläsetischen und Blasebälgen nach Fletscher unabhängig machen. Es handelt sich um die sog. Druckluftgebläse, die mit Fest- und Leerscheiben sowie Ausrücker ausgestattet, mittels Transmission oder Elektromotor oder auch durch Kammräder mit einem Elektromotor direkt gekuppelt, von diesem angetrieben werden. Die Druckluftgebläse werden in verschieden großer

Abb. 36.   Abb. 37a.
Druckluftgebläse für Großbetriebe.

Ausführung hergestellt und zwar zum Betriebe von einer Gebläselampe bis zum Betrieb von ca. 100 Gebläselampen geeignet. Tatsächlich erfolgte in den letzten Jahren bereits die Umstellung der Drucklufterzeugung von Gebläsetischen zu Druckluftgebläsen in den weitaus meisten Betrieben der einschlägigen Glasindustrie, und es dürfte heute nur noch wenige kleine und mittlere Betriebe geben, die sich der altbewährten Gebläsetische bedienen; wird doch durch die Verwendung der Druckluftgebläse auch die Heizwirkung der Gebläseflammen erhöht, abgesehen davon, daß der Glasbläser in seiner Arbeit von der Nebenbeschäftigung des Tretens des Blasebalges befreit wird und sich somit ganz intensiv seiner Glasblasearbeit zuwenden kann.

Abb. 37 b. Druckluftgebläse mit Motor.

Gebläse nach dem gleichen System, jedoch zum Ansaugen des Leuchtgases wurden ferner geschaffen, um Gas mit niedrigem Druck aus der Leitung anzusaugen und unter genügendem Arbeitsdruck den Gebläselampen zuzuführen. Die Abb. 36 u. 37a, 37 b veranschaulichen einige solcher Gebläse in der gewöhnlichen Form mit Fest- und Leerscheibe und Ausrücker, in der Aggregatform mit mittels Kammrädern gekuppeltem Elektromotor auf gemeinsamer Grundplatte sowie ein Gasansaugegebläse bzw. Gasverdichter.

C. Die Werkzeuge des Glasbläsers.

Zum Schneiden der Glasröhren und Stäbe kann sich der Glasbläser, wenn er keine anderen und besseren Werkzeuge besitzt, einer kleinen, dreikantigen oder messerartigen Feile bedienen, die in jeder Werkzeughandlung zu haben ist. Diese Werkzeuge haben aber den Nachteil, daß sie sich sehr rasch abnützen und daher teuer kommen. Sind sie abgenützt, so kann man sie sich aber abschleifen oder schleifen lassen, sie führen dann die Bezeichnung „Schaber" und können außer zum Schneiden auch zu anderen Zwecken verwendet werden.

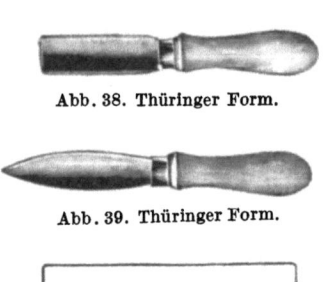

Abb. 38. Thüringer Form.

Abb. 39. Thüringer Form.

Abb. 40. Wiener Form.
Abb. 38—40. Messer zum Glasschneiden.

Wenn es sich um ordentliche Arbeit handelt und man genaue Schnitte führen will, muß man sich der Glasschneidemesser Abb. 38, 39 u. 40 bedienen, deren Handhabung später im Abschnitte „Schneiden und Sprengen" erklärt werden soll.

Um Glasröhren mit dem Diamant zu schneiden, dient das Werkzeug Abb. 41, worüber im obengenannten Abschnitte gesprochen wird.

Ein weiteres Werkzeug des Glasbläsers sind die Auftreiber Abb. 42 bis 49, welche aber noch verschieden an Winkel und Länge, wie Breite sein können, je nach dem Zwecke, dem sie dienen sollen. Mit den abgebildeten Größen findet man aber ganz gut das Auskommen. Die Auftreiber

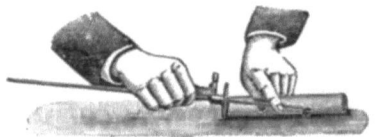

Abb. 41. Schneiden mit dem Diamant.

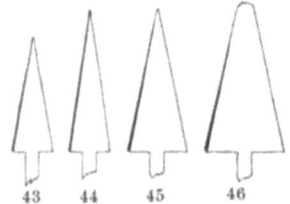

Abb. 42. Auftreiber.

Abb. 43—46. Auftreiberformen.

müssen aus Messing- oder Kupferblech hergestellt und an einem Eisenstiel in einem Hefte befestigt sein. Messingblech hat den Vorzug, daß es sich im warmen Zustande steifer hält, obwohl Kupfer in bezug auf die Natur des Glases besser wäre. Die Erklärung der Handhabung erfolgt später. Zum Auftreiben von Gegenständen, die nicht oder schwer gedreht werden können, benützt man die vierkantigen Auftreiber, wie sie Abb. 49 zeigt. Auch sollen diese in 3—4 Größen vorhanden sein und auch aus Messing gut hart gelötet hergestellt werden.

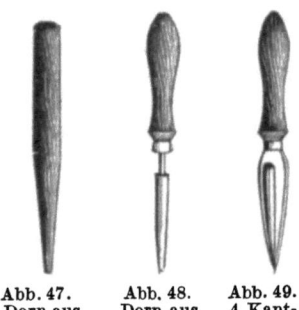

Abb. 47. Dorn aus Holz.
Abb. 48. Dorn aus Metall.
Abb. 49. 4 Kant-Auftreiber.

Zu dem gleichen Zwecke wird auch der in Abb. 48 gezeichnete Dorn verwendet, dieser ist aus massivem Messing konisch gedreht und man reicht mit solchem von ca. 10—12 mm Dicke aus.

Ein weiteres Auftreibwerkzeug sind die Holzkonusse in Abb. 47. Diese sollte man so wie die Auftreiber in vielen Stärken und Neigungen haben und sollen sie aus einem nicht leicht aufflammenden Holze sein, wozu sich am besten mittelharte Hölzer (Ahorn, Buchen) eignen. Hat man eine Drehbank zur Verfügung, sind sie leicht zu drehen, mit einiger Liebe zur Sache kann man auch solche Konusse mit Messer und Raspel herstellen und mit Glas oder Feuersteinpapier abreiben.

Abb. 50. Sprengdraht.

Zum Absprengen, worüber ein eigenes Kapitel handelt, werden Sprengdrähte, Abb. 50, verwendet. Als solche werden Kupferdrähte als besonders geeignet in einem Hefte befestigt und nach dem abzusprengenden Gegenstande halbrund gebogen, und zwar so, daß man das freie Ende irgendwo auflegen kann. Statt Kupfer kann auch wohl, aber nur, wenn nicht anders möglich, Messing oder Eisen verwendet werden, doch geht das wieder gegen die Natur des Glases und hält Kupfer die Wärme besser. Die Dicke des Drahtes soll je nach der Weite des Rohres 3—5 mm betragen, und es empfiehlt sich, diesen Kupferdraht vor dem ersten Biegen rotglühend zu machen und im Wasser abzuschrecken, wodurch er besonders weich und geschmeidig wird und sich gut anlegt.

Abb. 51. Eisen-Pinzette.

Von Wichtigkeit sind auch für den Glasbläser einige Pinzetten, Abb. 51, verschiedener Größe, jedoch aus Stahl oder Eisen, weil sie oft zum Anfassen glühenden Glases dienen müssen.

Abb. 52. Auflage-Holzleiste.

Zum Auflegen der heißen Gegenstände dienen Leisten mit Einkerbungen aus hartem Holze, Abb. 52, und zum freien Auskühlen von großen Sachen dienen Holzklötze, Abb. 53, mit Löchern von verschie-

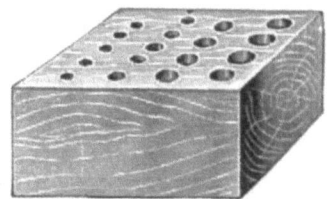

Abb. 53. Holzklotz.

dener Größe, die aus schwerem Holze hergestellt sind. Zum Auflegen der Röhren, besonders wenn sie lang sind, bedient sich der Glasbläser der Holzblöcke Abb. 54. Diese empfiehlt es sich in verschiedener Größe und Höhe zu haben, mit verschieden breiten Ausschnitten, um auch als Stütze beim Arbeiten zu dienen.

Zum Halten und zum Hineinblasen bei kleinen und kurzen Gegenständen dienen die Anstecker Abb. 55, die man sich in allen Größen selbst anfertigen kann. Ein konischer Kork wird genau zentrisch gebohrt und in die Bohrung ein Glasrohr eingeführt, das an seinem unteren Ende aufgerandelt ist, um nicht beim Anziehen aus dem Korke zu gleiten.

Abb. 54. Holzbock.

Zum Flachdrücken von Griffen an Stöpseln u. dgl. bedient man sich des Quetschers Abb. 56, den man sich auch aus Messingblech machen

Abb. 55. Anstecker.

Abb. 56. Quetsche.

Abb. 57. Holzklammer.

kann, am besten in zwei Größen, wovon der kleinere ca. 20 mm, der größere bis zu 40 mm breit sein kann.

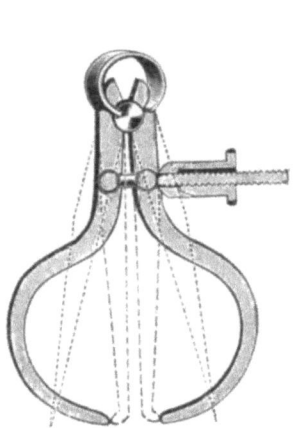

Abb. 58. Greifzirkel oder Taster.

Abb. 59. Greifzirkel mit Millimeterteilung.

Zum Halten von Drähten und kleinen Röhrchen bei der Arbeit leisten die Klammern Abb. 57 gute Dienste, welche man in Holz- und Spielereiwarenhandlungen bekommt.

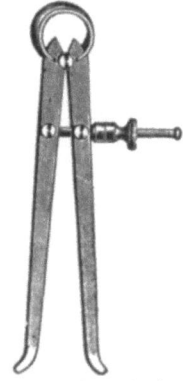

Abb. 60. Innentaster.

Zum Messen der Röhren bedient man sich der Werkzeuge Abb. 58 bis 63. Zum Feststellen und Festhalten bestimmter Durchmesser und Außenweiten gehört der Greifzirkel oder Taster 58. Zu demselben Zwecke und auch für Innenmessungen gehört der Taster oder Greifzirkel 59, an welchem auch eine Teilung in Millimeter angebracht ist. 60 ist ein Taster für Innenmessung, wie 58 ein solcher für Außenmessung ist. Das Beste ist wohl die Schublehre Abb. 61, welche sowohl für innere und äußere Messung eingerichtet ist und mit dem Nonius auf Zehntelmillimeter abgelesen werden kann. Ganz speziell für Innenmessung gehören die Maßkeile 62 u. 63, von denen wieder einer auf Millimeter, der andere auf deren Zehntel geteilt ist.

Es sind hier nur die allgemeinen Werkzeuge des Glasbläsers genannt und beschrieben, weil es nicht der Zweck dieses Buches ist, auf alle

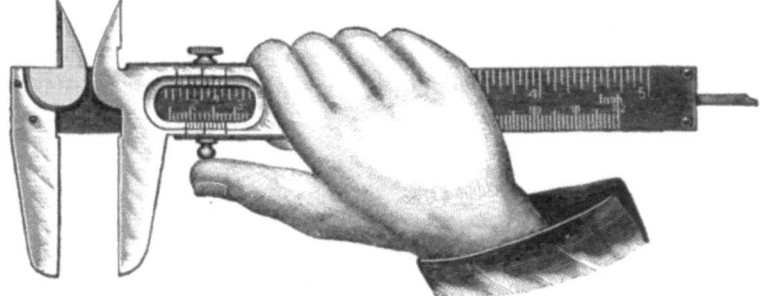

Abb. 61. Schublehre.

Spezialzweige der Glasbläserei einzugehen. Im Laufe der letzten Jahrzehnte, in welchen durch die Fortschritte von Wissenschaft und Technik auch die Glasbläserei ungeahnte Fortschritte machte, hat sich ein statt-

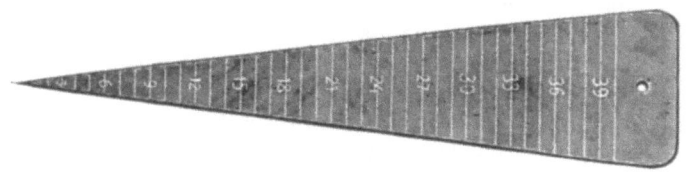

Abb. 62. Meßkeil in Millimeter.

licher Werkzeugpark herausgebildet, der nach Hunderten verschiedener Einzelwerkzeuge für Spezialzwecke zählt, deren Beschreibung allein viele Seiten beanspruchen würde.

Abb. 63. Meßkeil in 0,1 Millimeter.

Für diejenigen Leser, welche für derartige Sonderwerkzeuge Interesse haben, sei auf die Kataloge der einschlägigen wiederholt erwähnten Firmen für Glasbläsereieinrichtungen verwiesen.

D. Die Flamme.

Ein sehr wichtiger Umstand bei der Arbeit des Glasbläsers ist die Form und die genaue Kenntnis der Eigenschaften der Flamme in bezug auf ihre Hitzegrade. Diese sind nicht an allen Stellen gleich, und der Verfasser hat in seiner langjährigen Unterrichtspraxis die Wahrnehmung gemacht, daß die Anfänger oft wie Farbenblinde über und unter der Flamme sind und nur dort nicht das Glas hinhalten, wo es am schnellsten und gleichmäßigsten richtig warm wird.

Den richtig entsprechenden und notwendigen Teil der Flamme anzuwenden und auszunützen, muß eben auch gelernt werden. Wohl weiß der Verfasser ganz gut, daß der Anfänger beim Glasblasen auf eine ganze Reihe von Umständen und Verrichtungen sehen soll, und daß er vor lauter Beobachten die eine über die andere vergißt und auch öfter dafür bestraft wird, weil ihm die mit Eifer und im Schweiße hergestellte Arbeit zer-

Abb. 64. Brausende Flamme.

springt, oder daß er leiblich bestraft wird und sich die Finger verbrennt, was aber eigentlich sein muß, da dies zur Verhärtung der Daumen- und Zeigefingerhaut führt, und dann die besten Glasbläserfinger ergibt.

Die Flamme, die der Brenner hervorbringt, ist an ihren verschiedenen Stellen auch verschieden heiß, und es soll in Abb. 64 nach Tunlichkeit diese Eigenschaft erklärt werden.

Bei a findet die Mischung des Leuchtgases mit der Luft statt, deren Sauerstoff die Heizkraft erhöht. An dieser Stelle ist daher die Hitze am geringsten und nimmt gegen die Längenmitte der Flamme zu. In dem Kegel a bis b findet die eigentliche Mischung von Gas und Luft statt, es ist daher in der Mitte des Kegels die Hitze am geringsten, während sie sich erst an der Spitze des blauen Kegels ganz entwickelt. In dem Teile b bis $b\,1$ ist die Zone der größten Hitze, und zwar eine Temperatur von $1600^0\,C$ vorhanden, und dort muß das Glas erwärmt werden, wenn es richtig heiß werden soll. Die Zone $b\,1$ bis c ist zwar weniger heiß, aber noch heiß genug, um große Strecken zu erwärmen und beim Nachwärmen zu dienen.

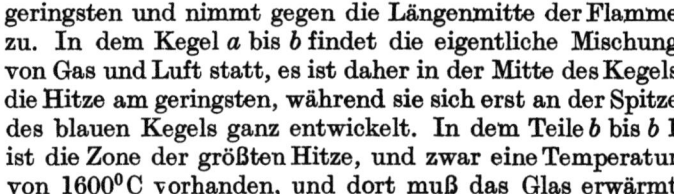

Abb. 65. Luftdüsen.

Abb. 66. Kleine Brauseflamme.

Die Zone $a\,b$ der Flamme wird die Reduktionsflamme genannt, während der Teil $b\,1$ bis c die Oxydationsflamme ist.

Diese Teile müssen sehr gut beachtet werden und kommen später bei der Bearbeitung des Bleiglases zur Erklärung.

Je nachdem die Flamme zu einer besonderen Arbeit dienen und verschieden groß, schwach oder stark sein soll, setzt man in das die Luft zuführende Rohr eine kleinere oder größere Düse ein, die sich der Glasbläser selbst aus engen Röhrchen macht, die in das innere Rohr des Brenners streng hineinpassen und dann mit feinem Papier umwickelt eingepaßt und die „Bläser" genannt werden. Die Form in Abb. 65 ist die bestbewährte. Solche Bläser lassen sich in allen Abstufungen herstellen.

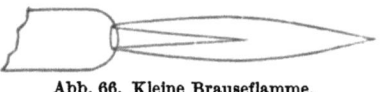

Abb. 67. Düsen für Bleiglasbearbeitung.

Zu ganz zarten Arbeiten und auch zum Sprengen kann man mit einem feinen Bläser von ungefähr 0,1 mm bis 0,2 mm Weite eine zarte, Abb. 66 darstellende Flamme erzielen, deren Spitze bei der Arbeit verwendet wird.

Zum Bearbeiten von Bleiglas machen sich die Glasbläser eigens geformte Bläser zurecht, die in Abb. 67 vergrößert gezeichnet sind. Diese Bläser haben eine Mündung, mit meist 7 Kanälchen, die so gruppiert sind, daß die mittlere einen Durchmesser von ca. 0,5 mm und die sechs um sie angeordneten je eine Öffnung von ca. 0,2 mm haben. Bei Anwendung solcher Bläser, die auch wieder verschieden groß gemacht und vorrätig gehalten werden, erreicht man die Flamme Abb. 68, die sich bei Bleiglas bewährt hat.

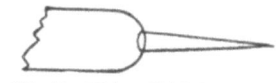

Abb. 68. Kleine Stichflamme.

Die Herstellung derselben wird sich aus den späteren Anleitungen ergeben.

Zur Arbeit haben wir also Flammen mit großer Luftzufuhr, rau-

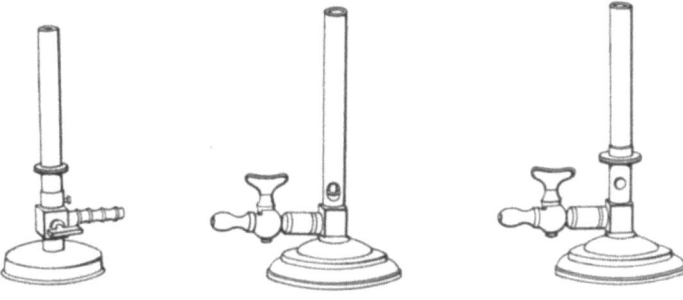

Abb. 69. Bunsenbrenner.

Abb. 70. Bunsenbrenner ohne Regulierung.

Abb. 71. Bunsenbrenner mit Regulierung.

schende und brausende Flammen genannt, oder solche mit kleiner Luftzufuhr (feiner Bläser), welche Stich- oder Spitzflammen genannt werden, worauf bei der Erklärung der betreffenden Arbeit hingewiesen sei. Siehe Bunsenbrenner usw.

Als Heizflammen, aber nicht zum Glasblasen, kommen noch der Bunsenbrenner in der Werkstätte, Blaubrenner genannt, der Mekerbrenner und der Flötenbrenner in Betracht. Sie können als Vorwärmflamme und bei der Abstellung der Luftzufuhr als Kühlflamme angewendet werden.

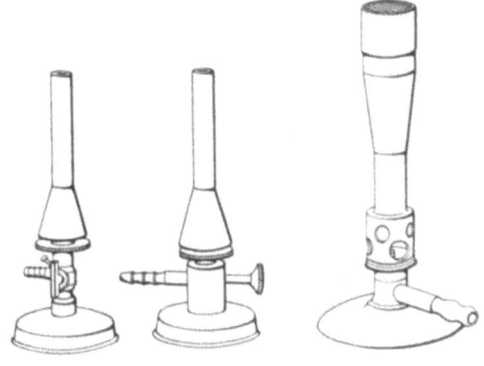

Abb. 72. Abb. 73. Teclu-Brenner, Regulierung verschieden.

Abb. 74. Mekerbrenner.

Der Bunsenbrenner Abb. 69 wird in allen Größen gebaut und kann, wie Abb. 70 u. 71, mit einem Hahn versehen werden.

Abb. 72 u. 73 ist ein **Bunsenbrenner**, rekonstruiert von Teclu, an welchem die Luftzufuhr durch eine drehbare Platte und die Gaszufuhr durch eine Schraube sehr genau und zart nuanciert werden kann.

Der **Mekerbrenner**, Abb. 74, ist für hohe Temperaturen geeignet und dient besonders zum Glühen. Zur Erhitzung langer Strecken dient

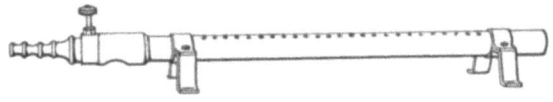

Abb. 75. Flötenbrenner.

die **Heizflöte** Abb. 75, die verschieden lang hergestellt werden kann. Durch das Aufschieben eines geschlitzten, dicht passenden Rohres auf die Flöte kann man die Flammen auf jede Länge richten und diese Flöten eignen sich sehr gut zum Biegen von Röhren und zum Glühen der Thermometer beim Füllen mit Quecksilber.

E. Das Glasblasen.

Die zu verarbeitenden Röhren werden nach den benötigten Dimensionen ausgewählt und es wird darauf gesehen, daß sie mit keinem der schon vorn erwähnten Fehler behaftet sind. Besonders ist darauf zu sehen, daß alle Röhren von gleicher Provenienz sind, da es sonst leicht geschehen kann, daß alle Mühe umsonst und die Arbeit verloren und verdorben ist, wovon noch die Rede sein wird.

Falls man bei irgendeinem Glase im Zweifel ist, empfiehlt es sich, ein Stückchen davon zu glühen und wieder zu glühen, und zu sehen, ob es sich verändert oder entglast. Weiter schmilzt man es mit einem zweiten zu prüfenden zusammen und zieht die vereinigte und verschmolzene Stelle, um zu sehen, ob sich beide gleich ziehen, gleich geartet und daher gut zu brauchen sind.

Um das Glas auf seine Qualität zu prüfen, setzt man ein Stück davon durch eine bestimmte Zeit in einem Autoklaven hochgespanntem Wasserdampf aus, wobei eine Zersetzung eintritt, deren Grad vom Alkaligehalt des Glases abhängt. Je besser das Glas ist, d. h. je weniger Alkali es enthält, desto weniger wird es angegriffen. Zur genauen Unterscheidung der angegriffenen Gläser untereinander bzw. ihrer Zersetzung photographiert man dieselben, weil die Platte die zarten feinen Abstufungen der Zersetzung besser unterscheidet, als das menschliche Auge.

Eine andere Methode zur Prüfung des Glases ist die von Mylius in der deutschen Reichsanstalt eingeführte Jodeosinprobe. Zur Herstellung der Reagenzflüssigkeit dieser Probe wird der käufliche Äther mit etwas Wasser versetzt und gesättigt, indem man ihn in einem Schütteltrichter schüttelt. Nach dem Abscheiden des überflüssigen Wassers wird in 100 cm^3 Äther 0,1 g Jodeosin (im Handel Erythrosin genannt) gelöst, wodurch man eine orangegelbe Flüssigkeit erhält. Zur Prüfung des Glases wird aus demselben eine Art Proberöhre gemacht und die Reagenzflüssigkeit eingefüllt. Nach 24 Stunden wird die Flüssigkeit abgegossen und mit Äther nachgespült. Es zeigt sich dann am Glase, das von der Flüssigkeit berührt war, eine rote Färbung, die um so stärker hervortritt, je schlechter das Glas ist. Man kann auch umgekehrt von dem zu prüfenden Glase ein Stück in einem Gefäße 24 Stunden in die Flüssigkeit legen und dann abspülen.

Auch der Bleigehalt des Glases ist von Bedeutung, weil derselbe das Glas zur Herstellung von Vakuumröhren, besonders Röntgenröhren, ganz untauglich macht. Diese Prüfung auf Blei geschieht am besten in den Kathodenstrahlen (siehe Abschnitt Vakuumröhren), wodurch der geringste Gehalt an Blei unzweifelhaft qualitativ festgestellt wird.

Bevor man jedoch mit der Arbeit beginnt, soll man sich überzeugen, ob alle zur betreffenden Arbeit erforderlichen Röhren vorhanden sind, damit man ungestört fortarbeiten kann. Sollte es vorkommen, daß die erforderlichen engeren Röhren nicht vorhanden sind, und man von diesen nicht zu lange Stücke braucht, kann man sich dieselben selbst aus Stücken von weiteren Röhren herstellen. Oft muß man dies unbedingt machen, wenn es sich um Röhren und Teile für das Innere der Apparate handelt. Diese Kunst wird im Abschnitte „Ziehen von Kapillarröhren" erklärt werden.

Das Reinigen der Glasröhren ist eine weitere Vorarbeit, welche nicht warm genug empfohlen werden kann, weil eine Außerachtlassung dieser Mahnung die aufgewendete Mühe und Arbeit wertlos und schlecht machen kann. Am schönsten und reinsten sind wohl die Röhren, wenn sie der Glasbläser frisch vom Zuge aus der Hütte bekommen kann. Diesen Vorteil können aber nur wenige Glasbläser genießen, es ist daher unbedingt notwendig, die Röhren zu reinigen. Meist sind die Röhren durch Staub oder Schmutz vom Transporte in den Kisten und vom Lagern in den Magazinen und schließlich noch vom Stehen in der Werkstatt und im Laboratorium verunreinigt. Ein wichtiger und sehr zu beherzigender Rat ist der, auf das Innere wie auf das Äußere der Röhren sehr bedacht zu sein. Beim Reinigen der Röhren sollen diese nicht mit jedem beliebigen Material in Berührung kommen. Auf das entschiedenste sind Drähte und Stäbe aus Eisen oder Stahl verboten. Wenn schon mit Draht gereinigt werden muß, was ja vorkommen kann, so ist solcher aus Kupfer oder Messing zu verwenden, wovon jenes am besten ist. Wenn Röhren sehr stark verschmutzt oder, wie es oft der Fall ist, vom Kühlen mit einem grauen Anflug, vom sog. Hüttenrauch, behaftet sind, ist vorerst eine Behandlung mit verdünnter Salzsäure zu empfehlen, der ein tüchtiges Waschen mit Wasser folgen muß. Eine solche Verunreinigung kommt nur bei sehr starken Röhren, wie z. B. Wasserstandsröhren, vor, die einer langen und guten Kühlung unterzogen werden. Ebenso wenig wie Stahl und Eisen dürfen Glasröhren und Stäbe zum Auswischen der zu verarbeitenden Röhren verwendet werden, außer wenn sie etwa mit Papier und dergleichen umhüllt wären. Alle auf diese Art gereinigten Röhren sind für die Arbeit ganz und gar unbrauchbar und widerstreben dem Gefühle des gewissenhaften Glasbläsers, weil die eine die andere ritzt und sie dadurch in der Flamme zerspringen.

Die sichere, den Wert der guten Röhren nicht herabsetzende Reinigung erfolgt am besten mit der „Durchziehschnur". Diese ist je nach der Weite der Röhren dünn oder dick, auf alle Fälle muß sie aber sicher von großer Zugfestigkeit sein. Diese Schnur wird um ca. ein Viertel länger als die Röhre genommen und an ihrem einen Ende mit einer kleinen festen Schlinge versehen, welche zur Aufnahme von Leinen oder Wollfetzchen dient, die aber rein und trocken sein müssen. Am anderen Ende befestigt man je nach Bedarf ein Bleistückchen, am besten Bleidraht, um die Schnur durch Hineinwerfen desselben leicht durch die Röhre bringen zu können. Soll nun das Reinigen der Röhre erfolgen, so versieht man die Schlinge mit so vielen Streifen Leinen- usw. Abfällen, daß sie der Weite der Röhre als „Wischer" entsprechen und läßt den Bleidraht durch das Rohr fallen. Durch das Daraufstellen mit dem Fuße hält man das Ende am Fußboden fest und zieht die Röhre bei Beobachtung des Wischers, daß dieser gut, aber nicht zu streng sich an die Röhrenwand preßt, in die Höhe und dadurch den Wischer durch das Rohr. Diese Operation soll das erste Mal mit ganz trockenem Wischer vor sich gehen, so daß der Staub weggewischt wird, sodann erfolgt derselbe Vorgang, nur muß jetzt, bevor der Wischer hineingezogen wird, in das Rohr mäßig hineingehaucht werden, wodurch nunmehr die anhaftenden Schmutzteilchen entfernt werden. Dann sieht man, indem man das eine Ende der Röhre gegen eine Lichtquelle und das andere Ende an das Auge bringt, durch die Röhre, ob die Wandung hell und rein glänzt. Sollte dies nicht der Fall sein, so muß das Durchziehen mit Hineinhauchen wiederholt und diese Reinigung mit einem Durchzug ohne Einhauchen mit frischem Läppchen beendet werden. Sollten Röhren jedoch derart verschmutzt sein, daß diese Methode, die den Röhren am zuträglichsten ist, und von der nie oder nur im äußersten Falle abgegangen werden soll, zur Reinigung nicht führt, so kann man nach dem ersten Durchwischen ein feuchtes Läppchen durchziehen und dann mit trockenem Läppchen wiederholt nachziehen, bis das Ziel erreicht ist. Es ist keine Marotte des Verfassers, über die Reinigung der Röhren sich so zu verbreiten, sondern seine mehr als vierzigjährigen Erfahrungen haben es ihm oft gezeigt, daß in keiner Weise und nirgends soviel gesündigt wird, wie auf diesem Gebiete und besonders in den Werkstätten.

Das Durchziehen ist aber natürlich nur bei Röhren möglich, die über 5 mm Lichte haben, bei welchen man schon dünne Bindfaden verwenden kann.

Ein Umstand ist jedenfalls noch erwähnenswert, das ist der, wenn beim Durchziehen das Läppchen zu groß geraten oder wenn das auszuputzende Rohr konisch ist. Im letzteren Falle ist es geraten, von der engeren nach der weiteren Seite durchzuziehen. In beiden Fällen kann es aber vorkommen, daß das Läppchen sehr strenge geht und die Gefahr des Abreißens der Schnur und das Steckenbleiben des Läppchens eintritt. Dies wird verhindert, wenn man den von dem Läppchen noch zu passierenden Teil des Rohres von da an, wo das Läppchen steckt, anwärmt, jedoch nur so viel, daß nicht etwa das Läppchen und die Schnur verkohlen, also am besten nicht über 100—120°, wobei man an der Schnur gleichmäßig zu ziehen beginnt.

Sehr zweckmäßig eignen sich auch zur Reinigung von kürzeren Stücken Holzstäbe, wie solche in allen Dicken aus hartem und weichem Holze im Handel sind.

Diese Stäbe sollen im Laboratorium wie in der Werkstatt nicht fehlen, denn sie leisten gute Dienste, wenn es sich darum handelt, im Innern der Apparate hantieren zu müssen. Bei der Verwendung macht man das eine Ende des Stabes mit einem Messer rauh, indem man kleine Schnitte führt, damit sich kleinere Widerhäkchen bilden, die zum Festhalten von Baumwolle oder Läppchen dienen, die fest umgewickelt werden, und die dann ganz und gar ungefährliche Wischer darstellen. Doch auch bei diesen Wischern kommt es, besonders bei noch Ungeübten vor, daß das Läppchen sich vom Stäbchen trennt und dann stecken bleibt. Geschieht dieses in einem an beiden Seiten offenen Rohre, so kann durch Durchstoßen des Pfropfens leicht geholfen werden. Anders und oft sehr unangenehm ist die Sache, wenn man dem Pfropfen nur von einer Seite beikommen kann. In solchem Falle spitzt man den Holzstab und rauht ihn an, befeuchtet die Spitze ganz schwach und sucht nun mit dieser zwischen Glaswand und Lappen zu kommen. Ist dies gelungen, so dreht man den Stab und sucht die Fasern des Lappens umzuwickeln. Ist das geglückt, so zieht man sachte unter Drehen und wiederholt dies bis zum Erfolg. Steckt aber der Pfropfen so fest, daß er diesem Angriffe trotzt, so muß man schon energischer angreifen. Zu diesem Zwecke nimmt man einen steifen Kupferdraht und versieht ihn an seinem Ende mit einem kleinen Häkchen, welches möglichst scharf gemacht ist. Mit diesem sucht man den Pfropfen anzubohren, was durch Drehen des Drahtes zwischen den Fingern erreicht wird, und sucht sanft drehend den Pfropfen zu lockern und dann zu heben und zu entfernen. Ist diese Operation in einem umfangreichen Apparate vorzunehmen, so kann man sich an das Ende des Drahtes eine kleine aber scharfe, entsprechend starke Holzschraube, deren Kopf man abzwickt, anlöten. Der so hergestellte Draht wirkt dann so wie ein Korkzieher, indem man die Schraube in den Pfropfen so gut als möglich hineinschraubt. Allerdings ist zu dieser Arbeit Geduld und wieder Geduld nötig, die ja die erste und beste Eigenschaft des Glasbläsers und jener, die es werden wollen, sein soll. Diese sich selbst anzuerziehen, was bei einigem guten Willen und Freude an der Kunst gewiß gelingt, kann nicht warm genug empfohlen werden.

Einer der vielen Herren, die ich in die Glasbläserei einzuführen Gelegenheit hatte, ein Arzt aus Argentinien, äußerte sich bei einer solchen Geduldsprobe dahin, daß man zum Glasblasen besonders einige hundert Kilo Geduld haben müsse. Ich grüße ihn an dieser Stelle.

Dies wäre also die Reinigung der Glasröhren auf die einfachste Art, wenn es eben die Dimension erlaubt.

Die Reinigung von Röhren, die zu enge sind, um durchgezogen werden zu können, erfolgt dadurch, daß man zuerst durch sie Chromschwefelsäure schüttet oder mit einer Vorrichtung saugt und sofort gut mit Wasser, am besten mit warmem, tüchtig nachspült und zum Schlusse mit reinem Alkohol nachwäscht. Nach dieser Operation wird das Rohr so auf ein Tuch oder Filtrierpapier aufgestellt, daß der Alkohol abläuft und gleich aufgesaugt wird, das obere Ende aber frei in den Raum ragt und mit einem reinen Lappen bedeckt ist. Nachdem das Rohr mehrere Stunden gestanden, trocknet man es vollends, indem man trockene und reine Luft durchleitet, die über Schwefelsäure und Chlorkalzium geleitet wurde. Eine schwache Erwärmung des Luftstromes durch eine Vorlage aus Kaliglas fördert die Arbeit wesentlich.

Die erwähnte Chromschwefelsäure ist wohl zur Reinigung von Glasapparaten und Glasröhren am besten zu empfehlen, sie soll auch in keinem Laboratorium und keiner Werkstatt fehlen, wo Glas geblasen wird. Man stellt sie sich selbst her, indem man chromsaures Kali (Kaliumbichromat) fein pulvert, dieses Pulver in konzentrierte Schwefelsäure gibt und es einige Stunden stehen läßt. Diese Säure ist ein sehr gutes Mittel zur Reinigung aller Arten von Gefäßen und für alle Grade von Verunreinigungen; man muß bei Apparaten, z. B. Quecksilberluftpumpen usw., die sehr stark verunreinigt sind, diese mit der Säure füllen, und, wenn es geht oder sein muß, tagelang stehen lassen, dann allerdings sehr gut waschen, am besten warm (nicht heiß) und zuletzt wieder Alkohol und nach dem Abtropfen wieder trockene Luft einleiten.

Die Reinigung der Kapillaren, ganz besonders der feinen und feinsten Thermometerröhren, wurde lange Zeit als ein Ding der Unmöglichkeit hingestellt. Der Verfasser hat sich schon vor 20 Jahren Mühe gegeben, diese Aufgabe zu lösen, und es gelang ihm dies durch die Anordnung einer Reihe von Vorrichtungen, die in folgendem erklärt werden sollen.

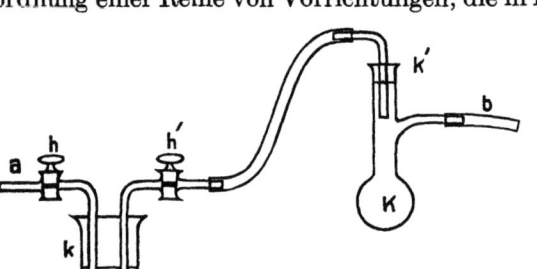

Abb. 76. Apparat zur Reinigung der Kapillaren.

Der Apparat Abb. 76 zur Reinigung der Kapillaren wird bei a mit einem Vakuumschlauch an eine Luftpumpe angeschlossen. Diese Luftpumpe kann eine Wasserstrahlluftpumpe oder eine wie immer geartete Pumpe sein, nur soll sie rasch und gut saugen und eine möglichst gute Verdünnung schaffen. Am besten arbeitet diese Vorrichtung bei einem auf 30 bis 40 mm verminderten Drucke.

Die Luftpumpe wird, nachdem sie bei a angeschlossen ist, in Tätigkeit gesetzt, indem der Hahn h geöffnet und der Hahn h' geschlossen wird. Es wird daher nur die Flasche A ausgepumpt, was nach kurzer Zeit, je nach Leistung der Pumpe, geschehen sein wird. Um das Reinigen der Kapillare auszuführen, wird nun diese bei b angesteckt und darauf gesehen, daß dies absolut luftdicht geschieht. Nun wird der Hahn h' geöffnet und das freie Ende der Kapillare in ein Schälchen gehalten, das mit Chromschwefelsäure gefüllt ist. Man beobachtet nun, wie und ob die Säure angesaugt wird und hebt das Ende heraus, sobald es ca. eine 30 cm lange Säule angesaugt hat und die Säure im Röhrchen am Wege nach dem Kölbchen K angelangt ist. Ist dies geschehen, bringt man das freie Ende in möglichst heißes Wasser und läßt die Kapillare damit vollsaugen, hebt die Röhre aus dem Wasser, welches nach dem Kölbchen gesaugt wird, und mit Effekt, wenn alles im Röhrchen ist, nach K geschleudert wird. Jetzt taucht man das Ende, nachdem es außen abgewischt ist, in Alkohol und läßt es ca. 50 cm ansaugen, sodann wird es aus dem Alkohol genommen und an die Waschflasche, Abb. 77, bei b' gesteckt, die die angesaugte Luft trocknet und zugleich den sicheren Durchgang beobachten läßt. Diese Waschflasche soll möglichst klein und mit konzentrierter Schwefelsäure gefüllt sein. Bei dieser Operation können die Kapillaren in ganzer Länge genommen werden, auch sollen sie, nachdem man ca. 10—15 Minuten oder länger Luft durchgesaugt hat, sofort an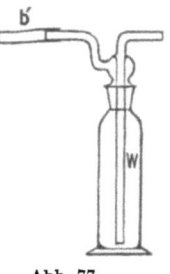

Abb. 77. Waschflasche.

den Enden versiegelt oder zugeschmolzen werden. Durch diese Vorsicht sind die Röhren wohl auf lange Zeit geschützt, doch ist es am besten, die Röhren frisch zu verwenden, weil nach einiger Zeit in der verschlossenen Röhre sich wieder Ausscheidungen zeigen, die, wenn auch mit dem Auge kaum wahrzunehmen, doch vorhanden sind und bei Präzisionsinstrumenten unangenehm werden könnten.

Bei sehr dünnen Kapillaren muß man sich an den Enden weitere Röhrchen ansetzen, um bei b und b' sicheren Schluß zu erhalten.

Das Verhalten der Röhren in der Flamme ist ebenso verschieden, wie seine Arten, es muß daher jede Glasgattung und Dimension verschieden behandelt werden. Auch die Schärfe der Flamme ist je nach der zu verarbeitenden Glasarten verschieden zu wählen. Unter scharfer Flamme versteht man, daß man den Luftstrom stark, d. h. ungedrosselt, oder nur ganz wenig gedrosselt läßt, während die schwache Flamme mit sehr gedrosseltem Luftstrom zu verstehen ist, jedoch darf diese Drosselung nicht so weit gehen, daß die Flamme leuchtet und rußt. Starke Röhren dürfen nicht sofort in die Flamme gebracht werden, ebenso weitere Röhren, weil sie sonst gern zerspringen, besonders die Enden, die ja überhaupt auf dem Transporte und auf dem Lager am meisten angestoßen und auch leichter verkratzt werden. Sehr starke Röhren, wie Wasserstandsröhren, Barometerröhren usw. müssen langsam vorgewärmt werden, was man am besten dadurch erreicht, daß man den zu erwärmenden Teil über die kleine Flamme eines Bunsenbrenners bringt, jedoch ziemlich hoch über die Spitze derselben. Allmählich bringt man die Stelle, die erhitzt werden soll, der Flamme näher und geht dann in die leuchtende Flamme des Gebläsebrenners über. Dieses sog. Vorwärmen hat, je stärker oder weiter die Röhren sind, desto vorsichtiger und länger zu geschehen. Schwache und auch dünne Röhren können unmittelbar in die Flamme gebracht werden, doch darf diese nicht scharf sein, weil sonst die Röhren, besonders dem Anfänger, sich sehr rasch deformieren und leicht zusammenfallen und faltig werden.

Alle diese Erscheinungen zu beobachten und zu erfassen, muß sich aus der Übung ergeben, bei dieser darf aber die Geduld und Langmut, sowie Eifer und Freude nie versagen und etwaige, sich sicher einstellende Mißerfolge nie verdrießlich machen.

Noch eines möchte ich dem sich der Erlernung des Glasblasens Hingebenden ans Herz legen und folgenden Grundsatz auf das wärmste empfehlen:

Es möge bei den Übungen im Anfange nie zum Übergang auf die nächste Übung geschritten werden, wenn nicht die vorherige gut und richtig ausgeführt und erlernt worden ist.

Dies gilt vor allem vom Ziehen der Spitzen, welches besonders und mit größter Ausdauer geübt werden muß, weil durch diese Arbeit gerade die Hände und Augen geübt werden und das Drehen am besten erlernt wird.

Der Verfasser kann ruhig die Versicherung geben, daß, wenn seine pädagogisch geordnete, seit 40 Jahren bewährte Methode genau eingehalten wird, der Erfolg eintreten muß, ebenso wolle es nicht mißgedeutet werden, wenn der Verfasser immer und immer wieder einzelne Handgriffe betont und oft wiederholt. Sie haben dann gewiß begründete Bedeutung.

Einen sehr großen Teil der Kunst stellt das Halten, Drehen und Erhitzen der Röhren bzw. der in Arbeit befindlichen Sachen dar, denn es wird, die tadellose Beschaffenheit des Materials vorausgesetzt, durch richtig ausgeführtes Drehen, Erhitzen und Halten das Glas auch richtig und gut warm werden und sich so formen und ziehen, wie es sein soll und wie man es haben will.

Um ruhig und sicher arbeiten zu können, muß der Glasbläser so vor dem Blasetische sitzen, daß die Flamme sich vor seiner Brust befindet. Die beiden Ellbogen sind auf die Tischkante zu stützen, so daß eigentlich nur die beiden Unterarme und die Hände betätigt sind. Ist es ein Blasetisch mit Blasebalg, so sind auch die Füße in Anspruch genommen, es soll aber durch das Treten des Blasebalges der Oberkörper durchaus nicht in seiner Ruhe gestört werden.

Das Treten ist am besten auszuführen, wenn man es mit dem rechten Fuß besorgt, den Balg mit 2—3 Tritten volltritt und dann alle Minuten wieder einmal den Hebel tritt, um konstant Luft zu haben. Es empfiehlt sich sehr, im Anfange das Treten zu üben und zu sehen, daß man es dahin bringt, daß die Flamme gleichmäßig und fortwährend brennt, was bei einiger Übung gewiß gelingt. Am schönsten arbeitet es sich natürlich, wenn man statt des Blasebalges Druckluft von einem der beschriebenen Apparate erhalten kann.

Die Arbeit wird derart gehandhabt, daß der schwere Teil sich meistens in der linken Hand befindet, der Teil, von welchem aus hineingeblasen wird, befindet sich am besten und meistens in der rechten Hand, um so am bequemsten zum Munde geführt zu werden. Wohl kommt es vor, daß man auch ein oder das andere Mal, wenn es nicht zu umgehen ist, den Gegenstand mit der linken Hand zum Munde führen muß, dies aber erfordert schon Übung und Geschicklichkeit.

Also noch einmal, um das Glas richtig und gleichmäßig zu erwärmen, muß es gleichmäßig in der Flamme gedreht werden, der Glasbläser muß daher, sobald er das Glas in der Flamme hat, fort und fort gleichmäßig drehen, und wenn es dann warm ist und er damit aus der Flamme geht, solange es auch noch mindestens weichwarm ist, auch beim Blasen drehen und immer drehen, bis es vollständig erstarrt ist; denn würde er dies nicht tun, so würde die weiche Masse sich nicht zentrisch lagern, sondern sich einzelne Teile senken und schief lagern, und es würde sich auch nicht rund, sondern exzentrisch blasen.

Alle Arbeiten des Glasbläsers müssen zentrisch, drehrund und axial gerade sein, im entgegengesetzten Falle haben sie Spannungen, auch bei guter Kühlung, worüber später noch gesprochen wird.

Das Drehen wird besorgt, indem man das Glasrohr mit der Linken mit Obergriff anfaßt und das Rohr im Mittel-, Gold- und kleinen Finger hält, indem diese drei Finger leicht nach innen gekrümmt ein Lager bilden, in dem das Rohr durch Daumen und Zeigefinger in der Richtung von sich nach oben gedreht wird. Diese in Abb. 78 ab-

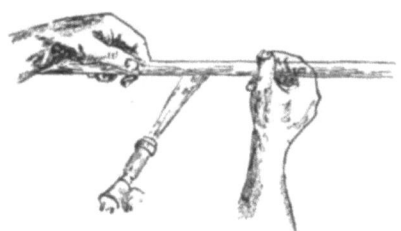

Abb. 78. Handgriffe beim Drehen.

gebildete Übung ist eine sehr wichtige, und der Verfasser empfiehlt sie ohne Blastisch mit einem Glasröhrchen, Federhalter oder Bleistift zu üben, was ebensogut bei einem Spaziergange oder irgendeiner Ruhepause geschehen kann, um die Finger an das unablässige Drehen zu gewöhnen. Die Handzeichnungen der Handgriffe sind über die rechte Schulter des Glasbläsers gesehen angefertigt.

Der nächste Handgriff Abb. 78 betrifft die rechte Hand. Diese hat immer mit Untergriff zu arbeiten, besonders deshalb, weil sie beim Blasen die Gegenstände zum Munde führen soll, was ja mit Obergriff nicht sehr geschickt auszuführen wäre, auch wenn man vom Verderben der Arbeit hierdurch absehen würde.

Beim Erhitzen, das drehend zu geschehen hat, hat man darauf zu sehen, daß man den Gegenstand nur in dem Teile der Flamme erwärmt, der sich zwischen dem Ende derselben und der Spitze des blauen Kegels der Oxydationsflamme befindet, denn in diesem Teile der Flamme ist die höchste Temperatur zu finden.

Zum Schneiden der Röhren bedient sich der Glasbläser der Glasschneidemesser, wie vorne beschrieben, ebenso bedient man sich auch des Diamanten, ohne den man aber auch arbeiten kann, weil diese Art zu schneiden mehr Nach- als Vorteile in der Glasbläserei hat. Das Schneiden der Röhren mit dem Diamanten kann eben nur von innen geschehen, weil die Spannungen im Rohr und die härtere Beschaffenheit der Außenwand es nicht anders gestatten. Zu diesem Behufe muß der Diamant, wie in Abb. 41 zu sehen ist, an einem Stäbchen befestigt sein, das aus Eisen oder Stahl sein muß. Dagegen sträubt sich das Gefühl des Glasbläsers, weil er mit Stahl nie in einem Rohre arbeiten soll, da es dadurch verdorben wird. Wie nun soll man enge Röhren schneiden, wo der Stab nicht eingeführt werden kann? Es bleibt also nur die eine Verwendung für Sachen, die nachher nicht mehr in die Flamme zu kommen brauchen, und die nur mehr auf kaltem Wege verarbeitet werden.

Die zu verwendenden Messer (siehe Abb. 38, 39 u. 40) sind glashart, daher fast ebenso zerbrechlich wie Glas und dürfen nie warm werden, da sie sonst ihre Härte einbüßen. Die Schneide der Messer soll nicht fein und scharf, sondern leicht feinsägeartig rauh sein, was man beim frischgeschliffenen Messer am besten erreicht, wenn man mit der Schneide leicht über die Kante einer Sandstein- oder Carborundumscheibe fährt.

Diese Messer haben vor allen anderen den Vorteil, daß sie selbst in Werkstätten bei starker Verwendung sehr lange halten und man mit ihnen sicher und genau schneiden kann.

Soll ein Glasrohr geschnitten werden, so setzt man den Daumen der linken Hand mit dem Nagel an jene Stelle an, an welcher die Röhre abgeschnitten werden soll und führt mit dem Messer, den Daumennagel als Führung benützend, zwei- bis dreimal einen Schnitt. Dann faßt man die Röhre mit beiden Händen so, daß der Schnitt gegen die Brust gekehrt ist, zieht gleichmäßig nicht zu stark und versucht das Rohr also abzureißen, was auch gelingt, und einen glatten Schnitt glatt gibt, wenn richtig eingesägt und nur gezogen wurde, denn wenn man, statt zu ziehen, das Rohr abbrechen will, dann bricht es eben ganz ungleichmäßig ab.

Dieses Schneiden kann ein geübter Glasbläser selbst bei Röhren bis zu 40 mm ausführen, doch hierzu ist Übung und Sachkenntnis erforderlich. Zylinder und Biegeröhren bis zu einer Weite von 30 mm können ganz gut auf diese Weise geschnitten werden, wenn sie beiderseits gut angefaßt werden können.

Sollte bei einmaligem Einschneiden und Reißversuch das Schneiden nicht gelingen, so versuche man, ein zweitesmal zu schneiden und den Schnitt derart zu machen, daß er ungefähr ein Sechstel des Umfanges beträgt, und dann zu reißen. Beim Einsägen darf kein besonderer Druck ausgeübt werden, das Messer muß, wenn es gut ist, bei losem Aufdrücken angreifen. Es besteht aber auch die Möglichkeit, daß das Rohr durch irgendwelchen schlechten Einfluß eine Spannung hat, dann reißt es meist unregelmäßig, springt, und oft geht der Sprung durch das ganze Rohr entlang. Durch diesen Unfall gelangt man aber zu einem sehr lehrreichen Unterrichtsgegenstande, man sieht nämlich daran die Spannung des Rohres, weil sich dieser Schnitt öffnet. Manchmal springt ein solches Rohr auf eine Länge bis zu einem Meter in Schlangenwindung, woran man wieder sehr schön die Elastizität des Glases zeigen kann. Solche Röhren, deren Fehler nicht anders als beim Schneiden wahrzunehmen sind, müssen dann gesprengt werden, was die nächste Operation sein soll.

Das Sprengen wird in erster Linie beim Abschneiden kurzer Stückchen, oder wenn Ränder unregelmäßig gebrochen sind, angewendet. Ausgeführt wird diese Arbeit auf verschiedene Art, die wieder von der Beschaffenheit und der Dimension der Röhren abhängig ist. Bei Röhren bis zu 10 mm Weite versieht man das Rohr an der Stelle, wo es gesprengt werden soll, mit einem Schnitt mit dem Messer wie zum Reißen. Man nimmt nun ein dünnes Glasröhrchen oder besser Stäbchen und schmilzt es am Ende in der Flamme zu einem kleinen weißglühenden Klümpchen, welches man dann rasch an die Mitte des Schnittes sehr leicht andrückt; ist dies genau befolgt, so entsteht dadurch ein Sprung, der meistens rings herum geht, worauf man das Stückchen entfernen kann, was oft gar nicht nötig ist, weil es selbst abspringt. Diese Methode ist nicht immer verläßlich und nur bei Röhren unter 10 mm anzuwenden, auch bei starkwandigen Röhren versagt sie meistens; solche müssen dann mit der Stichflamme behandelt werden, welche Arbeit später erklärt wird.

Zum Absprengen von Röhren bis zu jeder beliebigen Weite bedient man sich des Sprengdrahtes (Abb. 50), von dem unter „Werkzeug" schon geschrieben wurde. Dieser Kupferdraht wird in kaltem Zustande so gebogen, daß er sich um den halben Umfang des Rohres gut anlegt und wird sodann besonders dieser halbe Bogen bis zur Rotglut erhitzt. Auf diesen Bogen, der nach unten gehalten wird, wird, nachdem er aus der Flamme genommen ist, das Rohr an der zu sprengenden Stelle hineingelegt und gleichmäßig gedreht, damit dadurch das Rohr in einer kleinen Zone erwärmt wird. Je nach der Wandstärke springt das Stück meist schon, sobald der Draht die Rotglut verloren hat; ist dies nicht der Fall, muß die Operation wiederholt werden, und es springt dann gewiß nach Wunsch. Diese Methode ist die am meisten angewandte und bei einiger Übung ziemlich sicher, man kann auf diese Art Flaschen und selbst Säureballons absprengen, nur muß man über ein entsprechendes Feuer verfügen, um solche Drahtbögen zu erhitzen. Sehr schön gelingt diese Arbeit, wenn man einen Eisendraht oder Widerstandsdraht um die zu sprengende Stelle bis auf eine kleine Öffnung herumlegt und den Draht in die Starkstromleitung einschaltet; sobald er zur schwachen Rotglut kommt, erfolgt meistens schon der Sprung. Genau dieselbe Art kann man auch im kleinen anwenden, wenn man statt der Eisenschlinge eine solche aus entsprechend dünnem Widerstands- oder Platindraht nimmt.

Noch ist zu erwähnen, daß, je dünner die Wand des Rohres ist, desto dünner der Kupferdraht sein muß, ferner, daß diese Methode auch bei Röhren anzuwenden ist, die sich infolge schlechter Beschaffenheit nicht reißen lassen.

Bei sehr starken Röhren ist diese Methode wohl anzuwenden, jedoch muß da sehr oft der Draht neuerlich erhitzt werden, was wieder mehr Zeit in Anspruch nimmt, auf die es ja ankommt.

In diesem Falle kommt die dritte Methode des Sprengens in Anwendung, die darin besteht, daß man auch eine recht schmale Zone an der zu sprengenden Stelle erhitzt und dann etwas abkühlt. Dies wird bewerkstelligt, indem man sich durch Einfügen eines feinen Bläsers eine recht kleine und spitze Flamme zurecht macht (siehe Abschnitt D. Flamme). Dies erreicht man dadurch, daß man die vordere Hülse des

Brenners so lange vor- und rückwärts dreht und schiebt, bis die Flamme die erwünschte sehr spitze Form hat.

Vor die Spitze dieser Flamme bringt man nun das abzusprengende Rohr vorsichtig und genau mit jener Stelle, an der sich der Schnitt befindet, und dreht jetzt gleichmäßig, damit jene Zone, die springen soll, erhitzt wird. Nachdem man das Rohr auf diese Art je nach der Wandstärke einige Sekunden erhitzt hat, nimmt man es aus der Flamme und bläst sachte und trocken auf den Schnitt, worauf dann der Sprung gewiß entsteht. Oft hält das abgesprengte Stück trotz des Sprunges durch die Adhäsion fest, es bedarf dann eines schwachen Zuges oder leichten Klopfens, um es vom Ganzen zu trennen.

Wie alle Verrichtungen und Arbeiten auf dem Gebiete der Glasbläserei erfordern diese Arbeiten ein gewisses Maß von Gefühl, das eben nur durch unverdrossenes Üben erworben werden kann.

Die Absprengmethode mit der Sprengkohle und der Rebschnur oder mit dem in Terpentin getränkten Faden u. dgl. sind entschieden veraltet und unsicher, daher nicht zu empfehlen, ebenso das Durchätzen mit Flußsäure und die verschiedenen Vorrichtungen mit Stahlrädchen usw.

Zu beachten ist ferner, daß die zu sprengenden Röhren usw. nicht warm sind, sondern die Temperatur des Raumes haben sollen, und nach dem Absprengen die heißen Stellen frei auskühlen sollen.

Durch das Sprengen mit der Stichflamme lassen sich Ringe, bis zur Breite von 5 mm herab, gut sprengen, wie solche zu Feuchtkammern u. dgl. notwendig sind.

Bevor in die eigentliche Glasbläserei eingegangen wird, sollen noch einige wichtige Momente zur Behandlung gelangen: Diese sind das Vorwärmen, Nachwärmen und Kühlen der Gegenstände.

Die Güte und Widerstandsfähigkeit der Apparate ist zum sehr großen Teile in die Hand des Glasbläsers gegeben, er ist es, der die Lebensdauer und Verwendbarkeit der Apparate beeinflussen kann. Dieser Umstand ist daher von großem Einfluß auf den Preis der Apparate.

Gute Apparate gleichen äußerlich den schlechten, haben zwar durch Aufwand an mehr Zeit und Heizmaterial einen höheren Preis, erscheinen aber nur teurer, denn hier zeigt sich am besten, daß Zeit Geld ist. Sind die Apparate billig, d. h. bekommt der Glasbläser wenig Geld, kann er auch weniger Zeit verwenden, und da wird leider oft recht wenig verwendet und viel gesündigt.

Das Vorwärmen, Nachwärmen und Kühlen, besonders das letztere, muß mit großer Sorgfalt vorgenommen und kann nicht genug empfohlen werden, besonders aber jenen, die speziell sich selbst ihre Sachen anfertigen wollen. Für solche Jünger der Kunst handelt es sich oft nicht besonders darum, daß die Sachen schön sind, sondern daß sie gut und dauerhaft sind und den an sie gestellten Anforderungen entsprechen, wenn sie dann auch noch schön sind, ist es ja recht erfreulich.

Das Vorwärmen wurde schon behandelt, und zwar bis zum Einbringen in die Flamme, in welche also der Gegenstand so oft gebracht werden muß, bis er zu seiner Vollendung gelangt. Ist dies erreicht, so muß jetzt das sog. Nachwärmen erfolgen. Dieses ist deshalb notwendig, weil bei der Behandlung der Arbeit diese oft auf einer Seite mehr erhitzt werden mußte, als auf der anderen und dadurch, wenn man es aus diesem Stadium abkühlen ließe, Spannungen entstehen, die sich schon nach dem Erkalten auf die Zimmertemperatur, wenn nicht früher durch Zerspringen äußern würden. Bevor nun die fertiggewordene Arbeit zur Abkühlung gelangt, muß sie in allen ihren Teilen und Stellen, also im ganzen, auf eine der Rotglut sich nähernde Temperatur gebracht werden, was man Ausglühen nennt. Ist dies in der Flamme wegen der Dimensionen nicht zu erreichen, so bringt man die Sachen in einen schon vorgeheizten Muffelofen oder in einen eisernen Kühlofen nach Art einer Bratröhre, welche mit Asbestwolle gefüllt und auch schon sehr gut vorgewärmt sein muß. Das Abkühlen in diesen Öfen bestimmt jetzt erst den inneren Wert des Apparates, und diese Operation muß oft bis zu 24 bis 36 Stunden und länger ausgedehnt werden, indem man stufenweise mit der Temperatur aus der schwachen Rotglut heruntergeht. Die auf solche Art gekühlten Bestandteile lassen sich dann schleifen und kalt bearbeiten, ohne zu springen.

Es ist wohl selbstverständlich, daß die Erhitzung in diesen Kühlöfen nicht so weit gehen darf, daß sich die Gegenstände deformieren und verdorben werden.

Wie schon oben erwähnt, war das Kühlen des Glases oder der Apparate für den gewissenhaften Glasbläser eine Sache die er nur mit Verständnis oder besser gesagt, nach Gefühl erreichen konnte. Ob er die Kühlung erreicht hatte, konnte erst bei der Benutzung der Apparate festgestellt werden. Die Benutzung der Apparate wird aber von anderen Händen besorgt, und wenn dann ein Bruch, etwa durch unrichtige Behandlung entstand, schob man es nur gar zu gerne auf den Glasbläser, und der wieder war wehrlos, weil er für seinen aufgewendeten Fleiß und seine Gewissenhaftigkeit gar keinen Beweis führen konnte.

Es wurde daher nach einem Apparat oder einer Versuchsmethode gefahndet, mit welchem man in der Lage wäre, die Spannungen im Glase nachzuweisen. Die Spannungen im Glase äußerten sich besonders in den optischen Gläsern und von dieser Branche wurden eingehende Versuche gemacht, die zu sehr guten Erfolgen führten. Aufgebaut wurden diese für uns so sehr wichtigen Apparate auf der Anwendung des polarisierten Lichtes durch ein Nicolsches Prisma, und sie sind seit einigen Jahren in der Branche eingeführt. Für den Glasbläser hat dieser Apparat, der unter dem Namen „Spannungsprüfer für Glas" eingeführt wurde, einen großen Wert. Mit demselben kann leicht, rasch und ohne viele Vorkehrungen jede, auch die kleinste Spannung und deren Sitz im Glase, sei es nun was immer für ein Apparat, Hähne, besonders aber Kolben, Bechergläser, kurz in jedem wie immer gearteten Gegenstand aus Glas, nachgewiesen werden.

Der Spannungsprüfer Abb. 79 besteht aus einem Nicolschen Prisma und ist so angeordnet, daß man den zu untersuchenden Gegenstand leicht in das Gesichtsfeld bringen kann. Dieses ist durch eine Glühlampe, welche sich hinter einer Mattscheibe befindet, gleichmäßig

48   Anleitung zum Glasblasen.

beleuchtet und erscheint beim Hineinschauen durch das Nicolsche Prisma violett.

Bringt man den zu untersuchenden Gegenstand nun in dieses Gesichtsfeld, so erscheint er, wenn er keine Spannungen hat, rein und klar, hat er jedoch Spannungen, so erscheinen an den Stellen die Newtonschen Farben und man kann genau jeden Punkt und jede Zone, die Spannungen hat, feststellen.

Nur eines wäre an diesem für den Glasbläser und Glaserzeuger so wertvollen Apparate auszusetzen, daß man das Bild, welches wir im Apparat so schön sehen, nicht projizieren kann, was beim Unterricht und bei Vorträgen wertvoll und notwendig wäre.

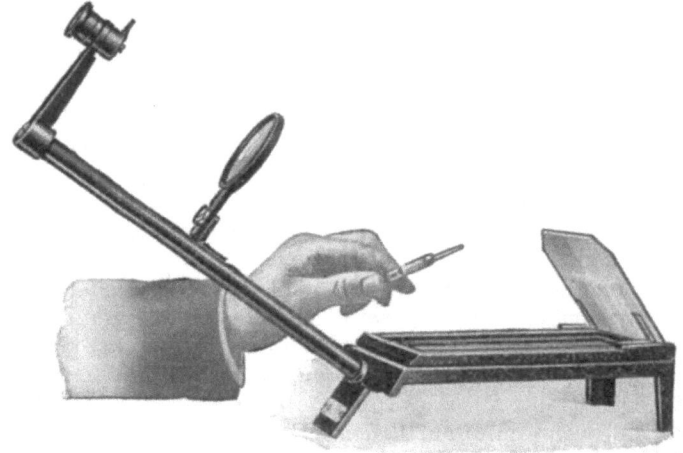

Abb. 79. Spannungsprüfer für Glas.

Ich bin im Verein mit einem Kollegen von der Optik seit längerer Zeit damit beschäftigt die Projektion zu ermöglichen, und es würde mich sehr freuen, wenn meine Anregung in Fachkreisen aufgegriffen würde.

Für die Beistellung eines Spannungsprüfers, den ich außer dem an unserer Fachschule benutzten zu meinen Studien brauchte; ebenso für die Bereitstellung der Klischees muß ich der Firma Dr. Steeg & Reuter, Homburg v. d. H. besten Dank sagen.

Einen sehr lohnenden und klaren Schul- und Demonstrationsversuch mit dem Spannungsprüfer kann man machen, indem man an einem Glasstab von mittlerer Dicke eine größere Kugel schmilzt und sie flach drückt wie bei einem Rührstab. Diese, noch möglichst heiße, gequetschte Stelle bringt man in das Gesichtsfeld des Spannungsprüfers und man sieht, solange das Glas heiß ist, daß es gar keine Spannung hat. Man hält nun den heißen Teil noch weiter in den Apparat und kann dann nach dem Grade der Erkaltung das Auftreten und die weitere Entwicklung und Zunahme der Spannungen klar und deutlich sehen.

Der Spannungsprüfer ermöglicht es, daß man alle Sachen prüfen kann bevor sie in Verwendung kommen bzw. in den Verkauf gebracht werden.

Bei Kolben und Bechergläsern ist die Prüfung auf Spannung besonders wichtig, da diese Kochgeschirre ja nicht immer von den Benützern so behandelt werden wie es unbedingt nötig wäre.

Während meiner nunmehr fast halbhundertjährigen Tätigkeit am Blastisch und in den verschiedensten Laboratorien machte ich oft die Wahrnehmung, daß Studenten bei der Arbeit einen heißen Kolben oder ein heißes Becherglas auf die kalte Tischplatte, die oft noch dazu aus Glas war, stellten und sich dann wunderten, wenn beim nächsten Erhitzen oder auch schon früher der Kolben zersprang.

Heiße Kolben u. dgl. gehören nicht auf kalte Platten, sondern auf eine Asbestpappe oder in Ermangelung einer solchen auf einen trockenen Lappen, der sich gewiß leicht finden läßt, gestellt.

Ich habe in dieser Richtung eine ganze Reihe von Versuchen angestellt mit Kolben und Kochbechern aus Schübels Spezialglas. Ich stellte zuerst fest, ob und welche Spannungen sie hatten und unterzog jene, die gar keine Spannung zeigten, jener oben geschilderten Mißhandlung. Bei einer zweiten verschärfte ich diese noch dadurch, daß ich sie nicht mit dem gewöhnlichen Bunsenbrenner, sondern mit dem Gebläse anging, indem ich sie beim ersten Versuch mit Wasser füllte, dies durch Erhitzen mit dem Gebläse zum Kochen brachte und dann das Becherglas unter die rinnende Wasserleitung von $+8^0 C$ brachte. Der Becher hielt stand, doch nach seiner Entleerung unter den Spannungsprüfer gebracht, zeigte er dort, und nur dort, bis wohin das Wasser reichte einen Spannungsring, der aber seiner weiteren Verwendung nicht im Wege war.

Einen weiteren Versuch, der aber in glastechnischem Sinne an Roheit grenzt, machte ich dahin, daß ich in gleicher Weise einen Kolben und ein Becherglas, bei welchen vorher Spannungsfreiheit erwiesen war, wie im vorigen Versuch mit Wasser beschickte und wieder mit dem Gebläse anging.

Als das Wasser kochte, entleerte ich das Gefäß und stellte es im heißen Zustand auf einen bereitstehenden Amboß, der gewiß durch seine große Wärme-, eigentlich Kältekapazität, dem Boden rasch die Wärme entzog. Bei der Untersuchung zeigte sich nun auch, daß der Kolben bzw. Becher nun eine bedeutende Spannung im Boden aufwies und daher, obwohl nicht zerbrochen, doch unbrauchbar war.

Einen noch roheren Versuch machte ich mit einem Kochkolben, welcher vorher mit dem Spannungsprüfer untersucht wurde und sich als spannungsfrei erwies. Diesen Kolben hielt ich, ohne ihn vorzuwärmen in eine Spitzflamme und blies in denselben ein ca. 5 mm großes Loch. Nachher wurde der Kolben nicht nachgewärmt. Nach diesem Prozeß wurde die Spannung des Kolbens neuerlich überprüft, und es zeigte sich eine kreisförmige Spannung um das geblasene Loch herum in der Breite eines Zentimeters. Alle übrigen Stellen des Kolbens waren von Spannung frei. Nicht einmal der flache, sehr empfindliche Boden, der sich in der nächsten Nähe der erwärmten Zone befand, wies eine Spannung auf.

Die so entstandenen Spannungen können wieder behoben werden, wenn man den mißhandelten Gegenstand frisch kühlt, was man dadurch erreichen kann, daß man ihn in einem Trockenschrank auf mindestens 500° C erhitzt und je länger desto besser, mindestens aber 2—3 Stunden auf dieser Temperatur erhält und erst langsam im Verlauf von 2—4 Stunden mit der Temperatur herunter geht.

Diese Kühlung kann auch in einem anderen Raum, jedoch nur unter Luftabschluß geschehen. Dies sei ein wohlgemeinter Rat für die Leute, die in abgeschiedenen Gegenden nicht sehr leicht neue Glassachen bekommen können.

Welche Bedeutung der Spannungsprüfer für den Glasbläser hat, ist am besten daraus zu ersehen, daß dem Glasbläser die Möglichkeit gegeben ist, alle seine Arbeiten sofort einwandfrei prüfen zu können. Besonders wichtig ist dies, wenn er Sachen blasen muß, die erst dann, wenn sie geblasen sind, der Schleiferei unterzogen werden müssen, wie: Kolbenhälse, Hähne, Schliffe usw. aller Art. Hat er diese geblasen und gekühlt, so untersucht er sie, und haben sie keine Spannung, so kann er sie ruhig dem Schleifer anvertrauen, während er sie, wenn sie Spannungen haben einer neuen, nochmaligen Kühlung unterziehen muß, um vor unnötigem Bruch bewahrt zu sein.

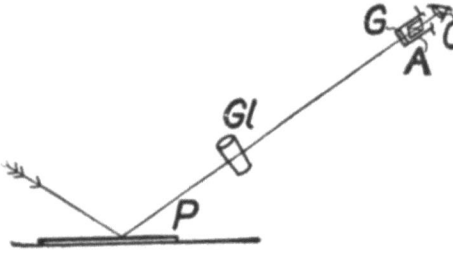

Abb. 80. Freihandspannungsprüfer.

Für diese Arbeit hat die Firma Dr. Steeg & Reuter einen Freihandapparat Abb. 80 gebaut, der für die Werkstätte ganz besonders praktisch und sehr handlich ist.

I. Das Ziehen der Spitzen, Einschnüren, Verengen und Stauchen der Röhren, Blasen von Löchern.

Das Ziehen der Spitzen ist eigentlich die Grundlage des Glasblasens, weil der Glasbläser diese fast immer und bei jeder Arbeit braucht, und der Verfasser empfiehlt es wärmstens, diese erste Arbeit, die mit erweichtem Glase vorgenommen wird, so lange zu üben, bis sie gut ausgeführt wird. Ist dies genau befolgt worden, so sind die nächsten Übungen, so unglaublich es klingt, leicht zu erlernen und auszuführen. Dies soll also nochmals besonders betont werden und Ausdauer empfohlen sein.

Für diese Erstlingsübungen empfehlen sich nur Röhren von größerer Wandstärke, ungefähr 2 mm, und einem äußeren Durchmesser von 12—16 mm, denn erst später, bei erlangter Fertigkeit, kann sich der Lernende an schwachwandige und weitere Röhren wagen.

Um keine unnütze Plage zu haben und an der Arbeit nicht irre zu werden, sehe man darauf, daß die Röhren eine gleichmäßige Wandstärke haben, da sonst die Arbeit frucht- und freudlos wird, weil man trotz Mühe und Fleiß keine ordentlichen Spitzen erreicht.

Um im Anfang leichter und bequemer arbeiten zu können und nicht

Spitzenziehen.

leicht zu ermüden, schneidet man sich die zu verwendenden Röhren in drei Teile, d. i. in ca. halbmeterlange Stücke.

Um nun die eigentliche Übung auszuführen, nimmt man mit der linken Hand mit dem in Abb. 78 beschriebenen Obergriffe das Glasrohr und bringt es vorerst in die nächste Nähe der Flamme und nach einer halben Minute in diese, aber immer drehend, und erwärmt drehend das Ende des Rohres. Mit der rechten Hand nimmt man ein schon vorbereitetes dünnes Röhrchen oder Stäbchen von der Länge eines Federhalterstieles und erwärmt dasselbe neben dem Rohre am Rande der Flamme, bis das Ende weich geworden ist. Nun wird das glühende Ende des Stäbchens an das mit der linken Hand geführte und mittlerweile auch weich gewordene Rohr gebracht und an den weichen Rand angeklebt, indem man denselben ein klein wenig umwickelt, was man technisch „das Anheften" nennt. Ist man so weit, daß das Stäbchen gut angeheftet ist, so rückt man mit der linken Hand um Flammenbreite nach rechts, um so eine neue Zone ins Feuer zu bringen. Diese neue Zone wird nun drehend gut erwärmt, und wenn dies erreicht ist, drehend aus der Flamme gebracht und drehend langsam gezogen (Abb. 81), bis sich die beiden Hände so weit voneinander entfernt haben, daß das erweichte Rohrstück zu einer Länge von 20—25 cm ausgezogen ist, und man zieht und dreht fort und fort, bis man vollkommen sicher ist, daß die gezogene Partie bis zum Rohre erstarrt ist. Während des Heißmachens des zu ziehenden Stückes darf in der Flamme nicht im mindesten gezogen werden. Auf diese Weise ist nun die gewünschte Spitze entstanden, und es wird nun die Spitze in der Längenmitte am Rande der Flamme an einer kleinen Stelle erhitzt und abgeschmolzen. Das Stück am Stäbchen ist Abfall und die am Rohre gezogene Spitze, Abb. 82, jene, die man braucht, um weiter zu üben.

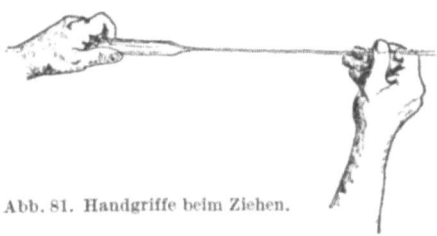

Abb. 81. Handgriffe beim Ziehen.

Die unseren Anforderungen entsprechende Spitze soll in erster Linie zentrisch und achsial sein, was technisch mit „Laufen" bezeichnet wird und in Abb. 82 ersichtlich ist.

Es wird wohl niemand der Ansicht sein, daß es Menschen gibt, denen diese Hantierung auf das erste Mal gelungen wäre. Die ersten Spitzen haben meist so viele Fehler, daß es zu weit führen würde, sie alle aufzuzählen, man wird sich nur auf die Hauptfehler beschränken müssen. Der erste Fehler ist meistens der, daß die Spitze wie Abb. 83 aussieht, nicht läuft oder schief ist, meist ist sie auch krumm, das ist dann aber ganz schlecht. Ist sie nur schief, dann wärmt man den Teil de, also den Konus, neuerlich an, bis er weich wird, und sucht durch gleichmäßiges Drehen die Spitze gerade, d. h. laufend, zu bringen. Dies ist sehr wichtig, weil eine schiefe Spitze es unmöglich macht, eine nächste laufende Spitze hervorbringen zu können.

Abb. 84 zeigt uns jetzt die weitere Übung des Ziehens der Spitzen bzw. das Abziehen von entsprechenden Werkstücken, welche zum Bau von Instrumenten oder Apparaten notwendig sind. Wie wir in Abb. 85 sehen, wird nun eine Zone a—c Abb. 82 neben der eben gewonnenen Spitze ohne in der Flamme zu ziehen erwärmt, um ein Stück Abb. 84 i herzustellen. Abb. 86 zeigt uns die Haltung und den Vorgang beim Ziehen dieser Werkstücke $i\,k\,l$, Abb. 86 nachdem vorher die zur Spitze notwendige Zone a—c. (Abb. 82) — und ich betone es nochmals, **ohne daß während des Erhitzens in der Flamme gezogen wird** — ordentlich weichwarm gemacht, jetzt außerhalb der Flamme gezogen wird.

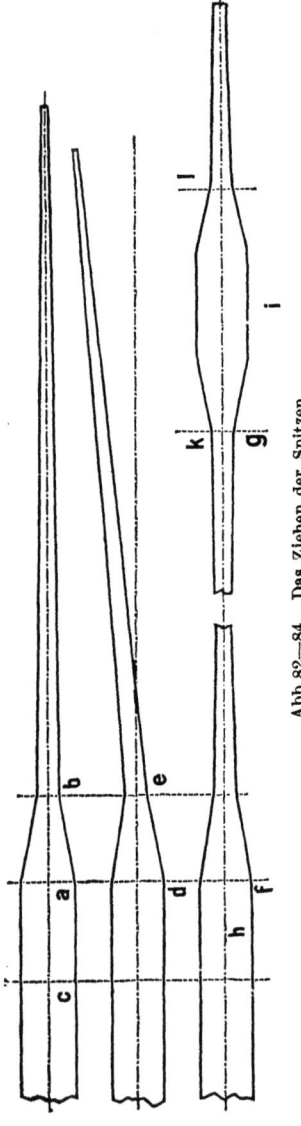

Abb 82—84. Das Ziehen der Spitzen.

Wie erwähnt, soll das Ziehen so erfolgen, daß die gezogenen Spitzen (denn es werden ja eigentlich zwei) nicht länger sind, als 20—25 cm, d. i. die Entfernung von $f\,g$ der Abb. 84. In der Mitte dieser Strecke $f\,g$ wird nun das Röhrchen am Rande der Flamme in einer kleinen Zone erhitzt und die Teile h und i auseinandergeschmolzen. Den Teil i nennt man ein abgezogenes Stück, und am Teil h setzt man die Übungen fort, so lange man das Rohr halten kann. Ist es schon kurz geworden, so läßt man es erkalten, und kalt geworden kehrt man es um, nimmt die Spitze in die linke Hand und zieht, wie im Anfange mit Anheften. Den Teil i, die abgezogenen Stücke, von denen während der Übungen eine ziemliche Menge entstehen werden, hebt man auf, um sie später zu einer anderen Übung zu gebrauchen. Dies geschieht aus Sparsamkeit an Glas und Zeit. Noch einmal soll eindringlich wiederholt werden, daß diese Übung die wichtigste ist und von dieser zur nächsten erst übergegangen werden soll, wenn diese klaglos ausgeführt wurde.

Was die Spitze für den Glasbläser bedeutet, wird jeder, der es einmal zu einer gewissen Fertigkeit gebracht hat, sehr gut einsehen, denn sie muß fast immer als Handhabe dienen, und an der Festigkeit dieser Handhabe liegt die Sicherheit der Arbeit und auch die der Hand des Glasbläsers, die durch schlechte Spitzen oft verwundet wird. Der materielle Wert dieser ersten Übung in der Flamme liegt eben darin, dem Lernenden das Ziehen zu übermitteln, während die formelle Seite das Gewöhnen an die bisher nicht gewohnten Dinge, z. B. an die Flamme, das Drehen, das Treten, das Erkennen des Grades des Heißwerdens, das gleichmäßige Arbeiten mit beiden Händen in einer Achse, darstellt; dies alles soll harmonisch zusammengebracht, einheitlich ausgeübt werden und wird mit Ausdauer bestimmt erlangt.

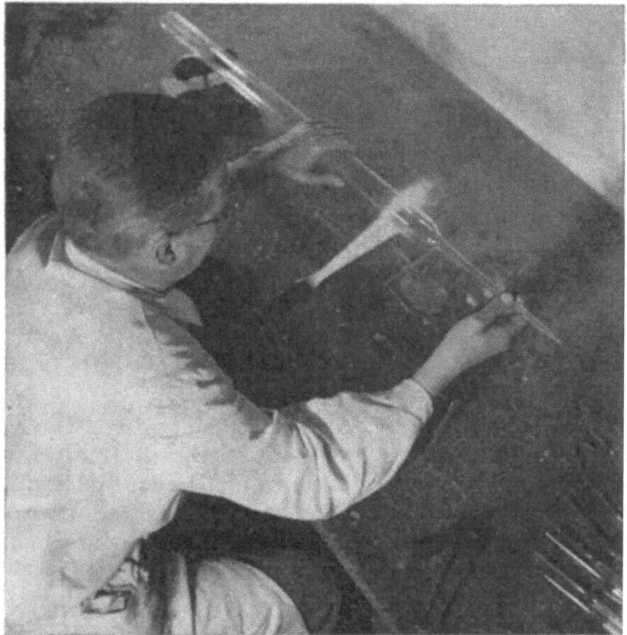

Abb. 85. Erwärmen zum Abziehen eines Werkstückes.

Um aber dann doch nicht zu ermüden zu wirken bei dieser einen Übung, kann zur Abwechslung, aber nur dann, wenn gute Spitzen gelungen sind, eine kleine Spanne weiter gegangen werden und das Ziehen der Kapillarspitzen versucht werden.

Diese Spitzen finden vielfach Verwendung und unterscheiden sich von unseren ersten dadurch, daß ihre Wandstärke eine größere ist, sie daher zu längerer Verwendung bestimmt sind. Abb. 87 zeigt im Bilde eine solche Spitze, deren Länge vorläufig nicht von Bedeutung ist; um nicht unnötig die Übung zu erschweren, soll der Übende von der Länge der Spitze absehen und nur auf die Form bedacht sein.

Soll eine solche starke Spitze gemacht werden, zieht man sich zuerst eine gewöhnliche Spitze, die möglichst gerade und laufend sein muß und bringt eine Zone von der Größe $c-b$ Abb. 82 in die Flamme, die nicht zu scharf sein darf, weil ja die Absicht besteht, diese Zone unter gleichmäßigem Drehen im Feuer so lange zu schmelzen, daß die Masse immer mehr in sich zusammenläuft und immer stärker wird. Ist dies erreicht, so geht man unter Drehen aus der Flamme und zieht

Abb. 86. Haltung und Vorgang beim Ziehen.

sehr langsam unter sicherem und ruhigem Drehen und dreht wieder so lange, bis man vollkommen überzeugt sein kann, daß Spitze und Rohr erstarrt sind. Dieser Umstand muß bei diesen Spitzen bedeutend mehr beachtet werden, weil sie ja infolge ihrer Stärke länger zum Erstarren brauchen.

Man wird sofort die Wahrnehmung machen, daß diese Übung bedeutend schwerer ist, als die vorherige und eben nur dann klaglos geht,

Abb. 87. Starkwandige Spitze.

wenn die vorherige schon fest und gut in der Hand sitzt. Schon der Umstand, daß man mit dem erweichten Glase so lange in der Flamme drehen muß, verlangt eine Fertigkeit, die nur erlangt werden kann, wenn man die Übung eben unverdrossen und wenn nötig oft und oft macht. Auch diese Übung soll vollständig glatt gehen, ehe man an die nächste, schon etwas mehr Unterhaltung bietende, schreitet.

Oft kommt man in die Lage, ein Röhrchen oder eine Kapillare zu brauchen, die man nicht in gar so großer Auswahl hat und die aus demselben Glase sein muß, aus dem man einen Apparat herzustellen vorhat. Da kann man sich helfen, und das soll eben unsere Übung, zu der wir schreiten wollen, lehren.

Die abgezogenen Stücke *i* Abb. 84 kommen jetzt in Verwendung und taugen nur dann, wenn die Spitzen beiderseits gerade sind und laufen. Von den Spitzen wird die bessere mit dem bekannten Griffe Abb. 81 in die linke Hand, die andere in die rechte Hand genommen. Die linke Spitze muß am Ende geschlossen, am besten zugeschmolzen, die rechte zum Hineinblasen, daher offen sein. So wird die Zone *k l* Abb. 84 drehend in die Flamme gebracht und gleichmäßig gedreht, um sie gleichmäßig warm und weich zu bekommen.

Für den Anfänger ist es meist eine heikle Situation, wenn das Glas weich wird und er nun mit der einen Hand genau im selben Tempo drehen soll, wie mit der anderen, oft wird aus dem schönen Stück Glas eine Schraube, ohne daß dies im geringsten gewollt wäre. Da heißt es eben aufpassen und immer wieder neuerlich versuchen und die Fehler, die dabei unterlaufen sind, finden und vermeiden. Gelingt es endlich, das Stück Glas, ohne es zu deformieren, weichwarm zu bringen, so dreht man ruhig fort und sucht das ganze Stück durch Zusammenlaufen der Masse auf ein möglichst kleines Volumen zu bringen. Sollte das Glas beim Zusammenlaufen eine unregelmäßige Form annehmen, was durch fehlerhaftes Drehen geschieht, so behebt man diesen Fehler, indem man außerhalb der Flamme ein ganz klein wenig, aber nur sehr sachte und dabei drehend, hineinbläst, dadurch etwaige Falten glättet und wieder weiter anwärmt, bis das Stück Glas zu einem dickwandigen Klumpen mit ganz kleinem Lumen geschmolzen ist. Wieder unter Drehen mit beiden Händen, damit die Masse zentrisch gelagert bleibt, bringt man das Stück aus der Flamme, bläst ganz wenig hinein, um den inneren Raum rund zu bekommen und in dem Moment, wo die Masse anfängt, plastisch zu werden und nicht mehr weit vom Erstarren ist, zieht man drehend die Masse auf die gewünschte Weite aus. Das Ziehen muß schneller sein, wenn das werdende Röhrchen eng sein, und langsamer, wenn es weiter sein soll. Es ist dies das Rohrziehen im Kleinen und leistet einem oft, wie später erklärt und gezeigt werden soll, recht gute Dienste, auch ist es eine Übung, die ein wenig anregend wirkt.

Oft kommt es vor, daß Röhren oder Teile von Apparaten an einer oder mehreren Stellen eingeschnürt, verengt oder das Lumen durch eine Wand verschlossen werden soll. Diese Einschnürungen, die fast nur an Biegeröhren gemacht werden, können wieder verschieden sein. Die häufigsten sollen in den Abb. 88—93 dargestellt werden.

Abb. 90 zeigt große Ähnlichkeit mit der Kapillarspitze und ist auch von allen Arten am leichtesten zu machen. Das zu verwendende Rohr wird an dem Ende, welches in die linke Hand kommt, mit einem Kork oder einem gekneteten Wachskügelchen verschlossen, und jene Stelle, welche eingeschnürt werden soll, in die Flamme gebracht. Unter gleichmäßigem Drehen — was nicht genug betont werden kann — und ohne in der Flamme zu ziehen, erwärmt man, je nachdem die Einschnürung lang oder kurz sein soll, eine längere oder kürzere Zone und läßt das Glas in der Flamme zusammenfallen, daß sich das Lumen auf diese Art schon verkleinert, bringt das Rohr nun **drehend** aus dem Feuer, dreht fort und und fort und sobald das Glas anfängt zäh zu werden, zieht man **langsam und immer drehend** die Einschnürung auf die gewünschte Länge. Das ist dann eine Einschnürung, Abb. 90, bei der der äußere wie der innere Durchmesser des Rohres einer Änderung unterzogen wurde.

Etwas weniger leicht ist eine **kurze Einschnürung**, Abb. 89, zu machen. Bei dieser Einschnürung arbeitet man mit einer kleinen Flamme und muß, wenn das Glas anfängt, zusammenzufallen, in der Flamme vorerst ein **ganz, ganz klein wenig ziehen,** dann aber sofort etwas zusammenschieben, was

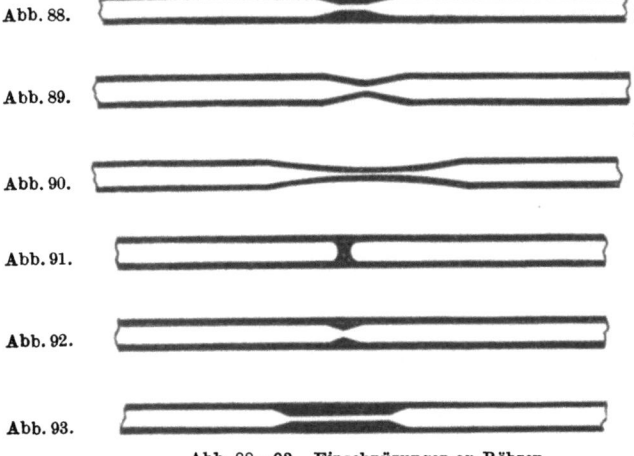

Abb. 88—93. Einschnürungen an Röhren.

„**Stauchen**" genannt wird, und jetzt weiter zusammenlaufen lassen, worauf es dann außer der Flamme gezogen wird, unter der schon oft erwähnten Vorsicht, erst zu ziehen anzufangen, wenn das Glas in den zähen Zustand gelangt. Sollte, was Anfängern oft passiert, das Glas zuviel zusammenlaufen, so bläst man während des Ziehens etwas hinein, bis es die verlangte Weite hat. Diese beiden Einschnürungen haben keine besondere Bruchfestigkeit und finden nur Verwendung, wo es eben auf diese letztere nicht ankommt oder aber, wenn sie Erhitzungen ausgesetzt sind, in welchem Falle sie besser standhalten. Wird von den Einschnürungen in erster Linie Festigkeit verlangt, so macht man solche, bei denen der äußere Durchmesser nicht verändert wird, Abb. 88 91 u. 92. Diese Arbeit erfordert schon einige Fertigkeit und gegenseitiges Gefühl der beiden Hände. Es ist sehr zu empfehlen, sich vorerst auf kleine Einschnürungen, Abb. 92, zu verlegen, und diese dann immer größer, d. h. länger herzustellen, indem man ruckweise vorgeht und immer bei einer größeren Flamme zu arbeiten versucht.

Wieder wird das Rohr am unteren Ende (der Glasbläser nennt den Teil in der linken Hand den unteren) verschlossen, und wie schon vorhin erwähnt, eine Zone erwärmt, in der **Flamme nicht gezogen,** sondern langsam in dem Maße des Erweichens des Glases sachte gestaucht, jedoch so, daß keine zu große Wulst entsteht, und immer in der Flamme gedreht und zusammen geschmolzen, bis sich fast das Lumen verschließt. Jetzt wird ganz wenig hineingeblasen, und wenn das Glas fast zäh geworden ist, die gebildete Wulst so verzogen, daß sich die Verengung wohl bildet, der äußere Durchmesser jedoch erreicht wird. Wieder kann ein wenig hineingeblasen werden, solange das Glas

Wülste und Ringe.

weich ist, wenn das Lumen einen kreisrunden Querschnitt haben soll. Diesen Arbeiten muß schon ein wenig Sorgfalt gewidmet werden in bezug auf Kühlung, und man tut gut, wenn man nach dem Erstarren diese eingeschnürten Stellen in einer Leuchtflamme abkühlt, d. h. mit Ruß beschlagen läßt.

Bei dieser Gelegenheit soll gleich die einfache Kühlung Erwähnung und Erklärung finden. Das Anrußen bzw. Abkühlen in der Leuchtflamme bietet zwei Vorteile. Der erste Vorteil ist der, daß man die Arbeit, die zum Schlusse noch gleichmäßig erwärmt wurde, aus einer ungefähren Temperatur von 1200^0 in eine solche von 400^0 der Leuchtflamme bringt. Jetzt kühlt das Stück in der Flamme ab und belegt sich mit Ruß, was möglichst dicht geschehen soll, wodurch der zweite Vorteil entsteht, daß, nachdem die rauhe Rußfläche Licht- und Wärmestrahlen nicht reflektiert, die Abkühlung langsam erfolgt und die Rußschicht wie eine pelzartige Umhüllung wirkt.

Längere Verengungen werden am besten aus entsprechenden Röhrenstückchen eingesetzt, was in einem späteren Abschnitt behandelt wird.

Soll ein Rohrlumen oder ein Apparatteil durch eine Scheidewand abgeschlossen werden, wie in Abb. 94 die einfachste Ausführung gezeigt werden soll, verfährt man wie bei der Herstellung der vorherigen Abbildung, nur läßt man das Glas an einer kleinen Flamme warm werden, zieht sehr stark in der Flamme und sucht eine möglichst kleine Zone ganz zusammenzuschmelzen. Ist dies geschehen, so bläßt man dann einmal von der einen und dann von der anderen Seite hinein, damit die Wand sich ein wenig abrundet und in die Rohrwand verläuft. Bei weiteren Röhren stellt man die Wand auf die Art her, daß man das Rohr in zwei Teile schneidet und an einen Teil einen flachen Boden bläst (siehe Schließen der Rohrenden) und den anderen mit dem offenen Ende ansetzt (siehe Ansetzen) und gut verbläst. Auch diese Arbeit verlangt, wie schon oft vorerwähnt, gute Kühlung.

Zur Ausführung aller Übungen der Einschnürungen ist am besten im Anfang mit 7—8 mm weiten Biegeröhren zu arbeiten und dann langsam auf weitere überzugehen, ebenso ist wieder auf tadellose Röhren zu sehen.

Mehr als die Einschnürungen kommen Erweiterungen vor, von welchen aber nur die gedrängten, die Wülste und Ringe, behandelt werden sollen. Die kugelförmigen kommen im Abschnitte „Blasen der Kugeln" zur Behandlung.

Soll an einem Rohre eine Erweiterung angebracht werden, so wird das Rohr an seinem unteren Ende verschlossen (Kork oder Wachskügelchen) und so wie beim „Einschnüren" für die ersten Übungen in ganz kleiner Zone erwärmt. Ist das Glas weichwarm, so wird in der Flamme mit den Händen gegeneinander geschoben, gestaucht und auf diese Art entsteht der hohle Ring in Abb. 94, welcher, sobald er gestaucht und geglüht ist, aus der Flamme gebracht und gut gerußt wird.

Will man diesen Ring massiv haben, Abb. 95, so muß die Flamme sehr klein genommen und vorsichtig und gleichmäßig gedreht werden.

um ein gleichmäßiges Stauchen zu erreichen. Sodann wird der massive
Ring in einer etwas größeren Flamme so weichwarm gemacht, daß

Abb. 94. Hohler Ring, klein.

links und rechts vom Ringe eine kleine Zone des Rohres erweicht wird,
worauf außer der Flamme etwas hineingeblasen und, aber nur ganz
wenig, gezogen wird.

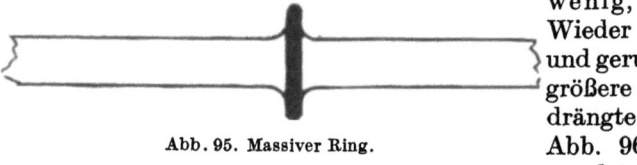

Abb. 95. Massiver Ring.

Wieder muß geglüht und gerußt werden. Um größere Ringe und gedrängte Erweiterungen, Abb. 96, herzustellen, wendet man entsprechend größere Flammen an und bläst beim Stauchen außerhalb der
Flamme hinein, ohne jedoch dabei zu stark zu schieben. Sollte die ge-

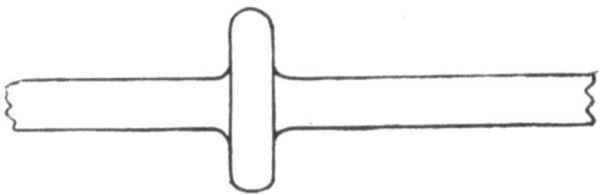

Abb. 96. Hohler Ring, groß.

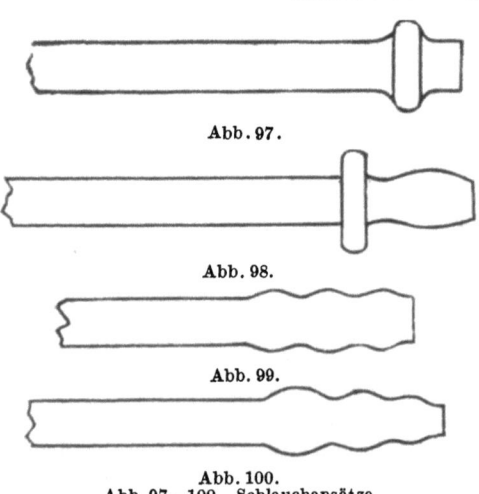

Abb. 97.

Abb. 98.

Abb. 99.

Abb. 100.
Abb. 97—100. Schlauchansätze.

drückte Erweiterung nicht
so gelingen oder zu klein
sein, erwärmt man neuerlich, schmilzt das Glas
ziemlich, je mehr, desto
besser, zusammen und bläst
es wieder auf, bis die Sache
gelingt.

Die meiste Anwendung
findet diese Arbeit bei den
Schlauchansätzen und
Verbindungsstücken,
Abb. 97—100. Diese stellt
man her, indem man den
Ring schiebt oder deren
mehrere oder dieselben
schwach aufbläst und dann
im heißen Zustande neben dem ersten Ring abschneidet und den
Rand verschmilzt. Über „Verschmelzen" später.

Löcherblasen.

Eine anregende Abwechslung bringt die nächste Übung, das Blasen der Löcher, Abb. 101—107. In jedem anderen Material als Glas müssen Löcher geschnitten oder gebohrt werden, im Glas braucht man nur die Flamme dazu und das Loch wird hinein- oder eigentlich herausgeblasen.

Will man in ein Glasrohr ein Loch machen, so bezeichnet man sich die Stelle am besten durch einen groben Schnitt mit dem Messer und wärmt an dieser Stelle das Rohr rings herum vor, bis die Flammenreaktion, d. h. das Gelbwerden der Flamme, eintritt; dann hält man mit dem Drehen inne und bringt die Stelle an den Rand der Flamme, so daß nur eine ganz kleine Stelle weichwarm wird und bläst dann stark hinein, daß sich am Rohre eine kleine Ausbauchung bildet, Abb. 101. Diese wird dann mit ihrer höchsten Kuppe nochmals am Rande der Flamme gut erhitzt und kräftig hineingeblasen, so daß Abb. 102 entsteht. Wiederholt man dieses Verfahren nochmals, so bläst sich dann eine ganz kleine Kugel aus dünnem Glase auf, Abb. 103, die auch oft zerspringt, wobei nach Entfernung dieses dünnen Flitters das Loch Abb. 104 entstanden ist, dessen Rand man nun etwas abschmelzen und kleiner schmelzen kann, indem man das Loch mit der Flamme von der Seite

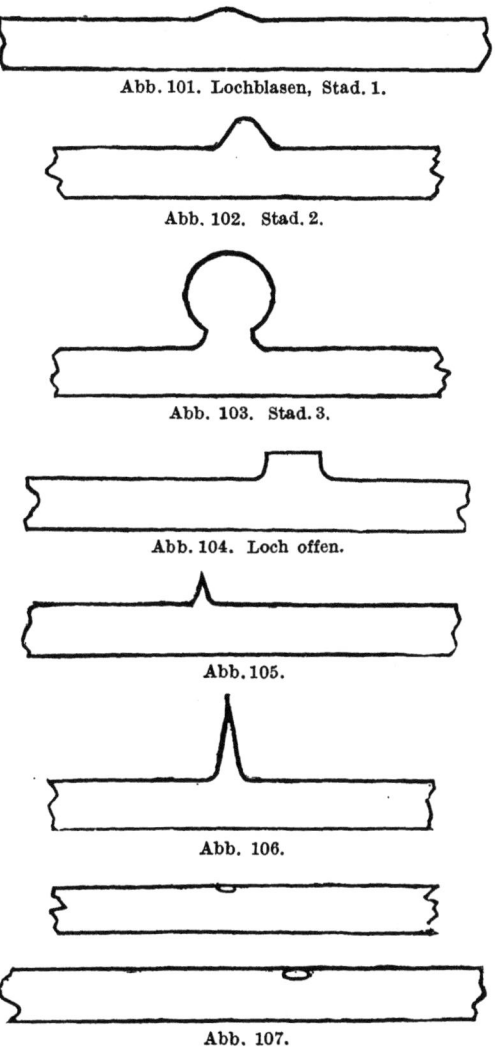

Abb. 101. Lochblasen, Stad. 1.

Abb. 102. Stad. 2.

Abb. 103. Stad. 3.

Abb. 104. Loch offen.

Abb. 105.

Abb. 106.

Abb. 107.

anbläst. Wieder muß die bearbeitete Partie gleichmäßig geglüht, gerußt und gekühlt werden (Rußflamme).

Je nach der Größe des Loches, das geblasen werden soll, muß eine große oder kleine Flamme benützt werden. Bei ganz kleinen Löchern verfährt man so, daß mit einer kleinen Stichflamme gearbeitet und nur eine ganz kleine Stelle weichwarm gemacht und diese dann mit einem dünnen Glasstäbchen oder Röhrchen angefaßt und eine kleine Spitze, Abb. 105, herausgezogen wird. Diese wird dann mit einem sicheren Schnitt entfernt und das so entstandene Loch klein geschmolzen, Abb. 106 u. 107. Auf diese Art lassen sich Löcher von jeder Feinheit herstellen, indem man sie in der Flamme zusammenlaufen läßt und immer wieder aufbläst, bis sie die gewünschte Größe bzw. Feinheit erlangt haben. Der Schluß ist, wie immer, ausglühen und rußen.

II. Das Biegen der Glasröhren, Ansetzen, Rändern, Böden.

Wohl eines der wichtigsten Kapitel und doch oft als leicht behandelt ist das Biegen der Glasröhren. Ganz besonders oft wird in den Lehrbüchern das Biegen als sehr einfach erklärt, und doch hat der Verfasser Berufsglasbläser gefunden von wirklich großer Tüchtigkeit, die aber keine Hand zum Biegen hatten, d. h. die keinen Bug herstellen konnten von vollkommener Schönheit. Darum soll, was aber nicht leicht ist, diese Handhabung möglichst ausführlich zu behandeln versucht werden. Besser ist natürlich der praktische Unterricht, denn da kann jeder gemachte Fehler sofort auf sein Entstehen zurückgeführt, dessen Vermeidung erklärt und gezeigt werden, es soll aber nichts unversucht bleiben, um die Handhabungen alle auf dem Papier möglichst klar zu bringen.

Das Biegen der Röhren kann verschieden sein, der Bug, der gemacht werden soll, kann je nach seinem Zwecke lang oder flach und kurz oder scharf sein, weiter kann der Bug stumpf-, recht- oder spitzwinklig sein oder aber die Schenkel können parallel U-förmig zueinander stehen und da wieder verschieden voneinander entfernt, dann wieder spiral- oder schlangenförmig sein. Dies alles soll in den Abb. 108—122 vorgestellt und der Reihe nach erklärt werden. Wichtig ist es, beim Biegen darauf zu sehen, daß die beiden Schenkel des Buges auch in einer Ebene sind und die Bugstelle weder erweitert noch verengt ist.

Zu allen Übungen im Biegen sollen nur starkwandige und besonders zu den ersten Übungen nur engere, 5—7 mm weite Röhren verwendet werden, welche schon ihre Bezeichnung davon haben und Biegeröhren genannt werden. Das Biegen von weiten und schwachen Röhren kann erst dann geübt werden, wenn dasselbe mit starken und engen Röhren vollkommen erlernt ist. Auch darf man nicht Ratschlägen von Theoretikern folgen, die sich über das Biegen weiter Röhren bei Glasbläsern Rat geholt und ihnen dann aufgesessen sind, indem diese ihnen den Rat erteilten, das Einknicken der Röhren dadurch zu verhindern, daß man sie mit Sand füllt. Ein anderer stützt außerdem die zu biegenden Röhren an ihren Endpunkten, stellt die Flamme darunter und erhitzt nun einseitig!!?, bis die Röhre sich selbst biegt!!?

Diese beiden Übungs- und Biegeverfahren sind eine ausgezeichnete Methode zur Erzeugung von Glasscherben im großen, denn Röhren, die auf diese Art behandelt worden sind, werden bestimmt eingeknickt und weil der Sand innen anschmilzt, auch nicht zu brauchen sein und der Bug wird nie gelingen.

Das Biegen der Glasröhren, Ansetzen, Rändern, Böden.

Das Biegen der Röhren, ob eng oder weit, muß frei, wie alles in der Glasbläserei, geschehen. Das zu biegende Rohr muß wieder wie bei allen Arbeiten auf der einen, der unteren Seite, geschlossen sein, um oben hineinblasen zu können.

Am leichtesten von den Bügen ist der flache oder lange Bug herzustellen. Bei diesem ist eben das Einknicken am wenigsten zu befürchten, wenn schon einige Übung vorhanden ist. Je länger der Bug sein kann und soll, desto leichter ist er zu machen. Zum Biegen bedient man sich der größten, leicht mit Luft versetzten Flamme, indem man die Stelle, die gebogen werden soll, der Länge nach in die Flamme hält und dreht und, sobald das Rohr nur halbwegs weich wird, zu biegen beginnt, was auch in der Flamme geschehen kann, bis der gewünschte Winkel erreicht ist. Es muß aber genau darauf gesehen werden, daß das Rohr an allen Stellen gleich halbweich wird, da sonst jene Stellen, die zu weich sind, bestimmt einknicken.

Bei Anfertigung von langen Bügen kann man sich auch der Heizflöte Abb. 75 bedienen, in deman jede Länge erhitzen kann. Sind kleinere Strecken zu erhitzen, hält man das Rohr in die Flamme, wie schon oben erklärt, und macht sich eine der Länge entsprechende Flamme.

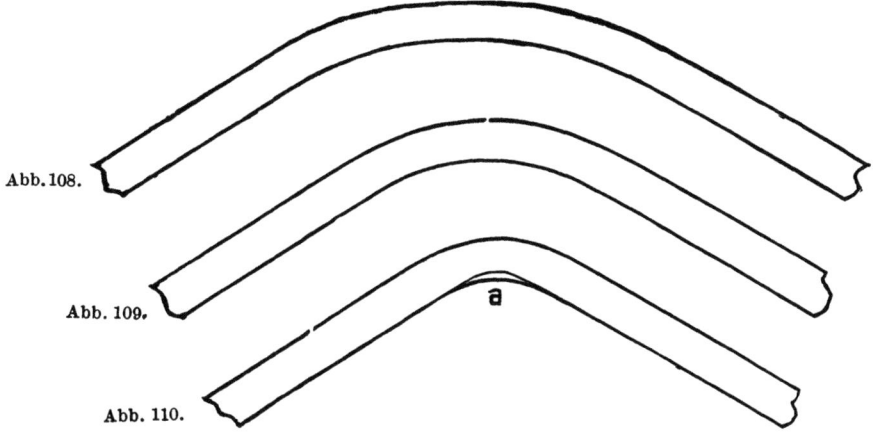

Abb. 108—110. Bug, stumpfer Winkel.

Ganz anders verhält es sich mit den scharfen Bügen. Diese erfordern schon mehr Sicherheit und Übung. Die scharf und kurz zu biegende Stelle wird in einer mittelgroßen Flamme bis zum weichwarmen Zustande erhitzt, aus der Flamme genommen und in der Ebene gebogen, wobei man ein klein wenig zieht, diesmal nicht dreht, aber hineinbläst und dabei die Schenkel in jenen Winkel bringt, der verlangt wird.

Der Geübte stellt auf diese Art den Bug schon tadellos her, wie ihn Abb. 109, 112 u. 115 zeigt, dem Anfänger gelingt er immer in der Form Abb. 110, 113 u. 116, es bleibt eben dann nichts anderes übrig, als den Bug auszubessern. Dies geschieht, indem man die Stellen *a* mit einer kleinen Stichflamme anbläst, weichwarm macht und sachte hineinbläst, und dies wiederholt, bis der Bug schön ausgeglichen ist, und der Querschnitt dem des Rohres gleich ist.

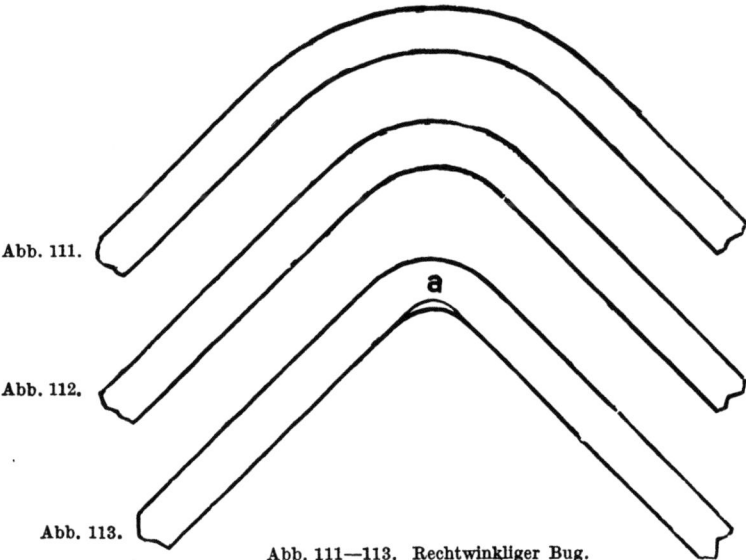

Abb. 111—113. Rechtwinkliger Bug.

Diese Operation gelingt meistens nicht beim ersten Mal, und man muß, wenn man zuviel geblasen hat, die Stelle wieder niederschmelzen und wieder blasen, so oft es eben nötig ist.

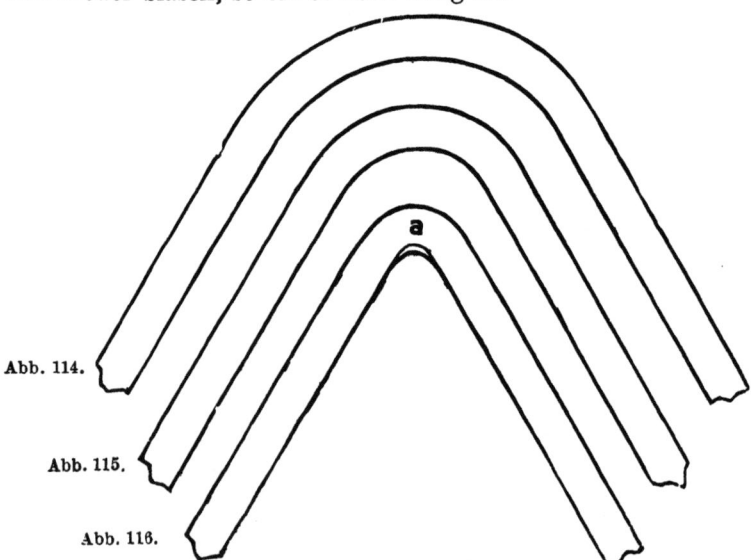

Abb. 114—116. Spitzwinkeliger Bug.

Beim Hineinblasen soll sehr vorsichtig zu Werke gegangen werden, weil man leicht ein Loch bläst und dann der Bug verdorben ist.

Nochmals sei betont, daß das Biegen zuerst recht oft und gut mit flachen Bügen geübt werde, um dann erst auf die scharfen überzugehen, indem man immer schärfere Büge macht. Ebenso soll der Lernende immer bestrebt sein, selbst seine Fehler zu ergründen und sie dann zu beheben suchen. Auf diese Art wird dann bestimmt jeder etwas lernen. Der Lernende soll auch nicht immer, wenn ihm etwas nicht auf einen Griff gelingt, die Sachen gleich wegwerfen, sondern suchen, sie auszubessern, was ja bei keinem Materiale besser gelingt als beim Glas.

Wenn sich beim Üben der scharfen Büge bei der Stelle der Einknickung eine Falte bilden sollte, was bei Anfängern fast immer eintritt, so muß diese Falte oder Wulst mit der Stichflamme gut erwärmt und mit einem Stäbchen oder Röhrchen angeheftet und in der Flamme herausgezogen, dann wieder niedergeschmolzen und verblasen

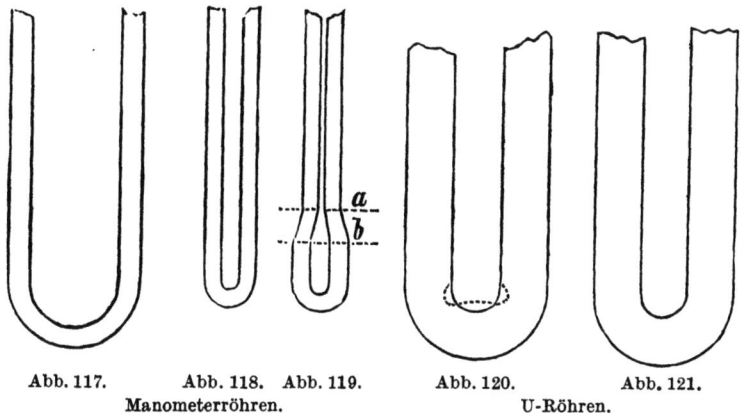

Abb. 117.　　Abb. 118. Abb. 119.　　Abb. 120.　　Abb. 121.
　　　　　　Manometerröhren.　　　　　　U-Röhren.

werden, was allerdings schon größere Übung erfordert. Diese kann und muß aber eben nur durch zahllose Hantierungen und Geduld erreicht werden.

Nur unter dieser Voraussetzung könnte man an die weiteren Operationen schreiten, wovon die nächste erst das Biegen von Manometerröhren, und dann von U-Röhren ist. Solche Büge gelingen wieder am besten, wenn sie lang und die Schenkel weit voneinander entfernt sein können, siehe Abb. 117. Am schönsten sind diese Büge, wenn die Schenkel nur soweit entfernt sind, als ungefähr die Rohrweite beträgt, siehe Abb. 118 u. 121.

Dieser Bug wird am schönsten, wenn er auf einen Griff gelingt, was aber nur dem sehr geübten Glasbläser eigen ist. Um ihn zu machen, wird die der Länge des Buges entsprechende Stelle des Rohres weichwarm gemacht und dann, auf die Ebene des Buges bedacht, etwas gezogen und während des Biegens sehr sachte hineingeblasen, bis die beiden Schenkel in der Lage sind, die sie haben sollen, wobei man durch Ziehen an dem einen oder anderen Schenkel den Bug formt und richtet, aber immer sieht, daß er in der Ebene liegt.

Bei solchen scharfen Bügen kommt wieder das Einknicken vor, das wieder auf die oben angeführte Art behoben wird. Etwas anders liegt die Sache, wenn die Schenkel des Manometers ganz beisammen sein sollen, wie Abb. 119 zeigt, da muß der eigentliche Bug erst mit entferntem Schenkel gemacht werden, und wenn dieser tadellos fertig ist, erhitzt man die Zone a—b der beiden Schenkel halbwarm und bringt diese dann einander näher, aber nur so, daß sie sich **nicht berühren** und nach oben divergieren, so daß die Enden auseinanderstehen.

Beim Erkalten werden sich dann die Schenkel bestimmt parallel stellen, wenn die Divergenz im warmen Zustande die richtige war. Diese zu beurteilen, muß die Praxis lehren, und das Rohr muß so oft aufgewärmt und gebogen werden, bis das Ziel erreicht ist. Ein großer Fehler aber wäre es, ein solches Manometerrohr, an welchem die beiden Schenkel in kaltem Zustande sich ganz aneinandergezogen haben, so zu lassen und zu verwenden.

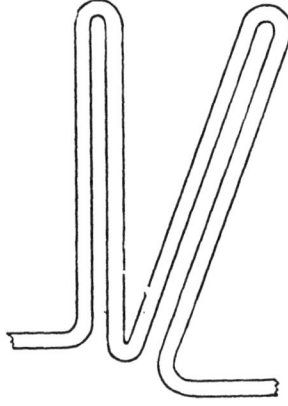

Abb. 122. Kundtsche Feder.

Dieses Manometerrohr würde sehr bald zerspringen, weil es eben Spannung im Buge hat. Die Schenkel dürfen sich daher nie berühren und müssen, wenn das Rohr gut sein soll, mindestens um Bruchteile eines Millimeters voneinander entfernt sein. Auch bei den Bügen von entfernten Schenkeln muß darauf gesehen werden, daß die Schenkel im warmen Zustande divergieren.

Daß die Büge, wenn sie fertig sind, geglüht und gekühlt werden müssen, sei hierbei wieder besonders erwähnt.

Große Geschicklichkeit fordert schon das Biegen eines Rohres nach Abb. 121, das zur Herstellung von Chlorkalziumröhren u. dgl. notwendig ist.

Bei diesen Bügen tritt das Einknicken wohl meistenteils ein und oft zeigen die Form wie Abb. 120 noch ärgere Büge. Wenn nur der äußere Bug schön geraten ist, so ist das Übel wohl noch zu beheben. Zu diesem Zwecke müssen die eingeknickten Stellen mit der Stichflamme am besten zuerst in den inneren Ecken und jede einzeln behandelt, und dann die Mitte der inneren Biegung niedergeschmolzen und verblasen werden. Auch hier müssen die Schenkel im warmen Zustande divergieren, weil gerade Röhren dieser Art sich stark ändern beim Erkalten, und, wenn nicht gut gekühlt, starke Spannungen zeigen und gern zerspringen, wenn sie verwendet werden sollen. Diese und die noch folgenden Biegeübungen sind schon kleine Kunststücke und regen angenehm an. Eine ganze Sammlung von verschiedenen Biegungen zeigt uns die Herstellung einer Kundtschen Feder, Abb. 122, wie man sie zur Verbindung an der Quecksilberluftpumpe braucht, um die an die Pumpe angeschmolzenen Apparate etwas federnd verschieben zu können. Bei Ausführung dieser

Das Biegen der Glasröhren, Ansetzen, Rändern, Böden. 65

Arbeit kommt auch noch das Zusammensetzen der Röhren vor, das im nächsten Abschnitt erklärt wird.

Ein nächstes Kunststück ist die Anfertigung einer Kühlschlange. Bei dieser Arbeit bedient sich der Glasbläser eines Dornes, über welchen er das Rohr wickelt. Das klingt ungemein einfach, doch sieht die Sache am Blasetisch ganz anders aus. Die am Dorne, am besten einem Kupfer- oder Messingrohre, gewickelten Schlangenrohre besitzen so viele Spannungen und auch oft veränderten Querschnitt, daß sie schon manchmal

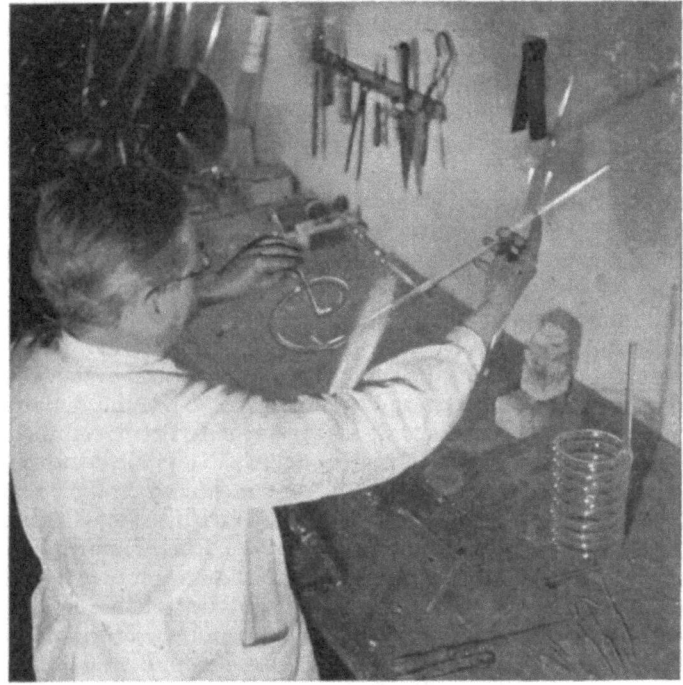

Abb. 123.

beim Erkalten zerspringen was nur vom Berufsglasbläser oder sehr Geübten vermieden werden kann. Es empfiehlt sich daher, die Schlangenrohre frei zu biegen, wie es im folgenden erklärt und in Abb. 123 gezeigt werden soll. Der Glasbläser beginnt eben mit dem Biegen des ersten Ringes und rechts neben ihn steht eine fertige Kühlschlange.

Die hierzu nötige Flamme muß wieder sehr groß sein und wenig Luft bekommen. Das zu biegende Rohr wird, um ein langes Stück warm zu bekommen, der Länge nach schräg in der Flamme erwärmt, und, sobald nur halbweich, schon gebogen, und zwar nach und nach, so daß man einen Ring erhält, der dem Durchmesser der Schlange entspricht, aber aus der Ebene gebogen ist, um die Steigung der Schraube herzustellen. So wird dann Strecke für Strecke gebogen und jede ganz entsprechend weit von anderen entfernt eingebogen, hierbei darf aber das Glas nie ganz weichwarm werden, sonst sind Einknickungen sicher und verderben die Arbeit.

Die zweite Art der Herstellung dieser Schlangen erfordert jedoch Übung und richtige Behandlung, und zwar besonders in bezug auf die Erwärmung des Glases.

Zu diesem Zwecke benötigt man ein der Weite der Windungen und der Länge der Spirale entsprechendes Rohr aus Messing oder noch besser Kupfer mit zirka einem halben Millimeter Wandstärke, welches jedoch an allen Stellen gleich im Durchmesser sein muß. An einem Ende steckt man an das Rohr einen mit Asbest umhüllten Holzstiel und befestigt denselben, um es halten zu können, ohne sich zu verbrennen. Die Umhüllung mit Asbest ist natürlich so gemeint, daß sie sich zwischen der inneren Wand des Kupferrohres und dem Holzstiel befindet, da sonst der Stiel zu glimmen beginnt und in der Arbeit stört, weil er locker wird.

Der Stiel darf dabei nicht zu weit in das Rohr hineinragen, da oberhalb des hineinragenden Stieles in dem Rohre sich zwei Löcher befinden müssen, die sich gegenüberstehen, damit eben das zu biegende Glasrohr vor dem Biegen hineingesteckt werden kann.

Nun nimmt man ein der Schlange entsprechend langes Glasrohr und biegt am Ende ein ca. 5—7 cm langes Stück rechtwinklig ab und läßt es ganz erkalten. Ist dies geschehen, so steckt man das abgebogene Stück in die beiden Löcher und wickelt das Glasrohr, indem man es erwärmt, ganz langsam und mit einem leichten Druck auf das letztere, indem man dabei sehr gut acht gibt, daß das Glas nicht zu weich wird.

Es ist dabei sehr zu empfehlen, bei möglichst großer Flamme zu arbeiten und das Rohr überdies noch schräg in dieselbe zu halten, damit recht viel Glas warm wird und infolgedessen Einknickungen vermieden werden. Ist die Schlange nun bis auf ihre Länge gebracht, so läßt man sie auf dem Kupferrohre abkühlen und wartet, bis beides auf die gewöhnliche Temperatur abgekühlt ist, sodann zerschlägt man das im Kupferrohre steckende abgebogene Stückchen und schiebt und dreht unter keiner besonderen Kraftanwendung die Schlange vom Rohre herab.

Bei der Herstellung der Schlange ist auch darauf zu sehen, daß das Metallrohr nicht zu heiß und das Glasrohr nicht mit zu großer Kraft aufgewickelt wird, da es sonst leicht vorkommt, daß sich die Windungen des Glasrohres in das Metall eindrücken, dann die Schlange beim Abkühlen springt und nicht oder nur in Stücken vom Rohr heruntergebracht werden kann.

Dasselbe kann auch eintreten, wenn das Metallrohr während der Prozedur zu kalt geblieben ist. Um die richtige Erwärmung erkennen zu lernen, ist eben wieder nur Übung nötig. Wenn die Schlange leicht und bei richtiger Erhitzung des Metallrohres aufgewickelt ist, so ist es ganz erklärlich, daß nach dem Erkalten die Schlange auch leicht herunterzunehmen ist, weil das Metall sich bei der Abkühlung mehr zusammenzieht, als das Glas. Wenn hingegen das Metallrohr nicht sehr warm, also nicht sehr ausgedehnt war, so ist der Zwischenraum zwischen Schlange und Metallrohr nicht groß genug, um die Schlange ohne zu brechen, herunterzubringen.

Die folgende Übung ist das Zusammenschmelzen von Röhren und Apparatteilen, das technisch mit „Ansetzen" bezeichnet wird. Dieses Ansetzen findet seine Anwendung ziemlich oft, weil bei den Apparaten die einzelnen Teile immer jeder für sich angefertigt und dann erst ein Teil nach dem anderen angesetzt wird.

Der erste zu beobachtende Grundsatz beim Ansetzen ist der, daß nur ganz gleichartige Glassorten aneinander angesetzt werden können, wenn die Ansatzstelle auch halten soll. Werden Glasröhren verschiedener Art zusammengesetzt, so gelingt die Schmelzstelle schon nicht mehr schön und meist zerspringt schon unmittelbar nach dem Erkalten die verbundene Stelle. Ganz besonders ist dies zu beachten, wenn an zerbrochenen Apparaten eine Reparatur vorgenommen und einzelne Stücke erneuert werden sollen. In diesem Falle muß zuerst genau ermittelt werden, aus welchem Glase der zu reparierende Apparat ist. Um dies ermitteln zu können, nimmt man eine von den verfügbaren Glasröhren, welche der Dimension entsprechen, und macht ein Scherbenstück von dem zerbrochenen Teile mit der Pinzette und ein Stück des zu prüfenden Rohres am Ende weich und schmilzt beide zusammen, dann nimmt man ein zweites Röhrchen und schmilzt wieder dessen Ende an das geschmolzene Scherbenstück, macht diese Stelle gut weichwarm und zieht dann außerhalb der Flamme recht langsam, vor dem Erstarren aber stark. Wenn die drei Glasarten gleich sind, so muß der gezogene Faden ganz gleichmäßig sein, ist er aber uneben, so daß sich ein Teil mehr zieht als der andere, so ist das Glas verschieden schmelzend, also nicht gut anzusetzen, und man wäre in einem solchen Falle nie sicher, ob die Ansatzstelle hält.

Ein zweiter, sehr wichtiger Umstand ist der, daß bei Röhren oder Gegenständen, welche zusammengesetzt werden sollen, die zusammenzuschmelzenden Stellen ganz rein sind, evtl. frisch geschnitten werden müssen, mit gar nichts berührt werden dürfen und vor Staub oder Schmutz geschützt werden müssen. Bei Apparaten und Röhren, wo es nicht geht, eine frische Schnittfläche zu machen, weil die Länge oder Dimension schon gegeben ist, reinigt man die Ansatzstelle am besten mit reiner Baumwolle, bei größerer Verunreinigung, die häufig bei Reparaturen von Apparaten vorkommt, bedient man sich zuerst einer Säure, dann des Wassers und Weingeistes und trocknet am Schlusse mit Baumwolle.

Die Verunreinigung der Enden, welche zusammengeschmolzen werden sollen, ist sehr nachteilig, und, unterläßt man die Reinigung derselben, so verbrennen die Staubteilchen usw., legen sich als Asche an die Schweißstelle und verhindern die enge Verschmelzung der Glasteile.

Man sieht dies an der Schweißstelle sehr deutlich markiert durch ein graues Ringelchen, an welchem dann beim Erkalten die Stelle leicht wieder abspringt.

Bei der Verschmelzung ist besonders darauf zu sehen, daß die Stelle womöglich unkenntlich wird; man muß eben die Stelle, an welcher die Enden zusammenkommen sollen, sehr gleichmäßig heiß machen und innig miteinander verschmelzen und verblasen, damit kein sichtbarer Ring oder irgendwelche Unebenheiten entstehen und die Stelle keine Falten zeigt.

Die häufigste Prozedur ist das Zusammensetzen der Röhren von gleicher Weite.

Hierbei sei also nochmals erwähnt, daß man sich zwei reine Schnittflächen herstellen muß. Das in der linken Hand zu drehende Rohr wird am unteren Ende mit Kork oder einem Wachskügelchen verstopft, dann bringt man, in jeder Hand ein Rohr, unter Beobachtung der unter „Halten, Drehen und Erhitzen" (S. 42) angeführten Art und Weise die rein und frischgeschnittenen Enden in die Flamme und sieht, daß nur die Schnittflächen zum Schmelzen kommen und nicht einlaufen, d. h. in der Flamme so weich werden, daß sich das Lumen nicht verkleinert. Sind also die Ränder weich geworden, so sieht man, daß man dieselben genau achsial aufeinanderpassend zusammenklebt, ohne sie jedoch zusammenzudrücken, da sonst ein Ring entsteht, welcher dann schwer zu verblasen ist; es ist sogar zu empfehlen, wenn die beiden Flächen aneinandergeklebt sind, etwas — aber nur unbedeutend — zu ziehen.

Wenn nun die Flächen aneinandergeklebt sind, so macht man, ohne viel Zeit zu verlieren, eine kleine Stichflamme und erhitzt unter gleichmäßigem Drehen die Schweißstelle, wobei man die beiden Röhren etwas, fast unmerklich, zusammenschiebt. Ist nun das Glas an der Stelle recht warm und durch gleichmäßiges Drehen nicht deformiert, so hat sich an der Stelle das Lumen verengt und die Wandstärke vermehrt; man nimmt unter fortwährendem Drehen die Röhren aus der Flamme und bläst langsam und leicht hinein, bis man sieht, daß die Schweißstelle dieselbe Dimension wie die Röhre hat. Hat man etwas zuviel geblasen, so genügt, etwas zu ziehen, um die Form und Dimension zu geben.

Bei den ersten Übungen mißglücken natürlich sehr viele Versuche, es ist daher empfehlenswert, diese Übung mit Biegeröhren von ca. 6—7 mm vorzunehmen, und diese wieder im Anfange nicht zu lang zu nehmen, damit die Hände nicht sehr ermüdet werden.

Beim Zusammenschmelzen von langen Röhren muß man sich einen Helfer nehmen, der hineinbläst, nachdem man ihm je nach Bedarf zuruft, daß er stark oder schwach blasen soll.

Röhren, welche ein sehr kleines Lumen haben, wie Thermometer- und Barometerröhren, sind sehr schwer zusammenzuschmelzen, weil es sehr leicht verschmilzt; man muß daher mit nur sehr kleiner Stichflamme arbeiten und beim Zusammenkleben acht geben, daß die Rohrenden genau achsial aufeinanderkommen.

Weitere Röhren sind natürlich entsprechend schwerer zusammenzuschmelzen und empfiehlt es sich, dieselben an den anzuschmelzenden Enden etwas zu verengen — wie Abb. 124, *a b* zeigt —, damit man die Enden innig verblasen kann; es ist aber keine leichte Übung und er-

Das Biegen der Glasröhren, Ansetzen, Rändern, Böden. 69

fordert schon viel Ruhe und Sicherheit und wird meist nur bei Röhren, welche mehr als 25 mm Durchmesser haben, angewendet.

Dieses Ansetzen **gleichweiter** Stücke ist wohl eine beim Arbeiten sehr oft vorkommende Operation, die auch beim Arbeiten an der Quecksilberluftpumpe gemacht werden muß, jedoch in der Weise, daß die anzusetzenden Stücke fest sind und man das Gebläse, den Brenner mit der Hand führt. Darüber aber später.

Das Ansetzen zweier Stücke von verschiedener Weite erheischt schon einige kleine Vorarbeiten. Anwendung findet diese Art von Ansetzen in vielen Fällen, so beim Anfertigen von Pipetten, Trichtern, Vorstößen u. dgl.

Zu diesem Zwecke muß das Zylinderrohr an der Stelle, wo das Biegrohr angesetzt werden soll, auf die Weite desselben verengt werden, wie in Abb. 124 ersichtlich ist. Bei dieser Einschnürung des Zylinderrohres muß man darauf sehen, daß die eingeschnürte Stelle in der Flamme nicht zu stark gezogen wird, damit die Wandstärke nicht zu gering ist; dieselbe soll immer, so wie die des anzusetzenden Biegrohrs sein, da sonst das Ansetzen Schwierigkeiten macht oder überhaupt nicht gelingt.

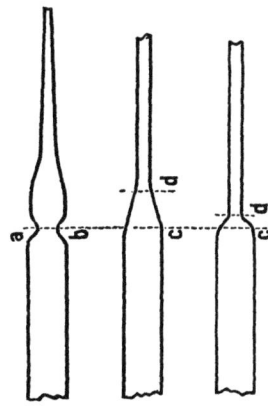

Abb. 124. Abb. 125. Abb. 126.
Ansetzen enger an weite Röhren.

Ist nun die Verengung des Zylinderrohres hergestellt, so wird bei $a—b$ ein Schnitt geführt, und zwar so, daß man auf der heißen Einschnürung mit dem Messer einen um ein Fünftel des Umfanges reichenden Schnitt macht und auf diesen etwas kalte Luft bläst, es springt dann an der Stelle ab.

Nun nimmt man das anzusetzende Biegrohr und macht den Rand desselben, sowie den Rand des verengten Zylinderrohrrohres glühend und klebt diese aneinander, unter der Beobachtung, daß man nicht zusammendrückt, sondern eher etwas unbedeutend zieht, sodann wird die Verbindungsstelle unter **gleichmäßigem** Drehen sehr stark erhitzt, und zwar mehr gegen das Zylinderrohr, dann ein klein wenig geblasen, damit es die Form von Abb. 125 bekommt.

Diese Form nimmt man gern für Kühlröhren, Vorstöße und den unteren Teil von Pipetten usw.

Will man nun aber die angesetzte Stelle rund haben, so wie Abb. 126 zeigt, so erhitzt man die Strecke $c\ d$ bis zum Weichwerden und bläst unter fortwährendem Drehen (ich erwähne dies immer mit Nachdruck, weil ich nur zu gut weiß, daß dies immer unterlassen wird, und dadurch die Arbeit nie gelingt) hinein, wobei man das Ganze etwas, aber nur unbedeutend, zusammenschiebt.

Sollte man die Stelle, was im Anfange oft geschieht, zu weit aufblasen, so schmilzt man dieselbe nochmals und bläst neuerdings auf; nur wenn die Stelle, trotzdem sie weiter aufgeblasen ist, genug Wandstärke hat, so kann man die aufgebauchte Stelle am oberen Rande der Flamme erwärmen und etwas ausziehen.

Einen weiteren Grad von Geschicklichkeit erfordert das Ansetzen eines Rohres an der Seite eines anderen, wie die Abb. 127—130 zeigen, was, außer bei vielen anderen Röhren und Apparaten, am meisten bei T- und Y-Röhren Anwendung findet.

Für die Übung dieser Handfertigkeit empfehlen sich wieder zuerst Biegeröhren von 6—8 mm Weite, welche man sich in Stücke von ca. 25 cm Länge schneidet und am unteren Ende verschließt. Nachdem die Stelle, an welcher der Ansatz gemacht werden soll, bezeichnet ist, verfährt man nach den Ausführungen zu den Abb. 101—104, um ein Loch von der Größe, welche der Weite des anzusetzenden Rohres entspricht, zu blasen, und man hat Abb. 127 a erreicht. Nun wird auch das zweite Ende des Rohres a verschlossen und der Rand des Loches am Rande der Flamme weichwarm gemacht; mit der rechten Hand nimmt man das anzusetzende Rohr b und macht das Ende desselben gleichzeitig mit dem Lochrand von a weichwarm und fügt außerhalb der Flamme den weichen glühenden Rand des Rohres an den weichen glühenden Rand des Loches von a zusammen. Dies muß so geschehen, daß dabei die weichen Ränder nicht zusammengeschoben werden, oder daß sie vielleicht gar eine Wulst bilden. Es ist eher gut, nach dem Zusammenfügen ein ganz klein wenig zu ziehen. Nur darf die Arbeit in diesem Stadium nicht kalt, sondern muß warm gehalten, sofort weiter behandelt und verblasen werden, um die gute Verbindung beider Röhren zu erzielen. Man erhitzt mit einer kleinen Stichflamme zuerst die Stelle c Abb. 128, macht diese sehr weichwarm und bläst sachte hinein, um eine schöne Übergangsstelle zu erreichen. Dasselbe Verfahren wiederholt sich bei d, und wenn die Lötstellen gut verblasen sind, wärmt man das T-Rohr von allen Seiten gut an, sieht aber, daß alle Teile in der Ebene und auch die Winkel nicht schlecht sind, und kühlt dann lange und gut.

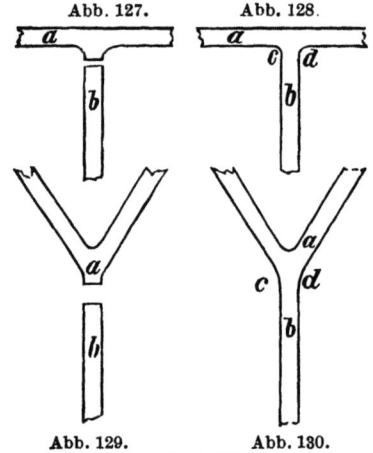

Abb. 127. Abb. 128.
Abb. 129. Abb. 130.
Abb. 127—130. Seitliches Ansetzen.

Will man ein Y-Stück anfertigen, so muß das Rohr a zuerst gebogen werden und dann an der Spitze des Winkels das Loch geblasen werden. Sonst aber ist genau der vorerwähnte Vorgang einzuhalten.

Eine Erleichterung für Anfänger wäre die, daß man die Röhre a in den Abb. 127—130 etwas weiter, vielleicht 10—12 mm nimmt, während b 5—6 mm genommen werden kann.

Sollen an den Enden der Gabelstücke oder an den Ansätzen an Apparaten Wülste, Ringe oder Oliven sein, wie die Abb. 97—100 zeigen, so müssen diese womöglich immer vorerst gemacht und mit Hilfe von Ansteckern (siehe 55) angesetzt werden. Oft muß man diese aber auch erst nach dem Ansetzen machen, was sehr schwer ist und meist auf Kosten der Schönheit geht, weil man nicht gleichmäßig drehen und erwärmen kann.

Sehr oft kann man auch angesetzte Stellen verschleiern und verstecken, wenn man die Ansatzstelle in einen Bug verlegt.

Eine neue Handfertigkeit in der Reihe der Übungen als Glasbläser sind die Ränder der Rohrenden, die verschiedener Art sind, von denen die am meisten gebräuchlichsten erklärt werden sollen.

Zur Behandlung der Ränder dienen die Werkzeuge Abb. 42—49, deren Beschreibung schon vorn geschah.

Die Rohrenden als solche und bei Kolben oder Flaschenhälsen, Tubussen, endlich von Apparateteilen zeigen Abb. 131—135; sie werden technisch wie folgt benannt:

Abb. 131 verschmolzener, Abb. 132 aufgerandelter, Abb. 133 gebörtelter, Abb. 134 umgelegter Rand, Abb. 135 verschmolzener Rand mit Ausguß.

Der Rand wird verschmolzen genannt, wenn das glattgeschnittene Ende eines Rohres in der Flamme bis zum Glühen erhitzt wird und darauf gesehen wird, daß sich das Lumen weder verengt noch aufweitet. Ein solches Rohrende hat die Schärfe der Schnittflächen verloren, und durch das Verlaufen der Ränder an Festigkeit gegen Stoß und Druck ganz bedeutend zugenommen. Es wird meistens bei einfachen Rohrenden an Apparaten

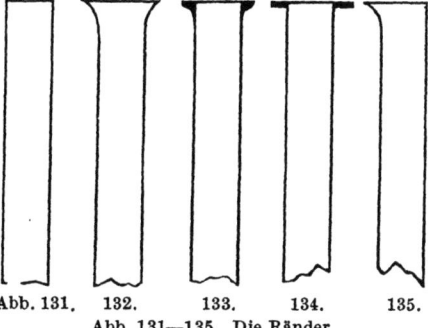

Abb. 131.   132.   133.   134.   135.
Abb. 131—135. Die Ränder.

und bei Substanzgläschen zu sehen sein und ist die allerbeste und schönste, zugleich einfache Form des Randes.

Um ein Rohrende oder einen Hals „aufzurandeln", bedient man sich des Auftreibers, der der Weite des Rohres entsprechend gewählt wird. Auch des vierkantigen Auftreibers, Abb. 49, des kegelförmigen Dornes, Abb. 48, kann man sich bedienen, doch ist dies meist nur dann notwendig, wenn der aufzurandelnde Hals nicht oder schwer gedreht werden kann, weil man dann das Werkzeug mit einer kreisenden Handbewegung führen muß. Um nun aufzurandeln, bringt man das Rohrende drehend in die Flamme und erhitzt so lange, bis der Rand schmilzt und sich fast nach innen verengt, d. h. „einläuft". Nun wird mit der rechten Hand, so wie man etwa den Eßlöffel hält, der Auftreiber mit der Fläche nach oben in das Lumen des Rohres eingeführt; man bringt ihn, ohne ihn zu drehen, in einen Winkel von ca. 45° zur Rohrachse und drückt ihn sanft gegen den weichgewordenen Rand, indem man das Rohr rasch und gleichmäßig außerhalb der Flamme dreht. In Abb. 136 sehen wir die Hantierung bei der Herstellung eines einfachen sog. Randes einer Proberöhre. Je nachdem der Rand mehr oder weniger aufgerandelt sein soll, wird mehr oder weniger Glas warm gemacht und der Auftreiber steiler oder sanfter zur Rohrachse gehalten.

Es ist notwendig, den Auftreiber etwas einzufetten, damit, wenn er zu heiß werden sollte, das Glas nicht an ihm haften bleibt. Ebenso ist es **unbedingt notwendig, jeden Rand**, der mit einem Werkzeug hergestellt worden ist, vor dem endgültigen Abkühlen nochmals nachzuwärmen, d. h. rotwarm zu machen und dann gut zu kühlen.

Zur Herstellung eines gebörtelten Randes bedient man sich am besten der sog. flachen Auftreiber, Abb. 44 u. 45, welche man aber nie steiler,

Abb. 136. Das Randeln.

als in einem Winkel von 15—20° hält. Beim gebörtelten Rande kommt es darauf an, daß er recht stark sein soll, um das Ausschleifen auszuhalten. Um dies zu erreichen, wird der Rohrrand weich gemacht, daß er **ein ganz wenig einläuft**, worauf er nur ganz wenig aufgerandelt wird, sodann geht man wieder in die Flamme und läßt den bereits erweichten Rand nochmals einlaufen, randelt nochmals auf und wiederholt diese Operation so oft, bis der Rand die gewünschte Stärke erreicht hat und das „Börtel", wie der Rand genannt wird, schön und gleichmäßig ist (gut glühen und kühlen).

Um das Rohrende mit einem umgelegten Rande zu versehen, muß schon sehr viel Geschicklichkeit aufgewendet werden. Als Werkzeug nehme man die Auftreiber, Abb. 44 u. 46. Vom Rohrende macht man nun ein der Größe des zu machenden Randes entsprechendes Stück sehr weichwarm und legt es zuerst nur auf ca. 45° zur Rohrachse um, erhitzt nochmals, um es zu verstärken und legt es nochmals um, jedoch noch nicht ganz; nach nochmaligem Weichschmelzen legt man dann, indem man den Auftreiber immer mehr gegen 90° neigt, den Rand um, wobei man die Rohrwand innen als Stützpunkt für den Auftreiber benützen kann, aber nicht muß, denn der Geübte soll schon über soviel Sicherheit verfügen, um frei mit dem Werkzeug arbeiten zu können.

Soll der Rand, wie Abb. 135, eine einseitige Kerbung haben, die als „Ausguß" bezeichnet wird, so erhitzt man den Rand, daß er etwas einläuft, randelt ganz schwach auf und drückt mit der Kante des Auftreibers, besser noch mit dem Dorn, ein ganz klein wenig nach der Seite heraus, um den Ausguß zu formen. Anfänger werden diese Operation oft ganz ohne Absicht ausführen, wenn sie das Aufrandeln beginnen, was sie aber nicht verdrießen darf.

Alle diese Ränder sind, wenn sie nach dem Erkalten oder bei nachheriger Benützung und Bearbeitung zerspringen, ganz bestimmt schlecht gemacht, noch bestimmter aber recht schlecht abgekühlt und schlecht behandelt worden.

Bei Hälsen oder Konussen, in welche Gegenstücke oder Stöpsel eingeschliffen sind, ist ganz besondere Sorgfalt anzuwenden und darauf zu sehen, daß sie bestimmt kreisrundes Lumen haben. Um dies zu erreichen, dient das Werkzeug Abb. 47, ein Holzkonus, den man in allen Stärken zur Hand haben soll oder sich selbst machen kann. Bevor der Hals zur Abkühlung kommt, macht man ihn nochmals rotwarm und dreht dann den angekohlten, mit Fett beschmierten Konus gleichmäßig im weichen Halse, natürlich sehr rasch, weil er leicht zu brennen beginnt, und kühlt dann endgültig, wie schon oft erwähnt, indem man vorher nochmals gut glüht.

Die nächste Übung soll uns mit dem Gegenteile der im letzten Abschnitte behandelten Arbeit vertraut machen; es ist das Zuschmelzen der Rohrenden oder die Herstellung von runden und flachen Böden.

Diese Übung wird bei der Herstellung von Eprouvetten, Einschmelzröhren, Präparatenzylindern und verschiedenen Apparaten angewendet.

Zur Übung dieser Arbeit empfehlen sich wieder nur Röhren von größerer Wandstärke und sie erfordert schon Sicherheit und Ausdauer, denn die Röhre soll in dem halbkugelförmigen Abschlusse keine Narbe zeigen, sondern ganz rein und klar ausgeblasen sein. Solche mit Narben behaftete Böden und Kuppen zerspringen sehr leicht beim geringsten Temperaturwechsel, werden aber eigentlich nur von weniger Geübten gemacht. An den im Handel vorkommenden Sachen sind sie ein Zeichen schlechter und nachlässiger, weil billig sein sollender, Arbeit.

Um ein Glasrohr an einem Ende zu schließen, erhitzt man unter gleichmäßigem Drehen vom Ende aus ein Stück davon und zieht sich eine Spitze auf die in dem Abschnitte „Ziehen der Spitzen" (S. 50) angeführte Art und Weise, wie in Abb. 137 nochmals ersichtlich. Ist dies geschehen, so macht man sich eine ganz kleine Stichflamme und erhitzt das Rohr an der durch $a\,b$ markierten Stelle, Abb. 137. Sobald nun das Glas an der Stelle nur halbwegs weich ist und mit einiger Anstrengung gezogen werden kann, zieht man unter beständigem Drehen in der Flamme die Spitze an der Stelle $a\,b$ weg, bis die Flamme das Glas abschmilzt und dadurch die Form 138 entsteht. Bei d hat sich nun ein kleines Knötchen Glas gebildet, welches sofort, so lange es noch vom Abschmelzen ganz weich ist, herausgeblasen werden muß, daß daraus eine kleine Kuppe entsteht, wie in Abb. 139 ersichtlich ist.

Nun wird die ganze Stelle bis e, wo der Zylinder beginnt, so lange gleichmäßig gedreht und erhitzt, bis sich das Rohr in der Flamme so gebildet hat, wie Abb. 140 zeigt, sodann wird das Rohr aus dem Feuer genommen und unter Drehen langsam und gleichmäßig hineinblasend auf die Form 141 gebracht.

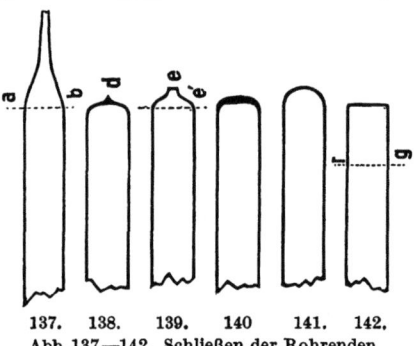

137. 138. 139. 140 141. 142.
Abb. 137—142. Schließen der Rohrenden.

Diese Form 141 soll gleich nach dieser angeführten Reihenfolge erreicht werden und keine Narben und Wolken zeigen; ist dies letztere der Fall, so muß man die Narben nochmals erhitzen, gut weich machen und wieder verblasen, bis die Kuppe rein und hell wird.

Will man Präparatenzylinder mit flachen Böden, wie Abb. 142 zeigt, herstellen, so macht man sich zuerst Form 138, dann 139 und läßt den Boden, indem man ihn schräg gegen die Flamme hält, von derselben zusammenschmelzen und flach drücken. Sollte der Boden, besonders bei Anfängern, nicht ganz schön und gerade, d. h. senkrecht auf der Achse, sein, kann man ihn mit einem angewärmten Auftreiber flach streichen, wobei man wieder drehen muß. Dadurch aber, daß der Boden mit dem Auftreiber in Berührung war, würde er beim Erkalten zerspringen, man läßt sich daher nach dem Streichen nicht viel Zeit und erwärmt den Boden und ein Stück vom Zylinder bis zur Stelle $f\,g$ in Abb. 142, ohne den Gegenstand zu deformieren, bis zur Rotglühhitze und kühlt das ganze Stück in der Rußflamme ab.

Der Boden bzw. die Kuppen, die man auf diese Weise herstellt, sollen nicht stärker im Glase als die Wandstärke des Rohres sein, da sonst dieselben nach dem Erkalten springen; soll etwa der Boden nach einwärts gewölbt sein, so zieht man den weichen Boden durch Saugen etwas ein, welch letztere Manipulation bei der Herstellung von kubizierten Gefäßen oft angewendet werden muß.

Die Übung dieser Operation empfiehlt sich, wie schon mehrmals erwähnt, mit ziemlich starkwandigen Röhren, und zwar im Anfange mit nicht weiteren als 10—14 mm Durchmesser. Zur eigentlichen Herstellung von Eprouvetten usw. soll man erst schreiten, wenn man die Kuppen schön und ohne Narbe herstellen kann.

Eine Kombination der in diesem und im vorhergehenden Abschnitt

"Rändern" behandelten Operationen ist die Herstellung der Eprouvetten, Präparatengläschen, sowie Einschmelzröhren usw., deren Erklärung nun folgt.

Um Eprouvetten herzustellen, nimmt man Röhren von der gewünschten Weite, welche nicht stark, sondern ziemlich schwach im Glase sein müssen; dadurch schon ist die Arbeit keine leichte, weil das Schneiden der schwachen Röhren schon Vorsicht und gute Schneidwerkzeuge erfordert. Man schneidet sich die Röhren in Stücke, welche die doppelte Länge der zu verfertigenden Eprouvetten haben, rändert sich diese Röhren auf beiden Seiten, welche natürlich schön geschnitten sein müssen, und zeichnet sich die Längenmitte an. An dieser Stelle werden nun diese Röhren auseinandergezogen und die runde Kuppe nach vorangeführter Methode geblasen.

Um Präparatengläschen herzustellen, nimmt man stärkere Röhren und schneidet sich wieder Stücke von der doppelten Länge der zu erzeugenden Zylinder.

Die Ränder solcher Zylinder werden selten umgestülpt, sondern, wenn die Wandstärke der Röhren groß genug ist, entweder nur abgebrannt oder gebörtelt, sodann wird wieder die Mitte angezeichnet und auseinandergezogen und entweder ein runder oder flacher Boden gemacht.

Bei der Herstellung der Röhren zum Einschmelzen von Präparaten und Substanzen, welche in den meisten Fällen wegen des Druckes, welchem sie ausgesetzt sind, aus Kaliglas- und Wasserstandsröhren erzeugt werden, ist es sehr zu empfehlen, nach der Herstellung des Bodens mindestens 5—6 cm aufwärts vom Boden gut zu kühlen und zu berußen, da dieselben gern oberhalb des Bodens Brandrisse bekommen und dadurch unbrauchbar und gefährlich werden könnten.

Das Blasen einer Kugel erfordert die größte Geschicklichkeit unter allen Verrichtungen in der Glasbläserei, soll sie nämlich schön hell und rein und der mathematischen Kugel am ähnlichsten sein.

Eine Kugel kann auf zwei Arten hergestellt werden, und zwar indem sie am Ende eines Rohres oder in der Mitte desselben geblasen werden kann.

Zur Herstellung von Kugeln sollen nur Röhren von eminenter Reinheit verwendet werden und sollen dieselben keine Längsstreifen und Knötchen enthalten, ebenso sollen sie ziemliche und ganz gleichmäßige Wandstärke haben.

Kugeln von besonderer Größe müssen aus von entsprechend weiten Röhren geblasen werden, welche zu diesem Zwecke in Stücke abgezogen werden, die der herzustellenden Kugel entsprechen und an die dann die notwendigen Röhren angeschmolzen werden.

Die Herstellung einer Kugel ist leichter, wenn man sie am Ende eines Rohres aufbläst, und es empfiehlt sich sehr, diese Übung zuerst vorzunehmen, wie sie im folgenden beschrieben wird.

Am besten bedient man sich zuerst der Biegeröhren von ca. 6—10 mm Weite und von ziemlicher Wandstärke, Abb. 143, schließt das Rohr an dem Ende, wo die Kugel entstehen soll, und erhitzt nun ein der herzustellenden Kugel entsprechendes Stück Rohr, macht es weich, bläst es auf und schmilzt es wieder zusammen, bis man ein möglichst großes Stück, Abb. 144, erreicht hat. Ist dasselbe nun ziemlich weich, so muß es in der Flamme so aufmerksam gedreht werden, daß ein Senken des weich gemachten Stück Rohres nicht leicht eintreten kann, und dies geschieht so, daß man immer den sich senkenden Teil nach aufwärts dreht, eventuell aus der Flamme bringt und etwas hineinbläst, natürlich wieder unter der Vorsicht, den sich senkenden Teil nach aufwärts zu drehen. Es darf jedoch das Hineinblasen nicht so stark erfolgen, daß sich schon eine Kugel bildet, sondern es muß das Glas nochmals erhitzt werden, und das so weit, bis es auf einen kleinen starken Klumpen zusammengelaufen ist und so ganz durchaus gleichmäßig warm ist, was die Hauptsache und nur durch fortwährendes gleichmäßiges Drehen zu erreichen ist. Dann bringt man es aus der Flamme und dreht fort und fort gleichmäßig, um ein Senken der weichen Teile zu verhindern, bringt das Rohr drehend zum Mund und bläst drehend und langsam hinein. Abb. 145 a.

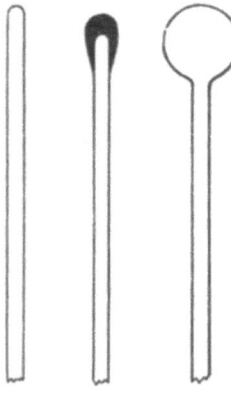

Abb. 143—145.
Blasen einer Kugel am Rohrende.

Nun bildet sich, wenn alle Winke genau befolgt wurden, eine Kugel, bei deren weiterem Aufblasen man nur während des Drehens im Munde

Abb. 145 a. Kugelblasen.

darauf zu sehen hat, ob sie sich ganz gleichmäßig bildet. Sollte sich ein Teil mehr aufblasen als der andere, so dreht man denselben sofort nach unten und hält mit dem Drehen einen Moment inne, jedoch nicht mit dem Blasen, und setzt diese Operation fort, bis die Kugel die gewünschte Größe hat. Abb. 145.

Sehr wichtig ist es, wie aus dem Ganzen schon ersichtlich, daß die zur Kugel bestimmte Menge außerordentlich gut durchwärmt und erweicht sein muß und nur langsam aufgeblasen werden darf, denn je langsamer eine Kugel aufgeblasen ist, um so reiner, heller und gleichmäßiger wird sie sein. Abb. 145a.

Diese Übung beginnt der Anfänger am besten mit Röhren von 6 mm Weite und beschränkt sich darauf, nur kleine Kugeln zu blasen, bis diese schön und regelmäßig gelingen. Erst dann, das sei ganz besonders, wie

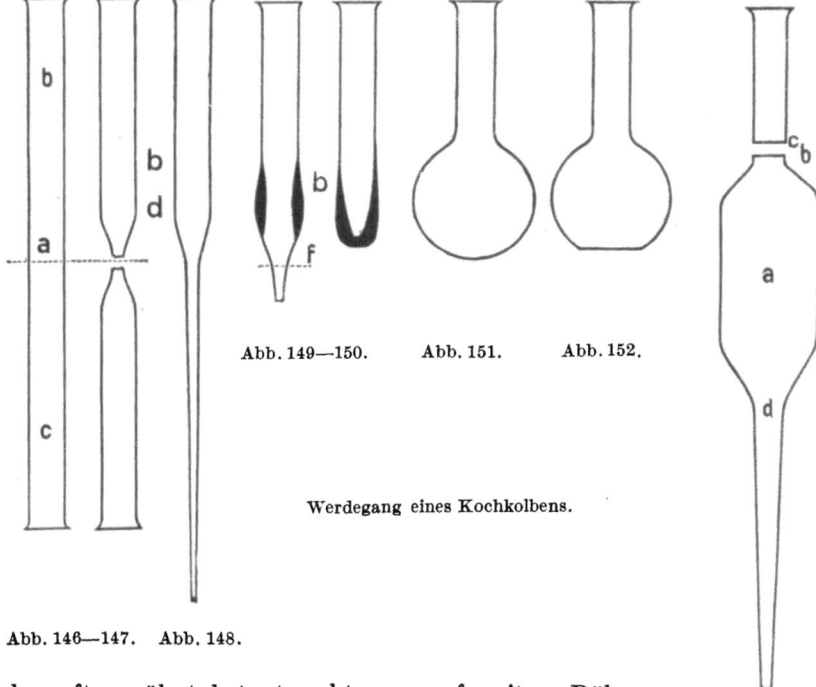

Abb. 149—150.   Abb. 151.   Abb. 152.

Werdegang eines Kochkolbens.

Abb. 146—147.   Abb. 148.

schon oft erwähnt, betont, geht man auf weitere Röhren und auch größere Kugeln über.

Abb. 153.

Diese Art Arbeit bietet schon mehr Anregung und Gelegenheit für den Übenden, schon vorher Gelerntes anwenden zu können, wenn als nächstes Pensum die Herstellung eines kleinen Kochkölbchens in Angriff genommen wird, dessen Entwicklung in den Abb. 146—153 dargestellt ist.

Kölbchen für fraktionierte Destillation und Destillation im Vakuum können an der Lampe bis zum Inhalte von ca. 50 cm³ hergestellt werden in folgender Weise: Man nimmt ein der Halsweite des zu erzeugenden Kolbens entsprechendes Rohr ziemlicher und gleichmäßiger Wandstärke und schneidet dasselbe in Stücke, und zwar in doppelt so lange, als es der Hals und der Kolbenbauch erfordert; nun rändert man die geschnittenen Stücke auf beiden Seiten auf und hat nun das Material für zwei Kolben. Diese aufgeränderten Stücke, in Abb. 146 ersichtlich, bezeichnet man in der Längenmitte am besten, wie es die Glasbläser machen, mit einem kleinen Ritz mit dem Messer, Abb. 146 bei a, sodann zeichnet man sich die Länge des Halses an wie bei b und c, steckt in das Rohr beiderseits einen Anstecker, siehe Abb. 55, und zieht es in der Mitte aus, wie Abb. 147 zeigt, schmilzt dann die Spitze, Abb. 147, auseinander und erhält Abb. 148, bringt nun die Zone b—d in die Flamme und erhitzt dieselbe unter ganz geringem Zusammenschieben sehr gut, geht aus der Flamme und bläst wieder unter ganz geringem Zusammenschieben die erweichte Stelle so auf, daß der Gegenstand Abb. 149 gleicht und wiederholt diese Operation, wenn die Flamme zu klein sein sollte, so lange, bis man das zum Kolben nötige Glas beisammen hat. Man entfernt nun mit einer Stichflamme die Spitze f bei Abb. 149 und verbläst das sich bildende Knötchen recht gut, daß Abb. 150 entsteht, bringt dann die ganze Masse in die Flamme, sieht jedoch, daß die Erhitzung nicht über b hinaufreicht und bläst unter stetigem Drehen den Kolben auf, bis derselbe die gewünschte Größe Abb. 151 erreicht hat.

Soll der Kolben der Abb. 152 entsprechen, d. h. einen flachen Boden erhalten, so erhitzt man den unteren Teil der Kugel ganz am Rande der Flamme und setzt ihn auf eine erwärmte glatte ebene Platte auf. Bei einiger Übung kann der Boden auch ohne auf die Platte aufzusetzen hergestellt werden, wie es die Berufsglasbläser machen; es ist dies die bessere Herstellung: Man nähert sich mit dem runden Boden der stark rauschenden Flamme und hält denselben so hinein, daß die Achse des Kolbens in einem Winkel von 45° zur Flamme steht und nur der Rand derselben den Boden berührt, damit die ziemlich kräftige Flamme an den runden Boden anbläst und denselben eindrückt; man hält dann unter beständigem Drehen den Kolben so lange in der erwähnten Weise an den Rand der Flamme, bis der flache Boden die gewünschte Form und Größe erreicht hat, ohne ein Werkzeug anzuwenden.

Auf diese Art erzeugte Kolben, d. h. solche, deren Körper aus einem der Halsweite entsprechenden Rohre geblasen sind, können nur bis zu einer Größe von 50 cm³ Durchmesser hergestellt werden, damit der Kolben eben noch stark genug ist.

Um nun größere Kolben vor der Lampe herzustellen, muß der Körper des Kolbens aus einem starken weiten Rohre geblasen und der Hals des Kolbens angesetzt werden.

Man nimmt ein dem Halse entsprechendes Rohr und schneidet sich Stücke, die der doppelten Halslänge des zu erzeugenden Kolbens entsprechen, rändert diese Stücke zu beiden Seiten auf und schneidet sie in der Mitte auseinander; auf diese Weise erhält man zwei Hälse, welche nun dort, wo sie angesetzt werden, schon den reinen Schnitt haben. Nun zieht man sich von einem weiten starkwandigen Rohre Stücke ab, die der Größe des zu blasenden Kolbens entsprechen und die Form Abb. 153 haben, sodann wird der Hals an das Stück angesetzt, so daß die Stellen b c sich decken. Diese Stelle wird recht schön und gut verschmolzen, sodann nimmt man die Spitze bei d weg und verfährt genau so wie bei der Herstellung von kleinen Kolben.

Um besser hantieren zu können, steckt man sich den Hals an einen

Anstecker, Abb. 55, wenn derselbe nicht ohnehin lang genug ist, um bequem arbeiten zu können.

Das Hauptaugenmerk ist, nachdem der Kolben hergestellt ist, der Kühlung desselben zuzuwenden und besonders bei Kolben mit flachem Boden ist zu beachten, daß man, sobald der Boden gemacht ist, den ganzen Bauch des Kolbens bis zum Halse rotwarm macht, ohne denselben zu deformieren, ihn nachher in der leuchtenden Flamme, welche man nach und nach kleiner macht, recht stark berußt und ihn nach längerem Verweilen in der Flamme an einem zugfreien Orte auskühlen läßt.

Bei Herstellung von Kolben kann man sich nachstehender Tabelle bedienen, welche den Durchmesser in Millimetern und das Volumen enthält, wobei natürlich bei Kolben mit flachem Boden derselbe zu berücksichtigen ist.

Durchmesser des Kolbens in mm	Inhalt in cm^3	Durchmesser des Kolbens in mm	Inhalt in cm^3	Durchmesser des Kolbens in mm	Inhalt in cm^3
20	4,18	42	38,70	63	130,64
21	4,84	43	41,54	64	136,97
22	5,5	44	44,51	65	143,5
23	6,35	45	47,65	66	149,2
24	7,22	46	50,85	67	157,16
25	8,16	47	54,25	68	164,29
26	9,18	48	58,76	69	171,63
27	10,28	49	61,64	70	179,50
28	11,46	50	65,29	71	187,27
29	12,75	51	69,38	72	198,68
30	14,—	52	73,44	73	203 06
31	15,56	53	77,78	74	212,26
32	17,13	54	82,25	75	220,75
33	18,80	55	86,94	76	233,07
34	20,92	56	91,75	77	238,93
35	22,40	57	96,76	78	248,35
36	24,37	58	101,97	79	258,07
37	26,46	59	107,42	80	267,95
38	28,67	60	112,86	81	278,16
39	30,01	61	118,71	82	288,46
40	33,44	62	124,56	83	299,22
41	36,03				

Die Herstellung einer Kugel an einer beliebigen Stelle eines Rohres ist die schwerste Operation in der Glasbläserei und erfordert schon viele Sicherheit und Ruhe in den Händen, damit das Glas recht innig erwärmt wird.

Zu dieser Übung wählt man sich Biegeröhren von nicht zu großem Durchmesser, jedoch von ziemlicher, aber gleichmäßiger Wandstärke, verschließt ein Ende derselben, und zwar jenes, welches in der linken Hand sich befindet. Nun erwärmt man die Stelle, an welcher die Kugel geblasen werden soll und schiebt, je nachdem sich das Glas erwärmt, soviel Glas, als notwendig ist, an eine Stelle zusammen, damit für die zu blasende Kugel genug Glas vorhanden ist und die Kugel nicht zu dünn im Glase wird. Hat man auf diese Art die Form 154 erreicht und ist die

Glasmenge in der Zone *a b* gleichmäßig und recht gut durchwärmt, so wird das Rohr unter stetem Drehen zum Munde geführt und fortwährend gedreht und langsam hineingeblasen, wie aus Abb. 155 zu sehen ist, wobei man die Röhre horizontal hält.

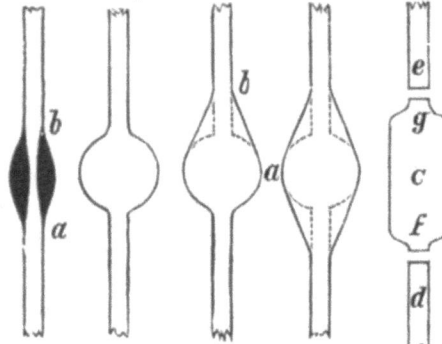

Abb. 154. Abb. 155. Abb. 156. Abb. 157. Abb. 158.
Abb. 154—158. Blasen einer Kugel.

Es ist dies sehr wichtig, denn sobald man beim Blasen der Kugel die Röhre senkrecht hält, senkt sich die weiche Glasmenge nach unten, und es würde keine regelmäßige Kugel (Abb. 155a) entstehen, wie bei horizontaler Haltung und geschicktem Drehen während des langsamen Blasens.

Natürlich gibt es noch vielerlei Umstände, welche einwirken, daß die Kugel nicht ganz schön und gut wird, darum ist in erster Linie auch darauf zu sehen, daß während des Blasens die Hände die beiden Rohrenden so ruhig und achsial halten, daß sie weder ziehen noch zusammenschieben, sonst wird die Kugel ganz defomiert.

Während des Aufblasens ist, wie schon an anderer Stelle erwähnt,

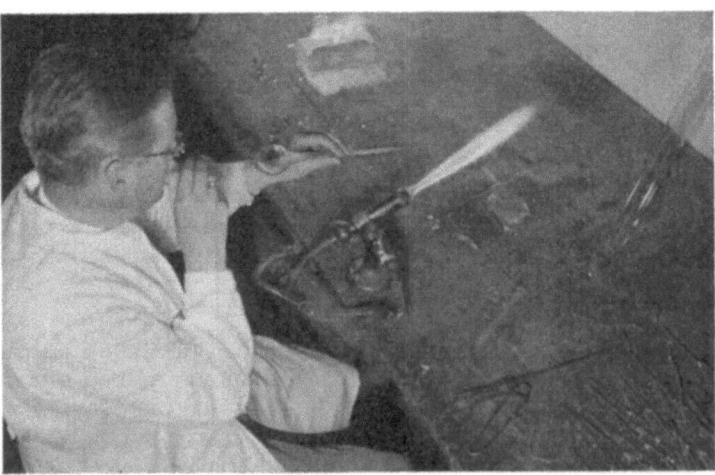

Abb. 155a.

fortwährend zu drehen und langsam zu blasen und genau zu beobachten, ob nicht an einer Stelle die Kugel sich weniger ausdehnt. Ist dies der Fall, so hat man diese Stelle nach oben zu drehen und mit dem Drehen einen Moment innezuhalten und fortzublasen, sodann aber sofort wieder weiter zu drehen und zu sehen, ob nicht eine andere Stelle sich weniger aufbläst. Dies alles ist aber nicht nötig und wird nicht eintreten, wenn das Glas recht gut und gleichmäßig warm ist, damit man sich beim Blasen überhaupt nicht zu überstürzen braucht und dadurch die Kugel nicht schön wird. Um die Kugel rein, hell und glänzend herzustellen, ist es Hauptsache, daß das Glas bis ins Innerste erwärmt ist und die weiche Masse sich gleichmäßig und zentrisch lagert und die Kugel langsam aufgeblasen wird.

Bei der Übung dieser Operation ist besonders zu beherzigen, daß, wenn die Kugel nicht beim ersten Male gelingt, eine Reparatur in den meisten Fällen ganz umsonst ist, weil die Kugel meistens und besonders dann, wenn sie schwach im Glase ist, noch schlechter wird.

Um Formen wie Abb. 156 herzustellen, verfährt man wie bei der Herstellung von Kugeln und macht sich zuerst Abb. 155, nimmt dann die Zone $a\,b$ 155 in die Flamme, erwärmt gut und bläst dann unter „Ziehen" die Form 156.

Um beim Blasen die Form 157 zu erreichen, muß man beim Blasen etwas ziehen und genau alles beobachten, wie beim Blasen einer normalen Kugel.

Diese Art der Herstellung, die Kugeln aus dem Rohre zu blasen, an dem sie sitzen, kann natürlich nur bis zu einer gewissen Größe geschehen, damit die Kugeln noch stark genug im Glase werden, das hängt aber überdies wieder von der Weite und Wandstärke des zu verwendenden Biegerohres ab.

Soll die Kugel- oder Birnform größer sein, so zieht man sich von einem weiteren stärkeren Rohre ein Stück Glas ab, das der zu blasenden Kugel entspricht, und die Form c in Abb. 158 hat, die Enden f und g verengt man auf die Weite und Stärke der aufzusetzenden Biegeröhren d und e und setzt dieselben an dieses Stück an, indem man natürlich zuerst bei f oder g die Spitze daran läßt, bis ein Biegerohr angesetzt ist, sodann verschließt man das angesetzte Biegerohr und setzt dann das gegenüberkommende an.

Ist dies geschehen, und zwar so, daß der Gegenstand einer Pipette gleicht und schön gerade und zentrisch ist, so wird der eingesetzte Teil c in der Zone $f\,g$ erwärmt und daraus die Kugel geblasen.

Es wäre nur noch zu erwähnen, daß es mit Rücksicht auf die Schönheit der Kugel durchaus vermieden werden soll, die Biegeröhren, welche angesetzt werden, in die Kugel hineinzublasen, d. h. es darf für die Kugel nicht mehr Glas verwendet werden, als die Zone f—g enthält.

III. Blasen kleiner Retorten.

Diese können natürlich nur klein hergestellt werden, und zwar nicht größer, als höchstens 50 cm^3. Zu diesem Zwecke nimmt man ein Glasrohr von ungefähr 25—30 mm Durchmesser und 2 mm Wandstärke, gleichmäßig stark im Glase, und zieht sich je nach der Größe der zu blasenden Retorte ein Stück von ca. 6—10 cm Länge ab, so daß man also ein Stück Glasrohr erhält, welches beiderseits Spitzen hat, wie Abb. 159 aussieht und im zylindrischen Teil ca. 6—10 cm lang ist.

Es wird sodann das Glasrohr in der Mitte eingeschnürt, auf die Dimension, welche die Retorte oben bei c erhalten soll; man hat jedoch darauf zu sehen, daß die eingeschnürte Stelle ziemlich stark im Glase ist. Durch diese Operation erhält man die Form von Abb. 160 und nun wird die eine Hälfte gut erwärmt, mehrmals nur ganz wenig aufgeblasen und wieder recht gut zusammengeschmolzen. Sodann wird sie außer der Flamme unter schwachem Blasen zum Halse der Retorte ausgezogen und dadurch Abb. 161 erreicht, worauf die Spitze bei f abgezogen wird, unter der Beachtung, daß sich kein Knötchen bildet.

Aus dem Stücke $c\,f$ muß nun der Hohlraum der Retorte geblasen werden. Man erhitzt daher diese Zone — wobei es gut ist, wenn diese auch bis etwas über c warm wird — so warm und weich, daß sich beim Blasen das ganze erwärmte Stück recht leicht senkt, was dadurch erreicht wird, daß beim Blasen nicht gedreht, sondern stillgehalten und sehr langsam geblasen wird; erst zum Schlusse, wenn die Partie um c herum schon ziemlich erstarrt ist, bläst man stark hinein und dreht den gesenkten Teil nach oben, wodurch sich dann der untere Teil aufbläst.

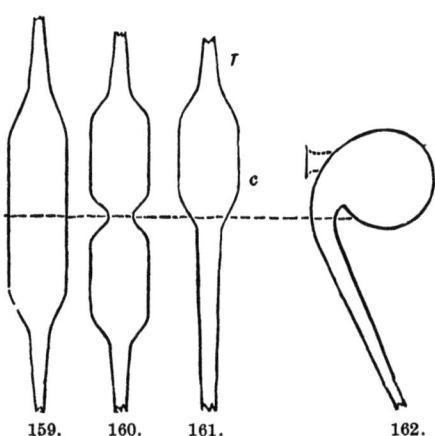

Abb. 159—162. Anfertigung einer Retorte.

Soll die Retorte einen Tubus erhalten, Abb. 162, so bläst man sich an der betr. Stelle ein Loch und setzt ein Biegerohr als Tubus an, schneidet auf die Länge ab und macht den Rand auf dem Auftreiber oder Dorn und zuletzt mit entsprechendem Holzkonus. Nach dem Ansetzen desselben muß man jedoch die ganze Retorte bis auf den Hals nochmals gleichmäßig erwärmen und dann in der rußenden Flamme abkühlen, was besonders bei solchen Retorten geschehen muß, in deren Tubus ein Stöpsel eingeschliffen werden soll.

Besonders schwer sind diese Retorten aus Kaliglas herzustellen, weil es nicht leicht gelingt, das Kaliglas so weit zu erhitzen, daß es ganz weich wird; man verfährt daher so, daß man, wenn der Gegenstand die Form Abb. 161 erreicht hat, die Spitze nicht wegnimmt, aus dem Stücke $c\,f$ eine längliche Kugel bläst und erst dann bei c den Hals biegt; jetzt erst nimmt man die Spitze f weg und bläst den Boden rund, wobei aber meistens das Knötchen nicht verhindert werden kann. Man muß daher bei der Kühlung besondere Sorgfalt und Zeit verwenden, wenn solche Retorten nicht springen sollen.

Aus Kaliglas können infolge der schweren Schmelzbarkeit nur kleine Retorten hergestellt werden, wie solche zur Destillation von Metallen im Vakuum Anwendung finden. Am besten ist es dann, das Knallgas-

IV. Herstellung von Trichtern und Trichterröhren. Einschmelzen.

gebläse zu verwenden, was aber doch einige Übung und Vertrautheit mit Flamme und Glas fordert.

IV. Herstellung von Trichtern und Trichterröhren. Einschmelzen.

Diese Arbeit ist wieder bis auf das Auftreiben des konischen Trichters und den Rand des Glockentrichters nur eine Wiederholung und Kombination von schon erklärten Übungen.

Man schneidet sich Biegeröhren von der Weite, die dem herzustellenden Trichterrohre entsprechen, auf die Länge, welche das Trichterrohr haben soll und verschmilzt an dem einen Ende den Rand, sieht jedoch, daß dabei das andere Ende nicht beschmiert wird, damit beim Ansetzen der Glocke dieselbe nach dem Erkalten nicht herunterfällt.

Zum Trichter zieht man sich nun ein der Größe des herzustellenden Trichters entsprechendes Stück Zylinderrohr ab, dasselbe soll nicht zu schwach, gleichmäßig stark im Glase und nicht zu eng sein, überhaupt hat man darauf zu sehen, daß das abgezogene Stück Zylinderrohr einen entsprechend großen Trichter gibt, damit dieser nicht zu schwach im Glase wird, weil sich der Rand des Trichters nur dann schön und gut machen läßt.

Das abgezogene Zylinderrohr bringt man also auf die Form Abb. 163, wo ein Ende a auf die Dimension des anzusetzenden Biegerohres, das andere Ende b in eine Spitze ausgezogen ist, und setzt es bei a an das Biegerohr an, sieht jedoch, daß von dem Biegerohr nichts in das Zylinderrohr hineingeblasen wird, was schon an anderer Stelle erwähnt wurde, und erwärmt jetzt die Zone $a\,b'$ in Abb. 164 recht innig, wobei man das Ganze öfter aus der Flamme nimmt und ganz schwach hineinbläst, um es sodann gleich wieder in die Flamme zu bringen.

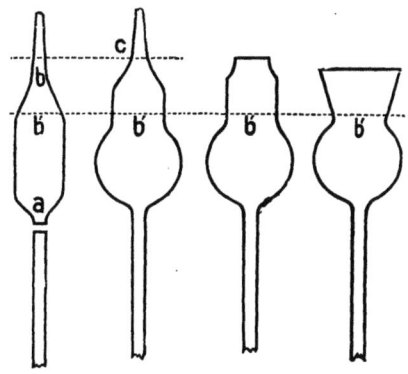

Abb. 163.   Abb. 164.   Abb. 165.   Abb. 166.
Der Glockentrichter.

Unter fortwährendem gleichmäßigem Drehen erhitzt man es soweit, bis die Masse ganz klein zusammengeschmolzen und gleichmäßig gelagert und weich ist. Man führt es nun drehend zum Munde und bläst langsam und drehend unter schwachem Ziehen, damit der Gegenstand die Form 132 bekommt.

Selbstverständlich muß das Biegerohr am Ende verschlossen sein. Dazu wird es beim Erhitzen in der linken Hand gehalten, während die offene Spitze, in der rechten gehalten, zum Munde geführt und hineingeblasen wird. Man entfernt nun den Verschluß am Ende des Biegerohres, welcher ein Wachskügelchen, ein kleiner Kork oder eine Gummikappe sein kann, und zieht die Spitze bei c weg, verbläst das Knötchen etwas, macht einen ganz kleinen Teil der erhaltenen Kuppe weichwarm und bläst ihn heraus, damit ein Loch entsteht und der Gegenstand die Form

Abb. 165 bekommt. Dieses entstandene Loch, bei welchem darauf zu sehen ist, daß dasselbe gleichmäßig herausgeblasen wurde, wird nun ein wenig gegen den Bauch der Kugel erwärmt, aber nur bis zur Zone b', und wird zuerst mit einem spitzen Auftreiber etwas aufgeweitet, sodann wird die ganze Zone recht gut erwärmt und wieder aufgetrieben, und dies nach und nach wiederholt, bis der Rand in die in Abb. 166 bezeichnete Form gebracht ist.

Diese letztere Operation ist eine der schwersten und gehört zu derselben schon sehr viel Sicherheit und Ruhe sowie Gefühl. Es ist dabei besonders zu beachten, daß das Glas sehr gut warm ist und beim Auftreiben keine Kraft angewendet werden darf. Man soll lieber den Rand nochmals erwärmen, und zwar gleichmäßig, und denselben nicht auf einmal herstellen wollen, sondern, wie schon betont, nach und nach, und dabei sehen, daß er von vornherein nicht schwach im Glase ist, weil er dann länger weich bleibt und besser aufzutreiben ist. War der Rand gleichmäßig erwärmt und wurde beim Auftreiben der Auftreiber, wie schon in einem früheren Abschnitt S. 71 erwähnt, in einem ganz kleinen Winkel zur Achse des Trichters gehalten und gleichmäßig ganz sanft nach außen gedrückt und dabei auch gleichmäßig gedreht, so muß der Rand schön und rund geworden sein.

Diese Form und Art von Trichtern bezeichnet man als Glockentrichter und findet am meisten ihre Anwendung bei Trichterröhren und Welterschen Sicherheitsröhren.

Die Größe, in welcher derartige Trichter hergestellt werden können, hängt von der zur Verfügung stehenden Flamme ab.

Sehr oft werden solche Trichter im Laboratorium gebraucht, welche statt des Biegerohres eine dünne Kapillare haben, es wird also von Interesse sein, die Herstellung derselben zu erklären. Zu diesem Behufe zieht man sich wieder ein Stück Zylinderrohr ab, und zwar so lang, daß man aus demselben nicht nur den Trichter, sondern auch die Kapillare zieht. Wie dies gemacht wird, ist schon an anderer Stelle (S. 54) erwähnt, und man bekommt dann eine Form, die Abb. 163 gleicht, nur daß die Kapillare das Biegerohr vertritt und der Vorgang von Abb. 164 aus ganz der gleiche ist.

Außer diesen beiden Trichtern lassen sich nun an der Lampe auch Filtriertrichter blasen, welche eine Neigung von 60° haben; aber bei dieser Gattung ist man, was die Größe derselben

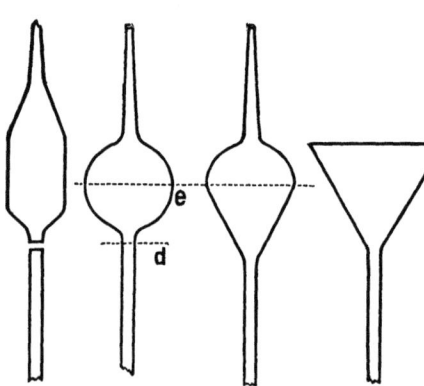

Abb. 167. Abb. 168. Abb. 169. Abb. 170.
Der Filtriertrichter.

anlangt, nicht imstande, größere zu blasen, als solche mit einem Durchmesser von 5—6 cm. Man verfährt von Abb. 167 ausgehend genau so, wie bei der Herstellung des Glockentrichters, nur bis er zum Stadium

Herstellung von Trichtern und Trichterröhren. Einschmelzen.

Abb. 168 gelangt ist, erwärmt man die Zone $d\,e$ am Rande der Flamme und zieht dieselbe, nachdem sie gut erwärmt ist, unter sanftem Hineinblasen, damit sie die Form und den Winkel $d\,e$ in Abb. 169 bekommt. Es wird dann die Spitze abgezogen, herausgeblasen und nach und nach, wie schon vorher erwähnt, immer eine ganz kleine Zone erwärmt und aufgetrieben, bis die obere Zone so weich ist, daß dem Trichter mit dem Auftreiber die Form Abb. 170 gegeben werden kann.

Eine sehr hübsche Arbeit ist das **Einschmelzen von Röhren oder ganzer Teile in das Innere der Apparate.**

Diese Übung erfordert schon ein gutes Maß von Geschicklichkeit und setzt voraus, daß alle bisher erklärten Übungen und Arbeiten vollkommen beherrscht werden.

Wie verschiedenerlei diese „Einschmelzungen", wie diese Arbeit genannt wird, sein können, sollen in den Abb. 176, 181, 185, 189, 191 und 194 gezeigt werden, wobei natürlich die Reihe aller solchen Arbeiten noch lange nicht erschöpft ist.

Um einen kleinen **Indikator,** Abb. 176, zu blasen, nimmt man ein Rohr von der Weite, die vorgeschrieben ist, und zieht ein Stück von diesem Rohr ab, das auch die notwendige Länge Abb. 171 hat. Von demselben Rohre zieht man sich noch ein Stückchen ab, um aus demselben den Einsatz Abb. 172 zu blasen, wobei das Biegerohr bei a angesetzt wird. Dieser Einsatz, besonders aber die Zone $c\,d$ darf nicht mit der bloßen Hand berührt werden und muß vor Staub und Schmutz unbedingt geschützt sein, weil sonst später die Einschmelzstelle zerspringt. Es ist daher am besten, solche Einsätze ganz frisch gemacht und nicht erst nach Stunden oder Tagen zu verwenden; ist dies nicht zu umgehen, so sorge man für die beste Reinigung vor dem Einschmelzen. Diese Reinigung geschieht am besten mit reiner trockener Charpiebaumwolle, indem man die Stellen gut abreibt.

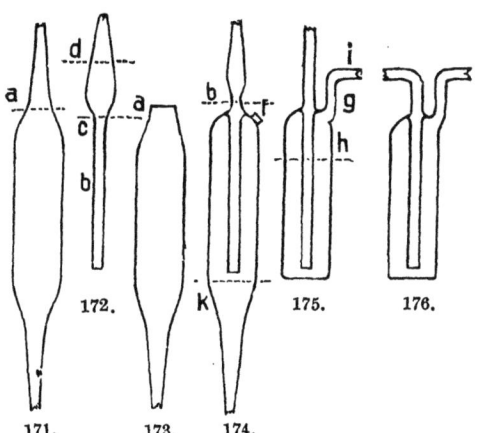

Abb. 171—176. Arbeitsgang eines Indikators.

Nachdem also dieser Einsatz vorbereitet ist, schmilzt man von Abb. 171 bei a die Spitze ab, macht das Kuppchen sehr warm und bläst eine Öffnung, die man etwas aufrandelt, wie Abb. 173 zeigt, sodann führt man unter gleichmäßiger Erwärmung beider Teile den Einsatz ein und schmilzt den Rand a (Abb. 173) mit der Erweiterung $c\,d$ der Abb. 172 recht gut zusammen, bläst ein wenig auf und zieht, bis Abb. 174 erreicht ist. Sollte dies nicht auf einmal zustande kommen, so macht man nochmals warm und bläst und zieht je nach Bedarf, bis die Form erreicht wird. Dann wird bei b der jetzt überflüssige Ansatz abgeschnitten und an dessen Stelle das Biegerohr angesetzt, welches vorläufig gerade bleiben muß, um damit drehen zu können. An der Stelle f wird nun das Loch für das Ansatzrohr g der Abb. 174 geblasen und dieses angesetzt, und wenn dies geschehen, gleich gebogen.

Dies alles muß aber geschehen, indem man stets darauf sieht, den ganzen Apparat, d. h. die Zone $h\ i$, ständig warm zu halten. Ist das Ansatzrohr gebogen, so wird die Zone $h\ i$ nochmals gut angewärmt und beim Starrwerden darauf gesehen, daß das eingeschmolzene Rohr sich zentrisch gestellt hat, was durch Drehen beim Erkalten erreicht wird. Dies wird so oft wiederholt, bis das Rohr tadellos zentrisch steht, sodann geglüht und gekühlt und zum Abkühlen frei in den Holzklotz gestellt.

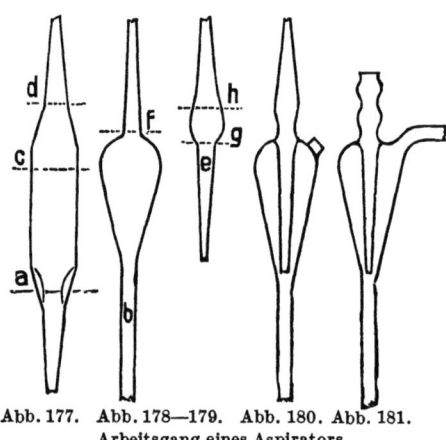

Abb. 177. Abb. 178—179. Abb. 180. Abb. 181.
Arbeitsgang eines Aspirators.

Nach der gänzlichen Abkühlung wird an der Stelle k, Abb. 174, die Spitze mit einer kleinen Flamme abgezogen und ein flacher oder runder Boden gemacht, wie vorn beschrieben, der auch wieder gut geglüht und gekühlt werden muß, ohne dabei mit der Wärme zu weit nach oben zu kommen. Zum Schlusse wird, nachdem das Ganze kalt geworden, das mittlere Rohr gebogen, damit der Apparat die Form 176 und seine Vollendung erreicht hat.

Diese Übung wäre also die einfachste Einschmelzung und es sollen deren mehrere und stufenweise kompliziertere erklärt werden.

Als nächste Stufe wäre die Anfertigung eines Aspirators eine hübsche Arbeit.

Wie alle Arbeiten beginnen wir wieder mit dem Abziehen eines Stückes Glas von entsprechender Länge und Weite, Abb. 177. Aus diesem Stück Rohr formt man sich durch Einschnüren der Stelle a Abb. 177 das Rohr; zum Ansetzen des Biegerohres b, Abb. 178, bläst man aus der Zone $c\ d$ die Kuppe des birnenförmigen Gefäßes Abb. 178, und nach dieser zieht man aus der Zone $c—a$ den Konus der Birne. Aus demselben Rohre, aus dem man sich das Stück zur Birne abgezogen hat, zieht man sich ein kleineres Stück für den Einsatz Abb. 179 ab. An einem Ende zieht man sich die Spitze e, und aus dem Reste bläst man den Einsatz (reinhalten!), der somit vorbereitet ist. In Abb. 178 wird nun die Spitze bei f abgeschmolzen, ein Loch geblasen, etwas aufgerandelt (tadellos rein!), und dann der Einsatz Abb. 179 (beide Teile warm) eingeführt und die Zone $g\ h$ gut mit dem Rande des Loches verschmolzen, dann verblasen, daß Abb. 180 entsteht, worauf das Loch für den Ansatz geblasen und dieser als Biegerohr angesetzt wird. Aus dem oberen Teil des Einsatzes wird dann die Schlaucholive Abb. 181 gemacht,

Herstellung von Trichtern und Trichterröhren. Einschmelzen. 87

dann geglüht, zentriert, in der Rußflamme und frei im Klotz abkühlen lassen.

Eine andere Art von Einsatz zeigt uns Abb. 185, einen Destillieraufsatz, wie er zur Verhütung des Spritzens der Substanzen verwendet wird.

Die Methode ist wohl dieselbe, wie vorher, doch ist es jedenfalls nicht überflüssig, einen gebogenen Einsatz vorzuführen. Abb. 182 zeigt das abgezogene Stück, welches bei a eingeschnürt, dann abgeschnitten wird, wonach das Biegerohr angesetzt wird. Aus dem Stücke wird nun die Kugel geblasen, dann bei c in Abb. 181 die Spitze abgeschmolzen, herausgeblasen, das Loch aufgerandelt, wie bei Abb. 183 c punktiert und jetzt wieder beide Teile (gleichwarm) zusammengefügt, die Zone de Abb. 184 sehr gut verschmolzen und ein wenig gezogen, oberhalb d abgeschnitten und das Rohr g angesetzt. Jetzt erst wird, weil die Kugel gewiß etwas deformiert sein wird, diese etwas warm gemacht und in Ordnung geblasen, und Abb. 185 ist fertig. Hierauf wird, was nicht zu vergessen, geglüht, zentriert und gekühlt.

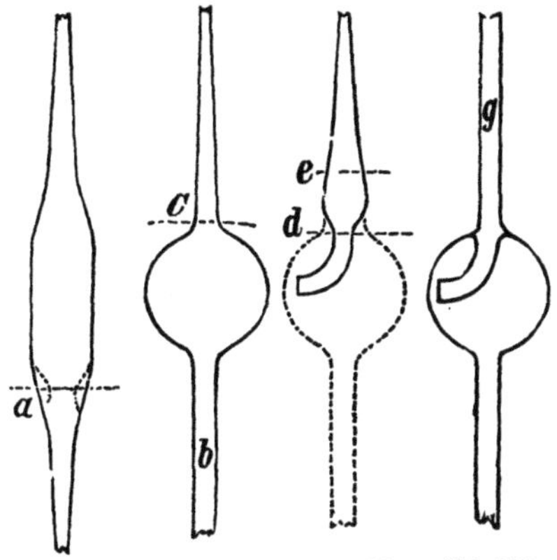

Abb. 182. Abb. 183. Abb. 184. Abb. 185.
Arbeitsgang eines Destillieraufsatzes.

Einen Schritt weiter bringt uns die Anfertigung einer Wasserstrahlluftpumpe, Abb. 189, an welcher schon zwei Einschmelzstellen vorkommen.

Man zieht sich für diese Arbeit drei Stücke von einem Rohre, und zwar ein großes, dem Körper der Pumpe entsprechend, und zwei den Einsätzen Abb. 187 und 188 entsprechende Stücke ab. Die Anfertigung der Einsätze ist wohl schon bekannt von den früheren Ausführungen und in der Zeichnung wohl genau genug ersichtlich.

Das abgezogene Stück Rohr Abb. 186 wird zuerst bei a abgeschmolzen

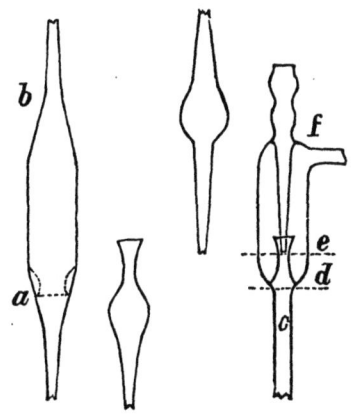

Abb. 186. Abb. 187. Abb. 188—189.
Arbeitsgang einer Wasserstrahlluftpumpe.

und herausgeblasen, um den punktierten Rand zu erreichen. Selbstverständlich befindet sich die Spitze b bei dieser Arbeit in der linken Hand. Sodann wird der Einsatz Abb. 187, wie schon oft erwähnt, eingeführt, verschmolzen und verblasen und etwas gezogen. Dann wird das Biegerohr angesetzt und dabei die Zone $d\,e$ der Abb. 189 kuppelförmig aufgeblasen und der Einsatz zentriert und geglüht, aber nicht abgekühlt,

88   Anleitung zum Glasblasen.

sondern sofort auf der anderen Seite die Arbeit fortgesetzt, indem man
das Rohr c in die linke Hand nimmt und bei b der Abb. 186 die Spitze abschmilzt, ausbläst, das Loch aufrandelt und den Einsatz Abb. 188 einführt und wie mehrmals beschrieben, einschmilzt. Bei derartigen Einschmelzungen, die ineinander ragen, muß **sehr gut zentriert** werden,
damit erstens die Saugwirkung der Pumpe gut ist und zweitens, weil dieselbe bestimmt beim Erkalten zerspringt, wenn die Einsätze aneinander
stehen.

Nachdem der Ansatz f angesetzt und die Schlaucholive geblasen ist, ist Abb.
189 erreicht, worauf man glüht, zentriert, und gut im Ruß kühlt.

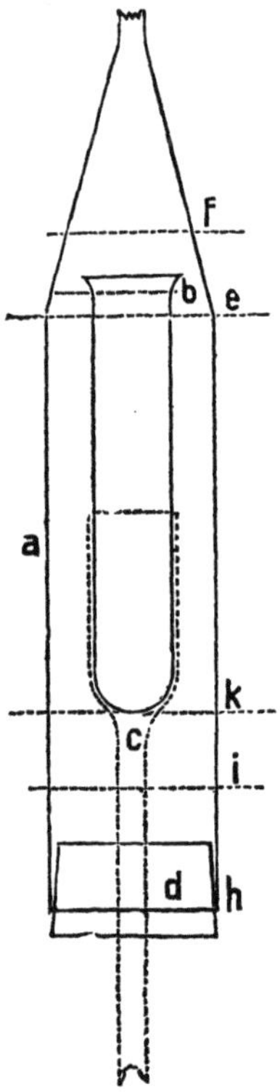

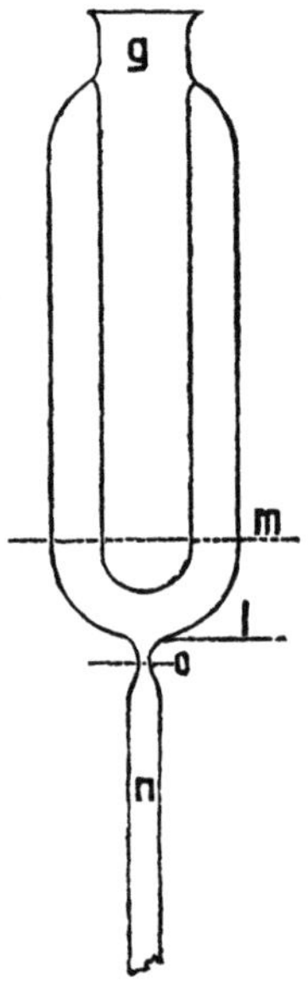

Die nächste Arbeit soll die Anfertigung eines **Dewarschen Gefäßes** sein, bei welcher wieder eine andere Art des Einschmelzens angewendet werden muß, wie Abb. 190 und 191 zeigt.

Die äußere Hülse wird aus einem weiteren Rohre von mäßiger Wandstärke gebildet. Dieses Rohr Abb. 190 a ist nur an einem Ende in eine Spitze ausgezogen, am anderen Ende ist es gerade abgeschnitten, offen und der Rand verschmolzen. Der Einsatz ist eine Eprouvette, die aber aus demselben Glase sein muß, aus dem das äußere Rohr ist. Sollte dies nicht ganz sicher zu erreichen sein, so kann man den Rand der Eprouvette aus dem Glase vom Rohr anschmelzen, um das spätere Zerspringen zu

Abb. 190.   Abb. 191.
Arbeitsgang eines Dewarschen Gefäßes.

verhindern. Diese Eprouvette wird nun in einem Anstecker c mit Asbest
leicht, nicht luftdicht befestigt, und dieser mit dem Korke d im weiten
Rohre fixiert und zentriert und an jene Stelle gebracht, wo sie festgeschmolzen werden soll. Zum Einschmelzen wird die Zone ef, Abb. 190,
zusammengeschmolzen, daß der Rand der Eprouvette sich schön verschmilzt, sodann muß in diesem Falle von **zwei** Seiten geblasen werden,
wozu man sich einen Gehilfen nimmt oder aber, wenn ein solcher nicht
zur Hand und man auch schon geübter ist, man zuerst von der einen,
dann von der anderen Seite hineinbläst und auch ein ganz wenig zieht,
bis die Form gelungen ist. Sodann bläst man den Hals g der Abb. 191,
schneidet ihn ab, indem man an der Stelle etwas einschnürt, um leichter
schneiden zu können, und randelt dann auf. Nun wird wieder geglüht,
zentriert und gekühlt und im Klotze erkalten lassen. Soll das Gefäß aber
ohne Hals sein wie Abb. 192, so muß man, ohne an dem Einbau c d

Herstellung von Trichtern und Trichterröhren. Einschmelzen.

zu rühren, den Hals g stückweise mit der Pinzette oder Spitze abziehen und sehr gut verblasen, so daß keine Klümpchen in der Schmelzstelle zu sehen sind und diese rein und klar ist. Ist das nun halbfertige Gefäß abgekühlt, zieht man unter Drehen zentrisch das Rohr c des Ansteckers von der Eprouvette und entfernt den Kork d samt c aus dem Rohre a. Nun wird in den Hals g ein Anstecker gebracht, der fest und sicher hält, dann wird gut zentriert und die Zone $h i$ des Rohres a erhitzt und eine Spitze gezogen. Von dieser Spitze wird nun die Zone $i k$ konisch gezogen, neuerlich erwärmt und die Kuppel $l m$ geblasen, aus dem Überschuß der Spitze wird dann das Röhrchen n gezogen, welches bei o eine kleine Einschnürung bekommt. Das Rohr n dient zum Anschmelzen an die Pumpe, die Einschnürung hingegen zum Abnehmen von der Pumpe, was man „Abstechen" nennt und noch später erklärt werden wird.

Abb. 192.
Dewargefäß ohne Hals.

Wohl eine schwerere Arbeit als Abschluß des Abschnittes „Einschmelzen" ist der in Abb. 194 dargestellte „Kühler", und zwar Rückflußkühler. Schwer ist die Arbeit deshalb, weil es schon ein weiteres, längeres und schwereres Stück Glas ist, mit dem man hantieren muß. Ein dem äußeren Mantel a der Abb. 193 entsprechendes Glasrohr wird wieder an seinem unteren Ende b gerade abgesprengt und der Rand verschmolzen (sehr gut gereinigt), an seinem anderen Ende in eine Spitze c ausgezogen. Dann wird der einzuschmelzende, schon vorbereitete innere Teil, der „Einsatz", wieder wie schon vorher erwähnt mit einem Anstecker d auf demselben zentrisch mit einem Kork, der aber nicht dicht sein darf und am besten eine kleine Rille hat, und bei f ebenso zentrisch durch einen locker sitzenden Kork, befestigt. Das Ganze wird durch den Kork g in der Röhre festgehalten, doch muß d unten verkorkt sein, weil bei h hineingeblasen wird. Nun wird die Zone $i c$ geschmolzen und der Rand e angeschmolzen, daß die punktierte Form erreicht wird, außer der Flamme ein ganz klein wenig hineingeblasen, nochmals gut erwärmt, dann geblasen und etwas verzogen. Aus dem Teile c wird eine dem anzusetzenden Rohre entsprechende Einschnürung gemacht. Die Stelle bei i wird gut angewärmt und eine Kuppe geblasen

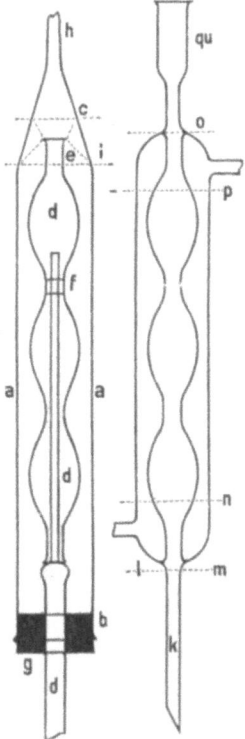

Abb. 193.   Abb. 194.
Rückflußkühler.

und das seitliche Rohr, Abb. 194, angesetzt, das man mit einem kleinen Anstecker hält, und, wenn es angeschmolzen ist, diesen entfernt und mit einem Korke verschließt. Dann wird bei c Abb. 193 abgeschnitten und das Rohr k Abb. 194 angesetzt, das schon vorher an seinem unteren Ende schief abgeschliffen und verschmolzen wurde. Dann kommt das Glühen der Zone $m\ n$, und solange sie weich ist, sieht man, ob der Einsatz zentrisch sitzt und läßt dann abkühlen. Erst wenn dies ganz erfolgt ist, entfernt man vorsichtig den Anstecker, nach unten drehend, bis die Erweiterung des Ansteckers d am Korke g ansteht. Dann dreht man, aber immer achsial, den Kork heraus, wobei man auf die inneren Korke Rücksicht nimmt. Wenn diese steckenbleiben sollten, so entfernt man sie nach dem Erkalten mit Kupferdrähten, deren Enden ein Häkchen oder ein stoppelzieherartiges Gewinde haben. Jetzt wäre das untere Ende des Kühlers fertig und es kann nun an das Blasen des oberen Teiles geschritten werden. Das Rohr k wird verkorkt, das seitliche Rohr bleibt offen, und das Mantelrohr wird an dem offenen Ende erhitzt und eine Spitze angezogen. Nun wird genau so verfahren,

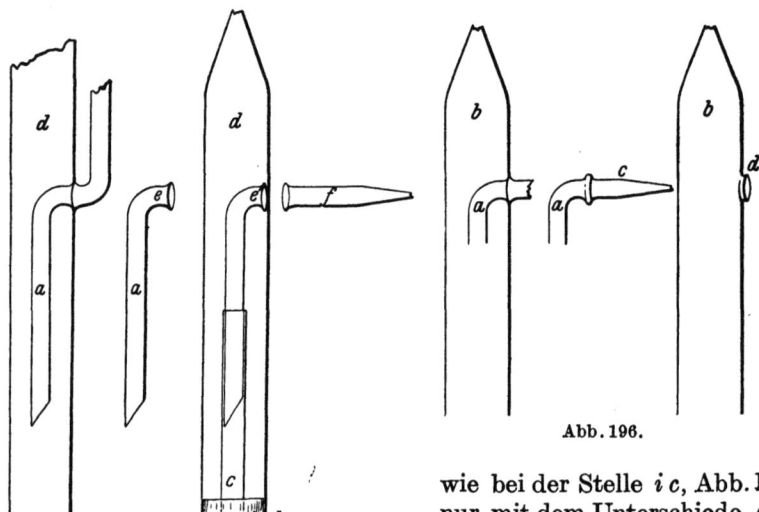

Abb. 195.

Abb. 196.

wie bei der Stelle $i\ c$, Abb. 193, nur mit dem Unterschiede, daß man jetzt einmal beim Rohre l, Abb. 194, und dann wieder bei der Spitze oben hineinbläst und dann ganz wenig zieht. Durch das Anschmelzen des Randes der inneren Röhre (diese Ränder nennt man Scheibchen) sind zwei Räume entstanden, von denen der eine von l aus, der andere von oben geblasen wird. Es folgt dann das Blasen der Kuppe o und dann das Ansetzen des Rohres p sowie des Vorstoßes qu, der schon vorbereitet sein und am Anstecker gehalten werden muß. Wieder folgt (es geschieht diese Erwähnung nicht umsonst) Glühen, Zentrieren und Rußen und sorgsames Abkühlen. Nicht zu übersehen sei, daß die Scheibchen aus demselben Glase angesetzt sind, das man sich von einem abgezogenen Stücke Mantelrohre nimmt.

Das seitliche Einschmelzen von Röhrchen, Kniestücken usw. kann auf zwei Arten geschehen. Die erste Art, wenn das Knieröhrchen lang ist und befestigt, zum Einschmelzen eingebaut werden kann, (Abb. 195 b stellt den fertigen Teil vor) ist so, daß das Knieröhrchen a zuerst hergestellt wird und dann wie bei den vorangeführten Operationen (Kühler) in das einzuschmelzende Rohr d eingebaut werden kann. Vor und beim Einbau darf das Scheibchen e nicht berührt oder gar beschmutzt werden und muß so eingebaut sein, daß es fest und gut an der einzuschmelzenden Stelle ist, jedoch das Rohr innen nicht berührt oder gar fest anliegt. Sodann wird die Stelle sehr vorsichtig und langsam angewärmt und wenn der Rand des Scheibchens e am Rohre d zu kleben beginnt, die Stelle stark erhitzt, und dann von c aus und von d aus aufgeblasen, noch einmal gut erwärmt auf weich und wieder aufgeblasen. Alsdann macht man die Stelle e' sehr gut weichwarm und bläst durch c das Loch auf, an welches dann f angesetzt wird. Dann wird gut nachgewärmt und vorsichtig der Anstecker b, c entfernt. Nochmals die ganze Stelle gleichmäßig aufwärmen und kühlen.

Für die zweite Art, Abb. 196, wenn das Knieröhrchen kurz ist und nicht eingebaut werden kann, bereitet man sich aus demselben Glase aus dem das Zylinderrohr ist, das Knieröhrchen mit aufgeblasenem Scheibchen a vor. An das Zylinderrohr b zieht man sich einerseits eine Spitze und bläst an der Stelle, an welcher das Knie eingesetzt werden soll, ein Loch mit Rand, der der Größe des Scheibchens c möglichst genau entspricht. Jetzt erhitzt man Loch und Scheibchen, jedes separat, bis nahe an weichwarm und führt das Knie bei d ein. Mit einer kleinen Flamme behandelt man jetzt die Stelle d und c und verschmilzt sie recht innig, bläst auf, schmilzt noch einmal nieder und bläst noch einmal auf und richtet das Knie zurecht. Jetzt Nachwärmen; Kühlen nicht vergessen.

Wenn eine dieser Einschmelzstellen nach dem Erkalten oder gar schon beim Erkalten zerspringen sollte, so sind gewiß nicht alle Bedingungen, die hier angeführt wurden, erfüllt worden. Am meisten wird dabei durch das Angreifen der Einsätze gesündigt oder die Röhren nicht immer so gereinigt, wie es sein soll und muß. Alle Räume und Schmelzstellen dürfen nie scharf abgegrenzt sein, sondern immer sollen die Übergänge sanft abgerundet und gut verblasen werden.

V. Anfertigung der Stöpsel, Schliffe und Hähne.

Diese Arbeiten gehören teilweise schon in den Abschnitt, in welchem das Verarbeiten des Glases im kalten Zustande erklärt wird. Es läßt sich aber in einem Buche sehr schwer trennen, wenn nicht die Reihenfolge zu sehr gestört werden soll. Übrigens soll zuerst bei allen diesen Arten von eingeschliffenen Sachen das Blasen derselben erklärt und das Schleifen nur gestreift, später aber im Abschnitte „Schleifen" behandelt werden.

In der Glasbläserei gibt es neben vielen anderen Arten von Schliffen drei Gattungen, von welchen erstens die einfachen Stöpsel sind, und zwar können diese wieder hohl oder massiv sein. Sehr viel Verwendung finden als zweite Gattung die Schliffe, diese sind ineinander geschliffene Konusse, welche dazu dienen, leicht lösbare und sichere dichte

Verbindungen herzustellen, und als dritte Gattung die Hähne, welche als sichere Absperr- oder Drosselungsvorrichtungen verwendet werden.

Die Stöpsel auf den Standgefäßen sollen einen guten und sicheren Verschluß herstellen, doch leider ist das nicht immer der Fall, weil zuviel minderwertige und schleuderhafte Arbeit, um billig liefern zu können, auf den Markt gebracht wird. Wie man sich in solchen Fällen hilft, soll später angeführt werden (Schleifen!).

Die Stöpsel aber, die der Glasbläser oder der Amateur macht und einschleift, sollen den höchsten Anforderungen entsprechen und müssen sicher und dicht schließen, und das können sie, wenn sie richtig, gewissenhaft und sorgfältig gemacht werden.

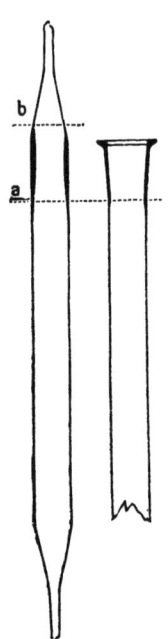

Abb. 197. Abb. 198.
Hals für ein Wägeröhrchen.

Als einfachste und einführende Arbeit soll in der Figurenreihe Abb. 197—203 die Anfertigung eines Wägeröhrchens, Abb. 203 vorgeführt werden. Um ein solches Wägeröhrchen anzufertigen, zieht man sich ein dem verlangten Durchmesser entsprechendes Stück Glas, Abb. 197, ab, bringt die Zone $a\,b$ in die Flamme, läßt sie in dieser sehr weich und wie in der Abbildung ersichtlich, stärker werden, indem man das Glas zusammenlaufen läßt. Sodann schmilzt man die Spitze bei b ab, bläst die Kuppe heraus, um sie zu öffnen und randelt dann auf, um Abb. 198 zu erreichen. Dies muß so gut geschehen, daß der Hals schön rund ist, was am besten gemacht wird, wenn man in den weichgemachten Hals einen erhitzten und gefetteten Holzkonus sorgfältig, jedoch rasch dreht, dann aber gut glüht und kühlt, und die Hülse des Wägeröhrchens wäre fertig. Um den Stöpsel dazu zu blasen, und zwar wollen wir zuerst einen hohlen, unten offenen, als den einfachsten, anfertigen, zieht man sich ein Stück Rohr von nicht zu kleinem Durchmesser, Abb. 199, ab. Dieses Stück wird zwischen den beiden Spitzen sehr gut weichgemacht und zusammengeschmolzen, um die Wandstärke zu vergrößern, und dann nur wenig aufgeblasen und gezogen, wobei das Hauptaugenmerk auf die Erreichung des Konusses, Abb. 200, gerichtet sein muß. Von diesen Konussen macht man sich am besten mehrere, weil es nicht möglich ist, gleich den ersten so zu treffen, daß er in den vorhandenen Hals paßt. Von diesen Konussen sucht man sich den passendsten heraus, d. h. man wählt jenen, dessen Steigung der des Halses gleich ist und von diesem wieder wählt und bezeichnet man sich wieder jene Zone, die etwa um 1 mm größer ist, als die Innenmaße des Halses sind, wie es Abb. 200 $c\,d$ zeigt. Bei d wird eine Einschnürung, Abb. 201 e, angebracht, welche sehr stark im Glase sein muß, worauf man bei f die Spitze abschmilzt und die ganze Zone $e\,f$ so stark erwärmt, daß sie ganz in sich zusammenschmilzt und eine volle massive Kugel bildet. Diese weiche Kugel wird dann mit der Quetsche, Abb. 56, so gedrückt, daß der flache Griff in Abb. 202 entsteht, dann erwärmt man nochmals den Griff und bläst die Kuppe *g* gleichmäßig auf. Nach dem Erkalten wird der Konus bei *h* abgesprengt und auf der Planplatte glatt abgeschliffen. In diesem Stadium ist dann Hals und Stöpsel bis zum Schleifen fertig, was in einem späteren Abschnitte besprochen werden wird. Die Hülse des Wägeröhrchens wird erst dann auf die verlangte Länge zugeblasen, wenn das Einschleifen des Stöpsels besorgt ist.

Eine zweite Art von Stöpseln, welche auch mehr Anwendung findet, sind solche, die hohl, mit hohlem Griff und unten flach geschlossen sind. Die Abb. Reihe 204—208 stellt die Entwicklung eines solchen Stöpsels dar. Ausgehend von Abb. 204 schnürt man an der Stelle *i* der Abb. 204 so ein, daß man eine längere Einschnürung *k*, Abb. 205, erreicht,

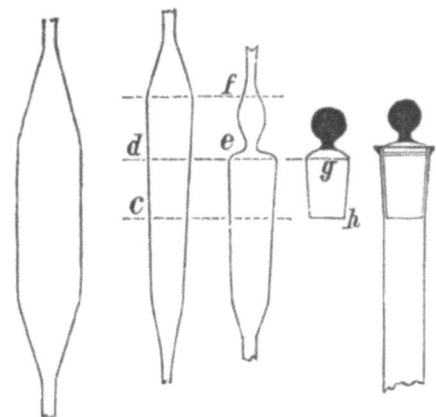

Abb. 199.   Abb. 200.   Abb. 201—203.
Stöpsel für das Wägeröhrchen.

und macht die Stelle zwischen *l k* warm, bläst eine kleine Kugel auf und drückt sie während des Blasens mit der Quetsche flach, indem man die eine Spitze in der linken Hand, die zweite Spitze im Munde, die Quetsche mit der rechten Hand hält. Nun wird bei *m*, Abb. 206, der Konus abgezogen und dann schön flach zugeschmolzen, um Abb. 207 zu erreichen. In diesem Stadium wird der Stöpsel geglüht und gekühlt, und wenn erkaltet, bei *n*, Abb. 207, mit einer kleinen Stichflamme abgeschmolzen, wodurch er bis zum Einschleifen fertig ist.

Eine andere Gattung Stöpsel sind die massiven. Diese kann sich aber der Glasbläser bis höchstens 20 mm Durchmesser herstellen und sie fordern schon die Kühlung in der Muffel oder im Asbestbade.

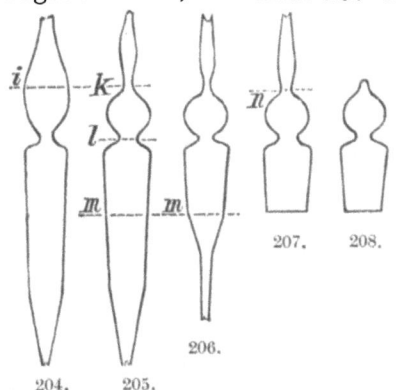

Abb. 204—208. Hohler Stöpsel.

Massive Stöpsel bis 10 mm Dicke können noch an der Lampe bei einiger Sorgfalt ganz gut ausgeführt werden und zerspringen nicht, wenn sie gut gerußt werden.

Die Abb.-Reihe 209—214 stellt die Anfertigung eines massiven Stöpsels dar, Abb. 209. Ein Glasstab von entsprechender Dicke wird an einer Stelle *o* eingeschnürt, dann wird das links liegende Stück *p—o* erwärmt, gestaucht, bis Abb. 210 entsteht, man rückt dann noch weiter, um eine anschließende Zone zu stauchen, wie Abb. 211 zeigt. Diese beiden Erweiterungen schmilzt man gut zusammen, und wenn dies geschehen, zieht man nur ganz wenig und hilft mit der Fläche des Auftreibers nach, wodurch Abb. 213 entsteht. Jetzt wird der Stab bei qu, Abb. 213, abgeschnitten und aus diesem eine Kugel geschmolzen, was durch geschicktes Drehen und die Oberflächenspannung des Glases erreicht wird, die Kugel flach gedrückt und dann geglüht, gekühlt und gerußt. Nach dem Erkalten wird der Stöpsel bei r, Abb. 214, abgeschnitten und flach geschliffen.

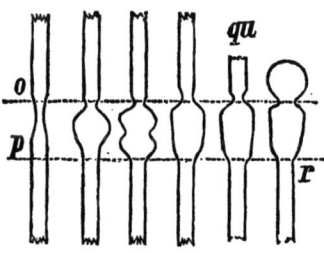

209. 210. 211. 212. 213. 214.
Abb. 209—214. Massiver Stöpsel.

Für die Arbeiten an der Luftpumpe sind von großer Bedeutung die Schliffe, die in den Abb. 215—222 gezeigt werden sollen.

Die Schliffe dienen zur Verbindung von Leitungen, welche von Fall zu Fall nach Bedarf leicht hergestellt und wieder leicht gelöst oder geöffnet werden sollen. Abb. 215 u. 216 zeigt einen Schliff gewöhnlicher Art, Abb. 217 u. 218 einen solchen mit fingerartigen Ansätzen, um den Schliff mit Gummibändern oder Drahtfedern zu sichern, was aber bei einem sorgfältig und gut gemachten Schliff ganz unnötig wird, weil derselbe, wenn gut und rein behandelt und richtig eingesetzt, auch ohne diese Sicherung, die oft nur im Wege ist, gut und sicher schließen muß. Ganz zu entbehren ist diese Sicherung bei Vakuumarbeiten, bei innerem Drucke auch nur dann, wenn derselbe eine halbe Atmosphäre übersteigt.

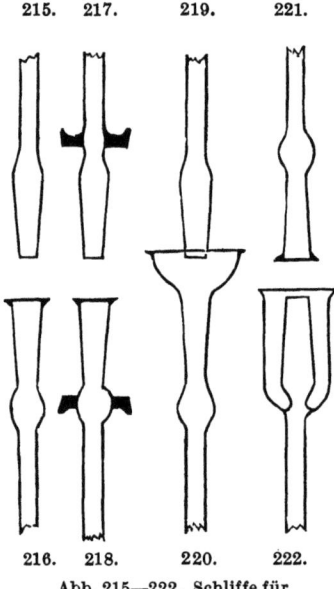

215. 217. 219. 221.

216. 218. 220. 222.
Abb. 215—222. Schliffe für Vacuumleitungen.

Abb. 219 u. 220 stellt einen Schliff dar, an dessen Hülse eine Schale angeblasen ist, um, wenn das Fetten des Schliffes nicht zulässig ist, denselben mit Quecksilber abdichten zu können. Diese Art der Dichtung hat aber den Nachteil, daß beim Lösen des Schliffes das Quecksilber erst abgesaugt werden muß, da es sonst beim Öffnen in den Raum fließen würde. Der Schliff, Abb. 221 u. 222, nach Kahlbaum hat diese Nachteile nicht mehr, weil die beiden Konusse verkehrt angebracht, ein Öffnen und Schließen jederzeit möglich machen, ohne daß das Quecksilber dabei im Wege ist. Zum Ablassen des Quecksilbers dient, wenn es einmal nötig sein sollte, ein kleiner Tubus, der bei Gebrauch mit einem Korke verschlossen wird.

Alle diese Schliffe müssen starkwandig hergestellt sein, weil sie nur dann auch ordentlich geschliffen werden können und zur Arbeit taugen.

In den Abb. 223—229 sind die Entwicklungsreihen eines gewöhnlichen Schliffes ausgeführt. Aus einem starkwandigen Rohre zieht man sich mehrere Stücke von Abb. 223 ab. Aus diesen zieht man sich Konusse von Abb. 224 und wählt sich eine schöne, gleichmäßige, reine Stelle $a\ b$ aus, die man an den beiden Stellen mit einem Messerritz markiert. Bei a wird abgeschnitten und das Biegerohr d der Abb. 225 angesetzt, wobei man die Stelle etwas verstärkt, durch Stauchen und etwas, nur ganz wenig, aufbläst, um den Schliffkonus scharf zu begrenzen. Oberhalb f wird wieder eine Spitze gezogen, diese dann abgeschmolzen, herausgeblasen, aufgerandelt und gebörtelt, um Abb. 226 zu bekommen. Nun wird sehr gut geglüht, gekühlt, geruß̈t und langsam an einem zugfreien Orte erkalten gelassen.

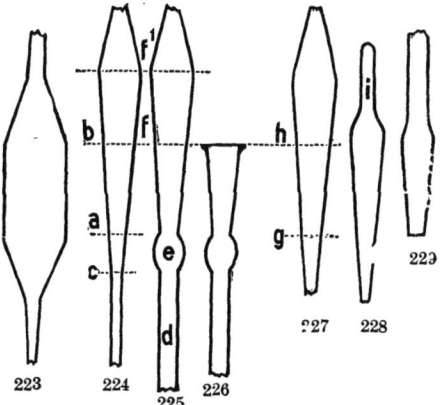

Abb. 223—229. Entwicklungsreihen eines einfachen Schliffes.

Die Anfertigung des Stöpsels zu diesem Schliffe beginnt man, indem man sich aus den gezogenen Konussen einen solchen Abb. 227 wählt, der die gleiche Steigung wie die Konushülse hat, markiert sich die Stellen $g\ h$, schnürt oberhalb h den Konus ein und zieht sich ein Rohr, Abb. 228 i, welches man anschließt. Unterhalb g der Abb. 227 zieht man auch eine kurze Spitze, die ebenfalls geschlossen wird, um das Beschmutzen des Innern beim Schleifen zu verhindern. In diesem Stadium sind Hülse und Stöpsel zum Schleifen fertig, was später behandelt wird.

Soll ein Schliff mit Schale, Abb. 219 u. 220 gemacht werden, so wird diese im Stadium Abb. 224 aus dem Teile $f f'$ geblasen. Man bläst in diesem Falle eine Kugel, deren obere Hälfte abgezogen, die Spitze zugeschmolzen und herausgeblasen wird. Das so geblasene Loch wird mit dem größten Auftreiber aufgebörtelt, damit die Schale einen gegen Stoß gesicherten Rand bekommt.

Der bewährteste Schliff, der in fast allen Fällen gut verwendbar ist, ist der Kahlbaumsche Schliff, Abb. 221 u. 222, von welchem eigentlich nur der Schliffstöpsel noch zu erklären ist. Der Unterschied bei diesem Schliffe von den anderen ist der, daß er umgekehrt angewendet wird, da bei ihm der Stöpsel in der Schale eingeschmolzen und die Hülse übergesteckt wird. Die Anfertigung der Hülse erklärt Abb. 223 bis 226. Zur Anfertigung des Unterteiles dienen die Skizzen Abb. 230 bis 234. Man zieht sich wieder, wie fast bei allen Arbeiten, ein Stück Abb. 230 eines starkwandigen Rohres ab, von der Weite, welche die Schale erhalten soll. Von demselben Rohre zieht man sich ein kleineres

Stück und bläst sich den Einsatz a der Abb. 231, an welchen man den schon in der Hülse geschliffenen Konus b ansetzt und so zum Einschmelzen vorbereitet (Reinlichkeit des Einsatzes beachten!). Beim abgezogenen Stücke Abb. 230 schmilzt man die untere Spitze ab, bläst die Kuppe heraus und randelt sie auf, wie bei Abb. 232. Nun werden diese Teile zusammengefügt, nachdem sie vorher beide gleichwarm gemacht wurden, gut verschmolzen und verblasen, die Zone c d der Abb. 233 zur Kuppe geblasen und dann das Biegerohr e angesetzt. Die ganze Zone c d wird jetzt schon angewärmt, das Loch zum Ansatz geblasen und dann dieser selbst angesetzt. Dieser wird herausgeblasen und mit dem Vierkant oder Dorn aufgerandelt. Um die Schale aufzurandeln, wird das Rohr in der Zone h i eingeschnürt, bei g abgeschnitten und aufgebörtelt, ohne den Rand des Schliffes k durch die Flamme zu deformieren. Alle diese Hantierungen müssen von Beginn der Form Abb. 230 bis zur Vollendung gemacht werden, ohne daß dabei die Arbeit unterbrochen wird, weil sonst bei nochmaligem Erhitzen ein Zerspringen bestimmt eintritt. Der Schluß ist wieder gut zu kühlen.

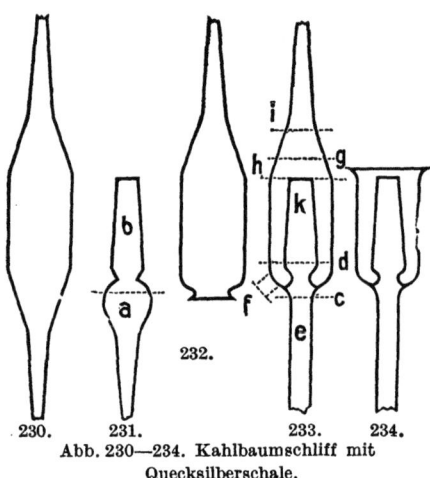

Abb. 230—234. Kahlbaumschliff mit Quecksilberschale.

Nach dem Erkalten muß dann der Schliff etwas mit Öl und Schleifpulver ganz wenig nachgeschliffen werden, ohne ihn besonders zu beschmutzen.

Eine andere Art von Schliff sind die Ventile, von welchen die Rückschlagventile besonders erwähnt sein sollen. Am meisten finden diese Rückschlagventile bei den Wasserluftpumpen Anwendung und ist das von Prof. Dr. Leiser konstruierte, in Abb. 235—240 vorgeführte das bisher beste.

Die Anfertigung beginnt, indem man sich ein Stück Rohr Abb. 235 an einem Ende gerade abschneidet oder sprengt und den Rand verschmilzt, das andere Ende ist in eine Spitze ausgezogen, welche bei b abgeschnitten und an die dann das Biegerohr c der Abb. 236 angesetzt wird. Aus der Zone Abb. 235 a b wird die Kugel d der Abb. 236 und die unter derselben befindliche Einschnürung e gemacht, die aber kegelförmig abgedacht sein muß, um dem Ventile eine Sitzfläche zu bieten. Nach all dem wird die Zone f g gut geglüht, usw.

Zur Anfertigung des Ventils muß man ein schwachwandiges Rohr nehmen, weil das Ventil auf dem Wasser schwimmen soll. Man zieht sich ein Stück von diesem schwachwandigen Rohre, Abb. 237, welches ungefähr 3 mm enger sein muß als der innere Durchmesser von Abb. 235. Bei h schnürt man kurz und bei i etwas länger, aber sehr eng ein, dann bläst man zwischen h und i, d. h. zwischen den beiden Einschnürungen, eine recht gedrängte Kugel, deren obere Hälfte man kegelförmig, wie beim Anfertigen des Trichters gelernt, zieht, damit sie in die kegelförmige Abdachung e der Abb. 236 paßt und die Form Abb. 238 k annimmt. Sodann wird bei l eine Spitze gezogen und das Stück bei l m auf die Hälfte oder etwas mehr eingeschnürt, die Spitze bei l abgezogen, der Teil l m jetzt massiv geschmolzen, mit dem Auftreiber etwas gedrückt und mit der Quetsche flach gedrückt, so daß Abb. 239 daraus wird. Nach dem Erkalten wird die Spitze bei n abgeschnitten und mit kleiner Stichflamme zugeschmolzen.

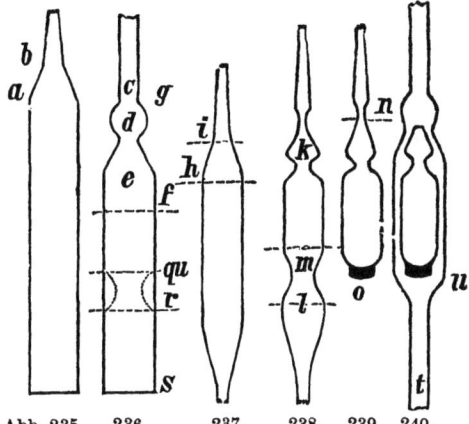

Abb. 235. 236. 237. 238. 239. 240.
Abb. 235—240. Rückschlagventil nach Prof. R. Leiser.

Zum Einschleifen wird das Ventil bei o an ein Metallröhrchen gekittet, welches, wenn das Schleifen vollzogen ist, wieder entfernt wird. Es wird sodann das Ventil in den Ventilmantel Abb. 236, nachdem es ganz rein und trocken gemacht wurde, eingeführt und in fast senkrechter Haltung bei r s der Abb. 236 eine Spitze gezogen, dann bei r qu eingeschnürt, abgeschnitten, das Biegerohr t der Abb. 240 angesetzt und die Kuppe u geblasen. Diese soll nicht die Form einer Halbkugel, sondern möglichst wie Abb. 240 haben, weil sie dazu bestimmt ist, bei offenem Ventile diesem als Sitz zu dienen, wobei aber ein Abschließen nach unten nicht eintreten darf. Der Teil o des Ventils, der ja flach gedrückt ist, verhindert dies eben, doch soll auch ein Festsetzen vermieden werden, was eben nur durch die flache Kuppe und den flachen Teil o erreicht werden kann.

Beim Arbeiten mit einzelnen Teilen, wie das Ventil, die im Innern herumkollern, muß eben so vorsichtig und langsam gedreht werden, daß das Kollern nicht zu heftig erfolgt, besonders wenn das Glas in der Nähe weich ist, muß darauf gesehen werden, daß der kollernde Gegenstand nicht kleben bleibt. Sollte der Unfall eintreten, läßt man die

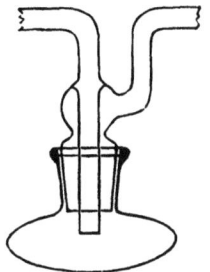

Abb. 241. Vorlegegefäß für Hg-Luftpumpen.

Arbeit außer der Flamme ein wenig abkühlen und schlägt leicht an die Tischkante, bis das angeklebte Ventil losspringt.

Eine nette, aber schon schwere Aufgabe ist die Anfertigung von Abb. 241, einer Trockenvorlage, die besonders als Vorlage für Quecksilberpumpen, für Phosphorsäureanhydrit (P_2O_5) vom Verfasser konstruiert wurde und sich gut bewährt und eingeführt hat. Sie hat den Vorteil, daß sie, auch wenn sie in eine Leitung eingesetzt und starr verbunden ist, trotzdem leicht gereinigt und frisch gefüllt werden kann, ohne daß deshalb die Leitung zerstört werden muß, also intakt bleiben kann. Bei der Leiserschen Quecksilberpumpe spielt sie eine nicht unbedeutende Rolle und wird in einem späteren Abschnitte behandelt werden, jetzt soll nur ihre Herstellung entwickelt und erklärt werden.

Wie Abb. 241 zeigt, besteht die Vorlage aus zwei Teilen, und zwar aus dem Kölbchen I und aus dem Einsatze II, die beide ineinander geschliffen sind.

Zur Anfertigung des Kölbchens zieht man sich von einem starkwandigen 30—40 mm weiten Rohre ein entsprechendes Stück, Abb. 242, ab. Bei a schnürt man dasselbe auf die Halsweite ein und bringt das Stück $a\,b$ in die Flamme, schmilzt es gut zusammen und bläst unter Ziehen den Hals $c\,d$ Abb. 243. Aus dem Teile $e\,a$ der Abb. 243 bläst man, nachdem er vorher gut erwärmt wurde, eine

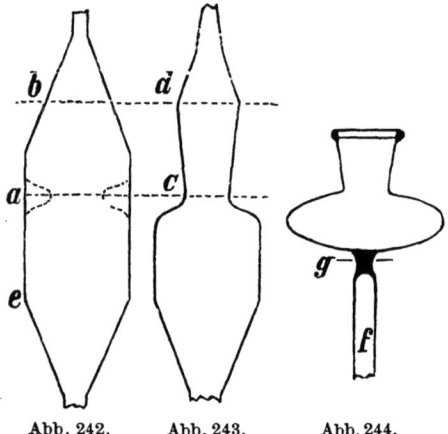

Abb. 242. Abb. 243. Abb. 244.
Abb. 242—244. Kölbchen zum Vorlegegefäß Abb. 241.

Kugel, wobei man beim Blasen etwas staucht, wie Abb. 244, an welcher auch die untere Spitze ist. Diese wird abgezogen und der Boden rundlich herausgeblasen, worauf man dann den Stiel F anheftet, der zum Halten beim Aufrandeln des Halses dient. Dieser Haft muß sehr gut verblasen sein und wird ganz zuletzt, nachdem das Kölbchen fertig und abgekühlt ist, bei Abb. 244 g abgeschnitten und etwas abgeschliffen. Nach dem Anheften macht man die Kugel nochmals ganz rotwarm, d. h. bis die Flamme die Reaktion zeigt, und geht dann wieder auf d, Abb. 243, über. An dieser Stelle wird die Spitze abgezogen und herausgeblasen und ein gut gebörtelter Rand, Abb. 244, hergestellt. Nachdem das Ganze, besonders aber der Hals, rotwarm und mit dem Holzkonus rundgemacht worden ist, wird

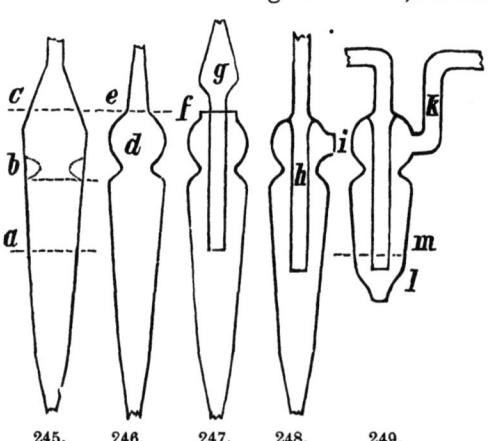

245. 246. 247. 248. 249.
Abb. 245—249. Einsatz für das Vorlegegefäß der Abb. 241.

nochmals geglüht und gekühlt usw., ohne dabei den Hals irgendwie zu deformieren, weil sonst ein Einschleifen unmöglich ist.

Zum Einsatz für die Vorlage zieht man sich aus einem starkwandigen Rohre ein Stück, oder am besten gleich mehrere ab, und zieht sich einige

Konusse, wie Abb. 245, wobei man darauf sieht, daß sie die Steigung des Kolbenhalses erhalten. Nach dem Erkalten mißt man sich die passende Stelle ab Abb. 245 aus, schnürt bei b ein, erhitzt bc und bläst die Kugel d Abb. 246. Sodann wird bei e die Spitze abgezogen, herausgeblasen und das Loch Abb. 247 f aufgerandet. Der Einsatz g, der aus demselben Glase angefertigt, und wie schon öfter erklärt, vorbereitet ist, wird nun, nachdem f und g gut warm, jedoch nicht weich, gemacht wurden, zusammengefügt, gut verschmolzen und verblasen, wie Abb. 248, wobei darauf Bedacht genommen wird, das Rohr h, Abb. 248, so lange das ganze Stück weichwarm ist, zu zentrieren. Dann wird das Loch i geblasen, an welches das Rohr k, Abb. 249, angesetzt wird. Das Ende ist wieder, wie immer, glühen und kühlen und zentrieren. Der untere Teil des Konusses wird bei l ganz kurz abgezogen und die Spitze zugemacht, um das Innere vor dem Beschmutzen zu schützen. Erst nachdem der Konus geschliffen und ganz fertig ist, wird er bei m abgesprengt, der Rand etwas abgeschliffen und der Einsatz kann seiner Bestimmung zugeführt werden.

Eine zweite Type von Vorlagen findet sich an der Quecksilberpumpe von Gaede. Sie ist auch, ohne das Rohrsystem zu beeinflussen, leicht abzunehmen, zu reinigen und zu füllen und ist auf dem Kahlbaumschliff aufgebaut. Aus Stücken, die man sich von einem starkwandigen Glasrohr abzieht, macht man sich die in Abb. 250 u. 251 gezeichneten Teile. Der Konusstöpsel Abb. 250 muß, wie schon S. 96 erklärt, schon geschliffen und vorbereitet sein. Man fügt sie gut gewärmt zusammen und verschmilzt die Zone ab Abb. 215 sehr gut, wobei man trachtet, die Kuppe zu bilden. Bei a wird dann aus einem vorbereiteten Stücke das Gefäß c geblasen, gut erwärmt, zentriert usw. und nach dem Erkalten bei d abgesprengt.

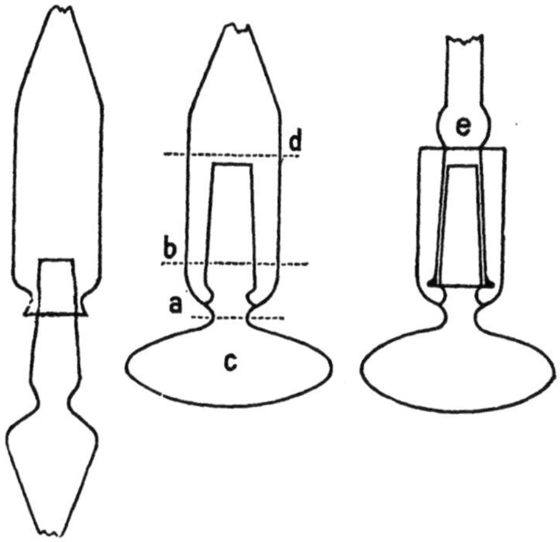

Abb. 250. Abb. 251. Abb. 252.
Abb. 250—252. Vorlegegefäß nach Gaede.

Dieser Rand wird auf einer Planscheibe abgeschliffen. Es empfiehlt sich noch, die Konushülse e der Abb. 252 ganz wenig mit feinstem Material nachzuschleifen, um etwa durch das Einschmelzen hervorgebrachte Fehler zu beheben.

Eine sehr praktische Art von Verbindungen von Leitungen und noch mehr zur Anfügung von einzelnen Teilen an Apparate und Quecksilberluftpumpen, die nur zeitweilig angebracht und öfter gelöst werden können, sind die Planschliffe, Abb. 256 u. 257, nach Prof. Dr. E. R. Leiser.

Diese Schliffe sind leicht herzustellen und kann jedes beliebige

Paar zusammengefügt werden, wobei sie noch vollkommene Sicherheit bieten. Bedingung ist natürlich, daß sie auch vollkommen plan geschliffen sind.

Zur Anfertigung nimmt man Biegeröhren von ca. 9—10 mm Weite und schneidet sie in ca. 20 cm lange Stücke. An einem Ende zieht man eine Spitze, Abb. 253, und erwärmt dann eine größere Zone, die man durch Stauchen und Aufblasen und Wiederzusammenschmelzen in die Form Abb. 254 bringt. Die Spitze schmilzt man bei a ab und bläst die Kuppe heraus, wodurch Abb. 255 entsteht. Nun wird bei b bis zur halben Zone gegen c gut erhitzt und aufgerandelt, worauf dann die ganze Partie b—c recht weich gemacht und der Rand umgelegt wird. Nochmals weichwarm gemacht, wird der Teller jetzt mit dem großen Auftreiber plattgestrichen und in die Horizontale senkrecht auf die Achse des Biegerohres gebracht, Abb. 256. Diese Art von Teller muß dann schon sehr gut geglüht und am besten in Muffel oder Asbest gekühlt werden. Das Schleifen wird in einem späteren Abschnitt erklärt.

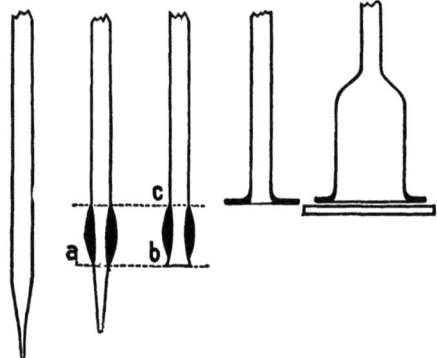

253. 254. 255. 256. 257.
Abb. 253—257. Planschliffe nach Prof. E. R. Leiser.

Diese Planschliffe lassen sich selbstverständlich in allen Dimensionen anbringen, doch ist es wegen der Kühlung ratsam, nicht über Röhren von 40 mm hinauszugehen, wenn nicht für Kühlung im großen Muffelofen vorgesorgt werden kann. Der Schliff Abb. 257 zeigt uns ein Zylinderrohr mit Planschliff, den man, außer man benützt ihn zu Verbindungen, mit einer plangeschliffenen Platte abschließen bzw. in den man etwas einschließen kann, z. B. bei Spektralröhren mit Quarzfenster, usw.

Mit diesen Schliffen ist das Kapitel „Schliffe" noch lange nicht erledigt, es genügt aber reichlich, weil alle anderen Arten von Schliffen dann gewiß nach diesen Methoden gemacht werden können, besonders dann, wenn das Beschriebene genau studiert und geübt, sich zu eigen gemacht worden ist.

VI. Die Glashähne.

Zur Absperrung von Leitungen und Räumen und zur Drosselung der ersteren werden Hähne verwendet.

Von diesen gibt es nun auch eine ganze Menge von Typen, je nach dem Zwecke, dem sie dienen sollen. Die erste Bedingung für einen Hahn ist die, daß er absolut schließen muß, und diese Bedingung ist bei sorgfältiger und gewissenhafter Arbeit gewiß zu erfüllen. Aus gar keinem Materiale lassen sich so sicher und gut schließende Hähne herstellen, als aus Glas, weil seine Härte und feine Schleiffähigkeit es schon geeignet macht. Allerdings werden sie nach einigen Umdrehungen bei der Verwendung undicht, doch kann dieser Übelstand ganz und gar beseitigt werden, wenn man den Hahn schmiert, wovon noch gesprochen werden soll.

Hähne aus Metall sind alle auf die Dauer trotz der Schmiere nicht dicht und nützen sich, weil sie streng gestellt werden müssen, sehr rasch ab. Ich habe während meiner langjährigen Tätigkeit in den Laboratorien sehr viele tüchtige Gelehrte gefunden, die zu einem Glashahne so gut wie gar kein Vertrauen hatten, und doch ist es mir gelungen, die Herren zu überzeugen und ihre Ansicht zu ändern.

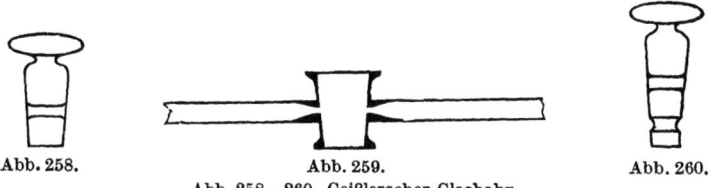

Abb. 258.   Abb. 259.   Abb. 260.
Abb. 258—260. Geißlerscher Glashahn.

Oft aber muß das Fett bei den Schliffen und Hähnen vermieden werden, dann gibt es eben nur Quecksilberdichtungen, man muß aber dann beim Drehen der Hähne sehr behutsam sein, denn durch die Reibung beim Drehen wird Stöpsel und Hülse abgenützt und daher undicht, oder das Zerspringen des Hahnes ist sehr wahrscheinlich.

Die Glashähne sind eine Erfindung des berühmten Glasbläsers Heinrich Geißler, eines geborenen Thüringers, der, zuerst in Holland zu Ehren gekommen, im Jahre 1754 in Bonn eine Glasbläserei gründete und dort viele glastechnische Apparate baute und schuf, von denen seine Quecksilberluftpumpe allein in der ganzen wissenschaftlichen Welt bekannt wurde, aber heute überholt ist.

Die Form und Art, Abb. 258 u. 259, der nach ihm benannten Geißlerschen Glashähne ist heute noch die beste und soll auch jetzt an erster Stelle vorgeführt werden.

Abb. 260 zeigt eine kleine Verbesserung, die darin besteht, daß das Herausdrücken des Hahnes bei Druck verhindert wird.

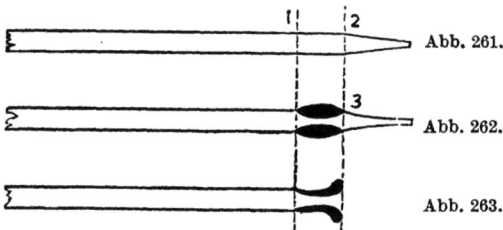

Abb. 261—263. Vorbereitetes Hahnansatzrohr.

In die Einschnürung am Hahnstöpsel wird, nachdem er gefettet und in die Hülse eingeführt ist, ein Hartgummiring, der vorher durch gelindes Anwärmen weich gemacht wurde, streng aufgezogen. Nach dem Erkalten wieder fest geworden, zieht der Ring den Hahnstöpsel in die Hülse. Um den Ring wieder zu lösen, erwärmt man den Hahn in kochendem Wasser und kann dann den weichgewordenen Ring wieder entfernen.

Die Anfertigung soll in den Abb. 261—280 vorgeführt und erklärt werden. Die Arbeit zerfällt in drei Teile, und zwar 1. in die Anfertigung der Hahnhülse, 2. in die des Stöpselgriffes und 3. in die des Stöpsels als solchen.

Das zu verwendende Glas muß unbedingt gleicher Eigenschaft und Herkunft sein, weil diesmal beim Ansetzen nicht hineingeblasen, also die Verbindung nicht verblasen, sondern nur durch Zusammenfügen und Ziehen hergestellt werden kann. Es müssen daher die anzusetzenden Glasröhren (Biegeröhren) entsprechend vorbereitet werden, wie die Phasen der Abb. 261—263 vorstellen sollen.

Die Hahnröhren werden in Stücke von 20—25 cm Länge geschnitten und an einem Ende ausgezogen, dann wird die Zone Phase Abb. 261, 1—2 eingeschnürt, und verstärkt bei Phase Abb. 262, 3 abgezogen und herausgeblasen und stark aufgerandelt, wie Phase Abb. 263 zeigt. Die so vorbereiteten Hahnröhren müssen vor Staub und jeder Verunreinigung (den Rand nicht angreifen!) geschützt werden und vor dem Ansetzen langsam vorgewärmt werden.

Zur Anfertigung der Hülse zieht man sich wieder aus einem starkwandigen Rohre einige Stücke, und aus diesem Konusse, Abb. 264.

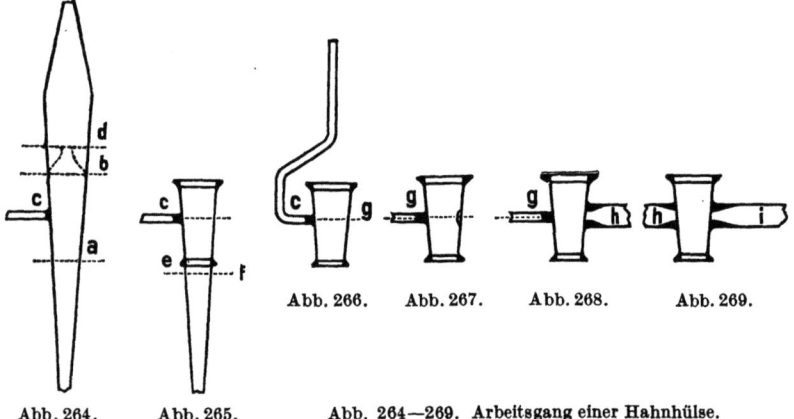

Abb. 264.   Abb. 265.   Abb. 264—269. Arbeitsgang einer Hahnhülse.

Auf dem hierzu ausgewählten Konusse zeichnet man sich die zu verwendende Zone $a\,b$ an und zieht bei b eine neue Spitze. Jetzt setzt man sich bei c, an welcher Stelle später das Hahnrohr angesetzt wird, einen kurzen Glasstab senkrecht auf die Achse des Konusses an, zieht bei d die Spitze ab und bläst die Stelle auf.

Diese wird nun aufgebörtelt, wie Abb. 265, und dann an die Stelle c ein Stab so angesetzt und so gebogen, wie Abb. 266, daß er in die Achse der Hülse kommt und sie an demselben gehalten werden kann. Sodann wird bei f Abb. 265 die Hülse abgezogen, abgeschnitten und der untere Rand der Hülse aufgebörtelt, und Abb. 266 entsteht. Nun wird bei g senkrecht auf die Achse ein zweiter Stab angesetzt, der Stab bei c abgeschnitten, der noch angesetzte Stumpf von c vorsichtig — ohne die Hülse zu deformieren — abgezogen und durch dieses Abziehen eine kleine hohle Spitze erreicht, welche abgeschnitten das Loch ergibt, das mit einem Dorn entsprechend ausgeweitet wird, ohne daß die Hülse ihre Form ändert. Nun wird das Loch und der Rand des Hahnrohres, Phase III, sehr gut weichwarm gemacht und ohne zu blasen angesetzt,

d. h. sanft angefügt und ganz wenig gezogen, und man ist bei Abb. 267 angelangt. Jetzt hat man an dem angesetzten Hahnrohre h zu halten und entfernt den Stab g auf dieselbe Weise wie c, zieht wieder heraus und macht ein Loch, um das zweite Hahnrohr anzusetzen. Diese Handgriffe müssen alle nacheinander rasch gemacht und dabei darauf gesehen werden, daß die Arbeit immer fast rotwarm ist und ja nicht deformiert wird, widrigenfalls sie ganz und gar umsonst wäre. Nach gutem Glühen muß jetzt die Hülse sehr langsam (Muffel und Asbest) abgekühlt werden, wobei eine 8—10stündige oder auch längere Kühlung zu empfehlen ist. Wenn die Hülsen abgekühlt sind, werden diese auf der Drehbank mit Kupfer oder Zinkkonussen ausgeschliffen, was man „ausbohren" nennt.

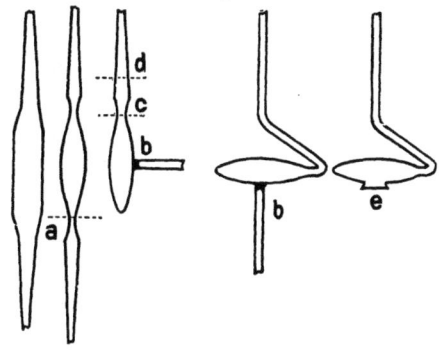

Abb. 270—271. 272.   273.   274.
Abb. 270—274. Arbeitsgang eines Hahnstöpselgriffes.

Sodann geht man an die Anfertigung des Hahnstöpsels, wobei auch wieder der Griff zu demselben vorerst vorbereitet werden muß. Von einem starken Biegerohr von ca. 12—15 mm zieht man sich Stücke Abb. 270 ab, aus denen man sich den Griff in Form von Abb. 271 bläst. Bei a schmilzt man die Spitze ab, schließt die Spitze und bläst sie ein wenig rund, sodann setzt man in der Längenmitte seitlich den Stab b der Abb. 272 senkrecht auf die Achse an. Aus dem Spitzenteil $c\,d$ zieht man sich ein Röhrchen und biegt es, wie Abb. 273 zeigt, daß es mit dem Stabe in eine Achse kommt. Ist dies geschehen, so zieht man b ab, bläst aus dem letzten Reste von b das Loch e der Abb. 274 heraus und läßt es so vorbereitet offen. Wieder muß man darauf sehen, daß der Griff nicht verstaubt wird, bis er zur Verwendung kommt.

Der Hahnstöpsel ist jetzt die nächste Arbeit, welcher auch hohl aus Konussen gemacht wird. Man zieht sich wieder einige, Abb. 275, um Auswahl zu haben, und probiert sie in den ausgebohrten Hahnhülsen, ob sie nicht stark schlottern, um jene Stelle zu finden, die am besten paßt, und markiert sich wieder diese Zone a—b und deren Längenmitte c, weil diese für die einzuschmelzende Bohrung bestimmt ist. Bei b macht man eine dem Stöpselhalse entsprechende Einschnürung und schneidet bei d ab, um sofort den vorgewärmten und vorbereiteten Griff, Abb. 274, anzusetzen, wodurch Abb. 276 entsteht. An dieser wird jetzt bei c das Loch e geblasen, das so groß sein soll, daß das Röhrchen f Abb. 277 eingeführt werden kann. Dieses Röhrchen wird bis an die dem Loche gegenüberliegende Wand geführt, dort von außen mit einer kleinen Flamme angeblasen und vom Röhrchen f aus hinausgeblasen, so daß es also nach außen offen ist, mit dem Rande aber an der Wand festgeschmolzen ist. Dann wird f glatt am Konus abgeschnitten und mit kleiner Stichflamme verschmolzen und vom Griffröhrchen aus verblasen, wobei man die eingesetzte Bohrung mit einem kleinen Dorn rundet, das Ganze weichwarm bläst und mit dem Auftreiber die Kegelfläche des Stöpsels, Abb. 278, streicht. Bei h wird eine Spitze abgezogen und flach geschlossen, wodurch sich Abb. 279 bildet. Nachher wird das

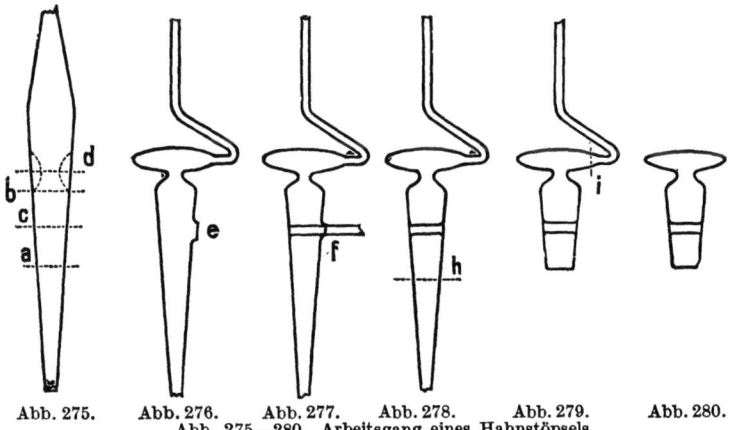

Abb. 275.   Abb. 276.   Abb. 277.   Abb. 278.   Abb. 279.   Abb. 280.
Abb. 275—280. Arbeitsgang eines Hahnstöpsels.

Ganze wieder gut gewärmt und geglüht, wie oben empfohlen. Ist der Stöpsel kalt geworden, schneidet man bei i ab und schmilzt vorsichtig an der Stichflamme zu, Abb. 280.

In diesem Stadium ist der Stöpsel zum Schleifen fertig.

Um das Schließen der Hähne doch einigermaßen zu sichern, haben sich die Glasbläser alle Mühe gegeben und sind diesem Ziele dadurch nähergekommen, daß Versuche gemacht worden sind, die Hähne mit Quecksilber abzudichten, was aber doch nicht jene Erfolge brachte, die man sich erhoffte; denn dort, wo der Hahn am ehesten schlecht wird, und wenn nicht sorgfältig gemacht, am schlechtesten schließt, d. i. der Zone in der Hülse und am Stöpsel um die Bohrung herum, kann man mit keiner wie immer gearteten Dichtung beikommen. Diesem Übelstande abzuhelfen hat man sich bemüht, indem man neben vielen anderen zu den Formen Abb. 281 u. 282 gelangt ist, welche auch Verwendung finden. Aber, wie schon erwähnt, muß ein Hahn, der gut gearbeitet und keine Marktware ist, gut schließen und wird es auch, wenn er nicht vom Händler, sondern vom Glasbläser selbst bezogen wurde.

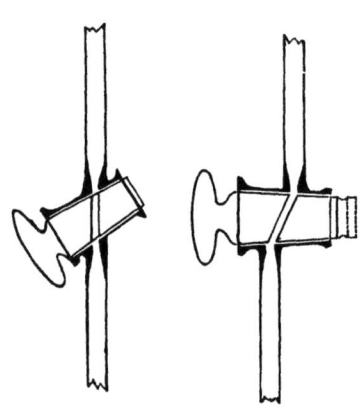

Abb. 281.   Abb. 282.
Hähne mit schiefer Stellung.

Der Hahn Abb. 281 hat eine schiefe Hülse und dadurch auch eine schiefe Bohrung, so daß derselbe, um geschlossen zu sein, nicht um 90°, sondern um 180° gedreht werden kann, was bei dem Hahne Abb. 282 auch der Fall ist, aber seine Röhren sind nicht in einer Höhe angesetzt. Bei allen diesen Hähnen läßt sich selbstverständlich auch die Sicherung gegen das Herausstoßen des Stöpsels bei Überdruck anbringen. Über die Unmenge von Formen aller Art zu schreiben, würde zu weit führen, da ja die Herstellung aller anderen Formen nur eine kleine Änderung in der Arbeitsanordnung erfordern, die bei gutem Studium dieses Buches gewiß jedermann selbst finden kann.

Der leichteren Anfertigung halber will ich noch den Kahlbaumschen Hahn, Abb. 283, erwähnen und zeigen. Derselbe kann ganz gut als 1-, 2-, 3- und 4-Weghahn geblasen werden und vom weniger geübten Glasbläser oder Amateur eher, als die anderen Hähne gemacht werden, denn alle Hantierungen bei der Herstellung dieses Hahnes sind schon bei den früher erwähnten Hähnen vorgenommen und geübt worden. Mit diesen wollen wir das Kapitel „Hähne" schließen.

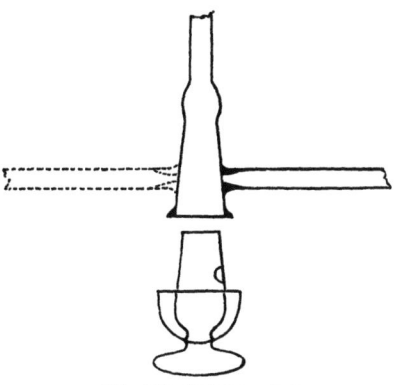

Abb. 283. Kahlbaumhahn.

VII. Einschmelzen der Elektroden.

Ein wichtiges Kapitel ist das Einschmelzen der Elektroden in die verschiedenen Apparate oder deren Teile, von denen die Vakuumröhren bei dem heutigen Stande der Wissenschaft und Technik den ersten Rang einnehmen, die aber in einem eigenen Abschnitte behandelt werden sollen. Vorläufig soll nur das Einschmelzen der Elektroden erklärt werden. Zu diesem Zwecke läßt sich von allen Metallen nur Platin verwenden, weil es fast genau den gleichen Ausdehnungskoeffizienten hat, wie das Glas, sein Schmelzpunkt weit über der Weißglühhitze liegt, und es sich in der Gebläseflamme nicht oxydiert oder überhaupt verändert. Zum Einschmelzen der Elektroden wird das Platin nur in Form von Draht verwendet, doch soll über eine Dicke von 1 mm nicht gegangen werden, unter 0,1 mm Dicke zu gehen, ist jedoch wegen des Abbrennens nicht zu empfehlen. In der ersten Zeit der Herstellung der Geißlerschen Röhren hat man den Platindraht ohne jedes Mittel direkt in das Glas eingeschmolzen, was aber doch nicht so gut war, als es schien, es erfolgte noch immer leicht das Zerspringen, wohl nur dadurch, daß das Platin eben ein besserer Wärmeleiter ist, als das Glas, und sich eben früher ausdehnte, als das drahtumgebende Glas. Trotz der gleichen Ausdehnung waren also die Einschmelzstellen sehr heikel und neigten stark zum Zerspringen. Diesem wirklich wunden Punkte half die Einführung des Einschmelzglases ab. Das Einschmelzglas ist ein Bleiglas und wurde im Anfang nur milchig weiß, später in allen Farben hergestellt und erhielt in der Glasbläserei den Namen „Emaille". Erst mit den Fortschritten in der Glühlampenfabrikation führte sich das farblose Bleiglas als Einschmelzglas ein. Zum Einschmelzen der Glühfaden, die an Platin befestigt waren, wurde im Anfange der Glühlampenfabrikation eben auch das verschiedenfarbige, meist rubinrote Email verwendet, weil eben die Kolben oder Birnenkörper aus Natronglas waren. In den achtziger Jahren, als die Glühlampe ihre Welteroberung begann, kamen deutsche Fabriken auf die Idee, die ganze Birne aus Bleiglas zu blasen und schufen so ein Fabrikat von eminenter Wichtigkeit für die Fabrikation von Lampen. Dieses Glas ist erstens ganz und gar „weiß", d. h. in ziemlicher Dicke noch immer durchsichtig, und ohne Farbenton, zweitens ist es rein von Schlieren und Blasen, und, der wichtigste Umstand, man setzt, bläst und „quetscht", wie der Fachausdruck lautet, die Glühfaden leicht und schnell ein, ohne daß auch nur eine oder zwei von tausend zerspringt.

Dieses Bleiglas, aus welchem die Birnen geblasen sind, ist auch in Form von Stäbchen unser Material zur Einschmelzung der Elektroden.

Das Bleiglas hat, wie schon Seite 9 erwähnt, einen sehr niederen Schmelzpunkt und die angenehme Eigenschaft, sich mit wenigen Ausnahmen mit fast allen Gläsern leicht zu verbinden und zu vertragen, es darf jedoch nur in der oxydierenden Flamme behandelt und geschmolzen werden, auch muß beim Hineinblasen, beim Einschmelzen, darauf Bedacht genommen werden, daß man nur sehr schwach hineinbläst, weil man sonst beim Bleiglas, ohne es zu wollen, ein Loch bläst.

Ein bleifreies Einschmelzglas für Platin liefert die Firma Gustav Fischer, Ilmenau. Dessen Ausdehnungskoeffizient stimmt mit demjenigen des Platins weitgehend überein.

Der Platindraht ist aber eigentlich nur ein Durchgangsmedium und als Elektrode nicht anwendbar, weil er bei den Entladungen im Vakuum am negativen Pol zerstäubt wird und einen spiegelartigen Anflug von fein zerstäubtem Platin in der Nähe der Elektrode an der Glaswand erzeugt. Diese Eigenschaft im Vakuum zeigten fast alle Metalle, das eine mehr, das andere weniger, nur das Aluminium besitzt diese Eigenschaft nicht und hält sich bei den Entladungen im Vakuum fast ganz indifferent, wodurch es sich eigentlich so gut für die Elektroden im Innern der Vakuumröhren eignet, und verwendet man es in der Form von Draht, Blech und Guß.

Ein weiterer wichtiger Umstand, der beachtet werden muß, ist der, daß Platin in der Rußflamme brüchig wird, man muß daher das Kühlen in der Rußflamme meiden und sich dadurch helfen, daß man die Sachen in Asbestwolle kühlt, die vorher gut angewärmt worden ist und noch eine Zeit, wenn der Gegenstand eingehüllt ist, erhitzt wird.

Beim Einschmelzen ist nun wieder in erster Linie absolute Reinlichkeit und Arbeiten in einem staubfreien Raume erste Bedingung.

Der zu verwendende Platindraht muß an seiner Oberfläche blank und rein sein und vor seiner Verwendung ist es gut, ihn mäßig auszuglühen. Man schneidet sich Stücke in der notwendigen Länge und heftet diese, mit der Pinzette gehalten, an eine Spitze oder ein dünnes Stäbchen, wie in Abb. 284 ersichtlich, ohne ihn mehr als 1 mm tief in das Endchen einzuschmelzen. In dieser Form kann man den Draht nicht leicht verlieren oder verlegen und ihn leicht handhaben, natürlich darf beim Arbeiten die geheftete Stelle nicht mehr bis zum Weichwerden erhitzt werden. Diesen angehefteten Draht erhitzt man nun an seiner Spitze und lötet ihn mit dem zu verwendenden Aluminiumdraht zusammen, indem man das Ende desselben in der Stichflamme schmilzt und den Platindraht in diese geschmolzene Spitze leicht hineindrückt. Sobald die Heftspitze abgeschmolzen ist, sehen wir Abb. 285. Sollte die Vereinigungsstelle nicht ganz rund und schön gelungen sein, so feilt und hämmert man sie zurecht. Jetzt nimmt man ein Glasröhrchen aus Natronglas, das man sich schon vorher zurecht gemacht und gezogen hat, und dessen Lumen nur etwas größer ist, als die Dicke des Aluminiumdrahtes, schneidet ein Ende gerade und schmilzt den Rand ab, damit er etwas „einläuft". Nun wirft man den zusammengeschweißten Aluminium- und Platindraht von der anderen Seite mit dem Platin voraus hinein und bringt ihn durch Schütteln an das verengte Ende, so daß der Platindraht nicht ganz herausragt. Jetzt wird das Ende des Röhrchens samt dem herausragenden Platindraht geglüht und von einem Stäbchen Bleiglas, das in der rechten Hand schon zu einem Tropfen geschmolzen worden ist, so umwickelt, daß die Hälfte des Platindrahtes noch frei steht, Abb. 286. Nach dem Erkalten wird das Röhrchen bei a abgeschnitten, jedoch ohne das Bleiglas mit der bloßen Hand (am besten mit ganz reinem Lappen)

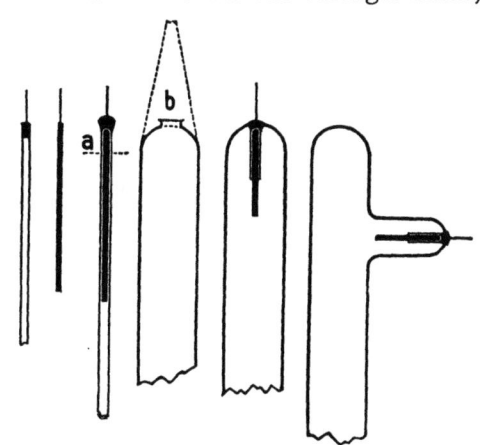

Abb. 284—289. Vorgang beim Einschmelzen von Platindraht.

zu berühren und staubfrei aufbewahrt, bis zur Verwendung. Vorher aber muß der Aluminiumdraht auf seine Länge abgezwickt und evtl. flach oder rund gefeilt werden.

Das Rohr oder der Teil, in den der Draht eingeschmolzen werden soll, wird zuerst in eine Spitze, Abb. 287, ausgezogen, diese Spitze abgeschmolzen, eine Kuppe und in diese ein Loch b geblasen, das aber nicht größer sein darf, als die vorbereitete Bleiglasperle am Draht. Ist es möglich, so wirft man von unten den Draht hinein und läßt ihn bei b herausragen, worauf mit einer Stichflamme der Rand des Loches mit dem Bleiglase verschmolzen wird, so daß Abb. 288 entsteht. Dann wird die Bleiglasstelle mit einer Stichflamme an der Spitze geglüht, daß sie hell wird (Blei oxydiert), und der eingeschmolzene Draht durch Drehen zentriert und dann erst die in der Nähe liegenden Partien geglüht und in

Asbest (nicht Rußflamme) abgekühlt. Das Einschmelzen in seitlichen Ansätzen bei Apparaten, Abb. 289, ist etwas schwerer, weil es mit dem gleichmäßigen Drehen nicht gut geht, weshalb schon größere Geschicklichkeit nötig ist. Sonst ist der Vorgang wie der vorher beschriebene und es wird diese Arbeit und das Anbringen der Ösen und Schutzkappen usw. im Abschnitt Vakuumröhren näher erklärt werden.

Ein vielbeklagter Übelstand bei den Vorlesungsapparaten nach Hofmann, Eudiometern usw. ist das Abbrechen der Ösen der Platindrähte und auch das Zerspringen der Schmelzstellen infolge des Heißwerdens des Drahtes. Diesen Fehler zu beheben, habe ich an Stelle der Ösen kleine Näpfchen, Abb. 290 und 291, angeblasen, in welche man Quecksilber füllen kann, das den sicheren Kontakt herstellen und überdies ein bedeutendes Erhitzen der Stelle bzw. des Platindrahtes verhindern soll. Die Zuleitungsdrähte können in den Näpfchen mit kleinen Korkstöpseln eingeführt werden, um ein Verspritzen des Quecksilbers zu verhindern. Auch erspart man bei dieser Anordnung etwas Platindraht, und vom Abbrechen kann keine Rede sein, doch wird man ihre Herstellung schon einem Berufsglasbläser überlassen müssen.

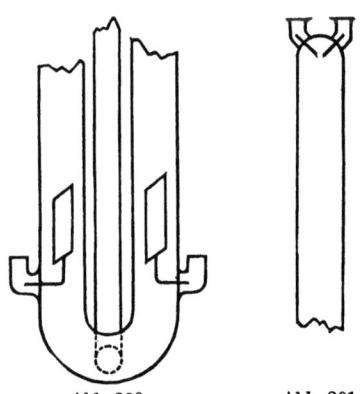

Abb. 290.   Abb. 291.
Quecksilbernäpfchen als Kontaktschalter.

Von Wichtigkeit ist wohl die Herstellung von Platinelektroden aus Blechplättchen. Hierzu verwendet man Platinblech in der Stärke von 0,01—0,07 mm, selten stärker, welche man, um sie zu versteifen, wellenförmig preßt. Zu diesem Zwecke macht man sich aus hartem Holze oder aus Metall zwei Klötzchen, wovon das eine zarte Längsfurchen hat, während das andere in diese Längsfurchen passende kantige Erhöhungen besitzt; zwischen diese beiden Klötzchen legt man das Platinblech, nachdem es, wie in folgendem erklärt wird, an den Draht angeschweißt ist, und preßt es im Schraubstock zusammen. Um Blech und Draht miteinander zu verbinden, wird das Blech Abb. 292 mit zwei Löchern, a b versehen, die so groß wie die Dicke des Drahtes sein sollen. Sodann wird Draht, wie in Abb. 293 zu sehen, eingeführt und gebogen und gut geschweißt und verhämmert.

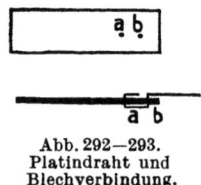

Abb. 292—293.
Platindraht und Blechverbindung.

Ein sehr gutes Verfahren dünne Platindrähte elektrisch zu löten und einige Anleitungen zum Schweißen beschreibt Dr. Ernst von Angerer in seinem schon in der 2. Auflage erschienenen Buche: Technische Kunstgriffe bei physikalischen Untersuchungen. Verlag Vieweg u. Sohn A. G., Braunschweig.

Mit Rücksicht auf den heutigen hohen Preis des Platins ist es wohl angebracht, aus einer Tabelle ersehen zu können, was ein Quadratzentimeter Blech oder ein Dezimeter Draht von entsprechender Stärke wiegt, um die Kosten berechnen zu können.

Platindraht:		Platinblech:	
Stärke in Millimetern	ein Dezimeter wiegt ca. gr.	Stärke in Millimetern	ein Quadrat-Zentimeter wiegt ca. gr.
0,1	0,016	0,01	0,2
0,2	0,066	0,02	0,4
0,3	0,148	0,03	0,7
0,4	0,263	0,04	0,85
0,5	0,412	0,05	1,0
0,6	0,594	0,06	1,2
0,7	0,810	0,07	1,4
0,8	1,050	0,08	1,6
0,9	1,320	0,09	1,8
1,00	1,650	0,10	2,1

F. Die Bearbeitung des Glases im kalten Zustande.

Diese Arbeit fällt dem Glasbläser in mancherlei Art zu und fordert einen gewissen Grad von Sorgfalt und Kenntnis der Natur des Materials. Am meisten ist das Schleifen der geblasenen Teile von Wichtigkeit, welches wieder im Matt- oder Rauhschleifen besteht.

Als Schleifmittel kommen für diese Arbeit in früherer Zeit Schmirgel, in neuerer Zeit Karborundum und Elektrit in allen Körnungen zur Verwendung. Als Poliermittel kommt Zinkoxyd (Zinkweiß), besser aber Polierrot (Rouge) in Betracht. Diese werden je nach Bedarf und der Feinheit der Arbeit mit Wasser oder Öl angemacht, auf Leder, Holz oder Filzscheiben aufgetragen, verwendet. Weiter dienen zum Schleifen Eisen-, Sandstein-, Schmirgel-, Karborundum- oder Elektritscheiben.

Diese Scheiben sind am vorteilhaftesten nicht vertikal, sondern horizontal laufend einzurichten, daß eine große Fläche zum Schleifen verwendet werden kann. Auch soll die Drehung dieser Scheiben keine sehr schnelle sein, um das Ausreißen der Teile zu verhindern. Alle Scheiben, außer der Eisenscheibe, sollen sehr fein sein, auf dieser letzteren wird beim Schleifen gereinigter Flußsand als Brei mit Wasser aufgetragen, bzw. aus einem Trichter laufen gelassen. Das Schleifen auf der Eisenscheibe mit Sand ist das grobe Vorschleifen, worauf dann das Feinschleifen auf den feineren Scheiben und das Polieren mit Rouge auf den Holz-, Leder- oder Filzscheiben erfolgt.

Die einfachste Schleiferei ist das Abschleifen von Rändern und Flächen an Röhren und Apparaten. Zu diesem Zwecke richtet man sich am besten zwei Glasplatten von ziemlicher Dicke (15—20 mm) her, die man sich zuerst dadurch zurecht macht, daß die eine auf einer Tischplatte mit Leisten derart befestigt wird, daß sie sich nicht verschieben kann. Auf diese bringt man zuerst Schmirgelbrei gröberer Körnung, deckt die zweite Platte darauf und bringt diese auf der unteren Platte in eine kreisende Bewegung, bleibt jedoch nicht immer auf demselben Punkte, sondern bewegt die Platte drehend in der Weise, wie man einen Lappen beim Abwischen einer Scheibe bewegt und kreist. Auf diese Weise bekommen die beiden Platten eine matte Fläche, die, wenn die beiden Platten schön eben und parallel zueinander bewegt wurden, eine jede plangeschliffen ist und jetzt verwendet werden können.

Die untere Platte kann gleich in ihrer befestigten Lage bleiben und auf dieser werden jetzt die Ränder vorsichtig und je nach der geforderten Feinheit des Schliffes mit entsprechend feinem Karborundum so geschliffen, daß man den zu schleifenden Rand auf der Platte in kreisender Bewegung, ohne fest zu drücken, bewegt.

Um solche Schliffe genau herzustellen, sollen sie auf der Schleifbank gemacht werden, doch kann man ziemlich genaue Schliffe herstellen, wenn man die Glasplatten recht groß nimmt, diese zuerst sicher planschleift und beim Schleifen der Ränder darauf sieht, daß man nicht auf einem Flecke der Platte bleibt. Von Zeit zu Zeit ist es notwendig, die beiden Platten aneinander zu schleifen und jede abwechselnd zu verwenden.

Auf diese Art werden auch die Leiserschen Planschliffe, Abb. 256 und 257, hergestellt, doch ist bei diesen nur Karborundum von feinstem Korn zu verwenden. Bei Anfängern werden sich die Ränderkanten sehr oft ausfransen, dagegen empfiehlt es sich, diese Kanten zuerst etwas auf der Platte abzulaufen, indem man das Rohr dabei dreht oder vor dem Schliffe einen dicken Ring aus Harzkitt am Rande anbringt, der auch mitgeschliffen wird. Besser ist es, wenn eine Schleifbank vorhanden ist, dies auf einer feinen Scheibe vorzunehmen, was man ,,Facettieren" nennt. Die inneren Kanten der Ränder können dann mit einem sehr flachen Kegel von einer Kugel aus Kupfer oder Zink facettiert werden.

Glasplatten, welche zum sicheren Abschluß solcher Ränder dienen sollen, werden auch auf der Glasplatte plan geschliffen, jedoch nur mit feinem Korn. Soll ein Rohr an seinem Ende eine schiefe Öffnung haben, so wird es zuerst mit einer Flachzange etwas ausgebrochen, auf der Platte oder Scheibe geschliffen, gewaschen und getrocknet und dann vorsichtig verschmolzen.

Das Schleifen der Konusse kann mit der Hand, am besten aber auf der Drehbank gemacht werden. Vorausschicken möchte ich, daß, wenn ich von Schliffen und Hähnen und deren Herstellung spreche, ich nur Schliffe kenne, die ohne jeden Tadel sind und sein müssen, denn ein Schliff, der ,,wackelt", ist eben kein Schliff und gehört in den Scherbenkasten. Bevor die Schliffe und Hähne ineinander geschliffen werden, werden zuerst die Hülsen mit einem passenden Konus aus Zink oder Kupfer ausgeschliffen, d. h. ,,ausgebohrt", um die großen Unebenheiten zu beseitigen. Die Einsätze oder Stöpsel werden ebenso mit einer entsprechenden Kupfer- oder Zinkhülse abgedreht und dann erst Hülse und Konus ineinander geschliffen, jedoch nur mit feinem Schleifmaterial. Wenn dies geschehen, so werden Hülse und Konus gewaschen und getrocknet und nun mit feinem geschlemmten Karborund und viel Öl geschliffen, bis der zusammengesteckte Schliff fleckenlos und fast durchsichtig erscheint und auf diese Art fertig ist.

Die Bearbeitung des Glases im kalten Zustande.

Noch einmal sei erwähnt, daß diese Arbeit auch mit der Hand gemacht werden kann und auch gemacht wurde, natürlich dauert sie eben länger, doch kommt dies für jene, die keine Maschinen besitzen, wohl aber über Geduld und Ausdauer verfügen, wohl nicht in Betracht. Es ist oft für viele Sachen sogar besser, wenn sie mit der Hand geschliffen werden, weil auf der Drehbank der nicht Geübte sehr viel zerbricht.

Von Wichtigkeit ist noch, daß die Gegenstände beim Schleifen in der Maschine sich nicht zu schnell und nicht immer nach einer Richtung drehen dürfen, sondern immer einige Touren vor- und rückwärts gedreht werden sollen.

Schon vorhandene Löcher, Bohrungen und Vertiefungen sind beim Schleifen schädlich, sie werden daher verkittet[1] und nach Fertigstellung zuletzt von dem Kitte gereinigt, indem man sie einfach in Sodalösung auskocht.

Zum Ausbohren macht man sich, wenn nötig, die Konusse selbst, indem man sich solche aus Holz dreht oder feilt und dann mit Zink- oder Kupferblech überzieht. Die Hülsen zum Abdrehen der Stöpsel biegt man sich entsprechend und kann sie auch schmäler oder breiter machen, je nachdem die eine oder die andere Zone mehr oder weniger abzudrehen ist. Wohl sehe ich ein, daß diese Arbeit nicht leicht ist, aber wie oft kommt der im Laboratorium Arbeitende in die Lage, dieses zu brauchen, und ich kenne Herren, die sich solche Arbeiten gern und sehr gut machen, ohne besondere Einrichtungen dazu zu besitzen.

Vorher hätte man eigentlich von den Stöpseln sprechen sollen, doch die Schliffe verdienen eine eingehendere Beachtung, darum hatten diese den Vorrang.

Die Stöpsel und Hälse werden genau so behandelt, wie vorher beschrieben, nur ist die Sache leichter, weil es beim Stöpsel nicht darauf ankommt, ob er einen Millimeter tiefer oder weniger tief sitzt, wohl aber beim Hahnstöpsel, dessen Bohrung sich mit der Öffnung des Hahnrohres decken muß, daher sehr viel Erfahrung und Aufmerksamkeit erfordert.

Um die Stöpsel, seien es solche von Abb. 202, 208, 228, 229, 258 und 280 u. dgl., bei der Arbeit halten oder einspannen zu können, kittet man diese am besten in Messingröhren ein, um sie zuletzt nach vollendeter Arbeit in kochendem Wasser wieder abzukitten.

Auch Ventile, wie z. B. Abb. 240, müssen so gehandhabt werden, während Einsätze von der Form ähnlich wie Abb. 240 am sichersten mit der Hand geschliffen werden.

Sind in den bisherigen Ausführungen lediglich primitiv entwickelte Werkzeuge und Arbeitsmethoden zur Verrichtung der Glasschleifarbeiten behandelt worden, so sei hier der Vollständigkeit halber derjenigen Schleifmaschinen und Schleifwerkzeuge gedacht, die durch die Firma Gotthold, Köchert & Söhne im Laufe der verflossenen Jahrzehnte entstanden und verbessert worden sind. Es liegt nicht im Rahmen dieses Buches, diese Werkzeuge und Maschinen alle einzeln zu besprechen und

---
[1] Siehe S. 113.

seien Interessenten auf die betreffenden Preislisten der genannten Firma verwiesen.

Um das Schlechtwerden der Schliffe aller Art durch die Abnützung beim Öffnen und Schließen oder das Festsetzen zu verhindern und einen absoluten Abschluß zu sichern, müssen sie gefettet werden. Es ist aber sehr oft möglich, daß dies nicht der Fall sein darf, da muß man sich dann mit der Quecksilberabdichtung helfen, die schon früher beschrieben wurde.

Im allgemeinen verwendet man als Hahnfett am besten eine Mischung von gleichen Teilen Vaseline und Bienenwachs vollkommener Reinheit, von welchem aber auch nur ein Hauch aufgetragen und verrieben werden soll, nicht aber so viel, daß Bohrung und Hahnrohr damit verschmiert werden. Dieses Fett hat den Vorteil, daß es keine Dämpfe verursacht und auch nicht verharzt. Wenn nach dieser Fettung der eingeriebene Schliff klar und durchsichtig erscheint und keine Rillen und Streifen oder trübe Stellen zeigt, ist man überzeugt, daß derselbe vollkommen schließt. Bei Gefäßen und Apparaten, in denen mit Alkohol, Äther oder anderen fettlöslichen Substanzen gearbeitet werden soll, kann man sich dadurch helfen, daß man die Schliffe mit zerflossenem, dicklichem Phosphorsäure-Anhydrit einreibt. Sehr oft kommt es vor, daß Schliffe, die mit Kalilauge und ähnlichen Substanzen in Berührung kommen, sich festsetzen, und, wenn sie veraltet sind, sich nicht mehr lösen lassen, weil sie sich ganz verkitten und verwachsen.

Wenn dieser Übelstand nicht ganz veraltet ist, hilft sehr leicht ein Erhitzen in kochendem Wasser und vorsichtiges Klopfen mit einem kleinen Holzhammer, dann vorsichtiges Drehen, oder, wo das Erhitzen auf diese Art nicht zulässig ist, hilft man sich, indem man eine Kompresse um die Stelle legt und diese mit heißem Wasser beträufelt. Im äußersten Falle macht man einen passenden Blechring warm und legt ihn um die Stelle und wiederholt dies so oft als nötig, wobei man leicht und vorsichtig öfters an den Stöpsel klopft. Dasselbe Verfahren kann auch bei Standgefäßen angewendet werden, deren Stöpsel festsitzen.

Zu diesen Arbeiten wäre noch das Nachschleifen der Stöpsel in Standgefäßen, wenn selbe nicht gut schließen, zu erwähnen. Dies besorgt man, indem man mit Karborund, Elektrit oder Schmirgel und Wasser mit der Hand drehend, den Stöpsel einschleift, vorausgesetzt, daß er überhaupt paßt und keine größeren Fehler hat. Dann wäre es am besten, einen passenderen zu suchen und ihn einzuschleifen.

Als Kitt bei den schon öfter erwähnten Arbeiten ist es gut, sich überhaupt einige Arten zu bereiten. Zum Kitten der Stöpsel in die Handhaben, der Bohrungen der Hahnstöpsel und zum Halten und Einspannen dient am besten ein Kitt aus zwei Teilen Siegellack und einem Teil Schellack mit wenig Kolophonium. — Außerdem aber ist es gut, sich einen Wachskitt zu machen, der bei der Handwärme schon schmilzt und dennoch gut kittet. Dieser besteht aus drei Teilen Wachs mit einem Teil Kolophonium und ist ein ausgezeichneter Pumpenkitt, der nach der Untersuchung einiger Forscher eine ganz besondere Isolationsfähigkeit besitzen soll, als ein solcher kann auch Kanadabalsam verwendet werden, der aber nicht zu sehr mit Xylol verdünnt sein darf, bei Hochvakuumarbeiten aber wegen der Dämpfe des Xylols nicht verwendet werden kann.

Beim Kitten ist noch ein sehr wichtiger Umstand zu beachten, der in den meisten Fällen gar nicht berücksichtigt wird, weshalb die Kittstellen oft nicht halten. Die zu kittenden Teile müssen alle so angewärmt werden, daß der Kitt an denselben zu haften beginnt und Kitt und Teil gleichwarm sind. Das Anwärmen ist wohl nicht immer leicht vorzunehmen, schon deshalb, weil die Sachen leicht zerspringen, man muß daher die Sachen nicht in der Flamme, sondern auf einer warmen, nicht heißen Metallplatte erwärmen und nicht wärmer machen, als daß der Harzkitt an den erwärmten Teilen leicht zu schmelzen und zu haften beginnt. Im übrigen kann über Kitte und Klebemittel das Buch der chem.-techn. Bibliothek Hartleben, Bd. XXV, sehr empfohlen werden.

Eine weitere Bearbeitung des Glases im kalten Zustande ist das Bohren von Löchern, die aber, wenn irgend tunlich, vermieden werden soll, weil die auf kaltem Wege gemachten Löcher immer eine wunde Stelle bilden, die durch Stoß oder schroffen Temperaturwechsel sehr leicht zerspringt.

Löcher in Glasteile (Platten, Flaschen, Zylinder usw.) zu bohren, bedient man sich bei kleinen Löchern der Stahlbohrer und Diamantbohrer, bei größeren der Messing- oder Kupferröhren.

Die Stahlbohrer zum Anbohren von Glas kann man sich am besten selbst machen, indem man sich eine entsprechend dicke Feile, deren Spitze man abbricht, an der Bruchstelle so anschleift, daß die Spitze eine dreikantige Pyramide darstellt, die recht flach ist. Zuerst schleift man die drei Flächen auf einem Sandstein roh an und verfeinert sie auf einer Schleifscheibe von Karborund (feines Korn) und zuletzt auf einem Ölstein, wobei man darauf sieht, daß die Flächen nicht bucklig sich in scharfen Kanten treffen. Hat man eine Feile nicht zur Hand, so kann man sich aus Stahldraht oder einer Stricknadel, die meist aus Stahl sind, einen Bohrer herstellen, nur muß man, weil diese Nadeln angelassen, d. h. nicht glashart sind, diese erst härten. Zuerst macht man die Spitze der Nadel rotwarm und läßt sie langsam abkühlen, sodann feilt man die Flächen an und bereitet sich Öl oder Quecksilber in einem Gefäße (je mehr, desto besser) vor und sorgt dafür, daß es nicht etwa warm ist. Zum Härten erhitzt man das Ende des Bohrers schön rotwarm, ohne dabei etwa einzelne Stellen heißer werden zu lassen und bringt ihn rasch in das Öl oder Quecksilber, indem man dabei den Bohrer bewegt, um nicht in der Härteflüssigkeit an einer Stelle zu bleiben. Um nun zu sehen, ob die Härtung gelungen ist, versucht man den Bohrer leicht auf einer guten Feile, ob ihn die Feile angreift. Ist dies nicht der Fall, so ist die Härtung gelungen; sieht man aber, daß der Bohrer Feilstriche annimmt, so ist die Härtung schlecht und man muß den Vorgang wiederholen und beachtet genau die oben angegebenen Weisungen. Zeigt sich dann wieder schlechte Härte, so ist eben der Stahl nicht gut. In größeren Städten bekommt man übrigens in den Werkzeughandlungen den sog. Schuhstahl zu kaufen, der in allen Dicken billig zu haben ist und sich sehr gut eignet.

Am besten ist es dann, die Bohrer am anderen Ende so herzurichten, daß man sie in einen Drillbohrer einspannen kann, es ist aber auch ganz gut, besonders bei zarten Sachen, den Bohrer in einem Heft zu befestigen und mit sehr zartem Gefühl mit der Hand zu bohren, wobei der gefährlichste Moment wie bei jedem Bohren der ist, wenn der Bohrer die innere Wand durchbricht, daher die größte Zartheit erfordert.

Als Schmiermittel beim Bohren verwendet man Terpentinöl, wenn zur Verfügung, mit ganz wenig Kampferzusatz, in Ermangelung kann auch Petroleum oder Speiköl verwendet werden.

Soll nun an einer Stelle eines runden Teiles gebohrt werden, wird diese mit einem Messerstrich bezeichnet und mit einer in Terpentinöl getauchten zarten schmalen Feile eine kleine Fläche angefeilt, auf die man nun den Bohrer setzt und mit mäßigem Druck dreht, wobei an Terpentinöl nicht gespart werden darf, das man mit einer Federfahne immer aufträgt. Ist man so weit, daß man schon bald durchkommt, so ist es am besten, was nur bei Glasplatten möglich ist, von der anderen Seite anzubohren, und den Vorteil hat, daß das Loch auf keiner Seite ausgefranst wird.

Auf diese Art des Bohrens können Löcher bis zu 5 mm gemacht werden und spielt die Dicke der zu bohrenden Gegenstände keine Rolle, sondern gerade die dicken Wände gelingen besser, nur geht es langsamer.

Im Gewerbe werden auch in Bohrern gefaßte Diamanten verwendet, wenn es sich darum handelt, rasch und viel zu bohren.

Große Löcher werden am besten gemacht, indem der Größe des Loches genau entsprechend weite Kupfer- und Messingrohre in eine Drehbank gespannt werden und man mit Schmirgel oder Karborund das Loch eigentlich nicht bohrt, sondern schleift. Um dies zu machen, kittet man sich an jene Stelle, wo das Loch werden soll, eine kleine Schablone aus Holz oder Kork mit einem der Messingröhre entsprechenden Loche, das als Führung zu dienen hat. Auch hier ist der Durchbruchsmoment der gefährlichste und muß dabei wieder das Gefühl sehr am Platze sein. Ganz besonders muß darauf gesehen werden, daß immer Schleifmaterial im Überfluß an der Stelle ist, was man am besten erreicht, wenn man mit einem Spatel während des Schleifens viel Wasser und Karborund auf die Schleifstelle aufträgt oder von einem Helfer auftragen läßt.

Mit dieser Methode lassen sich Löcher von jeder Größe schön herstellen, besonders dann, wenn Geschicklichkeit und Geduld dabei mitwirken.

Zum Anbringen von Zeichen, Marken u. dgl. bedient man sich verschiedenerlei Verfahren. In früherer Zeit machte man solche Zeichen mit dem Diamanten, der in geeigneter Fassung als Schreibdiamant in Verwendung kam. Diese Art hatte aber Fehler, und zwar die, daß die gemachten Züge nicht scharf begrenzt, sondern ausgefranst waren, und wenn Spannungen im Glase vorhanden waren, diese auslösten und ein Zerspringen verursachten, ganz besonders bei schroffem Temperaturwechsel. Der Fortschritt brachte andere Mittel, von denen für die Glasbläserei besonders das Ätzen, das Gravieren und der Sandstrahl in Betracht kommen.

Das Ätzen des Glases umfaßt ein großes Gebiet, es soll daher zuerst dasselbe in seiner gewöhnlichen Anwendung zur Behandlung gelangen. Die zum Ätzen verwendeten Substanzen, die das Glas angreifen bzw. lösen oder zersetzen, sind die Fluorwasserstoffsäure, in der Technik Flußsäure genannt, und die chemischen Verbindungen derselben. Es muß daher zu dieser Arbeit auch eine Substanz angewendet werden, mit der jene Stellen, die nicht geätzt werden sollen, geschützt werden, die man den Ätzgrund nennt.

Die Ätzerei kann je nach ihrer Feinheit und je nach der Genauigkeit der Teilungen und Marken verschieden ausgeführt werden, ich werde daher erst die für gewöhnlich in Betracht kommenden Ätzmittel vornehmen.

Um Zeichen und Marken auf Glas anzubringen, kann man sich der Ätztinte, die man mit der Stahlfeder auftragen kann, bedienen, nur müssen die Stellen, welche beschrieben werden sollen, absolut fettfrei und rein sein, was man erreicht, wenn man mit Äther und Alkohol sorgfältig reinigt.

Ätztinte stellt man wie folgt her:

1. In einem Blei- oder Hartgummitiegel oder in einem Stück Paraffin, das man aushöhlt, mischt man

10 g Fluornatrium,
1,5 g Kochsalz,
1,5 g Soda mit
4 g konzentrierter Flußsäure,

dann fügt man dazu

2 g konzentrierter Schwefelsäure,

wobei man nochmals gut mischt. Dann setzt man

0,5 g Fluorkalium

zu, welches in 1 g Salzsäure nochmals gut gemischt wird, und kann sodann die Ätztinte gebraucht werden.

2. Zwei Teile Zinkchlorid und neun Teile konzentrierter Salpetersäure werden mit ca. 70 Teilen Wasser gemischt und erhält man dadurch eine Ätztinte.

Um besser arbeiten zu können, kann man den beiden Tinten etwas Tusche zusetzen, weil dadurch die Züge beim Schreiben besser sichtbar sind. Diese Tinten lassen sich jedoch nicht aufheben und muß man sich immer nur soviel davon machen, als man braucht. Die Striche und Züge mit diesen Tinten sind wohl gut zu sehen, aber es lassen sich Haar- und Schattenstriche nur sehr schwer ausführen, man kann daher nur Zeichen und Aufschriften machen, die wohl Sicherheit, nicht aber auch Schönheit bieten. Nach dem Schreiben läßt man die Sachen einige Zeit, bis zu 24 Stunden, stehen, und wäscht dann gut ab.

Wenn man dem Rezept 1 so viel konzentriertes Wasserglas zusetzt, daß es eine ölige Konsistenz bekommt, kann man diese Masse auf feinen Filz auftragen und mit dem Gummistempel ätzen, man darf aber erst nach 24stündigem Stehen abwaschen.

Ein anderes Ätzen mit dem Gummistempel besteht darin, daß man Dicköl auf einer Glasplatte verreibt und diese als Stempelkissen benützt, die Stempel eintaucht und auf das Glas drückt. Sodann stäubt man die gedruckten Stellen mit einem Pulver von

10 Teilen Fluorammonium,
2 Teilen Kochsalz und
1 Teil Soda,

welches in der Reibschale tüchtig verrieben wurde, mit einem Pinsel ein, setzt es dem Wasserdampfe aus und läßt es 20—24 Stunden stehen, worauf es abgewaschen werden kann.

Anschließend wäre noch das **Mattätzen der Platten** und der **Schildchen** an Bechern und Kolben zu erwähnen, wozu aber schon Ätzgrund nötig ist, als welcher in der Glasbläserei Bienenwachs verwendet wird.

Als Mattätzsäuren verwendet man folgende Mischungen, die man am besten in Blei- oder Gummischalen oder in mit Paraffin ausgegossenen Glasgefäßen bereiten kann.

1. Rezept für feines Matt:
    Lösung I 250 Teile Fluorkalium in 500 Teilen Wasser,
    Lösung II 200 Teile Kaliumsulfat in 500 Teilen Wasser,
        und 250 g Salzsäure.

Diese beiden Lösungen sind vor dem Gebrauche zu mischen.

2. Rezept für dunkles Matt:
    500 Teile Fluorammonium,
    50 Teile Ammoniumsulfat,
    100 Teile konzentrierte Schwefelsäure in
    500 Teilen Wasser gelöst, und je nach dem zu erzielenden Ton
    10—100 Teile Flußsäure zugesetzt und gut gemischt.

Um mit diesen beiden Lösungen zu ätzen, versieht man die Platten, nachdem sie vorher gut gereinigt wurden, an den Rändern mit ca. 5 mm hohen Rändern aus Wachs, indem man sich aus demselben Würstchen formt und an den Rändern festklebt. Diese Ränder müssen aber ganz dicht mit dem Glasrand und untereinander verbunden sein, so daß aus der Platte ein kleiner Trog gebildet wird. Die Platte lagert man dann horizontal und gießt die Mattätze auf derselben aus, läßt sie einige Stunden wirken und wäscht dann gut ab und sieht, ob der gewünschte Ton vorhanden ist. Genügt dieser noch nicht, so wiederholt man die Behandlung. Auf diese Art lassen sich die Mattscheiben für die Kamera sehr schön herstellen, nur muß man die Platten etwas größer nehmen und sie sich dann auf die nötige Größe schneiden. Auch Schildchen, wie sie für Notizen auf Bechergläsern und Kochkolben uw. angebracht sind, macht man auf diese Art, indem man die zu mattierende Fläche mit Wachs abgrenzt.

Genaue und feine Marken und Teilungen können nur mit Flußsäure geätzt werden und fordern schon einige Übung. Über die Bestimmung und das Ausmessen und -wiegen und -teilen der maßanalytischen Gefäße handelt ein späteres Kapitel, an dieser Stelle aber soll das Ätzen erklärt werden.

Zum Ätzen mit Flußsäure muß der ganze Teil bzw. Gegenstand mit Wachs überzogen werden, indem man Wachs in einem Gefäße bei sehr schwachem Feuer erwärmt und dasselbe ziemlich heiß mit einem Pinsel ganz gleichmäßig aufträgt, ohne den Gegenstand, auf den es aufgetragen wird, zu erwärmen. Man hat darauf zu sehen, daß die Wachsschicht überall gleichdick ist, keine Bläschen zeigt oder gar bloße Stellen, welche vorsichtig mit dem Pinsel zu decken sind.

Die zu ätzenden Striche oder Zahlen werden mit einer Graviernadel oder einer in Holz gefaßten Nähnadel eingraviert und darauf gesehen, daß die Nadel die Wachsschicht sicher durchbrochen hat und die Glasfläche klarliegt, was man mit der Lupe ganz gut kontrollieren kann. Nun wird vor dem Ätzen der ganze Gegenstand nochmals gründlich untersucht, ob nicht etwa die Wachsschicht verletzt oder irgendein Fehlstrich oder Fehler vorhanden ist. Diese kleinen Fehler werden am besten mit einem warmen Metallgegenstand (Auftreiber) überfahren, besser gesagt verbügelt.

In diesem Zustande ist der Gegenstand zum Ätzen bereit. Das Ätzen soll nun in einem Abzug oder in einem sehr luftigen Raume geschehen, weil die Dämpfe der Flußsäure giftig sind und die ganze Umgebung gefährden, aber auch die Finger und Hände dürfen nicht von der Säure beschmutzt werden. Ebenso kann die Flußsäure nur in Hartgummi oder Bleiflaschen aufbewahrt werden, für deren Abschluß gut gesorgt werden muß, was am besten dadurch geschieht, daß man den Stöpsel der Flasche mit Wachs verklebt. Das Ätzen geschieht, indem man sich eine kleine Menge Flußsäure in eine Gummi- oder Bleischale gießt und sie von dieser mit einem Pinsel auf die zu ätzenden Stellen gleichmäßig aufträgt, was man in Abständen von 1—2 Minuten wiederholt. In 6—10 Minuten ist meist schon die Ätzung vollendet, worauf der Gegenstand sehr gut abgewaschen wird, wozu sich fließendes Wasser am besten eignet. Nach dem Trocknen wird die Wachsschicht mit einem weichen Messer sachte abgekratzt, um das Wachs zu sammeln und wieder verwenden zu können und weiter mit einem Lappen und Terpentinöl abgerieben. Diese letztere Reinigung kann man auch so vornehmen, daß man den Gegenstand, wenn zulässig, etwas anwärmt und mit einem Lappen das Wachs abwischt, damit erspart man die Arbeit mit dem Terpentinöl. Die erreichte Ätzung ist eine Tiefätzung und erscheint weiß matt. Man kann nun die Stellen mit einem beliebigen Farbstoff ausfüllen, so daß die Stellen sehr hübsch und kräftig erscheinen. Zu diesem Zwecke muß man die Striche und geätzten Stellen von den in ihren Tiefen befindlichen Salzen, die sich beim Ätzvorgang gebildet haben, reinigen, was durch leichtes und vorsichtiges Auskratzen mit der Nadel geschieht.

Sodann wird mit einer Ölfarbe eingerieben, einige Stunden trocknen gelassen und dann mit derselben Farbe in trockener Pulverform (weiß — Bleiweiß, rot — Zinnober, schwarz — Lampenruß) abgerieben und mit Leinenlappen abgewischt, womit der Gegenstand fertig geworden ist.

Sehr zu empfehlen ist es, daß man, bevor man die Arbeit ätzt, sich zuerst irgendein Stück Glasrohr derselben Beschaffenheit, wie die Arbeit, mit Wachs überzieht und einige Striche zur Probe ätzt, um zu sehen, wie lange man (nach Minuten) zu ätzen hat, was ja je nach der Beschaffenheit und Konzentration der Flußsäure verschieden ist. Wegen der Gefährlichkeit der Flußsäure ist die Anwendung von Gummihandschuhen oder Fingerlingen auf das wärmste zu empfehlen. Das zum Ätzen gebrauchte oder wieder gewonnene Wachs ist nur dann wieder gebrauchsfähig, wenn es geschmolzen und lange bei gelinder Flamme erhitzt worden und alles Wasser aus demselben verdampft ist, was man daraus erkennt, daß das Schäumen des geschmolzenen Wachses aufgehört hat.

Ein anderes Verfahren, das nicht unerwähnt bleiben soll, ist das Gravieren des Glases, das eigentlich als solches ein eigenes und sehr ausgebreitetes Kunstgewerbe ist.

Dieses Gravieren des Glases geschieht auf einer Drehbank mit Kupferscheibchen und Schmirgel, es ist also ein Vorgang des Schleifens, aber gewiß kein gewöhnlicher.

Um Marken, Striche usw. auf diese Art zu machen, bringt man die Stelle an den unteren Rand des sich drehenden und mit Schmirgelbrei versehenen Scheibchens und fährt langsam durch, wodurch ein matter Strich entsteht, den man durch Drehen oder Schieben des Gegenstandes verlängert, indem man immer neue Stellen unter das Scheibchen bringt. Wenn man eine Drehbank zur Verfügung hat, lohnt es sich oft auch, diese Methode anzuwenden und sich mit ihr vertraut zu machen.

Eine weitere Methode, das Glas zu mattieren, ist der Sandstrahl[1], die darin besteht, daß man Sand, Glaspulver, Schmirgel oder dgl. in einen Luftstrom von großer Geschwindigkeit bringt und aus einer Düse austreten läßt. Dieser Sandstrahl wird auf die zu mattierende Fläche geleitet, wodurch die aufgeworfenen Sandteilchen die Oberfläche anrauhen, d. h. kleine Teilchen ausbrechen.

Das Korn der rauhen Fläche kann nach der Feinheit des Sandes geregelt werden, ebenso können jene Stellen, die blank bleiben sollen, leicht abgedeckt werden, und man kann auf diese Art die schönsten Vignetten, Verzierungen usw. ,,blasen". Die Eigenschaft des Sandstrahles, daß elastische oder weiche Körper nur gering angerauht werden, gibt die Möglichkeit, daß man durch Anlegen von Schablonen aus Gummipapier, Zinkblech u. dgl. diese Art des Anbringens von Zeichnungen leicht ausführen kann. Ebenso lassen sich ganze Flächen auf diese Art mattieren. Allerdings benötigt man zu dieser Arbeit eine für diesen Zweck konstruierte Maschine, ich glaubte aber doch über das Verfahren sprechen zu müssen, um nicht eine Lücke entstehen zu lassen. Mit diesen Abhandlungen und Anleitungen glaube ich das Gebiet des Glasblasens so ziemlich erörtert zu haben, und nun sollen im zweiten Teil die besonderen Abschnitte unter Mitarbeit meiner Söhne an die Reihe kommen, wobei ich aufs neue bemerke, daß diese Gebiete nur vom glastechnischen Standpunkte behandelt werden sollen.

Eine für den Glasbläser, wie für das Arbeiten im Laboratorium sehr wichtige Arbeit ist die Herstellung von Spiegeln, d. i. das Versilbern von Glasflächen und Glasformen aller Art.

Über diese Arbeit, die man auch ,,verspiegeln" nennt, findet man in der Literatur eine ganze Anzahl von Verfahren, die sich nicht allein auf die Herstellung von Silberspiegeln, sondern auch auf solche von Platin, Gold und Nickel beziehen.

Der am meisten gebrauchte ist der Silberspiegel und ich möchte daher ein mir geläufiges Verfahren anführen.

---

[1] Hartlebens chem.-techn. Bibliothek, Bd. XC.

Die erste und nicht genug zu betonende Bedingung bei dieser Arbeit ist die Beobachtung größter Reinlichkeit und Genauigkeit, sowohl bei der Herstellung der Lösungen wie auch bei der Behandlung der zu versilbernden Gegenstände, schon die geringste Außerachtlassung führt zum Mißerfolg. Zur Reinigung bei dieser Arbeit ist am besten Chromschwefelsäure (siehe vorne), wenn nötig im warmen Zustande zu empfehlen.

Das am meisten und erfolgreich angewendete Verfahren ist das nach Böttcher, welches den Vorteil hat, daß man die in demselben notwendigen Lösungen I und II getrennt und monatelang aufbewahren kann und jederzeit in der Lage ist in kurzer Zeit die besten Spiegel herstellen zu können. Die Lösungen müssen jedoch im Dunkeln, am besten noch in braunen Flaschen mit Glasstöpsel aufbewahrt werden, wo sie sich oft auch ein Jahr lang halten.

Wie erwähnt sind zu diesem Verfahren zwei Lösungen notwendig, die wie folgt hergestellt werden und erst bei Gebrauch gemischt werden dürfen.

Lösung I:

10 g Silbernitrat (Argentum nitr.) werden in ca. 500 cm^3 destilliertem Wasser gelöst und dann mit soviel verdünnter Ammoniakflüssigkeit tropfenweise versetzt, bis der dadurch entstandene Niederschlag beim Umrühren vollständig verschwunden ist. Diese Lösung wird filtriert und dann auf 1000 cm^3 mit destilliertem Wasser aufgefüllt.

Lösung II:

2 g Silbernitrat werden in 1 Liter kochendem destillierten Wasser, am besten in einem Becherglas, gelöst und nach Lösung des Silbernitrates 1,66 g Seingnettsalz (weinsaures Kalinatron) zugesetzt. Dies wird so lange gerührt, bis der entstandene Niederschlag eine graue Farbe zeigt, worauf die Lösung noch heiß filtriert wird.

Am besten ist es diese Lösungen im Dunkeln bei künstlichem Lichte zu machen, um sie dann in braunen Flaschen jede separat aufzubewahren, wodurch sie monatelang gebrauchsfähig erhalten werden können.

Der Vorgang beim Versilbern ist nun folgender:

Die zu versilbernden Sachen müssen, wie schon erwähnt, auf das sorgfältigste gereinigt, nicht abgewischt, sondern nur gut abgespült und nicht mit den Fingern berührt worden sein.

Kleine Plättchen, Uhrgläser oder flache Gegenstände legt man in flache Schalen und übergießt mit der Mischung von gleichen Teilen der Lösungen I und II.

In ganz kurzer Zeit, besonders bei einer Temperatur von 60—70° C, scheidet sich auf den Flächen das Silber aus. Wenn dies vollständig geschehen ist, spült man die Sachen gründlich ab und läßt sie gut trocknen. Nun sind diese auf beiden Seiten mit Silber belegt, man sieht jetzt, ob der Spiegel dicht genug ist. Ist dies nicht der Fall, so wiederholt man auf die eben gewonnene Schichte die Versilberung, wodurch die Schichte dann gewiß dichter geworden sein wird. Die gut getrocknete Platte oder dgl. wird auf jener Seite, die den schöneren Niederschlag zeigt, mit einem guten Lack überzogen. Wenn dieser vollständig getrocknet ist, wird die andere Seite mit verdünnter Salpetersäure mit einem Wattebausch abgewaschen, wodurch die Silberschichte entfernt wird.

Bei großen flachen Platten u. dgl. macht man am Rande derselben einen kleinen niederen Rand aus Wachs und gießt die vorher gemischten Lösungen I und II auf der Platte aus, worauf die Verspiegelung nur auf dieser Seite erfolgt. Es muß dann wieder sehr gespült und nach vollständiger Trocknung mit gutem Lack überzogen werden.

Bei der Versilberung von Hohlkörpern wie Kolben, Kugeln, Zylindern usw. wird das Gemisch der Lösungen I und II nach vorheriger Reinigung eingegossen und nach erfolgter Ausscheidung des Silbers entleert und **gut und ordentlich** ausgespült. Sollte die Spiegelschichte nicht dicht genug geworden sein, so kann man das Versilbern wiederholen.

Will man den Silberbelag dauerhaft haben, so kann man auf die Silberschichte noch galvanisch eine Metallschichte niederschlagen, wozu sich Kupfer am besten eignet. Diese Metallschichte darf nicht zu grob und nicht zu dick sein, weil sie sich sonst samt der Silberschichte abschält.

Es gibt, wie erwähnt, noch eine große Anzahl von diesen Verfahren zur Verspiegelung, von welchen man eine ganze Anzahl in Dr. E. v. Angerer, Kunstgriffe, Sammlung Vieweg, Heft 71 findet.

II. Die Anfertigung der Apparate und Glasinstrumente.

A. Die Aräometer, Pyknometer und Aräopyknometer.

I. Aräometer.

Das Aräometer ist ein Instrument zur Bestimmung des spezifischen Gewichtes der Flüssigkeiten. Die Bezeichnung stammt aus dem Griechischen und heißt ,,Flüssigkeitsmesser", man nennt es aber auch Schwimmwaage oder Senkwaage. Es ist ein Glasinstrument, und dies schon deshalb, damit es sich an seiner Oberfläche und in seinem Rauminhalt nicht ändern kann durch Oxydation oder Lösung, weil es in allen Flüssigkeiten verwendet unverändert bleiben muß. In früherer Zeit hatte man, in dem Glauben, die zerbrechlichen, gläsernen Aräometer zu umgehen, solche aus Metall, und zwar aus Messing, gemacht. Diese Aräometer aus Metall waren zwar unzerbrechlich und bedeutend teurer, konnten sich aber nicht einführen, weil sie mit der Zeit an ihrer Außenfläche oxydierten und das Volumen sich änderte. Gegen die Unzerbrechlichkeit sprach der Umstand, daß wenn das Aräometer durch Fall oder Stoß eine ,,Delle", d. h. eine Einbuchtung, erhielt, sich sein Volumen sehr stark veränderte, es daher nicht mehr richtig zeigte und dabei nicht mehr zu reparieren war, weil es hätte aufgelötet werden müssen, der Verlust war also gleichbedeutend mit dem Brechen des gläsernen Aräometers. Auf einem besonderen Spezialgebiet haben sich allerdings die Metallaräometer bis heute nicht ganz verdrängen lassen; in der Seeschiffahrt. Die zur Messung des Salzgehaltes im Seewasser notwendigen Salinometer werden neben solchen aus Glas mindestens in derselben Menge aus Neusilber hergestellt. Um diese gegen Stoß- und Druckverletzungen möglichst zu schützen, werden sie so gebaut, daß die Form des Körpers nicht kugelförmig ist sondern einen Doppelkegel bildet, an dessen einer Spitze die Spindel, welche quadratischen Querschnitt besitzt, hart angelötet wird, an der anderen der zwar enge aber massive Hals mit der abschraubbaren Belastungskugel. Wenn diese Aräometer aber nicht sehr sauber gehalten werden, sind sie bald recht unansehnlich und ungenau.

Das Aräometer hat den Zweck, die Dichte oder, was dasselbe bedeutet, das spezifische Gewicht von Flüssigkeiten bestimmen zu können. Das spezifische Gewicht einer Flüssigkeit (im allgemeinen jedes Körpers) ist die Zahl, welche angibt, wievielmal ein gleicher Raumteil Flüssigkeit schwerer oder leichter als ein gleicher Raumteil Wasser ist.

Das Aräometer ist auf dem archimedischen Grundsatze aufgebaut, daß ein in Flüssigkeit getauchter Körper soviel von seinem Gewichte verliert, als die von ihm verdrängte Flüssigkeitsmenge wiegt. Soll daher das Aräometer in einer Flüssigkeit bis zu einem bestimmten Punkte eintauchen und schwimmen, so muß das Volumen des Aräometers bis zum eingetauchten Punkte so groß sein, daß es soviel Flüssigkeit verdrängt, als das ganze Aräometer wiegt. Das Schwimmen des Aräometers in der Flüssigkeit muß lotrecht sein, und es soll sich nicht legen, wie der Fachausdruck heißt. Dies erreicht man dadurch, daß das Aräometer aus dünnwandigen Glasröhren gemacht sein muß, was besonders in der Spindel oder dem sog. Stengel zum Ausdruck kommen soll. Weiter muß das Aräometer entsprechend lang sein und darauf gesehen werden, daß sein Schwerpunkt im unteren Drittel seiner Höhe bzw. Länge und in deren Achse zu liegen kommt.

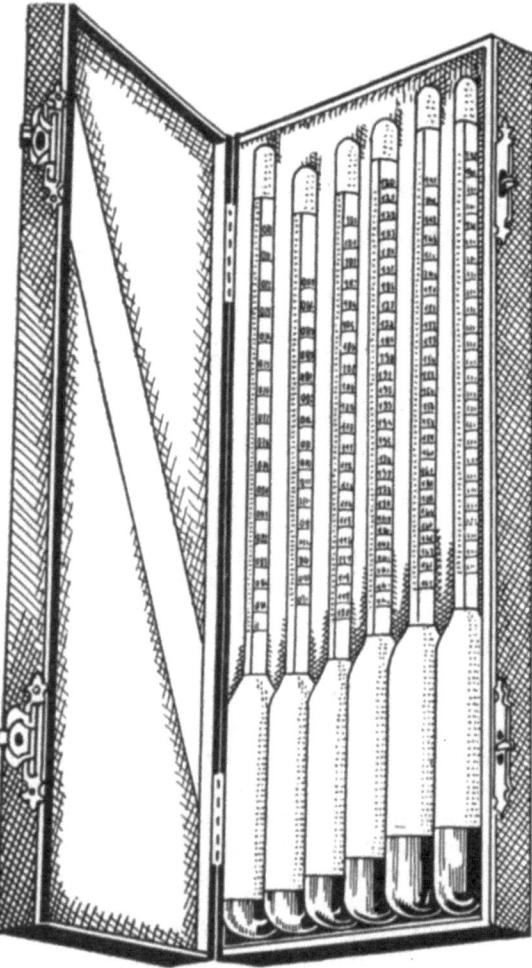

Abb. 294. Aräometer-Satz.

Die mit dem Aräometer zu bestimmenden spezifischen Gewichte oder Dichten der Flüssigkeiten bewegen sich zwischen 0,660 und 1,848, d. i. Petroläther und konzentrierte Schwefelsäure. Für diesen Meßbereich auf einer Skala lassen sich wohl Aräometer herstellen, doch ist ihre Empfindlichkeit und Ablesbarkeit eine äußerst geringe, so daß man sie nur als Such- oder Orientierungsspindeln in einem Satze von Aräometern gebrauchen kann, wovon später die Sprache sein soll. Der oben angeführte Dichtigkeitsumfang ist die Regel, jedoch werden, wenn auch in seltenen Fällen, Aräometer für größere Dichten als die der konzentrierten Schwefelsäure gebraucht,

z. B. für sehr dichte Lösungen einiger Metallchloride, -chlorüre und -nitrate, deren spezifische Gewichte zum Teil bis an 3,000 herankommen.

Um die Aräometer handlicher zu gestalten, hat man sie in zwei Gruppen geteilt, wovon die eine die Instrumente enthält, welche zur Bestimmung der Dichten von Flüssigkeiten, die schwerer als Wasser sind, enthalten, während die andere jene umfaßt, die für Flüssigkeiten leichter als Wasser verwendet werden. Eine weitere Einteilung wurde noch in beiden Gruppen mit besonderer Berücksichtigung der Empfindlichkeit und Genauigkeit getroffen, indem man für die Bestimmungen der Dichten bis zur vierten Dezimale die Aräometer so konstruierte, daß jedes einzelne nur einen kleinen Meßbereich hatte, der auf eine möglichst lange Spindel verlegt wurde; man verfertigte daher eine ganze Serie, oder technisch ausgedrückt einen Satz von Aräometern aus 6, 10 und auch 20 Aräometern, Spindeln genannt, bestehend, und teilte diese wie folgt ein:

Wir beginnen mit der feinsten Zusammenstellung von 20 Spindeln, denen jene von 10 und 6 Abb. 294 folgen sollen.

Aräometer-Satz mit 20 Spindeln.

Spindel	Skalenumfang	Spindel	Skalenumfang	Spindel	Skalenumfang
1	0,650—0,720	8	1,120—1,180	15	1,540—1,600
2	0,720—0,790	9	1,180—1,240	16	1,600—1,660
3	0,790—0,850	10	1,240—1,300	17	1,660—1,720
4	0,850—0,925	11	1,300—1,360	18	1,720—1,780
5	0,925—1,000	12	1,360—1,420	19	1,780—1,840
6	1,000—1,060	13	1,420—1,480	20	1,840—1,950
7	1,060—1,120	14	1,480—1,540		

Mit 10 Spindeln.

Spindel	Skalenumfang	Spindel	Skalenumfang	Spindel	Skalenumfang
1	0,650—0,750	5	1,000—1,150	8	1,450—1,600
2	0,750—0,800	6	1,150—1,300	9	1,600—1,800
3	0,800—0,950	7	1,300—1,450	10	1,800—2,000
4	0,950—1,000				

Mit 6 Spindeln.

Spindel	Skalenumfang	Spindel	Skalenumfang	Spindel	Skalenumfang
1	0,650—0,800	3	1,000—1,250	5	1,500—1,750
2	0,800—1,000	4	1,250—1,500	6	1,750—2,000

Diesen Aräometersätzen ist immer eine Orientierungsspindel, Abb. 295, beigegeben, die schon vorn genannt wurde.

Da die Temperatur die Dichte der Flüssigkeit beeinflußt, müssen die Bestimmungen mit dem Aräometer bei einer bestimmten Temperatur erfolgen, die auf dem Instrumente angegeben sein muß und meistens $+15^0$ C beträgt; im Brauwesen und in der Zuckerfabrikation beträgt sie $+14^0$ R. Seit einiger Zeit gewinnt ein Vorschlag des Normenausschusses im Verein deutscher Chemiker, die Justierungstemperatur aller

Instrumente und Geräte, also auch der Aräometer auf +20°C festzusetzen, immer mehr an Boden.

Zur Beobachtung der Temperatur ist daher diesen Sätzen ein Thermometer beigegeben und oft auch ein solches mit dem Aräometer vereinigt, welches dann in der Praxis als Aräometer mit Thermometer bezeichnet wird.

In der Technik und den Gewerben werden diese Aräometer je nach dem besonderen Zwecke, dem sie dienen sollen, gemacht und sind so eingerichtet, daß sie den dem spezifischen Gewichte entsprechenden Prozentgehalt an bestimmten Substanzen oder gelösten Bestandteilen anzeigen und dadurch den Wert, wie z. B. den Gehalt an absolutem Alkohol im Spiritus, den Salzgehalt von Lösungen usw. zum Ausdrucke bringen.

Diese Art der Aräometer nennt man Prozentaräometer und finden sie als: Alkoholometer, Saccharometer, Galaktometer, Laktodensimeter, Essig-, Laugen-, Zucker-, Most- und Weinwaagen Gebrauch. Eine besondere Art von Aräometern bilden die Aräometer nach Baumé, Beck, Brix, Cartier und v. a., deren Skalenteile aber willkürliche sind und Grade genannt werden, nach welchen man erst aus Tabellen das spezifische Gewicht oder den Prozentgehalt suchen muß.

Bevor auf die eigentliche Herstellung der Aräometer eingegangen werden soll, wird es sich empfehlen, eine Übersicht über die gebräuchlichsten dieser Instrumente zu machen, nach welcher dann später die Erklärungen vorgenommen werden sollen.

Die Aräometer für wissenschaftlichen Gebrauch sind schon vorne Abb. 294 und 295 erwähnt, es kommen jetzt diejenigen zur Anführung, die im Gewerbe, in der Technik, Industrie und im Handel notwendig sind und sich wie folgt einteilen lassen:

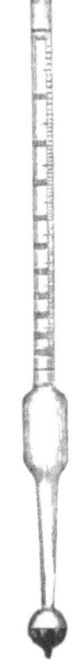

Abb. 295. Orientierungsspindel für einen Aräometersatz.

Alkoholometer für Volumprozente Alkohol, geeicht und ungeeicht, mit und ohne Thermometer, 0—100, 5—70, 65—100% und in kleiner Ausführung als Branntweinwaagen.

Saccharometer für Bierwürze, für Zuckerprozente von 0—24%, geeicht und ungeeicht, mit und ohne Thermometer. Nach Balling, Kaiser und Baumé.

Lactodensimeter und Galaktometer zur Untersuchung der Milch nach Quevenne, Soxhlet und die österreichische Milchwaage.

Essigprober nach Prozenten und Essigwaage, gewöhnliche Form.

Laugen-, Lohbrühen-, Most-, Wein- und Zuckerwaagen.

Aräometer für Flüssigkeiten leichter als Wasser, d. s.: Gasöle (Benzine), Ligroin und Petroleumäther, und die schon angeführten Alkoholometer.

Aräometer für schwerer als Wasser, das sind Lösungen von Salzen und Säuren.

Das Material zur Herstellung der Aräometer ist vor allem Glas in

Form von Röhren, die ziemlich schwachwandig sein müssen. Von diesen sind es die Zylinderröhren aller Weiten, die Röhren für die Stengel, die oft, besonders bei den leichten Aräometern, sehr schwach im Glase sein müssen, um die Stabilität des Aräometers zu sichern. Für die Aräometer mit Thermometer sind dann Thermometerröhren notwendig.

Die neue deutsche Eichordnung, welche am 1. April 1930 in Kraft getreten ist, schreibt vor, daß eichfähige Aräometer aus einem Glase gefertigt sein müssen, welches mindestens der dritten hydrolytischen Klasse nach Mylius angehört, wie zum Beispiel das Jenaer, Schübel- und „Fischer-Primaglas".

Das Papier für die Skalen soll leicht, nicht zu stark und so beschaffen sein, daß es nicht leicht bricht und nicht gelb wird. Es ist dies das aus Hadern hergestellte, gut geleimte und satinierte, nicht zu dicke Papier.

Als Belastungsmaterial sind Bleischrotte oder Quecksilber allen anderen vorzuziehen. Die Schrotte sollen kleinster Körnung sein, zwischen Nr. 18—22, um beim Abwiegen damit leicht arbeiten und kleine Abstufungen im Gewichte vornehmen zu können. Bei den Aräometern mit Thermometern ist es am besten, das Instrument so zu blasen, daß es außer dem Quecksilbergefäße des Thermometers keine andere Belastung braucht, was man als „Gewichtfrei" bezeichnet; ist dies nicht möglich, so kann man bei diesen Instrumenten an dem Quecksilbergefäße noch eine kleine Kugel[1] anbringen, welche zur Aufnahme des noch fehlenden Gewichtes dient.

Wie schon vorn erwähnt, ist die Form und Gestalt des Aräometers so zu wählen, daß sein Schwerpunkt in seiner Längsachse und ziemlich tief liegt, so daß das Aräometer, wenn es bis zum untersten Punkt der Skala einsinkt, noch immer lotrecht schwimmt, selbst wenn dieser Punkt ungefähr in die Mitte der Längsache zu liegen kommt.

Das Aräometer mit Ausnahme jenes nach Meißner (Abb. 307 und 313) und des Volumeters nach Gay-Lussac, die nur aus einer einfachen geschlossenen Stengelröhre bestehen, besteht aus seinem Körper und dem Stengel, die zueinander in bezug auf Durchmesser und Rauminhalt in einem genau bestimmten Verhältnisse stehen müssen. Dieses Verhältnis bedingt die Empfindlichkeit des Instrumentes, so daß, je größer diese sein soll, ein desto größerer Körper und engerer Stengel notwendig ist. Um diese Empfindlichkeit zu steigern, werden an den Aräometern sehr oft Stengel angebracht, deren Querschnitt oval ist und die flache Stengel genannt werden.

Die Herstellung des Aräometers wird im Berufe kurzweg das „Blasen" desselben genannt. Für diese Arbeit dient entweder ein fertiges Aräometer als Muster, oder in Ermangelung eines solchen muß die Form und Dimension erst festgestellt werden, indem man im Vergleiche mit einem ähnlichen Aräometer ein Muster bläst und dieses provisorisch prüft, ob es den Anforderungen entspricht.

Beim Blasen des Aräometerkörpers zieht man sich zuerst das für diesen notwendige Zylinderrohr ab, setzt den Stengel an und bläst dann unten die Kugel für das Gewicht, die bei der Belastung mit Quecksilber nicht sehr groß zu sein braucht.

---

[1] Siehe Abschnitt H.

126 Die Anfertigung der Apparate und Glasinstrumente.

Diesen Raum für sich abgeschlossen zu machen, empfiehlt sich sehr, weil vom Gewichte nichts verlorengehen und sich nichts ändern kann[1].

Bei Aräometern mit Thermometern wird der Körper von dem letzteren gebildet und wird als „Unterteil" bezeichnet, auf welches, wenn die Thermometerskala eingeführt, abgestellt und angekittet ist, erst der Stengel aufgesetzt wird.

Wenn das Aräometer geblasen ist, ist die Arbeit des Glasbläsers zu Ende und es kommt jetzt zum Fertigmachen oder Justieren[2].

Zur Orientierung bei der Anfertigung der Aräometer bezüglich deren Körper, also zum „Blasen" derselben, sollen nach der vorn angegebenen Einteilung die Formen und Dimensionen der einzelnen Instrumente besprochen werden.

Als Normale und Muster können die Sätze der Aräometer, welche auch vorn erwähnt sind, gelten und soll ein solcher Satz in keiner Werkstätte fehlen, denn mit diesem allein ist man imstande, allen Anforderungen gerecht zu werden, wenn man sich dazu noch der Tabellen von Hoffmann-Richter[3] bedient, in welchen alle erforderlichen Umrechnungen zu finden sind. Ganz neu für diesen Zweck ist das Buch der Aräometrie[4] bestens zu empfehlen.

Als Aräometer zur Orientierung und zu rohen Bestimmungen dient in der Werkstätte das auch schon angeführte Aräometer, Abb. 295, dessen Gesamtlänge nicht unter 60 cm sein darf. Die Weite des Stengels beträgt ca. 20 mm und der Punkt 2,000 darf nicht unter der Mitte des Instrumentes liegen, damit es gerade schwimmt.

Die Anfertigung eines Alkoholometers, die fast immer mit Thermometer, Abb. 296 erfolgt, beginnt mit dem Blasen des Unterteiles. Diese Anfertigung kann aus den Entwicklungsreihen, Abb. 359—367, ersehen werden, wobei Abb. 367 das zum Justieren fertige Unterteil zeigt. Die Weite dieses Unterteiles beträgt 18—20 mm, dessen Länge von der Kugel bis zum Stengel 19—20 cm. Die Länge des Stengels beträgt 25—26 cm und die Weite desselben bei einem Instrumente von 0—100% ca. 8 mm, bei 5—70 ca. 5,5 mm, und bei 65—100% ca. 6 mm. Die Teilung ist beim ersten Instrumente in ganze, beim zweiten in halbe und beim dritten in $1/5$%, die beiden letzten sind eichfähig. — Das Thermometer im Körper trägt die Einteilung von —10 bis +30° nach Réaumur und die Normaltemperatur ist mit 12° R durch einen roten Strich markiert. Zur Hantierung für den Laien und auch der Billigkeit halber macht man diese Alkoholometer auch ohne Thermometer, Abb. 297; diese kursieren als Branntweinwaagen. Im Handel mit Spiritus dürfen nur geeichte Alkoholometer gebraucht werden und wirken deren Anzeigen preisbestimmend. Nachdem die Temperatur beim Alkohol eine besondere

Abb. 296.
Alkoholometer mit Thermometer.

---
[1] Siehe Abschnitt H.   [2] Siehe Abschnitt H.
[3] Berlin: Julius Springer.   [4] Berlin: Julius Springer.

Rolle spielt, ist jedem Instrumente eine amtliche Reduktionstabelle beigegeben, um daraus den wahren Gehalt finden zu können.

Zur Bestimmung und Untersuchung der Bierwürze, die Besteuerung betreffend, wird das Saccharometer, Abb. 304, verwendet. Dieses besteht aus dem Unterteile, wie beim Alkoholometer, nur mit dem Unterschiede, daß es mindestens 20 mm weit ist und bei derselben Länge einen Stengel von 6 mm Weite trägt, der auch wieder 25—26 cm lang ist. Die Einteilung des Thermometers im Körper reicht von 0—25° R und trägt bei der

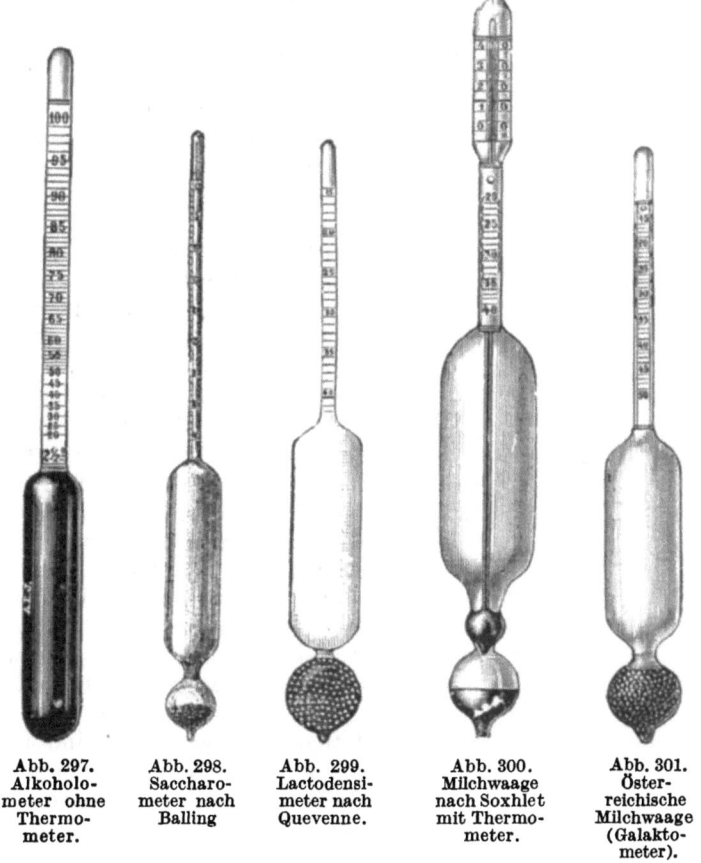

Abb. 297. Alkoholometer ohne Thermometer.

Abb. 298. Saccharometer nach Balling.

Abb. 299. Lactodensimeter nach Quevenne.

Abb. 300. Milchwaage nach Soxhlet mit Thermometer.

Abb. 301. Österreichische Milchwaage (Galaktometer).

Normaltemperatur +14° einen roten Strich, der den Nullpunkt einer zweiten Skala, der Reduktionsskala bildet, welche dazu dient, Korrekturen bei Messungen, die bei einer anderen als der Normaltemperatur vorgenommen werden, anbringen zu können. Die Einteilung der Stengelskala reicht von 0—24% in $^1/_5$% und zeigt Zuckerprozente. Auch diese Instrumente werden meistens geeicht verwendet, es steht aber der Verwendung ungeeichter nichts im Wege. Für den privaten Gebrauch macht man auch solche ohne Thermometer oder solche, nach Balling, Abb. 298, und anderen Angaben.

Zur Untersuchung der Milch macht man die Laktodensimeter nach Quevenne, Abb. 299, nach Soxhlet, Abb. 300, und die früher geeichte österreichische Milchwaage, Abb. 301. Diese Milchwaagen hat man auch mit Thermometern eingeführt, weil aber Milch nicht durchsichtig ist, hat man das Thermometer über dem Stengel, Abb. 300, angebracht.

Als Essigwaagen werden die Aräometer, mit Thermometer, als Essigprober nach Prozenten und als kleine Essigwaage nach Wagner, Abb. 302, gemacht.

Abb. 302. Essigwaage nach Wagner.

Der Essigprober hat eine Einteilung von 0—100%, während die Wagnersche Waage eine willkürliche von 0—25⁰ hat, die aber nur Wert für Vergleiche mehrerer Sorten untereinander hat.

Die Laugenwaagen, Abb. 303, haben eine Einteilung nach Baumé und genügen, wenn sie bis 40⁰ reichen.

Abb. 305. Mostwaage nach Wagner.

Die Lohbrühenmesser, oder in Amerika und England Barkometer genannt, haben die Dimensionen der Milchwaage, Abb. 299, und ihre Skala reicht von 0—60⁰ oder 0—120⁰ oder 0—200⁰, die dem spezifischen Gewichte entsprechen, und zwar als Beispiel 60⁰ = 1,060.

Die Mostwaagen nach Wagner, Abb. 305, haben eine Skala nach Baumé, sind aber von den auf wissenschaftlicher Basis gemachten Klosterneuburger Mostwaagen, ganz verdrängt worden. Diese sind in Grad von 4—28 in ¼ eingeteilt und zeigen Zuckerprozente, eine zweite Gattung nach Öchsle wieder direkt das spezifische Gewicht des Mostes.

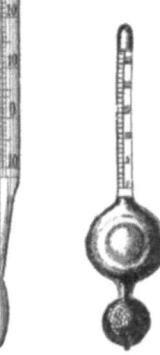

Abb. 303. Laugenwaage. Abb. 304. Saccharometer mit Thermos. Abb. 306. Weinwaage.

Die Weinwaage nach Wagner, Abb. 306, hat, wie alle Wagnerschen Waagen, eine willkürliche Skala und zeigt den Alkoholgehalt annähernd in Prozenten. Diese Weinwaagen wurden aber alle, weil eben der Alkoholgehalt im Weine wegen der vorhandenen Extraktivstoffe mit der Waage sich nicht bestimmen läßt, von dem Ebullioskop nach Malligand verdrängt.

Aräometer.

Die Zuckerwaagen, eigentlich Aräometer für Zuckerlösungen, sollen unter den Saccharometern rangieren, für den gewöhnlichen Gebrauch macht man solche nach Baumé, wie die Laugenwaage, Abb. 303.

Im Gewerbe und in der Industrie finden die Aräometer als „leichte" und „schwere" Verwendung. Das Aräometer, Abb. 307, ist ein Aräometer für leichte Flüssigkeiten nach Meißner. Es wird aus einem Stengelrohre von 10—11 mm Weite, ca. 40 cm lang gemacht, hat am unteren Ende

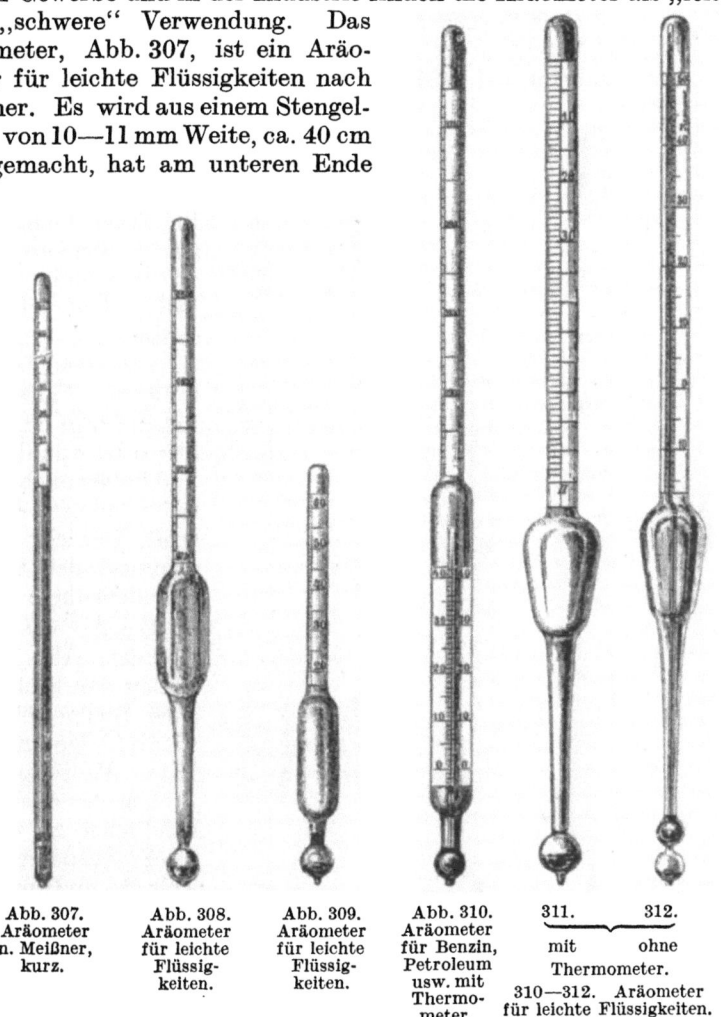

Abb. 307. Aräometer n. Meißner, kurz.
Abb. 308. Aräometer für leichte Flüssigkeiten.
Abb. 309. Aräometer für leichte Flüssigkeiten.
Abb. 310. Aräometer für Benzin, Petroleum usw. mit Thermometer.
311. mit Thermometer.
312. ohne Thermometer.
310—312. Aräometer für leichte Flüssigkeiten.

einen Gewichtsraum und wird so beschwert, daß es im Wasser ca. 24 cm tief einsinkt. Die Skala bekommt fast immer zwei Teilungen, und zwar I. spezifisches Gewicht, und II. Baumégrade. Der Umfang der Skala, die als unteren Punkt den Wasserpunkt hat, beginnt mit 1,000 und reicht bis 0,650, kann aber nur bis zur zweiten Dezimale abgelesen werden. Auf der Skala II nach Baumé ist der Wasserpunkt 1,000 nicht mit 0, sondern mit 10 bezeichnet, weil Baumé als Nullpunkt für die leichten Aräometer eine Salzlösung von bestimmter Dichte annahm. Um

Woytacek, Glasbläserei. 2. Aufl.

130   Die Anfertigung der Apparate und Glasinstrumente.

eine größere Genauigkeit zu erreichen, macht man diese Aräometer mit Körper und Spindel, Abb. 308, muß sich aber dann mit einem geringeren Meßbereich begnügen und gibt ihnen nur eine Teilung gemäß den beiden Abb. 308 und 309, welche nur eine bestimmte Anzahl Baumégrade aufweist. Abb. 310 ist ein leichtes Aräometer mit Thermometer für Benzin und Petroleum, Abb. 311 und 312 zeigen solche Aräometer ohne bzw. mit Thermometer mit dem ganzen „leichten" Skalenumfang, deren Thermometerskala im Stengel angebracht ist, für den Fall, daß die zu messende Flüssigkeit, nicht klar sein sollte.

Die Aräometer für schwere Flüssigkeiten haben ihren Nullpunkt, den Wasserpunkt, oben, und haben auch die Einteilungen nach I spezifisches Gewicht und II Baumégraden oder nur eine derselben.

Das Aräometer nach Meißner, Abb. 313, ist analog den leichten aus einer Stengelröhre von 45 cm Länge und 11 bis 12 cm Weite gemacht.

Um das Instrument handlicher zu erzielen, macht man dasselbe nach Abb. 314, und um größere Grade zu erreichen, gibt man ihm einen anderen Stengel, Abb. 315, dafür aber wird der Skalenumfang kleiner und man muß die Aräometer dann in Sätze teilen, je nach ihrer Empfindlichkeit in eine größere Anzahl. (Siehe vorne.)

Abb. 313. Aräometer nach Meißner, lang.
Abb. 314. Aräometer nach Baumé. 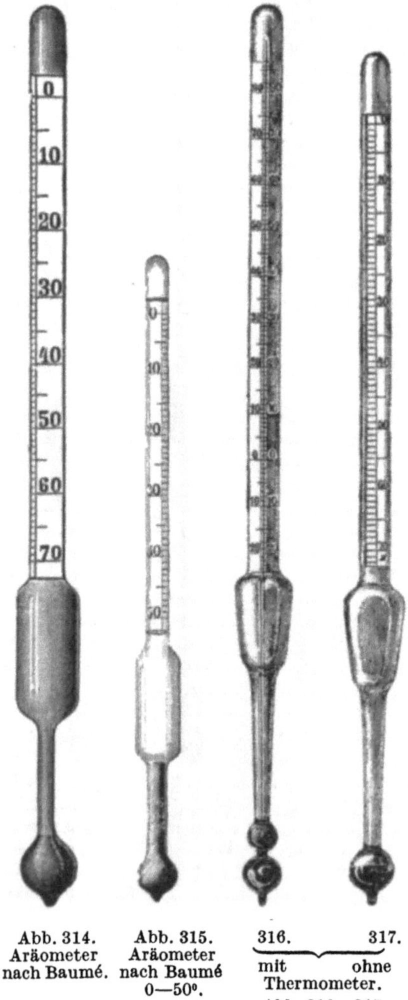
Abb. 315. Aräometer nach Baumé 0—50°.
316. mit Thermometer.
317. ohne Thermometer.
Abb. 316—317. Aräometer für schwere Flüssigkeiten.

Die beiden Aräometer, Abb. 316 und 317 sind für schwere Flüssigkeiten ohne bzw. mit Thermometer mit dem ganzen Umfang vom Wasser 1,000 bis zur konzentrierten Schwefelsäure von der Dichte 1,848.

Aräometer.

Für die Messung, selbst mit den längsten Aräometern, dienen die Standzylinder, Abb. 318 und 319, von welchen der erstere mit Glasfuß eine Hüttenarbeit ist. Um sich leicht helfen zu können, kann man sich den zweiten Zylinder selbst machen, indem man ein 40—45 mm weites Rohr auf entsprechende Länge an einem Ende schließt und das andere aufrandelt, und es dann in einem Holzfuß oder Stativ befestigt. Zur größeren Bequemlichkeit und zum sicheren Transport und zur Aufbewahrung kann man das Instrument und den Standzylinder, Abb. 320, in einem Etui unterbringen, im allgemeinen aber werden die Aräometer in gedrehten Holzhülsen oder auch Papphülsen verpackt aufbewahrt.

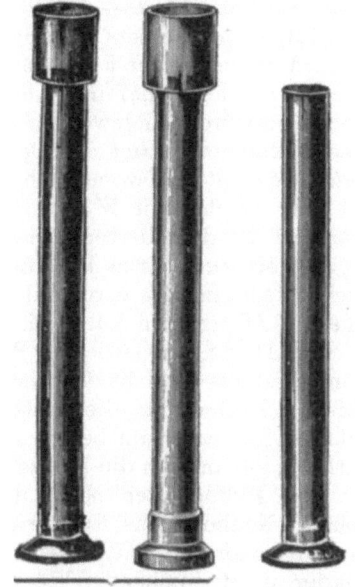
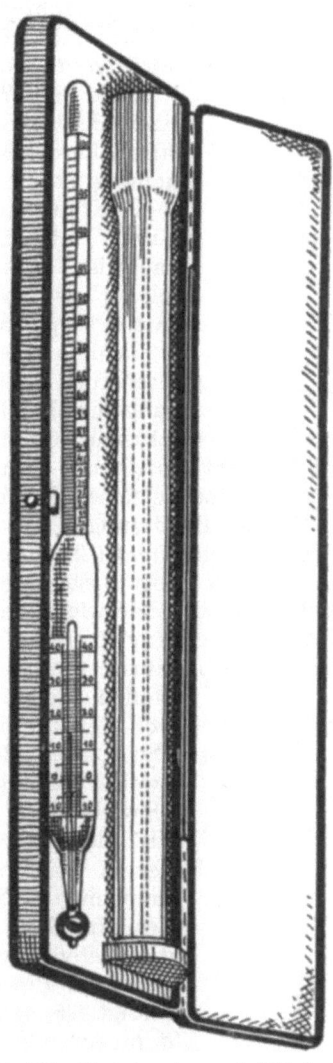

Abb. 318. Abb. 319. Abb. 318. u. 319. Standzylinder für Aräometer.

Abb. 320. Alkoholometer samt Zylinder in Etui.

Bis hierher ist die Anfertigung des Aräometers bis zur Justierung erklärt worden, alles, was nun hier fehlt, wird sich im Abschnitt H finden.

II. Das Pyknometer.

Eine andere Art der Bestimmung des spezifischen Gewichtes, wohl umständlicher und eine sehr genaue analytische Waage erfordernd, aber bis in die sechste Dezimale möglich, ist die Bestimmung mit dem Pyknometer, welche Bezeichnung auch „Dichtemesser" bedeutet.

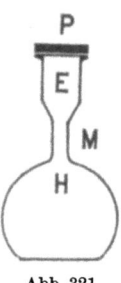

Abb. 321. Pyknometer.

Diese sind in allen Größen und Formen je nach den Eigenschaften der zu untersuchenden Körper, in unserem Falle Flüssigkeiten, sehr verschieden. Für diese Untersuchung ist die beste Form die in Abb. 321 gewählte. Es ist ein Kölbchen von ca. 10—25 cm³ Inhalt mit ca. 5—7 mm weitem Halse H, auf welchem eine Erweiterung E angebracht ist. Diese trägt einen umgelegten verstärkten Rand, welcher planmattgeschliffen und auf welchen eine runde, matte Planplatte P aus Glas als Deckplatte aufgeschliffen ist, die dicht abschließt. Am Halse, in der Höhenmitte der Verengung, ist eine Ringmarke M angebracht. Die Bestimmung mit dem Pyknometer erfolgt nach dem Grundsatze, daß man das spezifische Gewicht eines Körpers findet, wenn man das absolute Gewicht desselben — in unserem Falle der Flüssigkeit — durch das Gewicht eines gleichen Rauminhaltes destillierten Wassers dividiert.

Vor der Benützung des Pyknometers wird dasselbe zuerst mit Säure oder Lauge gereinigt (Chromschwefelsäure usw., siehe vorne) und zuletzt mit trockener Luft ausgeblasen, bis es vollständig trocken geworden ist. In diesem Zustande wiegt man das leere Pyknometer samt der Deckplatte und notiert sich ein für allemal dessen Gewicht, das womöglich bis zur vierten Dezimale ermittelt sein soll und welches wir $W\,I$ nennen wollen. Sodann wiegt man das mit destilliertem Wasser von der Temperatur von 5°C bis zur Marke M gefüllte Pyknometer, dessen Gewicht wieder notiert wird und als zweite Wägung das Zeichen $W\,II$ erhalten soll. Dieses Gewicht $W\,II$ gibt nun nach Abzug des Gewichtes $W\,I$ (d. i. das des leeren Pyknometers) das Gewicht des destillierten Wassers $= G\,I$, das als Einheit für die Bestimmungen gilt. Nun wird das Pyknometer am besten mit der Pipette, Abb. 332, entleert, indem man die Spitze in die Verengung einführt, das Pyknometer neigt und durch die Pipette hineinbläst. Nachdem die Entleerung erfolgt ist, spült man drei- bis viermal mit Wasser und dann ein- oder zweimal mit der zu untersuchenden Flüssigkeit aus und füllt zum Schlusse mit dieser wieder genau bis zur Marke und wiegt das gefüllte Instrument, dessen Gewicht wir mit $W\,III$ festhalten wollen. Dieses Gewicht $W\,III$ nach Abzug des Gewichtes $W\,I$, des leeren Pyknometers, gibt das absolute Gewicht der betreffenden Flüssigkeit, mit der das Pyknometer gefüllt ist und das für die Berechnung mit $G\,II$ benannt werden soll.

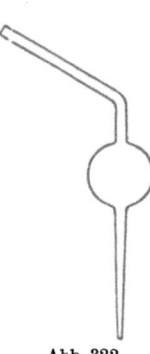

Abb. 322. Pyknometer Pipette.

Aus diesem Vorgang erhält man also die Zahlen $W\,II - W\,I = G\,I$ und $W\,III - W\,I = G\,II$. Aus den Werten $G\,I$ und $G\,II$ findet man das spezifische Gewicht, indem man $G\,II$ durch $G\,I$ dividiert.

Das Aräopyknometer.

Zur besseren Erklärung diene folgendes Beispiel:

Das Gewicht des leeren Pyknometers WI . . . . = 10,4825 g
„   „   „ mit Wasser gefüllten Pyknometers WII . . . = 30,5942 g
„   „   „ mit der zu untersuchenden Flüssigkeit gefüllten
           Pyknometers $WIII$ . . . . = 36,8207 g

Aus diesen Faktoren ergibt sich das absolute Gewicht des Wassers als Einheit GI aus

$$\begin{aligned} WII &= 30{,}5942\,g \\ -WI &= 10{,}4825\,g \\ \hline GI &= 20{,}1117\,g \end{aligned}$$

Das absolute Gewicht GII der zu untersuchenden Flüssigkeit ergibt sich aus

$$\begin{aligned} WIII &= 36{,}8207\,g \\ -WI &= 10{,}4825\,g \\ \hline GII &= 26{,}3382\,g \end{aligned}$$

Das spezifische Gewicht der zu untersuchenden Flüssigkeit erhält man nun, wenn man $GII = 26{,}8382$ dividiert durch $GI = 20{,}1117 = $ Sp. 1,30915 g.

Zum Füllen des Pyknometers ist es sehr bequem, sich der Pipette, Abb. 322, zu bedienen, mit welcher auch das Einstellen auf die Marke leicht ausgeführt werden kann, indem man tropfenweise zugeben und bei zuviel auch abheben kann. Ein genaues Absaugen kleiner Mengen kann man am besten mit einem Streifchen Filtrierpapier vornehmen. Sobald die genaue Füllung und Temperatur des Pyknometers erreicht ist, hat man es mit der Deckplatte zu schließen und so die Wägung vorzunehmen.

Die pyknometrische Bestimmung kann in vielen Fällen, in welchen man über kein Normaläräometer verfügt, gute Dienste leisten, nur ist eine feine Waage die erste Bedingung.

III. Das Aräopyknometer.

Um bei den Bestimmungen des spezifischen Gewichtes der Flüssigkeiten das Wiegen und Rechnen und alle damit verbundenen Umständlichkeiten zu vermeiden oder einigermaßen zu vermindern, hat man das Aräopyknometer, Abb. 323, konstruiert, in welchem das Aräometer und das Pyknometer vereinigt sind. Der Körper des Aräometers besteht aus den zwei Kugeln a und b, dem Halse c und der Kugel d für die Belastung, oben auf dem Körper sitzt der Stengel s. Die Kugel a ist ein Hohlraum, der nur mit dem Stengel in Verbindung ist und einen Teil des Körpers bildet. Die Kugel b, auch ein Teil des Körpers, ist ein Raum von ca. 8 bis 10 cm^3 Inhalt, für sich allein abgeschlossen und stellt das Pyknometer dar, dessen Hals h mit einem gut eingeschliffenen hohlen Glasstöpsel versehen ist. Um durch den Hals h und Stöpsel c das Gewicht des Instrumentes nicht einseitig zu machen, ist als Gegengewicht ein Stückchen massives Glas g angeschmolzen, das möglichst gerade so schwer sein soll, wie diese beiden. Der Hals C ist wegen der Stabilität des Instrumentes nicht unter 70 mm Länge zu halten, und der Raum d ist, je nachdem das

134 Die Anfertigung der Apparate und Glasinstrumente.

Instrument für leichte oder schwere Flüssigkeiten bestimmt ist, größer bzw. kleiner zu gestalten.

Die Bestimmung des spezifischen Gewichtes einer Flüssigkeit erfolgt, indem die zu untersuchende Flüssigkeit in den Raum b eingeführt und mit dem Stöpsel so verschlossen wird, daß keine Luftblasen in b eingeschlossen sind. Sodann wird das Instrument zuerst mit Wasser und dann mit destilliertem Wasser gut abgespült und dann in einem mit destilliertem Wasser gefüllten Standzylinder versenkt, worauf an der Skala direkt das spezifische Gewicht der in b eingefüllten Flüssigkeit abgelesen werden kann, d. i. jener Punkt, bis zu welchem das Instrument im destillierten Wasser einsinkt.

Dieses Instrument kann auch in zwei oder mehr Teilen gemacht werden, meistens aber macht man je eines für leichte und schwere Flüssigkeiten. Der Nullpunkt, eigentlich der Wasserpunkt, 1,000 liegt bei diesen Instrumenten den anderen Aräometern entgegengesetzt. Bei diesen liegt der Wasserpunkt 1,000, der die Einheit ausdrückt, bei den leichten am unteren, bei den schweren im oberen Teile des Stengels, bei den Aräopyknometern liegt der Wasserpunkt der leichten **oben** und der **schweren unten**, weil ja die zu untersuchende Flüssigkeit einen bestimmten Teil des Aräopyknometergewichtes und das ganze Instrument die Waage darstellt, welche von dem Gewichte der in C eingefüllten Flüssigkeiten je nach dessen absolutem Gewichte mehr oder weniger einsinkt.

Die Skala ist im Stengel angebracht, über deren Justierung und Teilung der Abschnitt H Bescheid gibt.

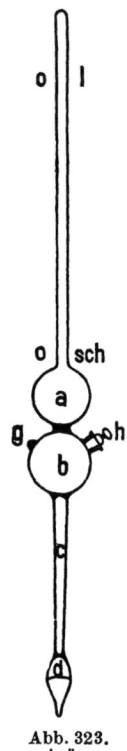

Abb. 323.
Aräo-
pyknometer.

B. Das Barometer.

Die Bezeichnung Barometer erhielt das Instrument erst geraume Zeit nach seiner Erfindung, sie stammt aus dem Griechischen und heißt Schweremesser. Im Jahre 1643 wurde das Instrument von Toricelli erfunden, und man bezeichnete es als Toricellische Röhre und Baroskop, erst Boyle gebrauchte (1666) die Bezeichnung Barometer.

Die einfachste Ausführung und auch wohl die einfachste Vorführung des Barometers ist im Unterricht der Toricellische Grundversuch. Eine Glasröhre von ca. 90 cm Länge, die vorher gut gereinigt und getrocknet wurde, wird an ihrem einen Ende schön rund zugeschmolzen, das andere Ende glatt abgeschnitten und verschmolzen, damit man es gut mit einem Finger zuhalten kann. Mit einem feinen Trichter wird diese Röhre mit der Kuppe nach unten ganz mit Quecksilber, welches möglichst rein sein muß, gefüllt. Man verschließt dann mit einem Finger das Ende des Rohres und bringt es in eine Glasschale mit Quecksilber unter dasselbe, worauf man den Finger entfernt. Das Quecksilber sinkt nun im

Das Barometer.

Rohre, wenn der Vorgang genau eingehalten und im Rohre keine Luftblasen, Rohr und Quecksilber trocken waren, auf den jeweiligen Barometerstand, der je nach Höhenlage des Ortes verschieden ist und am Meeresspiegel im Durchschnitte 760 mm beträgt; man hat mithin ein einfaches Barometer, Abb. 324, hergestellt, und zwar das Gefäßbarometer.

Um diesen Versuch deutlicher vorzuführen, hat man an dem Glasrohre zum Toricellischen Versuche einen Glashahn, Abb. 325, angebracht, um das Einlassen von Luft in dieser Richtung zeigen zu können.

Die möglichst deutliche Vorführung des Toricellischen Versuches anstrebend, haben viele Gelehrte sich bemüht, eine ganze Reihe von Röhren und Apparaten zu ersinnen, die als Lehr- und Lernmittel Erwähnung finden sollen, und zwar wieder besonders in dem Sinne, daß jeder Liebhaber dieselben sich selbst herstellen kann.

Ein Apparat, mit welchem die Toricellische Leere und zugleich das Heberbarometer erklärt werden kann, hat Dir. Dechant in seinem Apparate Abb. 326 geschaffen. Er besteht aus einem U-förmig gebogenen Glasrohre, dessen einer Schenkel ca. 1 m lang, einen Glashahn hat, und dessen kürzerer Schenkel in einer Höhe von ca. 70 cm nach der Seite gebogen und mit einem Schlauchansatze versehen ist. Zur Vorführung des Versuches wird der Glashahn geöffnet und in das reine und trockene Rohr mit einem feinen Trichter das Quecksilber so eingefüllt, daß es

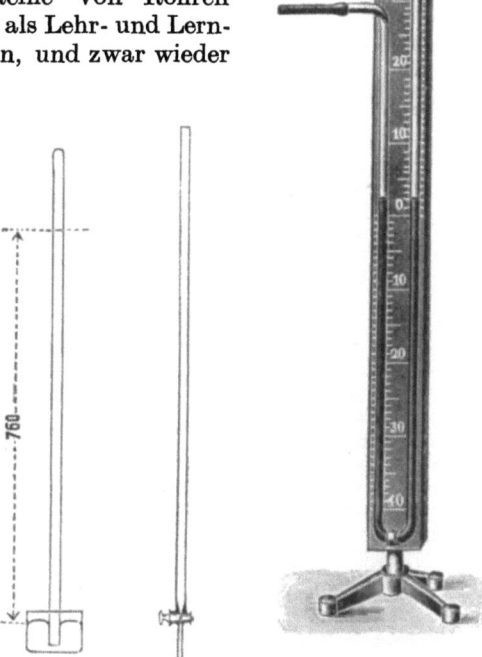

Abb. 324. Toricellis Grundversuch. Abb. 325. Toricellirohr mit Glashahn. Abb. 326. Versuchsbarometer nach Dr. Dechant.

ungefähr bis etwas über den Nullpunkt reicht, und wenn beide Seiten offen sind, in beiden Schenkeln kommuniziert. Nun neigt man den Apparat bei offenem Hahne nach rechts, wodurch das Quecksilber im langen Schenkel steigen und im kurzen fallen wird. Hat das Quecksilber den Hahn erreicht, so daß es etwas über den Hahn gestiegen ist, so schließt man den Hahn und stellt den Apparat wieder aufrecht. Im langen Schenkel wird sich nun die Leere bilden, und man kann aus der Entfernung der

136   Die Anfertigung der Apparate und Glasinstrumente.

beiden Quecksilberniveaus die Barometerhöhe bestimmen und an der Stelle zeigen, daß das Instrument ein Heberbarometer darstellt.

In diesem Zustande kann auch der Apparat bleiben und aufbewahrt werden, oder man kann nun an ihm durch Anbringung eines Schlauches an seinem kurzen Schenkel die Vergrößerung oder Verringerung des Druckes vorführen.

Einen wohl etwas komplizierten Apparat, Abb. 327, für denselben Zweck, der überdies noch für die Vorführung des Mariottschen und Boyleschen Gesetzes verwendet werden kann, hat Prof. M. Kuhn ersonnen, und es soll zu der Erklärung desselben dem Erfinder selbst das Wort gegeben werden:

Dieser Apparat, ähnlich dem Schulzeschen Demonstrations-Barometer, besteht aus einem meterhohen, gleichschenkeligen Heberohre (Höhe des Maßstabes 92 cm) mit drei Glashähnen; einem oben bei 92 cm des linken, einem unten bei 12 cm des rechten Schenkels und einem an der Krümmung, einige Zentimeter unterhalb des Nullpunktes angebrachten Hahn, welch letzterer zum Ablassen des überschüssigen Quecksilbers in einen daruntergestellten Schnabelbecher dient. Beide Schenkel tragen oben ziemlich weite Fülltrichter, von welchen der rechts befindliche, oben bahnfreie, eine gut eingeschliffene Winkelröhre besitzt, deren glattes Ende zum Behufe des Aufschiebens von Kautschukröhren olivenförmig gestaltet ist.

Die sehr bequeme Handhabung des Apparates für den Toricellischen Versuch ist folgende: Man gieße, während beide Schenkel offen sind, in den bahnfreien Trichter rechts (nicht links, weil diesfalls sehr viel Luft zwischen Glas und Flüssigkeitssäule gebracht wird) Quecksilber ein, bis es in beiden Schenkeln gleichhoch stehend, den oberen Hahn überragt. Sollten sich irgendwo, namentlich höher oben, Adhäsionsblasen zeigen, so lasse man das Quecksilber bis an die betreffende Stelle mittels des Abflußhahnes ab und gieße es dann sehr vorsichtig, die Adhäsionsstelle im Auge behaltend, wenn notwendig etwas klopfend, im rechten Trichter wieder, wie vorhin nach. Die letzten Luftrückstände können auch mit einer dünnen Stricknadel entfernt werden. Sodann schließe man den oberen Hahn, dichte diesen noch durch teilweises Füllen des Trichters und öffne den Ablaßhahn vorerst nur so lange, daß sich das Vakuum herstellt und der obere Flüssigkeitsspiegel etwa zu 88 cm gefallen ist; der untere Spiegel befindet sich dann ungefähr bei 14 cm. Nun lasse man einigemale unterbrochen etwas Quecksilber ab und beobachte die Unveränderlichkeit des Kuppenabstandes.

Abb. 327. Versuchsbarometer nach Schulrat Kuhn.

Durch Nachfüllen beim Trichter rechts kann man beide Kuppen wieder gleichmäßig heben, also so, daß sich ihre gegenseitige Entfernung nicht ändert. Dieses Auf- und Abbewegen läßt sich in rascher Folge öfters wiederholen. Die Feststellung letzterer Tatsache hat insofern eine große Bedeutung, als sie die Unabhängigkeit des Barometerstandes von der Höhe des Heberohres, also auch von der Röhre des Manometer-U, das ist des Quecksilbers in beiden Schenkeln vom tieferen Spiegel nach unten, beweist. Stellt man diese untere Kuppe auf Null, so zeigt die obere unmittelbar den Barometerstand und hierdurch den Luftdruck an. Der luftleere Raum hat dann bei den hier gewählten Längenmaßen ungefähr 16 cm, für Wien im Mittel 18 cm, eine Höhe, bei welcher das Zurückbleiben vom letzten kleinen Luftrest infolge der Ausdehnung derselben fast ganz ohne Einfluß ist. Man hat auf diese Weise sofort ein ganz gut brauchbares Heberbarometer hergestellt, welches nach einer etwa noch angebrachten Temperaturkorrektion mit dem anderweitig bestimmten Luftdrucke ganz wohl übereinstimmt.

Sperrt man bei der Kuppenstellung 88 cm — 14 cm den Hahn im Schenkel rechts ab, füllt etwa bis 30 cm nach und öffnet diesen Hahn, so schlägt das Quecksilber links oben hell klingend an. Eine höhere Säule ist zu vermeiden, oder es muß der linksseitige Hahn vor dem Herausschleudern gesichert werden. Auch sonst ist ein Anbinden desselben, welches die Drehung nicht hindert, zu empfehlen. Das Anschlagen kann auch mittels Druckes auf einen an das Winkelrohr angesetzten Kautschukballon bewirkt werden; ein solcher Ballon gestattet ferner, das Steigen und Fallen des Barometerstandes zu veranschaulichen. Das Vakuum läßt auch die Verwendung für mancherlei elektrische Zwecke zu, wenn an passenden Stellen der Röhre Platindrähte eingeschmolzen sind.

Die Benützung des Apparates für den Nachweis der Gültigkeit des Mariottischen Gesetzes für Verdichtung ist wie mit anderen ähnlichen Apparaten vorzunehmen, doch empfiehlt sich besonders folgender Vorgang: Man stütze diesen Beweis unmittelbar auf den ausgeführten Torcellischen Versuch, nachdem die untere Kuppe rechts auf Null eingestellt worden ist (die obere etwa 74 cm zeigt), sperre den Hahn rechts, also bei 12 cm, ab und öffne den Hahn links. Infolge der hier eintretenden und mit der äußeren, sich ins Gleichgewicht stellenden Luft fällt der Spiegel links, während jener rechts gehoben wird. Durch Nachfüllen links bis zu 80 cm gelangt der Spiegel rechts auf 6 cm. Es ist also das Volumen der soeben daselbst abgesperrten, der Dichte und Spannkraft nach mit der Atmosphäre gleichen Luft auf die Hälfte ihres Raumes gebracht worden. Der Druck war vorher 74 cm; nachher ist er 74 cm von der äußeren Luft, vermehrt um (80—6) cm von der jetzt getragenen Quecksilbersäule, also

$$v : v' = v : \frac{2}{v} = 2 : 1 \text{ und}$$

$$p' : p = [74 + (80-6)] : 74 = 2 : 1, \text{ folglich}$$

$$v : v' = p' : p, \text{ oder}$$

$$v' \, p' = v \, p$$

138 Die Anfertigung der Apparate und Glasinstrumente.

Läßt man nun solange Quecksilber ab, bis die Kuppe links auf 41 cm und dann auf 16,8 und 10 (Rohrzentimeter) steht, so entspricht dem $\frac{2}{3}v$ und $\frac{5}{6}v$, wodurch das Gesetz abermals bewiesen wird: Zur Probe durch Vergleichung der beiden letzten Beobachtungen, welche ergeben

$$\frac{2}{3}v : \frac{5}{6}v = 4:5$$

und $(74 + 41 - 4) : (74 + 16{,}8 - 2) = 111 : 88{,}8 = 4 : 4$.

Auch das weitere Ablassen des Quecksilbers links auf Null, wobei das Gleichstellen des Spiegels rechts auf Null eintritt, lehrt, daß sich die Luft im Schenkel rechts mit der Atmosphäre ausgeglichen hat; das Öffnen des Hahnes rechts darf nun ebenfalls nichts ändern. Von dieser Gleichgewichtsstellung ausgehend, kann man alle vorher durchlaufenen Stellungen der Kuppen links und rechts wiedererhalten.

Die Formel für die Höhe L links ist

$$L = R\frac{(B + 12 - R)}{12 - R} \quad \text{oder} \quad L = R + B\frac{R}{12 - \text{\%}},$$

wenn R den zugehörigen Teilstrich rechts und B den jeweiligen Barometerstand bedeutet.

Zum Behufe der Nachweisung des Mariottischen Gesetzes für Verdünnung gehe man beispielsweise von der Gleichgewichtsstellung beider Spiegel auf 80 cm bei beiderseits geöffnetem Hahne aus, schließe den Hahn links und öffne den Ausflußhahn so lange, bis das Quecksilber im Schenkel rechts bis zu 31 cm reicht, es befindet sich dann die Kuppe links bei 68 cm, also $v : v' = (92 - 80) : (92 - 68) = 1 : 2$
und $p : p' = B : [B - (68 - 31)] = 74 : (74 - 37) = 2 : 1$,
also $v : v' = p' : p$.

Für die obigen Maße des Apparates und der Versuche, nämlich für den Ausgang von Volumen $v = 12$ Rohrzentimeter und für den Ort des oberen Hahnes 92 cm, ist zu Einstellungen im allgemeinen die Formel

$$R = L - B\frac{80 - L}{92 - L} \text{ zu verwenden.}$$

Abb. 328.

Abb. 329.
Glashahn für Toricelli - Versuche (nach Dr. Kruka Abb. 328), und Dr. Wolletz (Abb. 329).

An der Toricellischen Röhre soll beim Unterricht auch die Spannung vergaster Flüssigkeiten vorgeführt werden, es war aber immer schwer, diese Flüssigkeiten in die Leere zu bringen. Um dies leicht bewerkstelligen zu können, hat Prof. Krupka einen Glashahn, Abb. 328, konstruiert, durch welchen es möglich ist, Flüssigkeit in Mengen von 0,2—0,25 cm³ in die Leere bringen zu können.

Prof. Wolletz hat diesen Hahn, Abb. 329, dahin verbessert, daß er an demselben noch eine Bohrung anbrachte, die mit der äußeren Luft kommuniziert[1]. Bezüglich der Reinigung und Trocknung der Röhren für diese Versuche sei auf das Kapitel „Reinigung der Röhren" verwiesen.

Nach ihrer Art unterscheiden sich die Quecksilberbarometer in Birn-, Gefäß-, Heber-, Gefäßheberbarometer.

Abb. 330 zeigt uns das Rohr eines Birnbarometers. Dasselbe muß vom Buge gemessen bis zur Kuppe 90—91 cm lang sein und kann ein Lumen von 5—9 mm haben. Die Birne soll im Verhältnisse zum Lumen des Rohres ziemlich groß sein, damit sich beim Steigen und Fallen des Quecksilbers der Nullpunkt nicht wesentlich verändert und daher als fest gelten kann. Um das Eindringen von Luft möglichst zu verhindern, soll das Stück Barometerrohr unter der Birne vom Buge gemessen mindestens 30 mm lang sein.

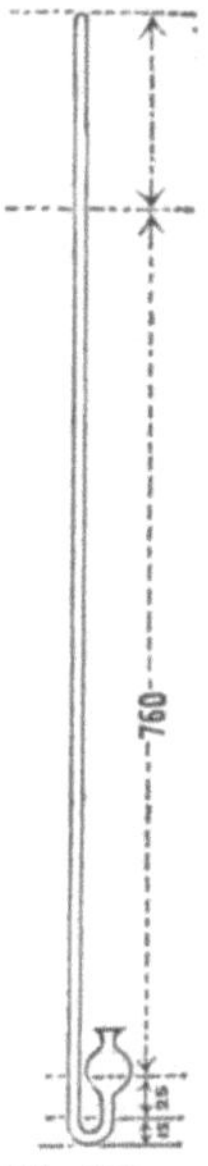

Diese Röhren gehören für Barometer zum gewöhnlichen Gebrauche, wie Zimmerbarometer, Abb. 331. Um diese Birnbarometerröhren zu füllen, filtriert man mit einer Papiertüte das reine und trockene Quecksilber in die Birne und setzt auf diese mit einem durchlöcherten Kork eine Pipette, Abb. 332, deren Rohr mit der Luftpumpe verbunden wird. Durch diese wird das Quecksilber in die Pipette und die Luft aus dem Barometerrohre gesaugt. Ist dies geschehen, was man dadurch erkennt, daß keine Blasen mehr durch das Quecksilber kommen, so löst man die Verbindung mit der Luftpumpe, und es wird nun das Quecksilber im Rohre auf jene Höhe steigen, die der Leistung der Pumpe entspricht. Meistens ist noch eine kleine Menge Luft im Rohre, die man dann entfernt, indem man die Birne gut verstöpselt, das Rohr mit der Birne nach oben hält und ein wenig schüttelt; auf diese Art füllt sich das Rohr bis auf einige Zentimeter bis zum Buge. Jetzt dreht man das Rohr um, so daß die Birne nach unten kommt und das Quecksilber sich mit dem in der Kugel vereinigt, und meist hat man dann die vollständige Füllung erreicht.

Abb. 330. Birnbarometerrohr.

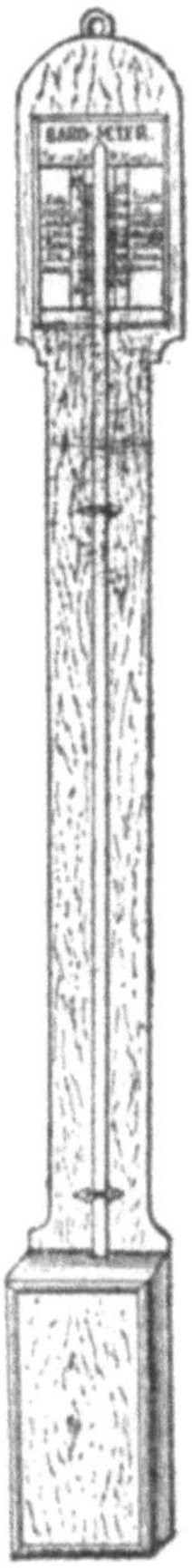

Abb. 332. Füllpipette für Barometerröhren.

Abb. 331. Birnbarometer auf Holzbrett montiert.

Sollte es doch vorkommen, daß einige Luftbläschen sich im Rohre zeigen, so sauge man nochmals mit der Pipette und Luftpumpe das Quecksilber im Rohre herunter, wobei dann die ganzen Bläschen im leeren Raume gesammelt sind. Nun löst man wieder die Verbindung mit der Luftpumpe, neigt das Rohr und man wird jetzt in der Kuppe eine

---

[1] Poskes Zeitschrift 1909, Heft 6. Poskes Zeitschrift 1912, Heft 1.

kleine Blase Luft finden. Durch leichtes Klopfen und Reiben der Kuppe auf einer rauhen Fläche, etwa einem Stücke nicht gehobelten Brettchens, bei senkrecht mit der Birne nach oben gehaltenem Rohre sucht man die Blase in den Bug und dann durch Neigen und Klopfen durch denselben in den kurzen Schenkel und von dort in die Birne zu bringen. Sollte die Luftblase sich nicht durch leichtes Klopfen bei umgekehrtem Rohre nach aufwärts bewegen lassen, so kann man durch nochmaliges Reiben der Kuppe auf dem Brettchen zarte, gleichmäßige Erschütterungen hervorrufen, bei welchen dann die Luftblase sich bestimmt nach oben dem Buge zu bewegt, aus welchem man sie dann, wie vorher erwähnt, durchleitet. Eine einfachere Methode, die von den Barometermachern früher angewendet wurde und ohne Luftpumpe ausgeführt wird, ist folgende: Die Birne wird, wie schon erwähnt, mit Quecksilber gefüllt und dann gut verkorkt. Man nimmt nun die Birne samt dem Bug so in die rechte Hand, daß man mit dem Daumen den Kork sichert, daß er nicht herausfallen kann. Mit der Linken hält man das Rohr in seiner Längenmitte schräg mit der Kuppe nach unten; mit der rechten macht man nun kreisende Bewegungen, um das Quecksilber über den Bug in das Rohr zu schütteln. Ist eine Partie hinübergeschüttelt, so sucht man mit der linken Hand das Rohr so zu schütteln, daß das Quecksilber gegen die Kuppe gelangt und dort sich ohne Unterbrechung von Luftblasen zusammenschließt. Ist dies gelungen, daß das Rohr bis etwa 10 cm vom Buge entfernt gefüllt ist, bringt man das Rohr, ohne es zu erschüttern, mit der Birne nach unten in die lotrechte Stellung und macht eine rasche Bewegung senkrecht nach unten, wodurch das Quecksilber im Rohre sinken und sich mit dem Quecksilber in der Birne vereinigen wird. Jetzt hält man das Rohr aufrecht und bewegt sich einige Male senkrecht auf- und abwärts; diese Hantierung bringt das Quecksilber in auf- und abschwingende Bewegung, wobei aber zu darauf achten ist, daß die Bewegung nicht zu heftig wird, weil es sonst vorkommen kann, daß das Quecksilber die Kuppe durchschlägt. Einen zweiten Vorteil gewährt die Bewegung des Quecksilbers dadurch, daß sich die Luftblasen, die sich beim Schütteln doch noch im Quecksilber an der Rohrwand angesetzt hatten, alle nach oben in die Leere gelangen und von dort, wie vorn erwähnt, herausgebracht werden können.

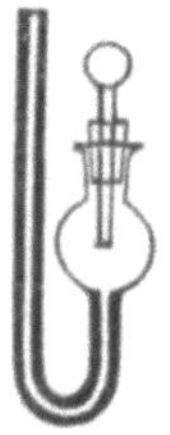

Diese Art der Füllung ist keine so gute, wie die ersterwähnte mit der Pumpe, beide Methoden setzen aber absolute Reinlichkeit beim Arbeiten und Reinheit von Rohr und Quecksilber voraus. Um bezüglich der Luftfreiheit des Quecksilbers sicher zu sein, ist es gut, dasselbe im Wasserbade in einem Kölbchen, dessen Hals mit einem Wattepfropf versehen ist, einige Zeit (15 Minuten) zu erhitzen, und dann erst zu verwenden, wenn es nahe auf die Temperatur des Raumes erkaltet ist.

Abb. 333. Staubkugel.

Um im Birnbarometer das Quecksilber vor Staub zu schützen, bringt man die in Abb. 333 ersichtliche Vorrichtung an. Dieselbe besteht in einer, an einer kapillaren Spitze befindlichen Kugel, welche an ihrer unteren Hälfte ein ganz kleines Loch hat, durch welches der Luftdruck wirken kann. Diese sog. „Staubkugel" hat überdies noch den Vorteil, daß man beim Tragen des Barometers dasselbe mit der Birne nach oben kehren kann, dabei das Quecksilber die punktierte Lage einnimmt und keines verschüttet werden kann. Soll das Barometer wieder in Gebrauch kommen, braucht man es nur ganz langsam in die aufrechte Stellung zu bringen.

Die Birnbarometer dienen dem allgemeinen und Hausgebrauche sowie als Lehrmittel für die niederen Schulen und können verschieden ausgestattet werden, wobei jedoch immer das Rohr und dessen Güte von Wichtigkeit ist.

Um das Barometer für den Versand geeignet zu machen, muß dasselbe verschlossen werden, was in Abb. 334 gezeigt werden soll. Aus einem Stück Eisendraht von ca. 10 cm Länge, dessen eines Ende man mit einer Schlinge versieht und dessen anderes etwas spitz zugefeilt ist, macht man sich die Sperre zurecht. Diese wird durch den Kork gestochen und an das untere Ende mit Siegellack ein solider Wollpfropf gemacht, welcher dann als Verschluß bei horizontaler Lage in den kleinen Schenkel gepreßt wird. Zur Sicherung wird diese Sperre mit einem Bindfaden am Halse der Birne angebunden. Soll das Barometer wieder frei gemacht werden, wird es liegend vom Verschluß befreit, die Staubkugel aufgesetzt und langsam lotrecht gebracht.

Für den wissenschaftlichen Bedarf kommt das Barometer nur in der Form des Gefäß- und Heberbarometers oder in der Kombination dieser beiden, im Gefäß-Heberbarometer, in Betracht.

Abb. 334. Sperrvorrichtung.

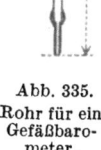

Abb. 335. Rohr für ein Gefäßbarometer.

Das Gefäßbarometer besteht aus dem Rohre und dem Quecksilbergefäße und der Fassung, an welcher die Skala angebracht ist. Die gebräuchlichste Form wurde von Fortin erfunden und führt daher auch die Bezeichnung Fortinsches Barometer.

Das Rohr für das Gefäßbarometer, Abb. 335, ist in seinem oberen Teile im Lumen 12—15 mm weit und ca. 300 mm lang, der untere Teil des Rohres bis zum Ende ist 600 mm lang, hat ein Lumen von 6—8 mm und endet in eine Kapillare von ca. 2,5—3,0 mm Lumen und ca. 30 mm Länge, die aber ganz glatt und eben abgeschnitten und verschmolzen sein muß. Ungefähr 20 cm von der Spitze entfernt ist eine kleine Erweiterung angebracht, in welche ein Kapillarröhrchen von ca. 2 mm Lumen, 20—25 mm Länge eingeschmolzen ist, das nach unten ragt. Dieses Röhrchen, die Buntesche Spitze genannt, Abb. 336, stellt eine Falle für Luftblasen dar, welche sich in der Erweiterung fangen, nicht in den oberen Teil des Rohres gelangen und so das Instrument schädigen können. Diese Barometerröhren müssen mit ganz besonderer Sorgfalt gefüllt wer-

Abb. 336. Buntesche Spitze.

den, was nur durch das Hineindestillieren des Quecksilbers erreicht werden kann. Zu diesem Zwecke muß das Rohr, Abb. 335, mit seinen punktierten Längen, bevor es oben geschlossen wird, gut gereinigt werden (siehe vorne). Die Kapillare am unteren Ende hat man noch nicht auf seine Länge abgeschnitten, sondern läßt sie, wie punktiert, um 10—12 cm länger. Ist das Rohr rein und trocken, so versieht man die Kapillare mit einem zarten Pfropf Charpiewolle, um beim Hineinblasen bei der Herstellung der Kuppe keine Feuchtigkeit hineinzubringen und bläst das Rohr oben zu, daß sich eine schöne Kuppe bildet.

In diesem Zustande wird es an die Quecksilberluftpumpe bzw. an die Destilliervorlage, Abb. 337, bei a angeschmolzen.

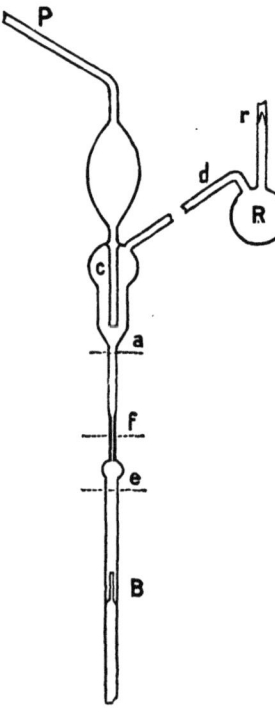

Abb. 337. Vorrichtung zur luftfreien Erfüllung der Barometerröhren mit Quecksilber.

Die Destilliervorlage, die an der Hg-Pumpe bei P angesetzt ist, besteht aus der Retorte R, welche auf einem Stativringe in einem Drahtnetze aufsitzend befestigt ist.

Durch das Röhrchen r wird in die Retorte R reines Quecksilber mit einer Papiertüte eingefüllt, und zwar so viel, daß es mehr als genug für das Rohr B ist und dann das Rohr r mit einer Spitze zugeschmolzen. Um die Abkühlung der Retorte zu verhindern, bedeckt man sie mit einem trichterförmigen Stück Asbestpapier. Jetzt beginnt man zu pumpen und sorgt dafür, daß man das höchstmögliche Vakuum erreicht. Ist dies geschehen, so flammt man das ganze Rohrsystem ab, um die Luft von den Wänden zu bringen. Unter das Drahtnetz bringt man dann eine ganz kleine Flamme, die man im Anfange ziemlich weit entfernt von der Retorte am Stativ befestigt. Nach einiger Erwärmung wird sich im Quecksilber eine lebhafte Blasenbildung zeigen, in diesem Stadium muß man sehr vorsichtig erhitzen, weil sonst das Quecksilber die Luft plötzlich ausstößt, was zwar ganz ungefährlich ist, dem Anfänger aber Schrecken verursachen kann. Während des ganzen Füllens des Rohres, d. h. während des Destillierens, muß die Quecksilberluftpumpe in Tätigkeit sein. Erst wenn sich die ersten Quecksilberdämpfe in dem von der Retorte abgehenden Rohr d, welches möglichst lang sein soll (60—90 cm), kondensieren, was durch den grauen Belag sichtbar wird, bringt man die Flamme näher zur Retorte. Man wird nun wahrnehmen, daß sich nach und nach auch das Rohr C grau belegt und sich schon kleine Quecksilberkügelchen bilden, die dann als reines Destillat in das Rohr B fallen. Um das Abtropfen des Quecksilbers zu fördern, kann man mit einem Holzspan, aber nur ganz zart, an C klopfen, wodurch die Tröpfchen sich sammeln und nach B fallen. Man setzt nun die Arbeit fort, bis das Rohr *B* ungefähr bis zur Stelle *e* gefüllt ist, dreht dann die Flamme unter der Retorte ab und läßt jetzt das Ganze abkühlen, wobei sich noch das Rohr bis *a* füllen wird. Ist die Abkühlung erfolgt, so schneidet man, nachdem man vorher die Röhren mit dem Span oder mit einem Bleistift abgeklopft hat, das Rohr *B* einige Zentimeter über dem Quecksilberstand ab; jetzt erst bringt man das Rohr über eine Quecksilberschale, schneidet die Stelle *f* schön gerade ab und entfernt das Quecksilber bis zur Erweiterung mit einer zarten Quecksilberpipette. Hierauf schiebt man einen kleinen Pfropf Watte in das Röhrchen, um beim Verschmelzen von der Flamme keine Feuchtigkeit in das Rohr zu bekommen und sieht, daß man das Ende glatt und gut verschmilzt, damit es ganz gerade und nicht scharf ist. Ist das Ende abgekühlt, so zieht man mit einem dünnen Nickeldraht, an welchem ein zartes scharfes Häkchen ist, den Wattepfropf wieder heraus und füllt mit einer feinen Quecksilberpipette das Rohr ganz voll, womit es zum Einsetzen in das Barometer fertig ist.

Um das Barometerrohr in der Fassung befestigen zu können, muß es mit einer aus Buchsholz verfertigten Hülse, Abb. 338, versehen werden. Diese Hülse wird über die Erweiterung hinaufgeschoben und das Rohr sodann erwärmt, mit Schellack oder gutem Siegellack beschmiert, eine Lage Strickwolle darauf gewickelt, hierauf wieder Schellack und Wolle, bis es die Dicke erreicht hat, welche der Bohrung der Buchshülse entspricht, nun wird nochmals der Schellack gut angewärmt, ebenso die Hülse in ihrer Bohrung, indem man einen passenden Eisen- oder Metalldorn heiß macht und in dieselbe schiebt, dann wird Hülse und Rohr ineinander gedreht, daß sich der weiche Schellack gleichmäßig lagert. Dabei muß gut beobachtet werden, daß die Hülse zentrisch aufgekittet ist, weil sonst leicht eine Spannung bei der Einmontierung des Rohres entstehen und dieses dann springen könnte. Auf diese Buchshülse kommt dann zum Abschluß ein Plättchen aus Sämischleder, das zur Dichtung dient.

Die Montierung der Gefäßbarometer kann eine verschiedene sein, doch ist die in Abb. 339 veranschaulichte die am meisten eingeführte und der ursprünglichen Form, an der ja nichts geändert werden kann und darf, am nächsten. Die Montierung des Instrumentes und der Fassung kann in Müller-Pouillets Physik, Bd. 1, Abb. 490 und 491, ersehen werden.

Die dritte Type der Barometer ist die der

Abb. 338. Buchsholzhülse zum Heberbarometer.

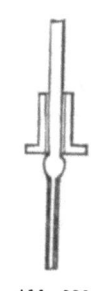

Abb. 339. Gefäßbarometer nach Fortin. Österr. Stationsbarometer.

144   Die Anfertigung der Apparate und Glasinstrumente.

Heberbarometer, von denen wieder zuerst das Rohr und dessen Anfertigung behandelt werden soll.

Als Anschauungsmittel für den Unterricht dient schon das in Abb. 326 erwähnte Dechantsche Instrument, an welchem die Toricellische Leere und das Heberbarometer gezeigt werden kann.

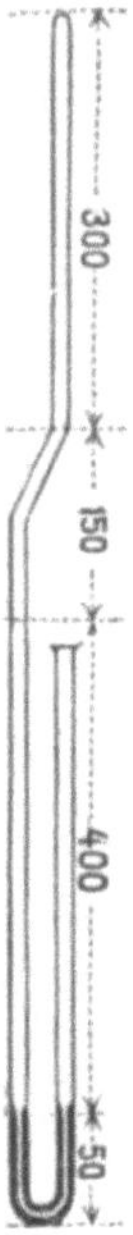

Die Anfertigung eines Heberbarometerrohres, Abb. 340, ist keine besonders schwere Arbeit, die eigentlich heikle Arbeit ist das Füllen des Rohres und das Biegen desselben in fast gefülltem Zustande. Die Röhren sollen ein Lumen von 12—15 mm haben und werden so gewählt, daß sie rein von Blasen und Kratzern sind. Die Form und Anordnung in Abb. 340 ist so gewählt, daß der obere und untere Schenkel in einer Geraden liegen, um die Ablesung und Anbringung der Skalen auf einer Seite zu ermöglichen. Die ganze Länge des Rohres ist aus der Zeichnung ersichtlich, doch läßt man es um ein beträchtliches länger. Man schneidet von dem gewählten Glasrohr einen Teil von ca. 1 m, und der andere ergibt sich dann von selbst ca. 55 cm lang. Für den gebogenen Teil des Rohres wird ein Stück Barometerrohr von ca. 3 mm Lumen und 10 cm Länge eingesetzt, das dazu dient, um das gefährliche Eindringen von Luft beim fertigen Barometer zu verhüten. Zuerst aber schmilzt man die Buntesche Spitze ein, wie sie im vorerwähnten Abschnitte beschrieben und aus Abb. 336 zu ersehen ist. Ist dies geschehen, so setzt man das für den Bug bestimmte Barometerrohr an und an dieses den kurzen Schenkel, worauf nach dem Erkalten der ∼förmige Bug am langen Schenkel gemacht wird. In dieser Form wird das Rohr der Reinigung unterzogen (Chromschwefelsäure usw., siehe vorne), und dann gut getrocknet, worauf dann die obere Kuppe geblasen wird, wobei jedoch wieder beim Hineinblasen der Wattepfropf angewendet werden muß. Das Rohr hat nun eine Gesamtlänge von ca. 140 bis 145 cm und wird, so wie vorne besprochen, an den Apparat Abb. 337 bei a b angeschmolzen und mit der Füllung so verfahren, daß man die Destillation unterbricht, sobald das Quecksilber im Rohre bald die Kapillare erreicht hat. Es wird dann das Rohr bei a, wenn erkaltet, abgeschnitten und der kürzere Schenkel auf seine genaue Länge gebracht und aufgerandelt oder verschmolzen.

Abb. 340. Heberbarometerrohr.

Nach dem Erkalten wird das Quecksilber durch vorsichtiges (!!) Schütteln aus dem unteren Schenkel und aus der zum Bug bestimmten Kapillare gebracht, aber so, daß das Quecksilber im langen Schenkel noch genau bis zu derselben ragt. Das eingesetzte Barometerrohr, die Kapillare, wird nun in ihrer Längenmitte langsam und vorsichtig angewärmt, und wenn genügend weich, so aufgebogen, daß der Bug in eine Ebene mit dem Buge des langen Schenkels und der kurze Schenkel in eine Gerade mit dem oberen Teile des langen Schenkels kommt. Ist

Abb. 341. Staubschutzkugel.

Anleitung zum Glasblasen.

das Rohr nun ganz erkaltet, so bringt man es mit der Kuppe nach oben in die senkrechte Stellung, wodurch das Quecksilber im langen Schenkel auf die Barometerhöhe sinken und einspielen und im kurzen Schenkel steigen wird. Nun wird mit einer Quecksilberpipette noch so viel reines Quecksilber aufgefüllt, daß dasselbe beim Neigen des Rohres den langen Schenkel ganz ausfüllt, im kurzen aber nur einige Zentimeter beträgt, wonach das Rohr zur Montierung fertig ist.

Um sich zu überzeugen, daß das Rohr gut gefüllt ist, neige man es und horche, ob der Klang des an die Kuppe stoßenden Quecksilbers ein reiner ist (Vorsicht!) und ob die Kuppe klar und rein erscheint (Lupe). Dieser Prüfungsvorgang soll bei allen Röhren und Barometern von Zeit zu Zeit vorgenommen werden, und wenn nach längerem Gebrauche sich ein Bläschen zeigt, muß eine Korrektion angebracht werden[1].

Auch an diesen Röhren ist es notwendig, eine Vorrichtung anzubringen, welche die Kommunikation mit der Atmosphäre zuläßt, aber den Staub abhält. Eine solche Staubkugel, Abb. 341, hat wie beim Birnbarometer, noch den Vorteil, daß man das Instrument beim Tragen von einem Orte zum anderen nur einfach langsam umzukehren hat und daß es mit der Kuppe nach unten getragen werden kann, ohne Schaden zu nehmen.

Die Montierung der Röhren ist wieder eine sehr verschiedenartige, wie aus den Abb. 342—344 ersehen werden kann. Die Ablesung des Barometerstandes am Heberbarometer erfolgt an beiden Schenkeln indem die Entfernung der beiden Quecksilberniveaus gemessen wird. Zu diesem Zwecke ist auch die Justierung eine verschiedene, und man montiert die Heberbarometer auf die Art, daß man erstens die Skala fest macht und das Rohr verschieben kann, zweitens kann das Rohr und die Skala fest sein, und drittens kann das Rohr fest und die Skala verschiebbar sein.

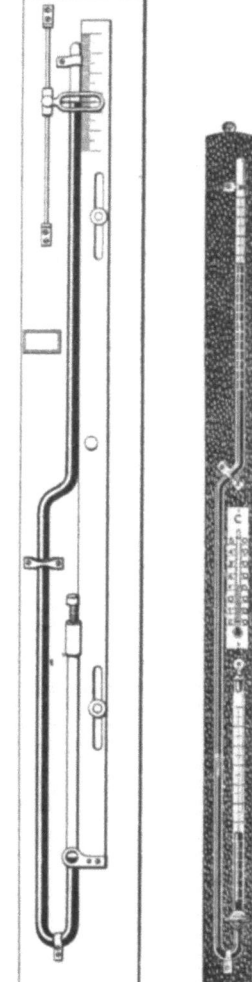

Abb. 342. Heberbarometer mit festem Rohr und verschiebbarer Skala.

Abb. 343. Heberbarometer nach Gay-Lussac.

Abb. 342 zeigt ein Instrument, an welchem die Skala verschiebbar ist, und zwar ist der Nullpunkt durch einen gespannten Faden markiert. Soll nun abgelesen werden, so wird die Skala durch eine Schraube so lange auf- oder abwärts geschraubt, bis das Queck-

[1] M. P., Bd. 1.

silber im unteren Schenkel auf 0 eingestellt ist; an der Skala am oberen Schenkel kann dann der Barometerstand direkt abgelesen werden. Abb. 343 zeigt eine Montierung, bei welcher Rohr und Skala fix montiert sind. An den beiden Skalen sind Noniusse angebracht, die eine sehr genaue Absehung gestatten. An der unteren Skala befindet sich der Nullpunkt, die obere trägt die Fortsetzung. Bei der Ablesung wird nun der Nonius auf den Quecksilberstand eingestellt und dessen Wert abgelesen, der richtige Stand aber ergibt sich, wenn man von der Ablesung der oberen Skala die Ablesung der unteren subtrahiert. Eine andere Art der Einteilung ist auch die, daß man den Nullpunkt in die Mitte verlegt und die beiden Teilungen von diesem aus beziffert, so daß die beiden Ablesungen dann addiert werden müssen. Diese Einteilung macht man meistens an Heberbarometern nach Gay-Lussac, deren Einteilung auf das Rohr geätzt ist und die eigentlich den Anspruch erheben können, die geringsten Fehler aufzuweisen. Bei einiger Tüchtigkeit des Erzeugers und Sorgfalt bei der Arbeit kann man solche Instrumente so genau herstellen, daß sie bei Vergleichen mit den Normalinstrumenten keine größeren Fehler als 0,01—0,03 mm zeigen. Für sehr genaue Arbeiten lassen sich an den Schenkeln des Gay-Lussacschen Barometers Glasnoniusse (siehe später Abb. 350) anbringen, welche eine Ablesung bis zu 0,02 ermöglichen.

Die Abb. 344 zeigt ein Instrument, das als sog. Reisebarometer eingeführt und infolgedessen etwas zarter, d.h. mit engeren Röhren, ausgerüstet ist, daher keinen sehr hohen Genauigkeitswert hat.

Erwähnt soll noch werden, daß man für Beobachtungen im Ballon Heberbarometer verwendet, bei welchen der Bug durch einen Gummischlauch ersetzt wird, der mit einem Quetschhahne versehen, dem ganzen Instrumente wohl die Eigenschaft verleiht, Stöße und unsanfte Behandlung leichter ohne Schaden ertragen zu können, aber eben durch den Gummischlauch die Genauigkeit sehr herabsetzt. Im übrigen bedient sich heute der Luftfahrer nur mehr der Aneroide, von denen später die Rede sein wird.

Soll das Heberbarometer versandfähig gemacht werden, muß es mit einem Verschluß, Abb. 345, versehen sein. Dieser besteht aus einem dünnen Stabe aus gutem hartem Holz, an dessen Ende ein reiner, porenfreier Kork, der streng in den Konus des kurzen Schenkels paßt, angeleimt ist. Im offenen Ende wird der Stab durch einen Kork zentriert. Beim Verschließen des Instrumentes muß dieses zuerst langsam in eine schräge Lage gebracht werden, damit das Quecksilber an die Kuppe reicht. Sodann schiebt man den Stab mit dem Kork ein und bindet ihn fest. Das Öffnen und Entfernen des Stabes hat wieder in schiefer Lage zu geschehen, nachdem erst kann das Barometer in die Vertikale gebracht und die Staubkugel aufgesetzt werden.

Abb. 344. Reisebarometer. — Wiener Typ.

Abb. 345. Heberbarometerverschluß.

Präzisionsbarometer.
(Patent angemeldet.)

Bei den, jetzt in Verwendung stehenden Quecksilberbarometern und ähnlichen Instrumenten, sind die bisher angewandten Methoden der Ablesung schwierig und werden, wenn dieselbe von zwei verschiedenen Personen gemacht werden, nie das absolut gleiche Resultat ergeben, da speziell beim Barometer der obere Meniskus in Betracht kommt und zu dessen genauer Ablesung wohl sehr viel Übung gehört.

Vorliegende Neuerung soll dies nun wesentlich vereinfachen, und es jedem Laien ermöglichen, ein solches Instrument mit Leichtigkeit auf Hundertstel Millimeter abzulesen. Die Vorrichtung ist folgendermaßen konstruiert:

Eine Mikrometerschraube taucht mit dem beliebig langen Ende in den Quecksilberspiegel des offenen Schenkels eines Heberbarometers, Abb. 346. Dieselbe ist mit einem Pol einer elektrischen Leitung verbunden, das Quecksilber steht mit dem anderen Pol der Leitung in Verbindung. Bei der Messung nun, schraubt man solange an der Mikrometerschraube, bis man sicher ist, daß kein Kontakt mehr besteht. Ist dies geschehen, dreht man die Schraube in umgekehrter Richtung langsam so weit, bis der Kontakt wieder hergestellt ist und liest dann an der Teilung der Mikrometerschraube ab.

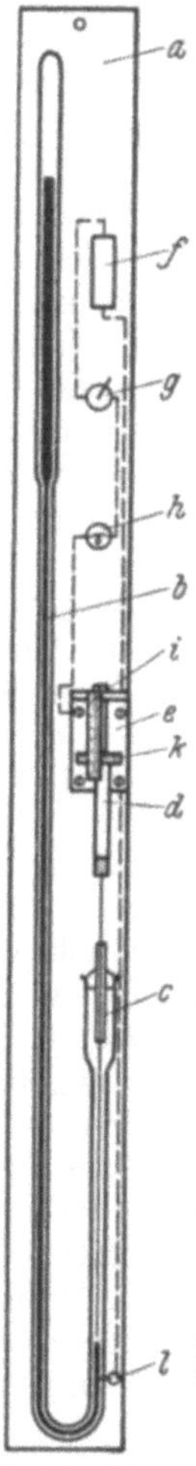

Zur besseren Erklärung diene die nun folgende schematische Darstellung des Präzisionsbarometers Abb. 347.

a) Barometerbrett.

b) Heberbarometer mit genau kalibrierten Röhren.

c) Einsatz mit Führung für das verlängerte Ende der Mikrometerschraube.

d) Mikrometer, wovon auf Skala i die ganzen und auf Trommel k die Zehntel und Hundertstel abzulesen sind.

e) Befestigungswinkel für die Mikrometerschraube.

f) Stabbatterie wie für Taschenlampen verwendet.

g) Schalter.

h) Glühlampe, welche gleich zur Beleuchtung der Schraube verwendet wird, um das Ablesen auch in dunklen Räumen zu ermöglichen.

l) Zuleitungskontakt zum Quecksilber des Barometerrohres.

Die strichlierten Linien bedeuten die elektrischen Leitungen.

Abb. 347. Schematische Darstellung des Präzisionsbarometers.

Abb. 346. Präzisionsbarometer. (O. u. F. Woytacek).

148 Die Anfertigung der Apparate und Glasinstrumente.

Obiger Kontakt ist natürlich für Schwachstrom gedacht, da ein zu starker Strom Funken bilden würde und diese würden Quecksilber und Kontaktspitze verunreinigen.

Die beiden auf der Abbildung ersichtlichen Skalen dienen dazu, den Barometerstand in Millimetern abzulesen, um eine Kontrolle dafür zu haben, daß das Barometer keine groben Fehler aufweißt. Die eine der beiden Skalen trägt das Thermometer für die Temperaturkorrektur.

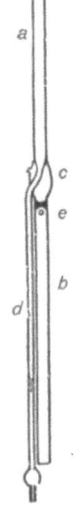

Abb. 348. Gefäßheberbarometer-Rohr.

Die nächste Type der Barometer für wissenschaftliche Zwecke ist das Gefäßheberbarometer nach dem Systeme Wild-Fuess, das beide vorangeführte Arten in sich vereinigt. In Abb. 348 ist das Rohr dieses Instrumentes dargestellt. Die zweite der Röhren a und e ist wieder 12 bis 15 mm weit und von genau gleichem Querschnitt. In der Erweiterung e, die mit der äußeren Luft nicht kommuniziert, ist ein Rohr g eingeschmolzen, welches seitlich aus der Erweiterung e führt, parallel zum Schenkel b läuft, die Buntensche Spitze enthält und etwas länger als b in eine Spitze ausläuft, wie das Fortinsche Rohr.

Am Schenkel b, der unten offen, gerade abgeschnitten und verschmolzen ist, ist ein kleiner Ansatz e angebracht, der die Verbindung mit der äußeren Luft herstellt, an den bei der Montierung dann eine stählerne Verschlußschraube angebracht wird.

Die Füllung des Rohres geschieht, indem das Rohr d, welches noch nicht auf seine Länge abgeschnitten sein darf, wie das Rohr des Fortinschen Barometers an den Destillationsapparat, Abb. 337 bei a, angesetzt und, wie schon beschrieben, verfahren wird. Nachdem das Rohr bis fast zur Stelle, an welcher es abgeschnitten werden soll, mit Quecksilber voll destilliert ist, nimmt man es von der Pumpe ab und schneidet es auf seine Länge, wobei beim Verschmelzen wieder mit Wattepfropf gearbeitet werden muß, um das Eindringen von Feuchtigkeit zu verhindern.

Um bei der Arbeit sicherer hantieren zu können, ist es gut, zwischen die Röhren b und d eine Asbesteinlage zu geben und zu binden, damit das Rohr d nicht so leicht abgebrochen werden kann.

Zur Montierung und Herstellung der Fassung des Instrumentes sei auf Abb. 504 des Lehrbuches von Müller-Pouillet, Bd. I, verwiesen.

Bei allen Barometern für wissenschaftlichen Bedarf ist die Ablesung des Nullpunktes und des Standes im Rohre von größter Wichtigkeit. Zu diesem Zwecke hat man an den Teilungen den Nonius angebracht, und zur weiteren Erhöhung der Ablesung bedient man sich der Lupen und Fernrohre.

Der an den Barometern in Verwendung kommende Nonius ist eine sehr sinnreiche, von dem Mathematiker Vernier konstruierte Vorrichtung, um bei Maßstäben die Teilung in Zehntel ablesen zu können. Der Nonius, Abb. 349, ist so an dem Maßstabe angebracht, daß er an der Kante desselben gleitet, seine Teilung ist aber so, daß 9 mm der Teilung

Präzisionsbarometer.

am Nonius in 10 Teile geteilt sind. Auf diese Art ist nun jeder Teil am Nonius um 0,1 mm kleiner, als ein Millimeter, also nur 0,9 mm.

Bei den Fassungen aus Metall ist dieser Nonius ebenso aus Metall und Skalen wie Nonius des besseren Sehens wegen versilbert; man bringt auch noch eine Ablesung über einen feinen Faden an, der mit dem Nullpunkt des Nonius übereinstimmen muß.

Bei Heberbarometern oder solchen, die, wie später erwähnt, als Kontrollinstrumente der Registrierinstrumente dienen und die Teilung am Rohre tragen, macht man den Nonius mit seiner Teilung aus Glas, Abb. 350, zum Überschieben am Rohre.

Von großer Bedeutung für die Vergleichung von Barometerbeobachtungen, weil diese alle auf 0° C reduziert werden müssen, ist daher auch die Temperatur, bei welcher die Ablesung am Barometer gemacht wird, es soll daher auch an jedem Barometer ein Thermometer angebracht sein.

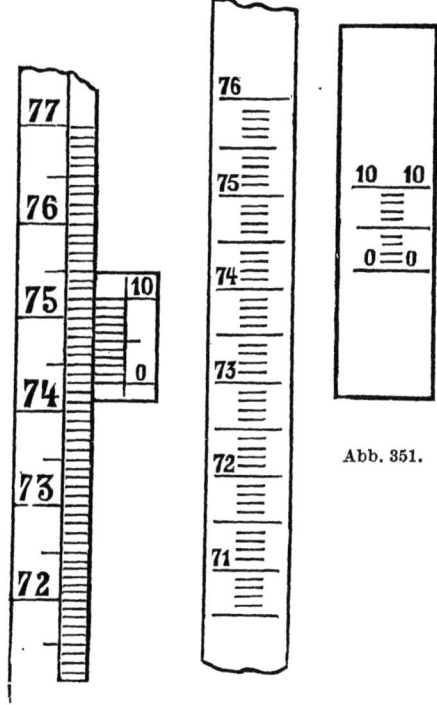

Abb. 349. Nonius nach Vernier.

Abb. 350.

Abb. 351.

Abb. 350 u. 351. Nonius auf Glasröhren.

Diese Korrektion auf 0° C ist aus folgender Tabelle zu entnehmen und hat in Millimetern zu erfolgen:

Millimeter	8°	10°	12°	14°	16°	18°	20°	22°	24°	26°	28°	30°
730	1,0	1,2	1,4	1,7	1,9	2,1	2,4	2,6	2,9	3,1	3,3	3,6
740	1,0	1,2	1,5	1,7	1,9	2,2	2,4	2,7	2,9	3,1	3,4	3,6
750	1,0	1,2	2,5	1,7	2,0	2,2	2,4	2,7	2,9	3,2	3,4	3,7
760	1,0	1,2	1,5	1,7	2,0	2,2	2,5	3,0	3,0	3,2	3,5	3,7

die vom abgelesenen Barometerstande in Abzug gebracht werden müssen.

Die Barometer dienen nicht allein zur Wetterbestimmung, sondern auch zur Bestimmung der Höhenunterschiede, also der Höhenmessung. Sie sind wichtige Instrumente unserer Luftfahrer geworden, die aber wieder nur Aneroide und von diesen wieder Registrierinstrumente verwenden, von den später die Rede sein soll.

Die unter der Bezeichnung Schiffs- oder Seebarometer vorkommenden Instrumente sind Fortinsche Barometer, die sich nur durch ihre

150   Die Anfertigung der Apparate und Glasinstrumente.

Aufhängungsvorrichtung von den anderen unterscheiden. Diese Vorrichtung ist der sog. Cardanische Ring, der es ermöglicht, daß das Instrument an den Bewegungen des Schiffes nicht teilnimmt und durch diese nicht nachteilig beeinflußt wird.

Ein Übelstand bei den Barometern ist der, daß nach längerer Zeit das Quecksilber in den Gefäßen der Gefäßbarometer und im offenen kurzen Schenkel der Heberbarometer oxydiert. Um diese Instrumente zu reinigen, legt man sie um, montiert beim Gefäßbarometer die Teile des Gefäßes ab, reinigt und montiert sie und füllt frisches und reines Quecksilber ein. Beim Heberbarometer öffnet man den kurzen Schenkel und gießt das oxydierte Quecksilber aus. Sodann wischt man mit einem Holzstabe, an welchem ein Wattebausch befestigt ist, zuerst mit etwas Alkohol und dann recht oft mit einem trockenen Wattebausch nach, bis die vollständige Reinigung und Trocknung erzielt ist, worauf wieder die kleine Menge reines Quecksilber aufgefüllt wird.

Bezüglich der auf den Barometern angebrachten Bezeichnungen: Veränderlich, Schön, Regen usw., ebenso wie Barometer, wird bemerkt, daß diese Bezeichnungen wohl sehr überflüssig sind, sie sind aber aus älterer Zeit übernommen und für den Laien bestimmt, sollten aber eigentlich nicht mehr angebracht werden.

Zum Vergleiche, zur Einstellung und Prüfung der Barometer dient als Normalbarometer am besten das Heberbarometer mit Fernrohrablesung oder ein Stationsbarometer mit sehr weiter Röhre, mit Teilung am Rohre und mit besonders großem Gefäß. Von ihm bei der Prüfung der Aneroide die Rede sein wird.

Um das Gebiet der Barometer nicht lückenhaft zu machen, sollen noch zwei Varianten behandelt werden, hauptsächlich aber deshalb, weil sie eben dem Praktiker sehr oft vorkommen können.

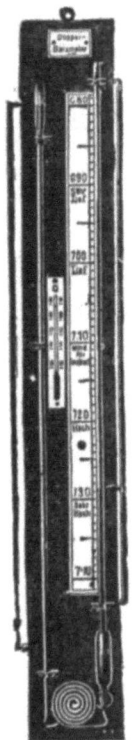

Abb. 352.
Contra- oder Doppelbarometer.

Das erste ist das sog. Doppel- oder Contrabarometer, Abb. 352, eigentlich ein Heberbarometer, das zuerst vom Physiker Huygens einfach und ohne Hähne konstruiert wurde und dessen offener Schenkel eine Kapillare und so lang wie der geschlossene ist. Der geschlossene Schenkel hat oben einen weiten Zylinder, den gleichen Zylinder trägt der offene Schenkel unten, wo sich der Nullpunkt des Barometers befindet. An diesem Zylinder sitzt ein Kapillarrohr, in welches gefärbtes Glyzerin oder Petroleum gefüllt ist. Der Querschnittsunterschied der beiden Zylinder und der offenen Kapillare muß sehr groß sein, um so einen großen Unterschied beim Fallen bzw. Steigen des Quecksilbers in der Kapillare zu äußern. Verringert sich der Luftdruck und fällt z. B. das Quecksilber im oberen Zylinder um einen Millimeter, so steigt es im unteren Zylinder, der Rauminhalt von 1 mm Höhe im Zylinder äußert sich aber in der Kapillare um das Mehrfache, so daß die Schwankung von 1 mm dort schon 15—17 mm beträgt, nur mit dem Unterschiede, daß die Skala verkehrt angebracht sein muß. Das Fallen des Luftdruckes erscheint daher in unserem Beispiele als ein Steigen der gefärbten Flüssigkeit in der Kapillare und umgekehrt, wonach die Skala entsprechend angebracht sein muß.

Zur Bestimmung der Skala an diesem Instrumente bedient man sich eines Normalbarometers und bringt zuerst eine Hilfsskala an, worauf man sich längere Zeit hindurch die Punkte notiert, und wenn einmal eine größere Schwankung verzeichnet werden kann, macht man auf Grund der Zeichen die Einteilung, die man dann wieder öfter nachprüft.

Zum Versand wird das Barometer geneigt und, sobald das Quecksilber oben anschlägt, schließt man die beiden Hähne, die man dann, wenn das Barometer wieder funktionieren soll, bei schräg liegendem Barometer erst öffnet und dieses in aufrechte Stellung bringt.

Abb. 353. Variometer.

Die zweite Variante ist ein Apparat, der gerade für den Unterricht über den Luftdruck von Wichtigkeit ist und leicht hergestellt werden kann. Es ist das das **Luftdruckvariometer nach Hefner-Alteneck**, mit dem man zarte und sich schnell abspielende Luftdruckveränderungen, die sich am Barometer nicht bemerkbar machen, nachweisen kann.

Der Apparat Abb. 383 besteht aus einer mindestens einen Liter haltenden starken Flasche, in welche mit einem Kork, der sehr gut schließen muß, zwei Röhrchen eingesetzt sind. Das eine Rohr reicht bis auf den Boden der Flasche und ist oben, wie im Bilde ersichtlich, gebogen; das zweite Rohr reicht nur bis unter den Kork und mündet außen in eine feine kapillare Spitze, von deren Feinheit die Höhe der Empfindlichkeit abhängt. In die sanfte Biegung des längeren Rohres bringt man einen Tropfen gefärbtes Petroleum, der bei ruhigem Stand immer den tiefsten Punkt des Buges einnehmen wird. An diesem Buge kann eine Skala angebracht werden, deren Nullpunkt sich an jenem tiefsten Punkte befindet. Um den Apparat gegen die störenden Wirkungen der strahlenden Wärme zu schützen, umhüllt man ihn mit Asbest oder dergleichen. Wie schon erwähnt, zeigt der Apparat schon die zartesten Veränderungen im Luftdruck an, indem beim Fallen desselben der Tropfen sich nach links, und beim Steigen nach rechts bewegt. Der Apparat zeigt bei vorsichtiger Handhabung schon Höhendifferenzen von einigen Metern, sowie die durch das Öffnen und Schließen einer Türe in einem Raume hervorgebrachte Luftdruckveränderung an.

Der Vorgang findet dadurch statt, daß bei der Druckänderung Luft in die Flasche gepreßt oder aus derselben gesaugt wird; der Ausgleich kann aber nur durch die Kapillarspitze erfolgen, und zwar sehr langsam, so daß dadurch in dem erheblich weiteren Rohr, welches aber durch den Tropfen abgeschlossen ist, dieser verschoben wird, und dies desto stärker, je dünner die Spitze gewählt ist.

Die Anfertigung der Apparate und Glasinstrumente.

I. Das Metallbarometer.

Das Metallbarometer ist ein Instrument, welches zwar nicht in das Gebiet der Glasbläserei gehört, wohl aber in jenes des Instrumentenmachers. Es ist gerade in unserer Zeit des technischen Fortschrittes mit Bezug auf die Luftschiffahrt von großer Bedeutung. Vor allem im Kriege hat man sich veranlaßt gesehen, besondere Fliegerbarometer als Aneroide zu bauen, weshalb die Metallbarometer nicht übergangen werden sollen.

Das Metallbarometer, das von dem Engländer Vidi konstruiert wurde, führt die nähere Bezeichnung „Aneroid"barometer, was auf Deutsch: „nicht feucht" heißt. Auch Bourdon hat ein Metallbarometer konstruiert mit dem Unterschiede, daß derselbe für sein Instrument eine gebogene Metallröhre (Thiometall) von linsenförmigem Querschnitte verwendete, deren Innenraum luftleer gemacht ist, während Vidi bei seinem Instrumente eine luftleere Dose als treibende Kraft verwendete. Die Metallbarometer Bourdonscher Konstruktion werden heute nicht mehr erzeugt, weil sie eben durch die Verbesserung der Vidischen

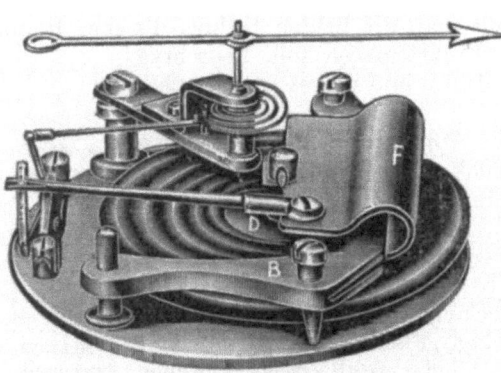

Abb. 354. Aneroid-Werk.

Metallbarometer von Naudet und Hulot überholt wurden, die das Instrument dann nun „Barometre Holosterique" tauften, was auch wieder griechisch ist und zu gut Deutsch: „ganz starr" heißt. In der Holosteriquebarometer-Konstruktion, von welcher in Abb. 354 das Werk dargestellt ist, eroberte sich das Metallbarometer die ganze Welt, nur wird auch unter dieser Marke so mancher Schund auf den Markt gebracht. Diese Werke, die mit ganz ausgesuchter Sorgfalt gearbeitet sein müssen, haben allerdings noch den Nachteil, daß sie leicht durch Beschädigungen und chemische Einwirkungen leiden können, aber sie haben dagegen viele Vorteile, die diesen Nachteil aufwiegen.

Das Werk besteht aus folgenden Teilen, die in Abb. 354 ersehen werden können.

Die Dose D, die aus Thiometall so hergestellt ist, daß ihre Flächen kreisförmig gewellt sind, um eine größere Empfindlichkeit zu erzielen, ist luftleer gemacht, und zwar so hoch als möglich ausgepumpt. Durch das Auspumpen werden durch den auf sie wirkenden Luftdruck die Flächen eingedrückt, um dies jedoch zu begrenzen, ist im Innern der Dose eine kleine Feder angebracht, die einen gewissen Gegendruck gibt und das zu starke Eindrücken der Dose verhindert. Die Dose D ist auf der Grundplatte befestigt, ebenso der Bügel B, welcher eine breite

Metallfeder F trägt, die mit der Mitte der Dose fest verbunden ist. Am Bügel B ist ein Hebel angebracht, der die durch den Luftdruck hervorgebrachten Veränderungen der Dose auf ein Hebelwerk weiterleitet, von welchem sie wieder durch die Wirkung einer Spiralfeder und eines auf die Welle des Zeigers gewickelten Kettchens auf den Zeiger übertragen werden.

Auf diese Art ist es möglich, daß man die Teilung so groß hervorbringen kann, daß man leicht Bruchteile der Millimeter abzulesen imstande ist.

Doch muß, da das Werk ein Mechanismus, wenn auch ein sehr feiner, ist, dieses Instrument genau justiert, einer sehr genauen Prüfung unterzogen werden, und diese alle 1—2 Jahre wiederholt werden, indem mit einem Normal-Barometer verglichen wird.

Zu diesem Zwecke sowie zur Bestimmung der Teilung am Instrumente dient die Apparatur Abb. 355, welche aus einem Stationsbarometer B besteht, das mit einem Ansaugrohr versehen ist. Durch dieses Rohr ist das Instrument mit einem Dreiweghahn,

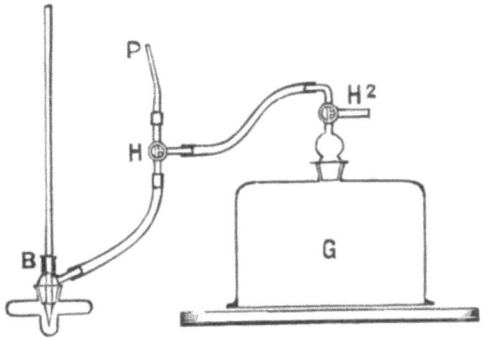

Abb. 355. Prüfungsapparat für Aneroide.

und dieser wieder mit einer Glasglocke G von entsprechender Größe, in deren Hals auch ein Dreiweghahn H 2 eingeschliffen ist, verbunden. Die Glasglocke ist mit ihrem Rande, der plangeschliffen ist, auf eine ebenfalls plangeschliffene Glasplatte von mindestens 16—20 mm Dicke aufgeschliffen und mit ganz wenig Pumpenfett (siehe vorne) aufgerieben. Unter diese Glocke werden die zu untersuchenden Instrumente gestellt und bei solchen, deren Teilung bestimmt werden soll, vorher Hilfsskalen angebracht. Mit der Abzweigung D wird der Apparat mit einer gewöhnlichen Luftpumpe verbunden und die Verdünnung angesaugt, die man wünscht, sodann wird am Instrumente B, evtl. mit Nonius, abgelesen und der Stand des zu prüfenden Aneroids unter der Glocke notiert. So werden am besten mehrere Punkte bestimmt und danach dann die Skala eingeteilt.

Als Registrierinstrument ist gerade wieder das Metallbarometer das geeignetste, nur muß in diesem Falle eine Anzahl von Dosen angebracht sein, um deren Bewegung summiert zur Äußerung zu bringen. Abb. 356 zeigt ein solches Registrierbarometer, wie es zur Aufzeichnung der Luftdruckschwankungen verwendet wird. Meistens werden bei diesen Instrumenten bis zu sieben luftleere Dosen aneinander gekuppelt, um die Empfindlichkeit möglichst hoch zu steigern. Diese Instrumente wurden bis vor dem Kriege aus dem Auslande, besonders aus Frankreich, eingeführt, sie werden aber jetzt in sehr solider und verläßlicher Ausführung auch bei uns erzeugt und finden großen Absatz.

Damit wäre wohl das Kapitel Barometer erledigt, doch mit Rücksicht auf die Praxis müssen noch zwei Sachen genannt werden, damit keiner der Jünger der Glasbläserei in Verlegenheit kommt, wenn er einmal gefragt würde. Diese „Instrumente" sind das Baroskop und die Barometerblumen, die eigentlich nur als eine Spielerei betrachtet werden können, aber doch einen kleinen wissenschaftlichen Hintergrund haben.

Das Baroskop ist eine Glasröhre, die mit einer Flüssigkeit gefüllt ist, deren Mischung später angegeben werden und die durch ihre „Kristallisation" und deren Veränderung das Wetter zeigen soll. Unsere Großeltern sollen auf dieses Wetterglas sehr viel gehalten und das Wetter damit bestimmt haben, es ist nur schade, daß über diese Wetterbestimmung in der Literatur gar nichts zu finden ist.

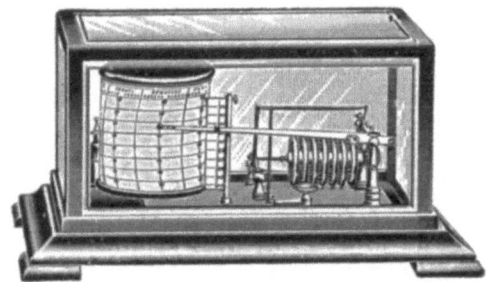

Abb. 356. Registrierbarometer.

Zur Herstellung dieser „Wunderflüssigkeit" benützt man: 2 Teile Salmiak, 2 Teile Salpeter, 3,5 Teile Kampfer, 20 Teile Alkohol und 10 Teile Wasser. Es empfiehlt sich, den Kampfer im Alkohol und die beiden Salze im Wasser zu lösen und die Lösungen, nachdem sie filtriert sind, zu mischen. Bei der Mischung scheiden sich verschiedene Kristalle aus, welche sehr hübsch sind, und aus diesen wird dann das Wetter bestimmt, oder sagen wir ausgedacht.

Die Barometerblumen sind auch eine ganz nette Spielerei, und man hat mit ihnen schon manche Reklame gemacht. Sie sind Blumen aus Stoff, der aber kein Klebemittel enthalten, also nicht appretiert sein darf, und sind mit einer Lösung von Kobaltchlorür präpariert. Das Kobaltchlorür trocknet in den feinen Fasern des Stoffes ein, richtiger es kristallisiert in diesem, und ist sehr hyproskopisch. Im trockenen Zustande ist dieses Salz blau, während es, wenn es Feuchtigkeit annimmt, rosa wird. Es ist also eigentlich ein Feuchtigkeitsmesser, der allerdings die Ablesung des Grades derselben nicht zuläßt, und aus der Feuchtigkeit, die durch die Rosafärbung angezeigt wird, soll dann auf Regen geschlossen werden.

C. Die Thermometer.

Die Erfindung des Thermometers ist eigentlich geschichtlich in Dunkel gehüllt, doch ist mit großer Wahrscheinlichkeit anzunehmen, daß das Thermometer in Italien erfunden wurde.

Die Thermometer.

Die ersten Versuche hat Galilei in den Jahren 1593—1603 gemacht, indem er an einem Ende eines sehr dünnen Glasröhrchens von ca. 40 cm Länge eine eiförmige Erweiterung anblies. Diese wurde mit der Hand erwärmt und das offene Ende des Röhrchens nach unten in ein Gefäß mit Wasser getaucht, worauf dann beim Abkühlen das Wasser im Rohre bis zu einer gewissen Höhe stieg. Dieses Instrument, das eigentlich ein Luftthermometer war, nannte Galilei Thermoskop und wurde dasselbe als das erste Instrument zur Messung der Temperatur verwendet, doch wurde dasselbe vom Luftdruck beeinflußt. Ebenso unklar wie die Erfindung des Thermometers ist die Frage, wer zuerst eine tropfbare Flüssigkeit als Füllung des Thermometers verwendet hat.

Um das Jahr 1631 soll ein Arzt Jean Rey schon Wasserthermometer benützt haben, und 1641 soll es schon Weingeistthermometer gegeben haben, von welchen um 1654 ein Pater Daviso berichtet und an deren Konstruktion und Erfindung auch der Großherzog von Toscana mitgearbeitet haben soll.

Dem Physiker Hooke ist es zu verdanken, daß er im Jahre 1664 die Temperatur des schmelzenden Eises als den unteren Fundamentalpunkt des Thermometers, also den Nullpunkt, einführte und ein Jahr später, 1665, führte Huygens das Quecksilber als Thermometerfüllung und auch den Siedepunkt des Wassers als oberen Fundamentalpunkt ein.

Viele Forscher beteiligten sich noch an der Ausgestaltung des Thermometers, bis es 1714 dem Danziger Gelehrten Daniel Fahrenheit gelang, die ersten, für die damaligen Verhältnisse genauen Quecksilberthermometer herzustellen. Derselbe Forscher war auch der erste, der nachgewiesen hatte, daß der Luftdruck auf den Siedepunkt des Wassers Einfluß habe. Den Nullpunkt der Skala seines Thermometers, die als die älteste gilt, stellte Fahrenheit in einer Kältemischung von Schnee- und Salmiak fest, die einer Temperatur von $-17,8^0$ C entspricht, bezeichnete die Körpertemperatur des Menschen mit 96 und den Siedepunkt des Wassers mit 212^0, so daß nach dieser Skala der Abstand des Gefrier- und Siedepunktes des Wassers in 180 Grade geteilt ist.

Nach Fahrenheit befaßte sich 1730 der Franzose René A. Ferchault de Réaumur, der ein Gegner der Quecksilberfüllung war, mit der Feststellung einer Skala, in welcher er die beiden Fundamentalpunkte mit 0 und 80^0 bezeichnete.

1736 stellte der schwedische Forscher Andreas Celsius eine Skala her, auf welcher der Siedepunkt mit 0 und der Eispunkt mit 100 bezeichnet wurden, also eigentlich gegen die heutige Skala vertauscht waren. Erst die Forscher Linné und Strömer schlugen vor, den Eispunkt mit 0^0 und den Siedepunkt mit 100^0 zu bezeichnen, was auch eingeführt wurde. Es wäre daher richtig, diese Einteilung nicht als eine solche nach Celsius zu benennen, sondern sie als „Centigrade" zu bezeichnen, wie es die Franzosen vorziehen.

Sehr sonderbar ist wohl in bezug auf die Einteilung der Thermometerskalen die Tatsache, daß in England und Amerika ausschließlich die Einteilung des Deutschen Fahrenheit, in Frankreich die Skala des Schweden Celsius und in deutschen Landen die des Franzosen Réaumur eingeführt ist und allgemein benützt wird. In der Wissenschaft jedoch wird mit der 100teiligen, also Celsiusskala, gearbeitet, obwohl eigentlich diese und auch die beiden anderen nur willkürliche sind, und es soll auch in diesen Abhandlungen, wenn keine näheren Angaben gemacht sind, nur das 100teilige Thermometer gemeint sein.

Die Bezeichnung Thermometer stammt aus dem Griechischen und bedeutet „Wärmemesser".

Thermometer werden in allen möglichen Formen und Dimensionen konstruiert und allen wissenschaftlichen und technischen Zwecken angepaßt und verfertigt und zur Messung der Temperaturen von -190^0 bis $+625^0$ je nach ihrer Füllung und dem verwendeten Materiales, verwendet.

Zur Anfertigung von Thermometern benützt man Thermometer- und Zylinderröhren aus Instrumentenglas, für wissenschaftliche Instrumente ausschließlich Jenaer Normalglas Nr. 16 III, Jenaer Borosilikatglas 2954 III und für Thermometer über 525^0 C das Jenaer Supremaxglas. Auch das Normalglas „Gege Eff", ein Sodaglas von hervorragender Qualität, welches schon im Abschnitt „Glassorten" erwähnt ist, wird für wissenschaftliche Thermometer an Stelle der Jenaer Gläser 16 III und 2954 III verwendet und Instrumente aus diesem Glase zur Eichung zugelassen.

Als thermometrische Substanz wird hauptsächlich Quecksilber und für Instrumente für besondere Verwendungen und Verhältnisse Weingeist (Alkohol 95%), Äther, Toluol, Xylol, Schwefelkohlenstoff, Petroläther, Pentan, Kreosot, Schwefelsäure verwendet.

Wenn schon in der Glasbläserei die zur Anfertigung von sonstigen Instrumenten und Apparaten verwendeten Röhren von besonderer Reinheit sein müssen, so gilt dies in bedeutend erhöhtem Maße bei der Anfertigung von Thermometern.

Auch bei der Arbeit ist beim Hineinblasen darauf zu sehen, daß nicht Feuchtigkeit in die Thermometerröhren gelangt, was sich bitter rächt, wenn man zur Füllung gelangt und dann sieht, daß oft das Instrument dadurch gänzlich wertlos ist.

Die Eigenschaften des Jenaer Thermometerglases, von welchem die oben erwähnten drei Arten erzeugt werden, wurden schon an anderer Stelle gewürdigt; diese Glassorten werden, wie schon mehrmals erwähnt, nur für wissenschaftliche Instrumente verwendet. Zur Anfertigung von Thermometern für technische Zwecke, also zur Verwendung in Fabriken und Gewerben, benützt man in neuerer Zeit ein Thüringer Instrumentenglas von sehr guter Qualität, das allen Anforderungen entspricht.

Über Form und Querschnitt, sowie Arten von Thermometerröhren ist schon im Abschnitte „Material" die Rede.

Die Empfindlichkeit, d. h. die Größe des Grades am Thermometer, die der Thermometermacher „Bewegung" nennt, hängt von dem Querschnitte der Kapillare und der Größe des Quecksilbergefäßes ab, die zueinander in ein bestimmtes Verhältnis gebracht werden müssen.

Die zur Verwendung gelangenden Thermometerröhren müssen an allen Stellen gleich weit sein, also das Lumen den gleichen Querschnitt haben. Diese Röhren müssen daher gemessen werden, was man das „Kalibrieren" der Röhren nennt. Zu diesem Zwecke wird in das zu messende Rohr eine kleine Menge Quecksilber gebracht, was am besten durch Ansaugungen mit einem kleinen Ballon, oder ein Stück Gummischlauch mit Stöpsel geschieht.

Diese als Faden erscheinende Menge wird auf seine Länge an einer Stelle des Rohres gemessen. Durch Neigen des Rohres bringt man den Faden um ca. ½ m weiter an eine andere Stelle und mißt hier wieder, usf. Hat er an jeder Stelle die gleiche Länge gezeigt, so ist das Rohr gleichmäßig, was aber leider nur selten vorkommt und infolgedessen die feinen Instrumente so verteuert.

Von großer Wichtigkeit ist ferner, daß man sich die Weite der Kapillare feststellt und mißt. Diese Messung der Kapillaren geschieht am besten, indem man die zu messenden Röhren mit dem unteren Ende in eine kleine, ganz flache Tasse bringt, in welcher höchstens 1—1½ mm hoch ganz reiner Alkohol ist. Wenn man die Röhren aufrecht und ohne Neigung einige Minuten in diesem Alkohol stehen läßt, zieht sich derselbe durch die Kapillarität in die Röhren hinein und wird je nach ihrer Weite entsprechend hoch gesaugt werden, und zwar wird er, je enger die Röhren sind, desto höher stehen.

Diese Art der Messung ist, wenn sie rein und sorgfältig ausgeführt wird, eine sehr genaue. Ist man nun sicher, daß die Kapillarwirkung zur Ruhe gekommen ist, was man dadurch erreicht, daß man den Stand des Alkohols durch einen Punkt mit Tusche usw. am Rohre bezeichnet, und dann einige Sekunden beobachtet, ob der Alkohol noch steigt, so stellt man die Röhren, ohne sie aus der vertikalen Lage zu bringen, in ein Gefäß, auf dessen Boden sich, sehr dicht aufgeschichtet, Charpiewolle (sehr rein und trocken!) befindet, welche den Alkohol gierig und rasch aufsaugt und so das Rohr reinigt. Der an den Rohrenden haftende Alkohol verdampft sehr bald und schadet dem Instrumente kaum, weil seine letzten Reste beim Füllen ohne Rückstand verflüchtigen müssen, wenn alles richtig gemacht und darauf Bedacht genommen wurde. Auf diese Art ist man jetzt in der Lage, die Kapillaren sich genau wählen zu können, wie sie zu dem zu erzeugenden Instrumente notwendig sind, um jene „Bewegung" herauszubekommen, die vorgeschrieben ist. Der geübte Thermometermacher hat schon so viel Erfahrung, daß er meist in der Lage ist, die Größe des Gefäßes zu treffen; um ganz sicher zu sein, bläst er sich jedoch für seine Arbeit ein „Muster" und bestimmt durch dieses die „Bewegung".

In diesen Fällen läßt sich bei feinen Instrumenten eine große Gleichheit in der Bewegung erzielen, wenn der Zeitaufwand keine Rolle spielt, was er ja eigentlich nicht darf.

Die Empfindlichkeit des Thermometers hängt noch von verschiedenen Umständen ab. Um sie möglichst zu erhöhen, soll man eine sehr enge Kapillare verwenden, um ein möglichst kleines Thermometergefäß zu benötigen. Dadurch leidet jedoch wieder die Sichtbarkeit, die zwar durch prismatische Röhren verbessert werden kann, aber gerade bei feinen Instrumenten nicht, weil solche Röhren bei der Beobachtung mit Fernrohrablesung störend wirken.

Das zur Verwendung gelangende Quecksilber muß von besonderer Reinheit sein, und ein gewissenhafter Thermometermacher wird schon im Interesse seiner Arbeit kein anderes verwenden. Sehr lohnend ist es, nur destilliertes Quecksilber zu verwenden, weil dieses schon die Arbeit in bezug auf Glühen und Kochen ganz wesentlich erleichtert, im übrigen sei auf den Abschnitt J verwiesen.

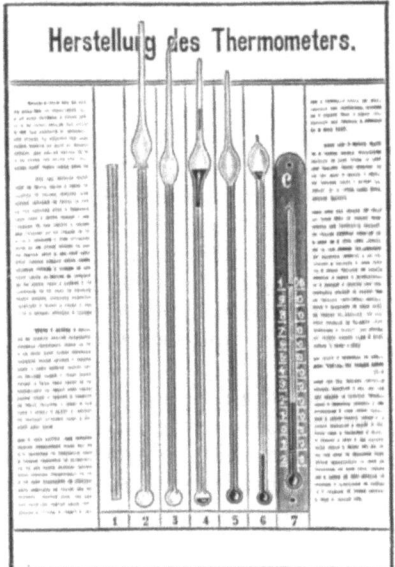

Abb. 357.

Gerade das Glühen und Kochen, von dem bei der Füllung gesprochen werden soll, ist von großer Wichtigkeit für die Qualität der Instrumente. Kaum ein Instrument kann eine so weitverzweigte und vielartige Verwendung aufweisen, wie das Thermometer, brauchen wir es doch mit dem Augenblicke unseres Eintrittes in die Welt, wenn unser erstes Bad bereitet wird, und es gibt keinen Menschen, der auf Bildung Anspruch machen will, der ohne Thermometer sein kann.

Wenn zur Einleitung über die Arten der Thermometer nach ihrer Verwendung gesprochen werden soll, so können wir im Hause, in der Familie, anfangen. Hier braucht man Fenster-, Zimmer-, Bade-, Fieberthermometer, Einkoch- und Sterilisierthermometer und auch solche zum Backen.

Viel größer noch ist die Anwendung und der Gebrauch der Thermometer in der Industrie und in den Gewerben, von denen nur wenige dieses Instrument entbehren können. Ganz unentbehrlich jedoch ist das Thermometer in der Naturwissenschaft, für welche und von welcher es ja eigentlich erfunden wurde.

Vor nun mehr als vier Jahrzehnten hat der Verfasser zum Anschauungsunterrichte in der Naturlehre eine Tafel, Abb. 357 zusammengestellt, auf welcher die Herstellung des Thermometers in seinen verschiedenen Stadien vorgeführt und erklärt wird und die ihren Weg in alle Welt gefunden hat. In Abb. 357 sehen wir eine solche Tafel, deren Erläuterung wie folgt lautet:

Stad. 1 ist das zu einem gewöhnlichen Thermometerrohre bestimmte Glasröhrchen von entsprechender Länge und entsprechendem Querschnitte. An dieses Rohr wird eine Kugel angeblasen, Stad. 2, und zwar so groß, wie es durch das Blasen eines Musters ermittelt wurde, daß das Thermometer die Grade —10 bis 100° C gibt, wie im Stad. 7 ersichtlich ist. An das Rohr Stad. 2 wird aus dem in der oberen Abbildung des Stad. 2 angedeuteten Röhrchen eine Kugel, Stad. 3, angeblasen, die in noch sehr heißem Zustande in eine feine zarte Spitze ausgezogen und an dieser zugeschmolzen wird. Dieses Stadium heißt das Rohr mit angesetztem Trichter. Es enthält, nachdem die feine Spitze oben zugeschmolzen wurde, während der ganze Trichter sehr heiß und die Luft ausgedehnt war, einen luftverdünnten Raum. Ist das Rohr im Stad. 3 gut erkaltet, so kann die Füllung des Trichters, also zuerst nur der oberen

Abb. 37 a, Stad. 2. Anblasen der Kugel an das Thermometerrohr.

Kugel, erfolgen. Dies geschieht, indem das Rohr mit der feinen Spitze nach abwärts in Quecksilber getaucht wird und man die Spitze unter Quecksilber durch sanftes Aufstoßen abbricht, Stad. 3a. Nachdem die Luft verdünnt war, wird jetzt das Quecksilber vom äußeren Luftdruck in den Trichter gedrückt und man beobachtet, daß etwas mehr als für die Füllung der unteren eigentlichen Kugel nötig ist, eindringt. Sodann bringt man das Rohr in die vertikale Lage, in welcher dann etwas Quecksilber in die untere Kugel rinnen wird, was Stad. 4 zeigt. Um ein Verdampfen des Quecksilbers zu verhüten, wird die feine Spitze am Trichter zugeschmolzen. Das Rohr in Stad. 4 wird nun bei der Spitze des Trichters gehalten und in seiner ganzen Länge, den Trichter ausgenommen, also nur das Thermometerrohr, auf einer Flöte (siehe vorne) auf ca. 400°, d. h. etwas über den Siedepunkt des Quecksilbers, aber nicht bis zum

Weichwerden des Glases, erhitzt, dann aus der Flamme genommen und in einer kleinen Bunsenflamme das Quecksilber in der Kugel vorsichtig unter Drehen zum Kochen gebracht (Stad. 4a), wodurch alle Luft aus der Kugel verdrängt wird. Nun wird das Rohr vertikal an einem Stativ od. dgl. aufgehängt, worauf sich die Kugel ganz mit Quecksilber füllen wird. Ist dies nicht der Fall und man bemerkt in der Kugel noch einige Luftblasen, so ist die Erwärmung und das Kochen zu wiederholen, worauf gewiß die Füllung eintritt, wenn die Arbeit richtig gemacht wurde. Diese Arbeit wird das „Glühen" und Auskochen des Thermometers genannt und ist

Abb. 357b, Stad. 3. Ansetzen des Trichters.

für die Güte des Instrumentes von großer Bedeutung. Ist nun das Rohr nach dem Kochen gefüllt und gut abgekühlt, wird die Spitze des Trichters aufgeschnitten, das Rohr mit dem Trichter nach abwärts gehalten und das noch im Trichter befindliche überschüssige Quecksilber durch leichtes Anwärmen des Trichters aus diesem entfernt, daß Stad. 5 entsteht. Das Rohr ist nun luftfrei, bis zu seinem oberen Ende mit Quecksilber gefüllt und es folgt nun das „Luftleermachen", was der Glasbläser „Hörndlmachen" nennt.

Zum Luftleermachen wird die Kugel des Trichters in die Gebläseflamme gebracht und so lange erhitzt, bis sie zu einem kleinen massiven Klümpchen zusammengeschmolzen ist. So lange nun dieses Klümpchen noch weichwarm ist, bringt man im angrenzenden Rohre ein ganz klein wenig Quecksilber zum Verdampfen, indem man nur ein wenig durch die Flamme fährt, oder erwärmt die Thermometerkugel um nur 2 bis

Die Thermometer. 161

3 Grade, dadurch dringt Quecksilber in das noch weiche Klümpchen Glas und verdampft, und der Dampf bläst eine kleine Kugel auf, die man dabei etwas zieht. Es entsteht dann auf dem Thermometerrohre eine kleine längliche Blase, die der Quecksilberdampf aufgeblasen hat und die nun, wenn sie abgekühlt und der Dampf kondensiert ist, luftleer sein muß und vom Thermometermacher „Hörndl" genannt wird.

An dem Hörndl befindet sich jedoch noch mit einer massiven Unterbrechung die Spitze des Trichters, welche gerade an der massiven Stelle mit einer kleinen Flamme abgeschmolzen wird, wodurch dann Stadium 6 entstanden ist. In diesem Zustande ist das Thermometerrohr luftleer und das Quecksilber läuft nun leicht von der Kugel in das „Hörndl" und

Abb. 357c, Stadium 3a. Füllung des Trichters mit Quecksilber.

umgekehrt, man bringt auch auf diese Art etwa noch in der Kugel vorhandene Luftbläschen aus derselben, wenn man das Quecksilber in das Hörndl laufen läßt und dann das Rohr rasch mit der Kugel nach unten in die senkrechte Lage bringt, dabei aber darauf sieht, daß sich das Quecksilber im Hörndl mit dem Quecksilber im Rohre verbindet und ohne abzureißen wieder zurückfließt. Das Quecksilber läuft dann vom Hörndl in die Kugel, und die etwa in der Kugel noch vorhandene Luft wird an der Übergangsstelle vom Rohre zur Kugel in kleinen Bläschen sichtbar. Dreht man jetzt das Rohr mit dem Hörndl nach unten um, so wird das Quecksilber an dieser Stelle abreißen und das im Rohr gewesene in das Hörndl laufen. Ist dies geschehen, klopft man mit einem Bleistift oder irgendeinem leichten Holzstiele sehr sachte an die Kugel, und das Quecksilber wird aus der Kugel in das Hörndl laufen. Sobald aber nach dem ersten der zweite Tropfen im Hörndl sichtbar wird, läßt man diesen nicht mehr ins Hörndl fallen, sondern sucht durch Neigen oder zartes Schütteln das im Hörndl schon befindliche Quecksilber an den Trichter zu bringen

Abb. 357d, Stadium 4a. Auskochen des Thermometerrohres.

Abb. 357e, Stadium 5. Entleeren des überschüssigen Quecksilbers.

und bringt das Ganze wieder vertikal, wodurch jetzt das Quecksilber in die Kugel läuft, die aber keine Luft mehr enthält, weil diese im Hörndl geblieben ist. Um sich zu überzeugen, ob in der Kugel keine Luft mehr ist, läßt man das Quecksilber im Rohre bis zum Hörndl verlaufen, worauf sich in der Kugel eine Blase zeigen wird. Diese Blase beobachtet man nun, währenddem man das Quecksilber wieder vom Hörndl zur Kugel laufen läßt. Ist die Kugel nun wirklich luftfrei, so muß diese Blase, weil sie ja eine absolute Leere ist, in Nichts zusammenlaufen und keine, auch nicht die geringste Spur zurücklassen, weil sonst Luft vorhanden wäre.

Durch Abtropfen des Überschusses des Quecksilbers kann nun, je nach dem Gradumfang des Thermometers, also nach seiner Bewegung, die es macht, die Menge des Quecksilbers bemessen, d. h. technisch ,,reguliert" werden. Ist die Regulierung erfolgt, so wird das Rohr unterhalb des Hörndls an einer kleinen Zone erwärmt und auf seine bestimmte Länge gezogen. Sodann läßt man das Quecksilber aus der Kugel laufen, bis es die eingeschnürte Stelle erreicht hat, und schmilzt dann rasch mit der Stichflamme ab. Nach dieser Hantierung ist das Thermometerrohr fertig und kann die Anfertigung der Skala erfolgen, und das Thermometerrohr, Stadium 7, ist bis zur Justierung fertig.

Noch einmal sei darauf hingewiesen, daß die Güte eines Thermometers ganz besonders von dem vorn erwähnten ,,Glühen und Auskochen" abhängig ist.

In der Thermometermacherei, wo es sich um Herstellung im großen handelt, hat man daher zu diesem Zwecke die unter den Brennern genannte ,,Gasflöte" konstruiert, man ist jedoch noch weiter gegangen und hat Öfen gebaut, mit welchen man bis 150 Stück Thermometer in der Stunde und noch mehr tadellos füllen und auskochen kann. Diese Glühöfen hat man sowohl für Holzkohlen-, wie Gasfeuerung gebaut; besonders die letzteren sind besser, weil sie die Regulierung der Hitze gestatten.

Auch die Luftleere des Thermometers ist von Wichtigkeit, daher ist dem Hörndlmachen besondere Aufmerksamkeit zu widmen und beim Abnehmen desselben das Herablaufen des Quecksilbers nicht zu versäumen.

Alle Thermometer für Temperaturen unter 200° C müssen luftleer sein, um genau und richtig zu zeigen.

Da aber das Quecksilber im luftleeren Raume ungefähr bei 200° C zu kochen beginnt, so sind Thermometer, die luftleer sind, über dieser Temperatur nicht zu gebrauchen, weil das Quecksilber bei 200° C schon zu kochen und im Thermometer zu hüpfen beginnt.

Man füllt daher bei Thermometern über 200° C den Raum über dem Quecksilber mit einem indifferenten Gas, d. h. mit einem Gas, welches mit dem Quecksilber keine Verbindung eingeht, also mit Wasserstoff, Stickstoff oder Kohlensäure, unter möglichst hohem Drucke.

Diese Füllung mit Gas hat den Zweck, den Siedepunkt des Quecksilbers zu erhöhen; man kann solche Thermometer, trotzdem der Siedepunkt des Quecksilbers 360° beträgt, weit über 500 bis 635° C benützen, sie sind auch verläßlich, nur müssen sie aus Jenaer Supremaxglas hergestellt sein.

164 Die Anfertigung der Apparate und Glasinstrumente.

Zur Füllung der hochgradigen Thermometer mit Stickstoff unter Druck benützt man den in Abb. 358 abgebildeten Apparat.

Außer der Stahlflasche mit dem Gas und einer Anschlußspirale besteht derselbe aus einem Eintrittsventil, dem Manometer, den beiden Trockenflaschen, einem Zwischenventil, dem Anschlußzapfen, sowie dem Vakuumventil mit Pumpzapfen. Die Ventilkörper nebst Manometer und Trockenflaschen sind auf einem Holzstativ fest montiert, während die Anschlußspirale linksseitig überragt, um die Verbindung mit der Stickstoffflasche leicht zu ermöglichen. Die Trockenflaschen

Abb. 358. Apparat zur Füllung der hochgradigen Thermometer mit Gas.

sind mit Chlorcalcium gefüllt, nach oben aber mit Glaswolle abgedeckt. Das Chlorcalcium dient, wie ja bekannt, zur Entfeuchtung des Gases, die Glaswolle verhindert das Übertreten von Chlorcalcium in Ventile und Thermometer. An dem Anschlußstück rechts befinden sich zwei oder mehrere Anschlußzapfen nebst Verschlußmuttern usw. für die Thermometer.

Das Anschließen der zum Füllen fertigen Thermometer geschieht mit Hilfe von besonderen Glasröhren (Barometerrohr oder starkes, Chemisches-Thermometer-Rohr), deren obere Enden flanschartig aufgetrieben werden, damit sie in die Anschlußzapfen eingeführt und mit Hilfe der Überfangmutter festgeschraubt werden können, nachdem sie zuvor mit Hartgummi, Leder oder Vulkanfiber abgedichtet worden sind. Am unteren Ende dieser Glasröhren wird eine Kugel oder ein längerer Hohlraum angeblasen, der zur Aufnahme eines kleinen Kügelchens Roseschen Metalls bestimmt ist und an den — nachdem dieses Metall eingeführt ist — das zu füllende Thermometer angesetzt wird.

Vor dem Füllen der Thermometer ist der Apparat von atmosphärischer Luft zu befreien, das geschieht dadurch, daß man Stickstoff aus der Flasche durch den Apparat gehen läßt und hierbei das am weitesten rechts befindliche Vakuumventil öffnet, sodann schließt man das Zwischenventil, wodurch ein abermaliges Eintreten von atmosphärischer Luft in die Trockenflaschen, in das Manometer usw. verhindert ist. Wird

Die Thermometer. 165

Wert darauf gelegt, daß auch die Thermometer vor dem Füllen von atmosphärischer Luft befreit werden, so schließe man an den Pumpzapfen rechtsseitlich des Vakuumventils eine Luftpumpe an, um die Luft aus dem Anschlußstück nebst den angeschlossenen Hilfsröhren und Thermometern zu saugen. Sobald dies erreicht ist, wird das Vakuumventil gleichfalls geschlossen.

Um einen unnützen Verbrauch an Stickstoff zu vermeiden, setzt man die Trockenflaschen nebst Manometer, d. h. den Apparat zwischen dem Eintritts- und Zwischenventil unter Druck (bis zu 40 Atm.), öffnet sodann — nachdem das Anschlußstück nebst Thermometer von atmosphärischer Luft befreit und das Vakuumventil geschlossen ist — das Zwischenventil, um die Thermometer zu füllen und schließt sodann das Zwischenventil wieder. Sind die Thermometer auf diese Weise mit Stickstoff gefüllt, so erwärmt man mit einem Handgebläse die an den Hilfsröhren vorgesehenen Kugeln bzw. die in ihnen befindlichen Metallkügelchen, die bei geringer Erwärmung flüssig werden und in diesem Zustande nach unten in die Thermometerröhren fließen und sie verschließen. Sodann werden die Thermometer abgeschnitten, um neue Thermometer wieder anzuschließen.

Auf dem in der Tafel beschriebenem Wege hat man eigentlich nur das Rohr des Thermometers hergestellt, wie solche z. B. für Fensterthermometer, Zimmer- und Badethermometer usw. verwendet werden, nachdem man sie entsprechend adjustiert hat, wie wir sie in Abb. 368 bis 373 sehen und wie sie im Leben uns oft begegnen und vielleicht am meisten Gebrauch finden.

In der ersten Zeit, als die Thermometerfabrikation begann, waren überhaupt keine anderen Konstruktionen und Ausführungen vorhanden, man kann nun an der Hand der dann folgenden Abbildungen unserer heutigen Instrumente einen Vergleich anstellen und bemessen, wie bescheiden unsere Vorfahren der Gelehrtenwelt sein mußten in ihren Ansprüchen, und doch leisteten sie Ersprießliches.

Einen Schritt weiter machte die Thermometermacherei mit der Erfindung der Zylinder-, oder, wie sie im Handel genannt werden, der „Glaseinschlußthermometer", die aber der Fachmann einfacher „eingeschmolzene" Thermometer nennt und deren Anfertigungsstadien in den Abb. 358—367 dargestellt werden sollen.

Das kalibrierte, zugeschnittene und gemessene Rohr, prismatisch mit flacher Öffnung, Abb. 359 wird an einem Ende zugeschmolzen und an seinem anderen wird ein Thermometerrohr von rundem Querschnitt, das sog. Ansatzrohr, angesetzt und knieförmig, Abb. 360, gebogen. Auf die entsprechende Halslänge des Thermometers geschnitten, wird am Ansatz eine Erweiterung, Abb. 361, geblasen, diese in der Mitte abgeschnitten und aufgerandelt, wodurch das sog. „Scheibchen", Abb. 362, entsteht und das Thermometerrohr zum Einschmelzen fertig ist.

Die zur Herstellung des Zylinders notwendigen Röhren werden doppelt zugeschnitten, die Ränder verschmolzen und in der Mitte auseinandergezogen, wodurch Abb. 363 entsteht, an welche dann der Hals Abb. 364 angezogen wird, der schön egal und nicht zu schwach im Glase gehalten werden soll. Hierauf wird das einzuschmelzende, mit dem Scheibchen versehene Thermometerrohr eingeführt und mit einem Wachsklümpchen so angeklebt, daß es in jener Stellung fixiert ist, in welcher es gebraucht wird, Abb. 365. Sodann wird das Scheibchen im Halse angeschmolzen, wobei die Stelle so erwärmt wird, daß links vom Scheibchen nicht zu viel Glas warm und weich, das Scheibchen aber gut geschmolzen wird. Beim Verblasen muß sodann einmal von oben und einmal von unten geblasen

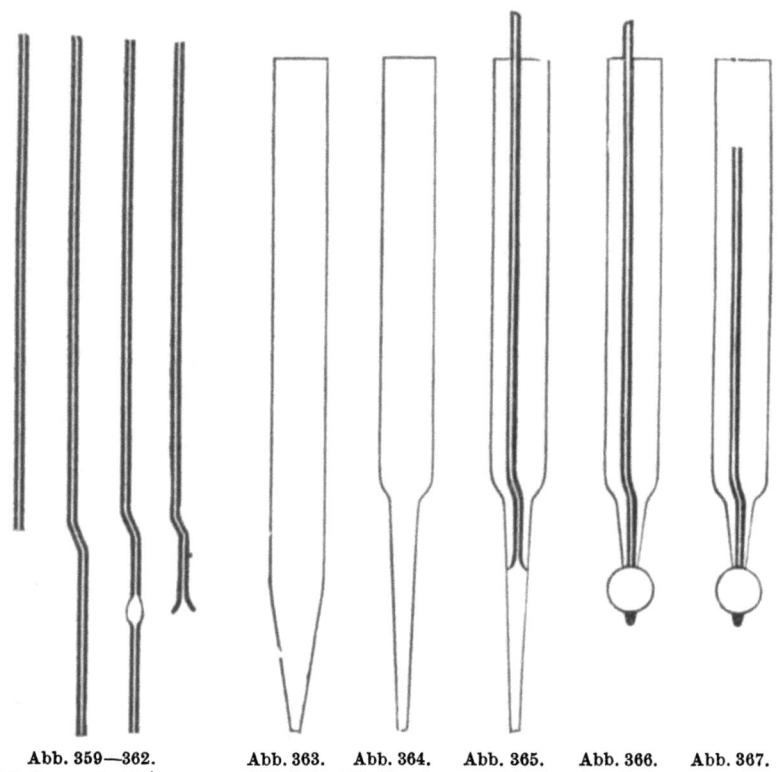

Abb. 359—362.
Arbeitsgang des Thermometerrohres für ein einfaches Einschlußthermometer.

Abb. 363. Abb. 364. Abb. 365. Abb. 366. Abb. 367.
Abb. 363—367. Einsetzen und Einschmelzen des Thermometerrohres in das Zylinderrohr für ein einfaches Einschlußthermometer.

werden, indem man aber die geblasene Stelle etwas verzieht. Dann wird die Kugel von unten aus geblasen, die Spitze abgenommen und gut gekühlt. Der nach dem Blasen der Kugel abfallende Teil mit seiner Spitze wird als Trichter verwendet, an Abb. 366 angesetzt und wie in Abb. 357 Stadium 2—6 ausgeführt, verfahren. Ist das Thermometer reguliert auf seinen Quecksilberstand, so wird das Hörndl abgeschmolzen, wie bei Abb. 357, Stadium 6 erwähnt, dann aber wird das Thermometerrohr im Innern auf eine gewisse Höhe abgenommen, d. h. ,,ausgestochen", Abb. 367.

Dieses Ausstechen erfordert besondere Sorgfalt und geschieht mit der feinsten Stichflamme. Man erwärmt den äußeren Zylinder vom Rande abwärts bis etwas unter jene Stelle, wo das Rohr ausgestochen werden

Die Thermometer.

soll, so lange, bis schwache Flammenreaktion eintritt, d. h. das Glas fast rotwarm wird, jedoch nicht so, daß sich der Zylinder deformiert.

Ist dies geschehen, so geht man mit der Spitze der Stichflamme schräg von oben in den Zylinder, um mit derselben jene Stelle zu erreichen, an der das Rohr abgestochen werden soll, und zieht, sobald dasselbe weich geworden ist, mit der Pinzette das Stück Rohr ab, sieht aber dabei, daß das Rohr innen in eine schöne Spitze endet. Nach dieser Arbeit wird der Zylinder außen wieder wie vorher erhitzt, daß er überall gleich warm ist und dann abgekühlt. In diesem Stadium ist das eingeschmolzene Thermometer fertig zum Justieren.

Ist die Skala, deren Anfertigung später besprochen wird, fertig, so wird, wenn sie angekittet und befestigt ist, das Thermometer zugeschmolzen, Abb. 368, und mit einer Öse versehen, oder, wie es bei den Unterteilen der Aräometer der Fall ist, die Spindel angesetzt, in welche dann die obere, d. h. die Aräometerskala kommt.

Diese Art ließ schon eine viel genauere Justierung zu und es ergab sich die Möglichkeit, die Thermometer auch in jeder Flüssigkeit verwenden zu können, es entstanden die mannigfaltigsten Thermometer, die für jede Art von Verwendung entsprechend geblasen und angefertigt wurden, was aber durch die Erfindung und Einführung des Jenaer Glases noch ganz erheblich, besonders auf wissenschaftlichem Gebiete, erweitert wurde.

Bei dem großen und ausgedehnten Gebiete ,,Thermometer" ist es wohl geraten, nur die hauptsächlichsten Gruppen zu behandeln, von denen folgende Zusammenstellung ein Bild geben und dabei doch über das ganze Gebiet eine Übersicht gestatten soll.

Man unterscheidet Thermometer für:
1. **Allgemeinen und Hausbedarf.**
2. **Wissenschaftlichen Bedarf.**
3. **Meteorologische Beobachtung.**
4. **Lehrmittel.**
5. **Industrie und Gewerbe.**
6. **Thermoregulatoren.**
7. **Metallthermometer.**
8. **Registrierthermometer.**

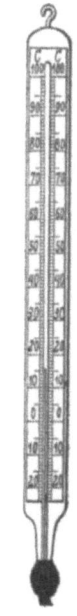

Abb. 368. Einfaches Einschluß-thermometer

1. Thermometer für den allgemeinen und Hausbedarf finden wir als Fensterthermometer in Abb. 369 und 370, als Zimmerthermometer in Abb. 371 a und b, und als Badethermometer in Abb. 372 und 373. Diese Thermometer reichen meist für die Temperaturen wie sie im Freien, also von ca. — 25^0 bis $+50^0$, beobachtet werden (Fensterthermometer) und bei Zimmerthermometern von 0 bis 40^0 C, sowie bei Badethermometern bis ca. $+ 50^0$ C.

Von diesen kommen natürlich wieder solche mit besonderer äußerlicher Ausschmückung und in Formen aller möglichen Art auf den Markt, doch soll ein Thermometer immer den Charakter eines Instrumentes haben und sein innerer Wert, die Genauigkeit, der Hauptwert sein.

168 Die Anfertigung der Apparate und Glasinstrumente.

2. Thermometer für wissenschaftliche Zwecke umfassen, wie ja die Wissenschaft an und für sich, ein großes, unbegrenztes Gebiet.

Auf diesem Gebiete soll vor allem ein wichtiges Instrument erklärt werden, das auf wissenschaftlichem Gebiete, wie in allen gebildeten Kreisen und auch in jedem Hause, gebraucht wird, das Fieberthermometer.

Diese Fieberthermometer müssen als Maximalthermometer funktionieren und soll deren Einrichtung später ausführlich besprochen werden.

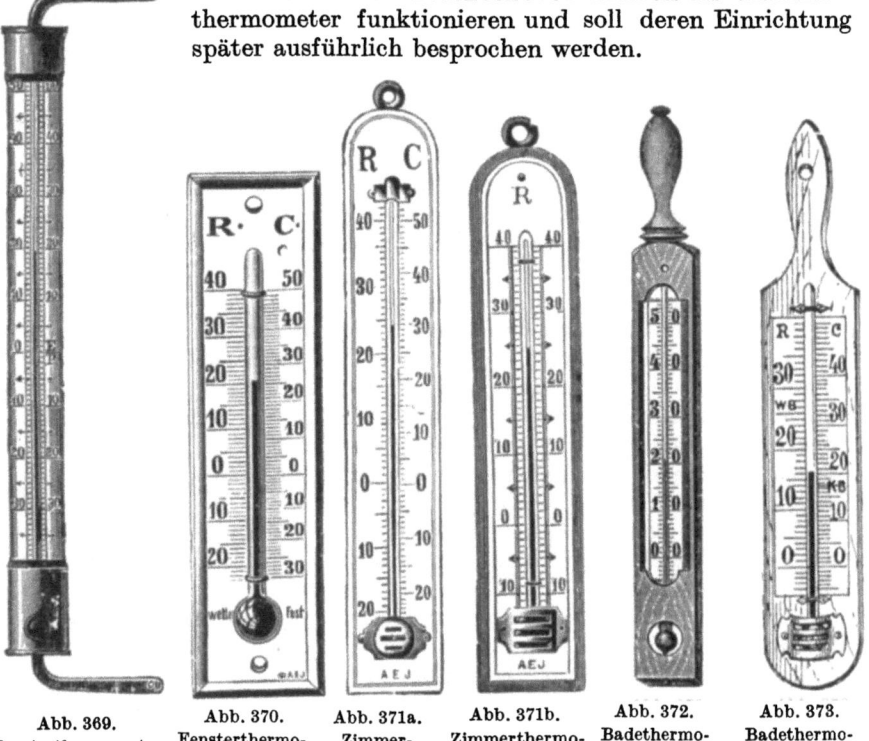

Abb. 369. Fensterthermometer, Wiener Form.
Abb. 370. Fensterthermometer, Spiegelglas.
Abb. 371a. Zimmerthermometer, Holzskala.
Abb. 371b. Zimmerthermometer, Milchglasskala.
Abb. 372. Badethermometer in Holzzwinge.
Abb. 373. Badethermometer, Milchglasskala.

Die Bezeichnung Maximalthermometer ist gewählt worden, um es vom Maximumthermometer, von dem unter meteorologischen Instrumenten gesprochen werden soll, zu unterscheiden, obwohl beide Worte ein und dasselbe bedeuten, nämlich „das Höchste", den Höchststand anzeigende Thermometer.

Für den Verkehr im großen wurde das Wort bei Einführung gewählt und blieb bis heute, obwohl die bessere und deutlichere Bezeichnung Fieberthermometer am Platze wäre. Die Einteilung wurde so getroffen, daß sie von +34 bis +42 oder +44° C reicht, weil andere Temperaturen für diese Instrumente nicht in Betracht kommen.

Das Thermometer Abb. 374 ist ein solches Fieberthermometer von ca. 20 cm Länge, ist für die Verwendung im Krankenhause bestimmt und wird außer Gebrauch in einer Holzbüchse verwahrt.

Abb. 375 ist ein Fieberthermometer wie das vorige, nur mit dem

Unterschiede, daß es nur ca. 12 cm lang ist und in einer Metallhülse verwahrt werden kann, also ein Taschenformat darstellt, so daß es der Arzt oder die Hebamme leicht bei sich tragen kann.

Das Fieberthermometer Abb. 376 ist ein Instrument, welches oben nicht zugekittet, wie die beiden vorigen, sondern zugeblasen ist, was den großen Vorteil bietet, daß das Instrument nach dem Gebrauche bei einer Infektionskrankheit in einer keimtötenden Flüssigkeit (Sublimat, Lysol

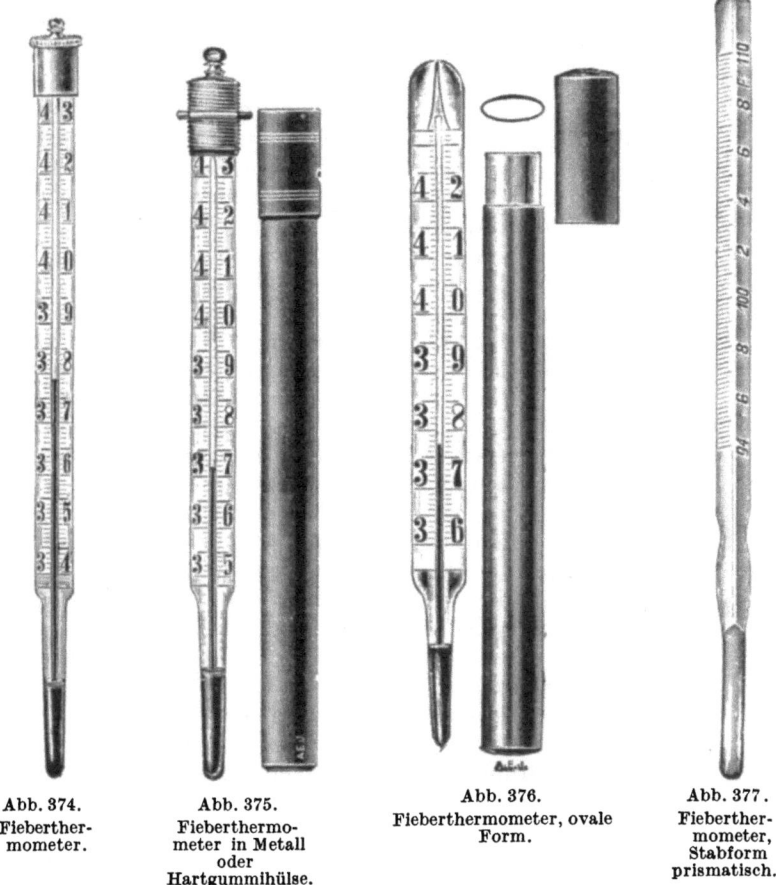

Abb. 374.
Fieberthermometer.

Abb. 375.
Fieberthermometer in Metall oder Hartgummihülse.

Abb. 376.
Fieberthermometer, ovale Form.

Abb. 377.
Fieberthermometer, Stabform prismatisch.

u. dgl.) sterilisiert, d. h. ,,keimfrei" gemacht werden kann, um Übertragungen zu verhüten, was übrigens nach Benützung jedes Fieberthermometers geschehen soll und auch kann, wenn man gut damit umzugehen weiß.

Abb. 377 ist ein Fieberthermometer in Stabform. Dessen Skala ist äußerlich eingeätzt und mit einer Farbe eingerieben. Dieses Thermometer sollen dem gleichen Zwecke wie das vorige dienen, es wird aber beim Waschen mit der Flüssigkeit auch der Farbstoff aus der Ätzung gewaschen und dann ist die Teilung sehr schlecht sichtbar, was allerdings durch Einreiben mit einer Lackfarbe wieder behoben werden kann. In Amerika, England und Frankreich kennt man fast keine andere Art dieser Instrumente. Sie haben dort die Einteilung nach Fahrenheit.

Diese Fieberthermometer in ihrer heutigen Konstruktion sind eine sehr sinnreiche Erfindung des englischen Physikers und Glasbläsers Negretti, der im Verein mit Zambra Mitte der siebziger Jahre des vorigen Jahrhunderts, also vor dem Fieberthermometer, das Maximum- und Minimumthermometer erfunden hat.

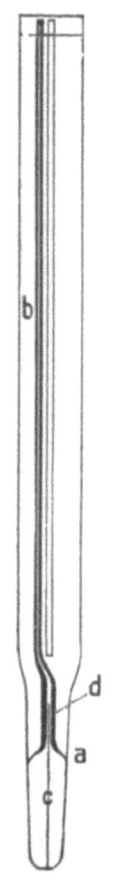

Abb. 378.
Fieberthermometer, schematische Zeichnung.

So einfach diese Einrichtung, das Stehenbleiben der Quecksilbersäule bei der höchsten erreichten Temperatur ist, ebenso fein ist sie ausgedacht und ebenso ständig wird sie beim Laien zum Anlaß, das Instrument zu verderben, woran aber eigentlich die Schuld meist an den Händlern liegt, die diese Instrumente verkaufen, aber meistens von der Einrichtung und Konstruktion schlecht oder gar nicht unterrichtet sind und die Käufer schlecht belehren.

Dies soll nun an der Abb. 378 ausführlich und gründlich besorgt werden, um so mehr, weil fast in keiner einschlägigen Literatur etwas zu finden ist und nur die veralteten Systeme angeführt sind, die nicht mehr in Verwendung kommen.

Die Abb. 378 zeigt, schematisch etwas vergrößert, den unteren Teil eines der vorher genannten Thermometer. Im Halse sitzt bei a, mit dem Scheibchen eingeschmolzen, das Ansatzröhrchen, welches runden Querschnitt besitzt. Am Knie sitzt oben die eigentliche Kapillare b, das Thermometerrohr, welches bei diesen Thermometern ein Lumen von unter 0,1 Weite besitzt und außen prismatisch ist, um diesen sehr feinen Quecksilberfaden besser wahrnehmen zu können.

In das Einsatzröhrchen a ist ein Glasfaden c eingeführt, der leicht und locker in die Öffnung desselben paßt, ungefähr bis zur Höhenmitte reicht und am Boden des Quecksilbergefäßes angeschmolzen ist.

Dieser Glasfaden, der durch das Hineinreichen in das Röhrchen a im Lumen desselben nur eine feine, kreisringförmige Öffnung d läßt, die ungemein zart und eng sein muß, ist die Erfindung Negrettis.

An dieser Stelle ist die Kapillarwirkung auf das Höchste gesteigert und das Quecksilber dringt nur durch, wenn Gewalt angewendet wird. Diese Gewalt wird beim Gebrauche des Thermometers zuerst dadurch hervorgerufen, daß das Thermometer erwärmt wird, wodurch das Quecksilber sich ausdehnt, durch die kreisringförmige Öffnung gepreßt wird und im Thermometerrohre steigt, in diesem Falle also die Fiebertemperatur anzeigt. Wird nun das Thermometer abgekühlt, so bleibt infolge der erwähnten Kapillarwirkung in der kreisringförmigen Öffnung d das Quecksilber stecken und das Thermometer auf seinem Stand, der nun abgelesen werden kann, sich nicht verändert und so lange bleiben kann, bis das Thermometer wieder gebraucht werden soll.

Diese Hantierung bei der Ingebrauchsetzung des Thermometers ist eben jene Hantierung, bei welcher die Instrumente so viel leiden müssen, ohne daß es nötig wäre, es muß nur die im folgenden beschriebene Hantierung richtig ausgeführt werden.

Vor jedem Gebrauch des Fieberthermometers ist das Quecksilber in das Gefäß zurückzubringen, was man dadurch erreicht, daß man das Quecksilbergefäß des Thermometers einige Sekunden in Wasser von gewöhnlicher Temperatur bringt und dann das Thermometer mit dem Quecksilbergefäß nach unten fest in die Hand nimmt und kräftig schwingt, wie man beim Turnen die Armkreisbewegung macht. Durch diese Bewegung gelangt das Quecksilber durch die Zentrifugalkraft in das Gefäß zurück und ist es schon genügend, wenn das Quecksilber im Rohre unter $35°$ gebracht wurde. Alles Stoßen, Beuteln und Schütteln, welches auf irgendeine andere Art versucht wird, ist zu verwerfen und dem Instrumente schädlich. Zum Zurückschleudern des Quecksilbers kann man sich auch einer Zentrifuge bedienen, auf der es sehr schnell und sicher geht, wobei das Instrument aber sehr gut verwahrt werden muß.

Ein Instrument, welches sich nicht nach den oben gegebenen Anleitungen in Gebrauch setzen läßt, leidet an einem Konstruktionsfehler, der meistens darin besteht, daß die kreisringförmige Öffnung zu eng geraten und die Reibung in derselben zu groß ist. Das ist meistens bei der gewöhnlichen Handelsware, die für Schundpreise auf den Markt geworfen wird, der Fall.

Noch soll auf einen vom Laien oft bemängelten Umstand aufmerksam gemacht werden, der sehr oft dem einkaufenden Geschäftsmanne auch als Fehler erscheint und oft genug zu Unannehmlichkeiten zwischen Käufer und Verkäufer führt, der aber gar kein Fehler ist, sondern eben zur Maximaleinrichtung gehört.

Es ist oben gesagt worden, daß ungefähr an der Stelle a der Abb. 378 der Glasfaden c eine kreisringförmige Verengung der Kapillare bildet, in welche das Quecksilber nur durch Druck eindringen, bzw. durch Schleudern zurückgebracht werden kann. An dieser Stelle ist der Quecksilberfaden fast immer unterbrochen, besonders, wenn das Thermometer sich im Abkühlen, das Quecksilber also im Zusammenziehen oder auch im Ruhezustande befindet, d. h. die Temperatur der Umgebung angenommen hat.

Diese Unterbrechung des Quecksilberfadens wird dann immer bemängelt, trotzdem sie kein Fehler ist, sondern zur Einrichtung gehört.

Schon deshalb, weil das Fieberthermometer ein so allgemein notwendiges, für den Arzt wie für den Laien so wichtiges Instrument ist, soll es eine besonders eingehende Behandlung erfahren und noch jene Fehler angeführt werden, die von jenen begangen werden, die das Instrument gebrauchen, und die immer auf die Instrumente, bzw. deren Erzeuger geschoben werden.

Einer der häufigsten Fehler ist der, daß die Leute sagen, man kann den Quecksilberfaden nicht sehen. Vorausgesetzt, daß das Instrument nicht von einem Händler besorgt ist, muß der Faden sichtbar sein, wenn man es versteht, das Instrument richtig zu halten. Wie schon öfter erwähnt, ist das Rohr prismatisch und zeigt uns den Faden drei- bis viermal breiter, als er in Wirklichkeit ist. Da aber das Thermometerrohr sehr dünn ist, kann der Faden nur in einer einzigen Stellung wahrgenommen werden und das ist die, daß man das Thermometer horizontal hält, dadurch die Kante des Prismas mit beiden Augen wahrnehmen kann und den Faden dann sehen muß, man muß nur das horizontal gehaltene Thermometer ein **ganz klein wenig** um seine Längsachse hin- und herdrehen, bis der Erfolg eintritt.

Ein anderer Fehler der Laien ist der, daß sie, wenn Zerreißung des Fadens eintritt, diesen wieder vereinigen wollen, indem sie mit einem Zündholz oder an einer Flamme das Quecksilbergefäß erhitzen, das dann in den nächsten Sekunden zerplatzt.

Zuerst ist zu bedenken, daß das Instrument höchstens eine Temperatur von 45° verträgt, daher einer Erwärmung mit direkter Flamme nicht standhalten kann, man muß daher diese Erwärmung in Wasser vornehmen, das eben nicht mehr als 40—44° hat, oder aber, man kann das Quecksilbergefäß mit den Fingern oder an einer rauhen Tuchfläche reiben, um das Quecksilber durch diese Erwärmung zum Steigen zu bringen. Diese Methode ist auch am besten anzuwenden, wenn es sich darum handelt, zu konstatieren, ob das Instrument gut ist und funktioniert, indem man es mittels Erwärmen durch Reibung auf die oberen Grade gebracht, in kaltes Wasser oder noch besser Schnee bringt, worauf das Quecksilber zurückschwingt. Ist die Quecksilbersäule sehr stark zerrüttet, empfiehlt es sich, das Thermometer in einer Kältemischung abzukühlen und kräftig zu schwingen, damit alles Quecksilber sich im Gefäße sammelt.

Diese Hantierung ist anzuwenden, wenn das Instrument irgendeine Zerrüttung des Quecksilbers zeigt und wird, wenn richtig angewendet, immer zum Erfolg führen.

Eine Zerrüttung des Quecksilberfadens kann sehr leicht eintreten, wenn das Instrument herumgeworfen oder fallen gelassen wurde, kann aber immer leicht behoben werden.

Die schlechteste Behandlung erfährt das Instrument oft dadurch, daß es, um das Quecksilber zurückzubringen, mit der Kuppe des Quecksilbergefäßes aufgestoßen wird. Bei dieser Mißhandlung wird meist der feine Faden im Innern ruiniert und das Instrument ist unbrauchbar, trotzdem es äußerlich unversehrt erscheint.

Noch einmal sei daher die im Anfange erklärte Hantierung empfohlen und das Instrument wird unbegrenzt lange seinen Dienst tun.

Von Thermometern für wissenschaftliche Arbeiten wird vor allem größte Genauigkeit verlangt. Zudem werden auch diese wieder so konstruiert, daß sie der jeweiligen besonderen Verwendung in Dimension und Form sich anpassen. Auch hier können wegen Raummangels nur die bedeutendsten und wichtigsten Thermometer angeführt werden.

Für derlei Thermometer sind die Temperaturgrenzen, bis zu denen sie gebraucht werden, so ausgedehnt, als es eben die Temperaturen verlangen, so daß wir also hier Thermometer finden für die tiefsten und höchsten Temperaturen, soweit es eben das zur Verfügung stehende Material erlaubt.

Am meisten im Gebrauch findet man das Quecksilberthermometer, und dieses soll auch zuerst in Behandlung kommen.

Dieses Thermometer ermöglicht genaue Messungen von -40^0 bis 635^0 C, die letztere Temperatur, wenn es aus Jenaer Supremaxglas gemacht ist.

Für tiefe Temperaturen, die unter dem Gefrierpunkte des Quecksilber liegen oder für Thermometer für besondere Zwecke, wo es sich um das leichtere und bessere Sehen handelt, kommen Flüssigkeiten in Betracht, die in der folgenden Tabelle angeführt werden sollen:

Thermometerfüllung	Erstarrungspunkt minus	Siedepunkt plus	Färbung
Alkohol	135	78	Alkanna, Fluorescein, Erythrosin, Kupfervitriol
Äther	129	35	Jod
Petroläther	120	60	Alkanna
Pentan	200	38	Jod
Toluol	50	110	Alkanna
Kreosot	50	180	ungefärbt
Schwefelkohlenstoff	113	46	Jod
Schwefelsäure	—	338	Indigo

Diese Thermometer dürfen nicht luftleer sein, sondern werden mit atmosphärischer Luft gefüllt und erst zugeschmolzen, wenn sie in einer Kältemischung sehr tief abgekühlt sind, damit im Innern immer ein gewisser Druck herrscht, um das Hinaufdestillieren der Flüssigkeit in den Luftraum zu verhindern.

Eine besondere Empfindlichkeit und Genauigkeit ist bei noch so sorgfältiger Anfertigung bei diesen Instrumenten nicht zu erreichen.

Das wichtigste Thermometer für wissenschaftliche Zwecke, aber auch für die Werkstätte des Thermometermachers, ist das Normal-Thermometer, Abb. 379 a, b, c, d und 380 a, b, c. Es dient als Vergleichsinstrument für alle anderen Arten. Die Einteilung dieser Thermometer ist so getroffen, daß der einzelne Grad eine ziemliche Größe hat und wieder in Zehntel geteilt werden kann, um an diesen wieder Bruchteile ablesen zu können. Um nun für alle Temperaturen bis zu 550^0 Normalthermometer haben zu können, werden diese in einen Satz geteilt, so daß das erste Instrument von -50^0 bis 0^0, das zweite von 0^0 bis $+100^0$, das dritte von $+100$ bis $+200^0$, und das vierte von $+200^0$ bis $+300^0$ reicht.

Dieser Satz kann noch um ein Instrument erweitert werden, das bis $+550^0$ C reicht, das dann aber nur mehr in $1/2^0$ oder $1/1^0$ geteilt ist. Oft teilt man den Satz Normalthermometer auch nur in drei Instrumente, wie in Abb. 380 zu sehen ist.

Derlei Instrumente müssen die Möglichkeit bieten, sich jederzeit überzeugen zu können, ob ihre Genauigkeit nicht gelitten oder sich irgendwie verändert hat. Zu diesem Zwecke hat das Instrument eine Kontrollvorrichtung, d. h. an jedem dieser Thermometer sind die Fundamentalpunkte angebracht und genau oder mit Korrekturangaben der Prüfstelle festgestellt.

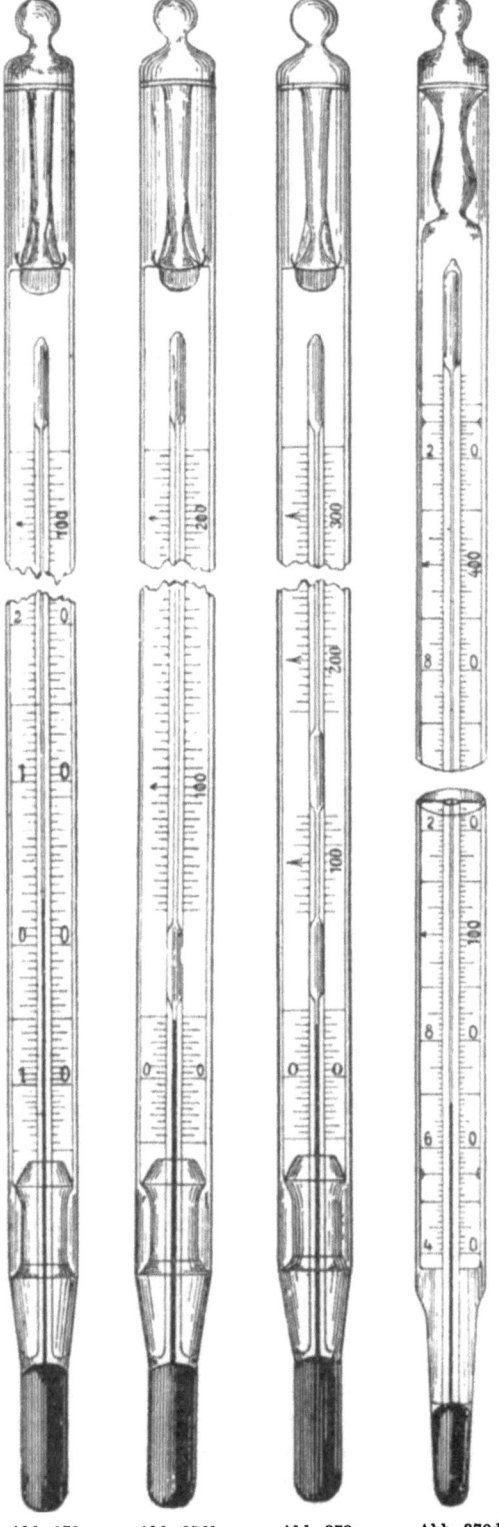

An Abb. 379 b und c kann diese Kontrollvorrichtung genauer gesehen werden, sie ist weiter nichts, als eine im Thermometerrohre angebrachte Erweiterung, welche soviel Quecksilber aufnimmt, als Grade zwischen den fixierten Punkten liegen. Durch diese Vorrichtung und Teilung der Thermometer in Sätze werden die Instrumente nicht zu lang und handlicher, denn, je länger ein solches Instrument ist, desto unbequemer und gefährlicher ist das Arbeiten mit ihm.

Instrumente solcher Art sind selbstverständlich aus Jenaer Glas oder Ilmenauer Normalglas „Gege Eff" herzustellen und die Teilungen der Skalen werden für diese immer geätzt und in das Instrument, wie Abb. 379 und 380 zeigt, auf verschiedene Arten eingeschmolzen.

Ebenso müssen die Röhren zu solchen Thermometern genau kalibriert sein, um die höchste Genauigkeit erreichen zu können.

Die Skalen werden, wie schon erwähnt, eingeschmolzen, was auf verschiedene, für Normalthermometer aber vorgeschriebene Art und Weise geschehen kann. (Siehe Justierung.) Zu den Skalen dieser Thermo-

Abb. 379a.   Abb. 379b.   Abb. 379c.   Abb. 379d.
Abb. 379a—d. Normalthermometersatz.

Die Thermometer.

meter wird Milchglas verwendet, das nicht über 1 mm dick sein darf und fehlerfrei sein muß.

Die meiste Verwendung finden die sog. Laboratoriumsthermometer, die einen Skalenumfang von 0 bis $+400^0$ C haben. Diese werden entweder mit Milchglasskala, Abb. 381 und 382 oder als Stabthermo-

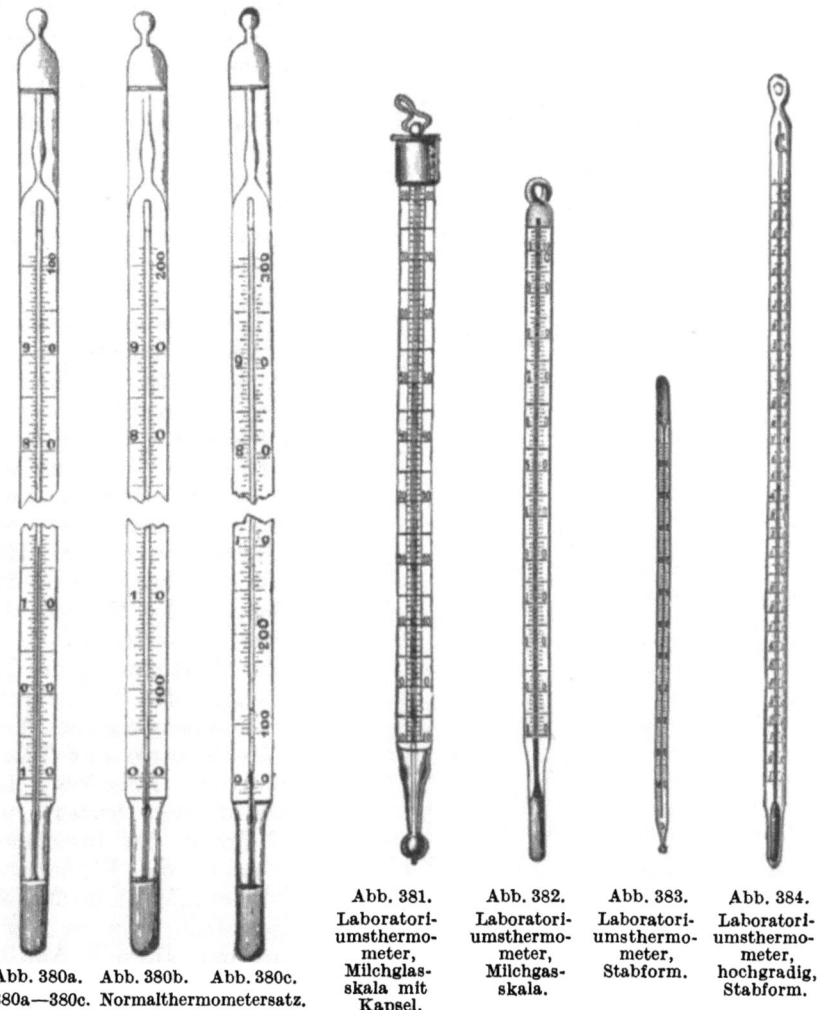

Abb. 380a. Abb. 380b. Abb. 380c.
380a—380c. Normalthermometersatz.

Abb. 381. Laboratoriumsthermometer, Milchglasskala mit Kapsel.

Abb. 382. Laboratoriumsthermometer, Milchgasskala.

Abb. 383. Laboratoriumsthermometer, Stabform.

Abb. 384. Laboratoriumsthermometer, hochgradig, Stabform.

meter, Abb. 383 mit geätzter Skala angefertigt und eignen sich zu vielerlei Verwendungen, werden auch in allen Größen und jedem Gradumfang gemacht, so daß man solche von 0 bis $+100^0$ und 0 bis $+200^0$ hat, wie Abb. 384 zeigt. Als Beispiel für besondere Zwecke und bestimmte Temperaturgrenzen finden wir in Abb. 385 ein Thermometer zur Verwendung bei Temperaturen zwischen $+18$ und $+28^0$ C in $1/50^0$, bei welchem zur

176 Die Anfertigung der Apparate und Glasinstrumente.

Kontrolle der Eispunkt mit einigen Zehntelgraden ober- und unterhalb desselben angebracht ist.

Ein nächstes Extremthermometer, Abb. 386, ist für die Verwendung von 0 bis $+300^0$ bestimmt. An diesem ist jedoch die Skala erst in einer bestimmten Höhe gelegen, der untere Teil ab dient zur Einführung in einen bestimmten Raum. Diese Entfernung kann in allen beliebigen Längen verlangt und ausgeführt werden und reicht oft bis zu 2 m, wobei dann natürlich sich auch die äußeren Dimensionen ändern.

Abb. 387 ist ein Thermometer, dessen Einteilung in Zehntelgrade von +97,5 bis +101,2 reicht und das zur **genauen Siedepunktbestimmung** dient, aber auch als **Hypsometer zur Höhenbestimmung** durch den Siedepunkt des Wassers verwendet werden kann[1].

Zur Bestimmung des Erstarrungs- oder Siedepunktes auf Hundertstelgrade dient das Beckmannsche Thermometer, Abb. 388. Der Skalenumfang beträgt nur 6—7 Grade, das Instrument hat daher ein Einrichtung, welche es möglich macht, das Quecksilber, wie es weiter vorne beim „Hörndl", Abb. 357 Stad. 6 erklärt wurde, heraus oder hineinzubringen, je nach dem Temperaturgrade, den man haben will, und so jeden beliebigen Temperaturpunkt auf Hundertstel bestimmen kann.

Abb. 385. Lobaratoriumsthermometer für besondere Temperaturen, Stabform.

Abb. 386. Extremthermometer.

Abb. 387. Thermometer zur genauen Bestimmung des Siedepunktes (Hypsometer).

Abb. 388. Thermometer nach Beckmann.

[1] Siehe M. P. II. II. S. 37.

Die dem „Hörndl" gleichende Vorrichtung ist, wie in Abb. 388 ersichtlich, am Instrumente oben an der inneren Kapillare angebracht und hat, wie in den Abb. 389, *a, b* und *c* gezeigt werden soll, verschiedene Formen. Die Skizzen sind in mehr als natürlicher Größe gehalten, um die Feinheiten dieser sehr sinnreichen Einrichtung genau sehen zu können. Die Abb. 389 *a* zeigt die Vorrichtung einfach, wie sie im Anfange der Einführung der Thermometer war, in *b* sehen wir die Form so geändert, daß die Kapillare im Reservoir auch die Anbringung einer Skala auf ganze Grade, die sehr klein sind, gestattet. Die Form *c* bietet dasselbe, nur ist die Anordnung eine andere oder sagen wir einfachere, weil die Einschmelzung der Kapillare wegfällt.

Das Arbeiten mit dem Beckmannschen Thermometer ist nun wie folgt:

Um einen Schmelzpunkt zu bestimmen, muß man das Quecksilber in einem Wasserbade so regulieren, daß es bei der Temperatur des zu bestimmenden Schmelzpunktes in der Höhenmitte der Skala, also ungefähr bei $+3^0$ steht. Steht es über diesem Punkt, so muß etwas Quecksilber heraus in die oben befindliche zarte zylindrische Erweiterung gebracht werden. Dies geschieht, indem man das Thermometer mit dem Quecksilbergefäße nach oben hält, damit das Quecksilber in die Erweiterung läuft. Ist eine schätzungsweise genügende Menge in der Erweiterung sichtbar, klopft man sachte, daß das Quecksilber sich vom oberen Buge des Thermometerrohres trennt,

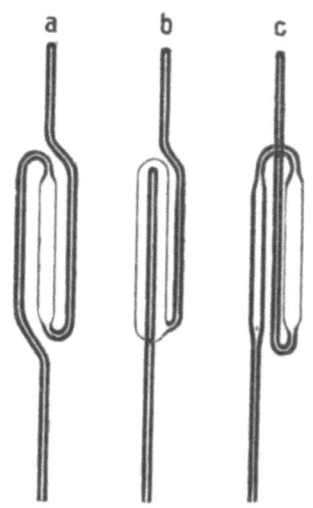

Abb. 389.
Reguliervorrichtung „Hörndl" am Thermometer nach Beckmann.

im Zylinder bleibt, der Faden des Quecksilbers abreißt und beim Umkehren, mit dem Gefäß nach unten, durch das Thermometerrohr zurückläuft. Sollte noch zuviel Quecksilber drinnen sein, so wiederholt man den Vorgang, bis man es getroffen hat, was aber viel Geduld und Geschicklichkeit verlangt. Am besten gelangt man zum Ziele, wenn man das Thermometer in ein Bad bringt, welches um einige Grade (höchstens 5—6°) wärmer ist, als die zu bestimmende Schmelzpunkttemperatur, und klopft dann in aufrechter Lage an das Thermometer, damit das Quecksilber in der zylindrischen Erweiterung in den unteren Teil fällt. Ist jedoch der Fall eingetreten, daß zuviel Quecksilber herausgelangte, oder soll das Thermometer zur Bestimmung von Erstarrungstemperaturen dienen, muß das Quecksilber aus der Erweiterung wieder in das Thermometer gebracht werden. Um dies zu erreichen, kehrt man das Thermometer wieder um oder erwärmt es in einem Bade und bringt das im Rohre laufende Quecksilber, sobald es den oberen Bug passiert hat und in die Erweiterung tritt, durch sachtes Klopfen mit dem Quecksilber in der Erweiterung in feste Verbindung, dreht das Thermometer aufrecht und läßt das ganze Quecksilber zurücklaufen, bis die Vakuumblase, die sich im Gefäße gebildet hat, in nichts zusammenläuft. Ist dieser Umstand eingetreten, muß man die Einstellung, wie oben geschildert, vornehmen.

Ein erwähnenswertes Instrument ist das **Tiefseethermometer**, von welchem mehrere Typen als Maximum- und Minimumthermometer und andere Typen als Umkehrthermometer bisher in Verwendung waren, die aber nach Aussprüchen von Forschern nicht ganz einwandfreie Beobachtungen zuließen. Vor einigen Jahren konstruierte man ein Tiefseethermometer, welches ziemlich genaue Beobachtungen ermöglichte.

Der eigentlichste, wichtigste Bestandteil dieser letzten Instrumente ist ein Kohlenfaden, der möglichst dünn ist und durch die Öffnung des Thermometerrohres läuft und dessen Leitungswiderstand genau bekannt und geprüft ist. An der Kuppe des Quecksilbergefäßes ist der Kohlenfaden an einen Platindraht befestigt. Das andere Ende des Kohlenfadens

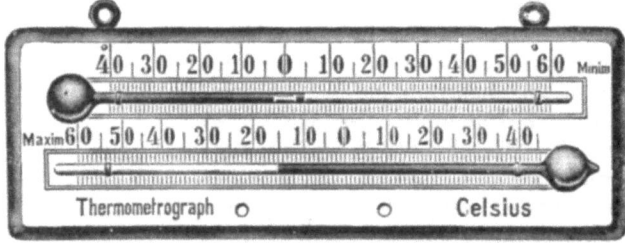

Abb. 390. Maximum- und Minimumthermometer nach Rutherford.

ist in einer Erweiterung der Thermometerröhre ebenso mit einem Platindrahte eingeschmolzen, nachdem vorher das Thermometer gefüllt wurde. Das Füllen dieser Thermometer kann nur an der Quecksilberluftpumpe geschehen, indem das Quecksilber in das Thermometer hineindestilliert wird, wie es im Abschnitt B (Barometer) erklärt wird.

Die Messung mit diesem Instrumente geschieht in Verbindung mit dem Milliampermeter, indem der Widerstand des nicht mit Quecksilber bedeckten Kohlenfadens gemessen und berechnet wird, wodurch es möglich ist, den Stand des mit dem Lote versenkten Thermometers in jeder Tiefe an Bord wahrnehmen zu können.

3. Eine eigene Gruppe von Thermometern bilden jene, welche zu **meteorologischen Beobachtungen** verwendet werden und aus den Abb. 390—404 zu ersehen sind.

Zur Bestimmung der höchsten und tiefsten Temperatur während eines bestimmten Zeitabschnittes dienen die **Maximum- und Minimumthermometer**, von denen Abb. 390 das ältere System nach Rutherford zeigt. Dasselbe besteht aus zwei Thermometern, von welchen eines ein solches mit Quecksilberfüllung, das andere mit Weingeistfüllung ist, und die beide nur in horizontaler Lage funktionieren. Das Quecksilberthermometer ist das Maximumthermometer und so eingerichtet, daß es nicht luftleer, sondern nur mit sehr verdünnter, trockener Kohlensäure gefüllt ist. Am Quecksilberfaden durch Adhäsion haftend, befindet sich ein nur höchstens ca. 1 mm langes, farbloses Glasstäbchen, dessen

Enden verschmolzen sein müssen und welches zum Stande des Quecksilberthermometers gerechnet wird. Auf diesem Glasstäbchen ruhend, befindet sich ein zweites Glasstäbchen aus dunklem Glase, ca. 8—10 mm lang, das die eigentliche, bewegliche Marke des Thermometers ist. Steigt das Quecksilber, so bleibt das große Stäbchen liegen und zeigt so mit seinem unteren bzw. rechten Ende die erreichte höchste Temperatur. Soll das Thermometer wieder eingestellt werden, so braucht man das Thermometer nur einige Augenblicke aufrechtzuerhalten, und das liegengebliebene Stäbchen fällt wieder auf den Quecksilberfaden.

Das Weingeistthermometer ist das Minimumthermometer und hat im Rohre ein Stäbchen aus dunklem Glase, welche an seinen Enden Kügelchen hat. Das Stäbchen liegt im Rohre im Weingeist, der es, wenn er sich in der Kälte zusammenzieht, mit sich zurücknimmt, beim Steigen aber wegen seiner Schwere liegen läßt. Daher zeigt das obere bzw. linke Ende des Stäbchens die erreichte niederste Temperatur. Um das Stäbchen wieder einzustellen, muß man das Minimumthermometer mit der Kugel nach oben wenige Augenblicke senkrecht halten, worauf das Stäbchen wieder an den Stand des Weingeistes sinkt und durch die Oberflächenspannung gehalten wird. Weil nun beim Einstellen das Maximumthermometer aufrecht und das Minimumthermometer verkehrt gehalten werden muß, hat man die beiden Instrumente gegeneinander montiert, so daß mit einem Griffe beide geneigt eingestellt werden können.

Dieses Instrument ist, wie schon gesagt, eine alte Konstruktion, der eine ganze Menge Fehler anhaften; es soll hier nur deshalb erklärt werden, weil noch immer solche vorhanden sind und im geschäftlichen Verkehre vorkommen können und auch in vielen Lehrbüchern angeführt sind, überdies aber auch noch das System irgendwie Anwendung finden könnte.

Die neuere, zwar auch schon ältere, aber bisher noch nicht überholte Konstruktion, ist das Maximum-Minimumthermometer nach Six, das von einigen anderen wohl in der Form, nicht aber in seinem Wesen und seiner guten Verwendbarkeit verschieden ausgestaltet wurde.

Als thermometrische Substanz wird Kreosot, nicht wie in vielen Lehrbüchern angegeben, Weingeist, verwendet. In Abb. 391 und 392 sehen wir ein solches Instrument auf Holz bzw. Glas in Blechhülse montiert, um es möglichst wetterfest zu machen. Es gibt auch solche, die ganz auf Glas montiert am Fenster angebracht werden können.

Das Thermometerrohr Abb. 391 ist U-förmig gebogen, und das Gefäß des Thermometers befindet sich zwischen den beiden Schenkeln. Am rechten Schenkel des U-Rohres befindet sich eine Erweiterung, in welcher sich überschüssiges Kreosot und Luft befindet. In jedem Schenkel befindet sich ein farbiges Stäbchen aus Glas, in dessen Innern sich ein Stückchen Eisendraht befindet; am Ende des Stäbchens ist ein feiner Glasfaden angeschmolzen, der das Stäbchen im Rohre durch seine Reibung, die sehr gering sein muß, an jeder Stelle festhält, so daß das Stäbchen nur mit einem Magnete von der Stelle gebracht werden kann.

Im U-förmigen Teile der Röhre befindet sich Quecksilber, das aber nicht als thermometrische Substanz, sondern dazu dient, die in den Schenkeln befindlichen Stäbchen vor sich her zu schieben.

Die Funktion des Thermometerographen, wie eigentlich das Instrument genannt wird, ist nun folgende:

Mit dem, dem Instrumente beigegebenen kleinen Hufeisenmagnete, der an seinen Polen eine halbrunde Nute hat, die auf das Thermometerrohr paßt, werden die beiden Stäbchen, jedes für sich, nach unten gezogen, bis sie auf der Quecksilberkuppe aufsitzen, wodurch das Instrument in Gebrauch gesetzt ist.

Maximum- und Minimumthermometer nach Six.

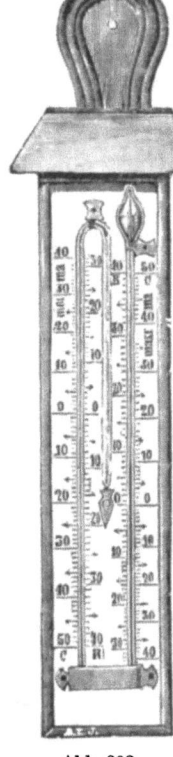

Tritt nun eine Erhöhung der Temperatur ein, so dehnt sich das im zylindrischen Gefäße befindliche Kreosot aus, und das Kreosot schiebt das Quecksilber in dem linken Schenkel nach unten und im rechten Schenkel nach oben. Bei diesem Vorgange bleibt das Stäbchen im linken Schenkel an jener Stelle liegen, auf die es mit dem Magnet eingestellt war; es zeigt also der linke Schenkel bzw. das in demselben befindliche Stäbchen, mit seinem unteren Ende den tiefsten Stand während eines bestimmten Zeitabschnittes, das Minimum (Tiefstand). Das durch die Ausdehnung des Kreosots im rechten Schenkel steigende Quecksilber schiebt das Stäbchen vor sich her. Tritt nun eine Abkühlung ein, so zieht sich das Kreosot im zylindrischen Gefäße zusammen und zieht auch das Quecksilber mit sich zurück, wodurch dasselbe im linken Schenkel steigt und im rechten fällt, das Stäbchen aber nicht mit sich zurücknimmt, sondern liegen läßt. Das untere Ende dieses Stäbchens im rechten Schenkel zeigt nun den in einem bestimmten Zeitabschnitt erreichten Höchststand, das Maximum.

Abb. 391. Holzskala.

Abb. 392. Milchglasskala in Blechgehäuse.

Bei den geregelten meteorologischen Beobachtungen werden nun um 7 Uhr früh die beiden Stäbchen mit dem Magnet niedergezogen und am nächsten Morgen 7 Uhr früh die Stände der beiden Stäbchen (ihr unteres Ende) abgelesen, welche Angaben dann das Maximum und Minimum der Temperatur während 24 Stunden bedeuten.

Diese Instrumente haben den Vorteil, daß sie aufrecht gebraucht werden können und die Bedienung eine einfache ist und daß sie nicht so bald, wenn überhaupt, in Unordnung gebracht werden können, was bei Rutherford-Thermometerographen sehr leicht der Fall ist.

Beide Systeme haben allerdings den Nachteil, daß sie beim Versand häufig leiden, auch wenn sie noch so gut verpackt werden, sie können aber von kundiger Hand unschwer in Ordnung

Die Thermometer. 181

gebracht werden, indem man die Röhren abmontiert und durch Schwingen das zerrüttete Quecksilber wieder vereinigt.

Eine wichtige Beobachtung in der Meteorologie ist die Messung der Feuchtigkeit der Luft. Zu diesem Zwecke hat man eine Reihe von Instrumenten konstruiert, von denen die Psychrometer nach August und Aßmann, Abb. 393 und 394, und Regnault, Abb. 395, und das Hygrometer nach Daniell, Abb. 396, für die wissenschaftlichen Messungen in Betracht kommen.

Als weiteres wissenschaftliches Instrument zur Messung der Feuchtigkeit gilt das Haarhygrometer nach Saussure (1783), das von Koppe, Edelmann und anderen verschieden gebaut in Verwendung genommen werden kann. Man verwendete auch statt des Haares noch andere Körper, z. B. Kokosfäden, Fischbeinspäne, und wie beim Wetterhäuschen Darmsaiten und auch mancherlei Pflanzenfasern (Geranium).

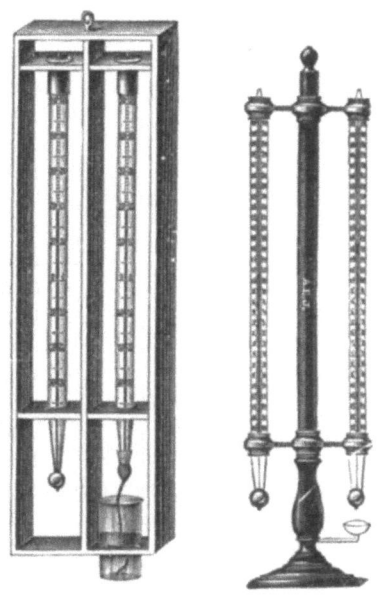

Abb. 393.   Abb. 394.
Psychrometer nach August.

Abb. 397 ist das Haarhygrometer nach Koppe. Zu diesem Instrumente verwendet man ein Menschenhaar, welches man vorher gut entfettet hat, was man durch Waschen in Äther erreicht. Dieses Haar ist an seinem oberen Ende befestigt und läuft über eine kleine Rolle. Am unteren Ende ist ein kleines Gewicht angebracht, welches nur so schwer sein darf, daß das Haar mäßig gespannt wird. An der Rolle, über welche das Haar läuft, ist ein Zeiger angebracht, und unter diesem eine Skala.

Die Skala an diesem Instrumente wird bestimmt, indem man das Instrument mit einer provisorischen Skala unter eine Glasglocke bringt. Zur Bestimmung des Nullpunkts bringt man unter die Glocke außer dem

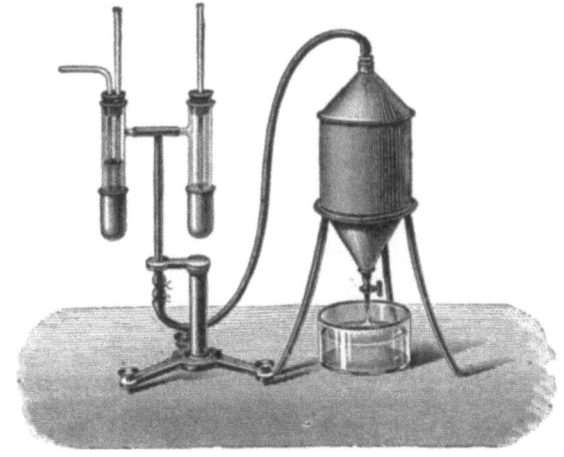

Abb. 395. Psychrometer nach Regnault.

Instrumente in einer Schale eine Substanz, die schnell und sicher den Wasserdampf aufnimmt, d. i. Schwefelsäure, Chlorkalzium, am besten Phosphorsäureanhydrid, und sorgt für sicheren vollkommenen Abschluß. Nach einigen Stunden liest man an der provisorischen Skala den Punkt ab, welcher als Nullpunkt bezeichnet wird. Zur Bestimmung des Punktes 100%, also der mit Wasserdampf gesättigten Luft, bringt man statt des Schälchens mit der Trockensubstanz eine kleine Schale mit heißem Wasser, oder wenn die Einrichtung der Glocke es zuläßt, leitet man aus einem Kölbchen, indem Wasser zum Sieden erhitzt wird, den Dampf durch die Glocke. Dies läßt man einige Zeit geschehen und beobachtet, ob der Zeiger sich nicht mehr weiter bewegt und schon einen ruhigen Stand angenommen hat. Dieser Stand wird abgelesen und ist der Punkt 100%. Der Abstand dieser beiden Punkte wird dann in 100 Teile geteilt und am Instrumente fixiert. Eine Kontrolle dieser Instrumente könnte dann mit dem nachher behandelten Psychrometer vorgenommen werden.

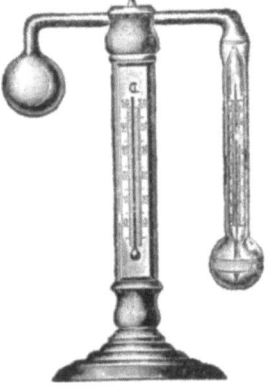

Abb. 396.
Hygrometer nach Daniell.

Das Psychrometer nach August sehen wir in Abb. 393 in einfacher, in Abb. 394 in feiner Ausführung in Holz bzw. Metall.

Die Bestimmung mit diesem Instrumente beruht auf der Benützung der Verdunstungskälte, d. i. jene Abkühlung, die beim Verdunsten von Flüssigkeiten entsteht. Die beiden Thermometer sind solche, welche in $0{,}1^0$ oder $0{,}2^0$ geteilt sind. Das eine Instrument von den beiden ist freistehend, während am Quecksilbergefäße des zweiten eine zarte Hülle von Gaze oder Musselin so angebracht ist, daß sie in einen dochtartigen Zopf endet, der in ein mit Wasser gefülltes Gefäß ragt, um aus diesem Wasser aufzusaugen. Bei der Bestimmung wird das Thermometer mit der Kugelhülle befeuchtet, wodurch einige Zeit nach der Befeuchtung an diesem Thermometer eine Temperaturerniedrigung eintritt. Hat diese Abkühlung ihren tiefsten Stand erreicht,

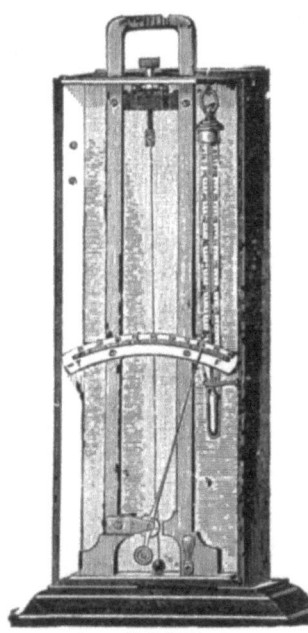

Abb. 397.
Haarhygrometer nach Koppe.

d. h., sieht man, daß eine weitere Abkühlung nicht mehr eintritt, so werden die Temperaturen auf beiden Thermometern abgelesen und aus dieser Differenz wird der Feuchtigkeitsgehalt der Luft berechnet. Diese Berechnungen sind in eigenen Psychrometertafeln zusammengestellt, aus denen man

Die Thermometer.

dann die Werte auf Grund der beiden Thermometerangaben entnehmen kann.

Bei der Feuchtigkeitsbestimmung muß auch die Stärke der Luftbewegung beachtet werden, es gelten daher die Angaben dieser Tafeln bei einer bestimmten Windstärke (0,9 m), welche aber ja nicht immer vorhanden ist. Dieser Umstand hat zur Konstruktion der Aspirationspsychrometer geführt, von denen Abb. 395 jenes nach Regnault ist.

Dieses System wurde dann von verschiedenen Forschern ausgebaut. Doch kann das Aßmannsche Aspirationspsychrometer das vollkommenste genannt werden.

Die bei allen diesen Instrumenten verwendeten Thermometer sind immer in 0,1° geteilt, die anderen Teile dieser Apparate liegen außer dem Rahmen dieser Abhandlung, die ja nur über Thermometer berichten soll. Sie sind aber in Müller-Pouillets Physik zu finden.

Das Hygrometer nach Daniell, Abb. 396, dient ebenso zur Feuchtigkeitsbestimmung nach demselben Prinzipe wie das Psychrometer, nur ist das Thermometer, welches beim Psychrometer das feuchte genannt wird, in den Apparat eingeschmolzen, dieser mit Äther gefüllt und luftleer gemacht. Die rechte Kugel des Hygrometers ist mit Gaze umhüllt, und wird bei der Bestimmung mit Äther beträufelt, wodurch eine starke Abkühlung erfolgt und der Äther in der linken Kugel, in welcher sich das Thermometer befindet, verdunstet und sich in der rechten Kugel verdichtet. Die linke Kugel hat außen einen ca. 1 cm breiten Streifen aus feinem Gold aufgetragen und eingebrannt, auf welchem sich dann bei der starken Abkühlung ein Niederschlag von zartem Tau bildet. Sobald dies sichtbar wird, liest

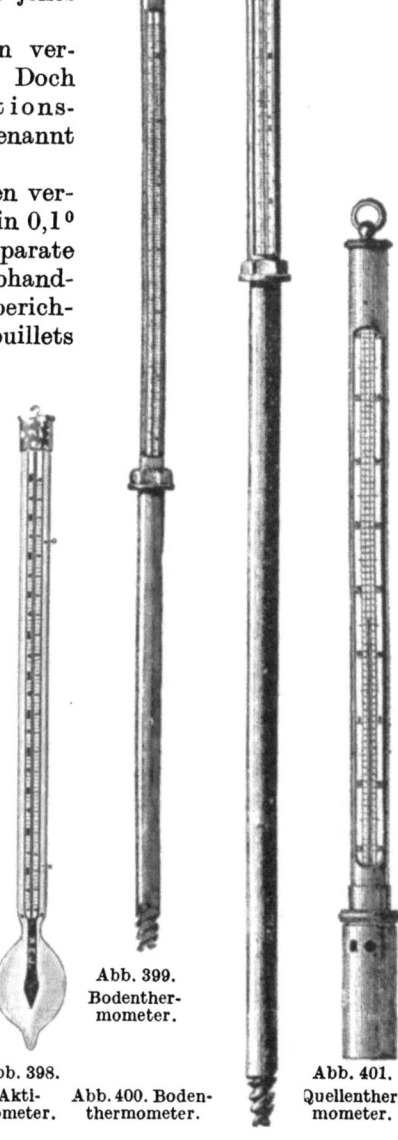

Abb. 398. Aktinometer. Abb. 400. Bodenthermometer. Abb. 399. Bodenthermometer. Abb. 401. Quellenthermometer.

man das Thermometer im Innern ab und ebenso das äußere. Aus diesen Ablesungen findet man wieder durch Rechnung die Feuchtigkeit der Luft (Müller-Pouillet).

Zur Messung der Stärke der Sonnenstrahlen wird das Aktinometer, Abb. 398, verwendet. Es ist ein Thermometer, dessen Quecksilbergefäß gleichmäßig mit einer Rußschichte bedeckt, welches überdies in einem Glasrohre mit einer Kugel eingeschmolzen ist. Der Zwischenraum ist sehr hoch evakuiert, um die leitende Wärme vom Instrument abzuhalten und nur die strahlende Wärme durchzulassen. Oft sind diese Thermometer als Maximumthermometer gemacht, daß man die höchste Strahlenwirkung während eines Zeitabschnittes ablesen kann. Am besten aber wäre es, zwei solcher Thermometer von genau gleichen Dimensionen zu verwenden, von denen das eine ein berußtes, und das andere ein blankes Quecksilbergefäß hat.

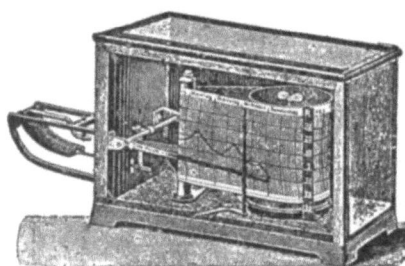

Abb. 402. Registrierthermometer.

Zur Bestimmung der Bodentemperatur benutzt man Thermometer nach Abb. 399 und 400, die aber in Metallfassungen benützt werden müssen. Diese Instrumente haben im unteren Teil eine Länge bis zu 2 m und sind mit Fassungen aus Eisen, am Ende mit einer Schraube versehen, der obere Teil für die Skala ist aus Messing und die Thermometer selbst aus Glas, sind in $0,1^0$ C geteilt. Das in Abb. 401 dargestellte Thermometer dient zur Bestimmung der Temperatur in Quellen und ist ebenso in Metall gefaßt, wie die vorigen. Die Skala ist ebenfalls in $0,1^0$ C geteilt, muß aber bis 100^0 C reichen, weil es auch Quellen von beinahe dieser Temperatur gibt.

In die Gruppen der meteorologischen Instrumente gehören auch die Registrierthermometer, Abb. 402, welche allerdings keine Glasbläserarbeit sind, doch Erwähnung finden sollen. Diese Instrumente sind Thermometer, bei denen die thermometrische Substanz Metalle von verschiedener Ausdehnung sind. Ihre nähere Behandlung findet sich in der Physik von Müller-Pouillet Bd. I, II S. 63. In neuerer Zeit haben Assermann und Fueß Registrierthermometer konstruiert, welche als Gefäß eine kreisförmig gebogene Röhre aus Neusilber von linsenförmigem Querschnitt haben, die mit Amylalkohol gefüllt ist und deren Bewegung, die durch den Einfluß der Temperaturänderung hervorgerufen ist, auf einen Hebel übertragen wird. Dieser Hebel trägt an seinem freien Ende eine Feder, welche auf einer, durch ein Uhrwerk sich drehenden Trommel die Schwankungen verzeichnet.

Ein Apparat, der zwar kein Thermometer ist, wohl aber zu meteorologischen Bestimmungen dient, der Regenmesser, soll hier nicht übergangen werden.

Der Regenmesser besteht aus dem Auffanggefäße, Abb. 403, und dem Meßzylinder, Abb. 404, der die Niederschlagmenge in Millimetern an-

Die Thermometer.

gibt. Das Auffanggefäß ist aus Zinkblech und hat meist eine Öffnung, die einem Zehntel Quadratmeter entspricht, man hat aber auch solche, die nur ein Zwanzigstel Quadratmeter Öffnung haben. Die in der Öffnung aufgefangene Regenmenge sammelt sich in einem besonderen, angebrachten Gefäße, das mit einem Hahn abgeschlossen ist und von welchem die Regenmenge in den Zylinder abgelassen werden kann, der wieder eine der Auffangfläche entsprechende Teilung trägt. Die Auffangfläche, also der weitere Blechzylinder, muß, wenn er 0,1 m² groß sein soll, einen Durchmesser von 357 mm, und der, der 0,05 m² groß sein soll, einen Durchmesser von 252,5 mm haben, und die Kanten müssen scharf abgegrenzt sein. Über meteorologische Instrumente handelt Dr. Anton Schleins Anleitung zur Ausführung und Verwertung meteorologischer Beobachtungen mit Hilfstafeln sehr ausführlich[1].

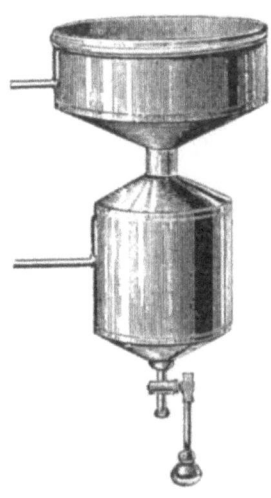  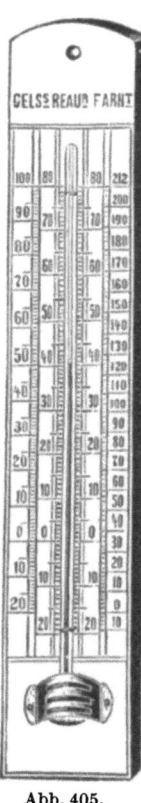 

Abb. 403.
Regenmesser, Auffanggefäß.

Abb. 404.
Regenmesser-Zylinder.

Abb. 405.
3-skaliges Thermometer.

Abb. 406.
Demonstrations-Thermometer.

4. Das Thermometer als Lehrmittel kann eigentlich in allen seinen Formen als solches gelten. Zum Unterrichte jedoch hat man Thermometer verschiedener Art konstruiert. Zur Vorführung des Vergleiches der Einteilungen hat man Thermometerskalen, Abb. 405, gezeichnet, die man auch sehr schön in Diapositiven zur Projektion bringen kann.

Als Demonstrationsthermometer, Abb. 406, macht man solche bis

---

[1] Deutike, Wien 1915.

186   Die Anfertigung der Apparate und Glasinstrumente.

1 m lang. Diese werden mit gefärbtem Toluol gefüllt und die Skala so geteilt, daß das Feld von je 10 Graden mit einer anderen Farbe angelegt ist. Das Thermometer ist so konstruiert, daß es die Fundamentalpunkte hat, und ist vermöge seiner Größe sehr gut sichtbar. Um Vorgänge beim Unterrichte der Wärmelehre gut sichtbar zu machen, hat man eingeschmolzene Thermometer, Abb. 407, konstruiert, die einen ovalen Querschnitt und eine durchsichtige Glasskala haben. Auf dieser ist die Schrift verkehrt angebracht, um das Thermometer als Projektionsthermometer verwenden zu können.

Zur Vorführung der Unterkühlung des Wassers dient das Gefrierthermometer, Abb. 408. Bei diesem Instrumente ist über das Ther-

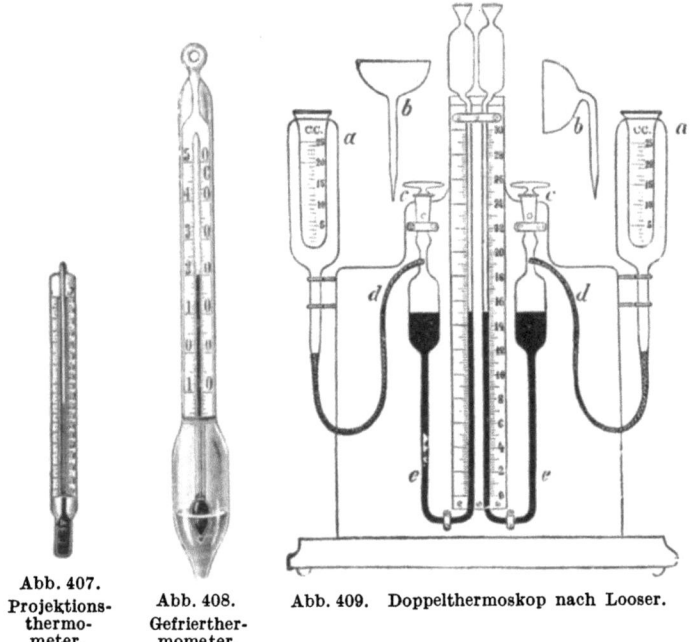

Abb. 407. Projektionsthermometer.   Abb. 408. Gefrierthermometer.   Abb. 409. Doppelthermoskop nach Looser.

mometergefäß ein zylindrisches Gefäß geschmolzen, welches bis auf ein Fünftel seines Inhalts mit Wasser gefüllt und ausgekocht oder ausgepumpt ist. Dieses Thermometer dient zu dem Versuche, das Wasser bis weit unter seinen Gefrierpunkt abkühlen zu können, um es dann durch eine schwache Erschütterung zum Gefrieren zu bringen und dabei zu beobachten, daß die Temperatur im Momente des Gefrierens auf 0° steigt. Auch diese Thermometer hat man, als zur Projektion geeignet, hergestellt.

Als Lehrmittel dienen auch die Instrumente Abb. 390—392 (siehe vorne), wie auch alle dort angeführten meteorologischen Instrumente.

Die vorangeführten Instrumente werden als Thermometer angesprochen, zur Demonstration aber beim Unterrichte hat man eine Reihe von Instrumenten, die als Thermoskope, d. h. Luftthermometer, eingeführt, sehr gute Dienste leisten. Ganz besonders eignen sich diese Instrumente zur Demonstration sehr geringer und zarter Temperaturveränderungen, wie Lösungskälte und Mischungswärme u. dgl.

Diese Instrumente sollen wieder in dem Sinne behandelt werden, daß der Experimentator in der Lage ist, sich selbst derlei Thermoskope machen zu können. An erster Stelle in diesem Falle kann wohl Prof. Dr. Karl Rosenberg, einer der erfahrensten und geschicktesten Experimentatoren, welcher am Blasetisch und an der Drehbank ebenso sicher ist, wie am Experimentiertische, genannt werden, und es sei auf nur eines seiner Werke, das Experimentierbuch für den Unterricht in der Naturlehre, Verlag Hölder, Wien, hingewiesen.

In gleichem Sinne sei auch auf die Experimentierkunde und Naturlehre von Kraus und Deisinger verwiesen, welche eine Menge von Thermoskopen vorführen, die sich bei einiger Übung und Anwendung vorn erwähnter Anleitungen der Lehrer selbst anfertigen kann.

Ein feiner und komplizierter konstruiertes Thermoskop ist das von Looser eingeführte Doppelthermoskop, Abb. 409, das in seiner gesamten Ausrüstung und mit seinen Nebenapparaten die Möglichkeit bietet, mehr als 150 Experimente auf dem Gebiete der Wärmelehre vorzuführen, jedoch nicht den Beifall aller Physiker und Pädagogen findet.

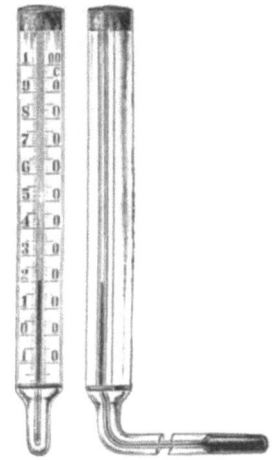

Abb. 410. Winkelthermometer für Backöfen u. dgl.

5. Der Gebrauch des Thermometers auf dem Gebiete des Gewerbes, der Technik und Industrie ist ein ungemein großer, es läßt sich daher schwer eine Grenze ziehen und man muß sich daher nur auf die Anführung der wichtigsten Instrumente beschränken. Fast kein Industriezweig kann der Thermometer entbehren, und wir finden sie als Thermometer für Bäckereien, Brauereien, Molkereien, Weinbau- und Kellerwirtschaft, künstliche Brut und Aufzucht des Geflügels und der Bakterien, Essig-, Kerzen-, Lack-, Malz-, Öl-, Paraffin-, Seifen-, Spiritus- und Zuckerfabriken und deren Laboratorien.

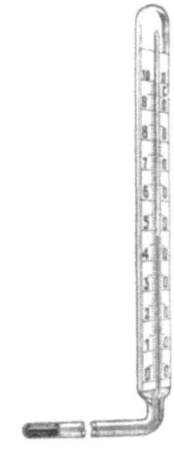

Abb. 410a. Winkelthermometer oben zugeschmolzen.

Die Thermometer für Backöfen sind Winkelthermometer, in der Form von Abb. 410, deren unterer Schenkel je nach der Größe des Ofens verschieden lang ist, jedoch meist 100 cm nicht überschreitet. Der äußere Schenkel, der die Skala trägt, ist meist 25—30 cm lang und hat einen Meßbereich von +70 oder +80 bis +400° C, ist also ein mit Stickstoff gefülltes Quecksilberthermometer. Zum Schutze gegen das Zerschlagen wird es in eine Fassung aus Metall, Abb. 411, einmontiert, welche

188   Die Anfertigung der Apparate und Glasinstrumente.

dementsprechend am Ofen verschraubt ist. In der Bierbrauerei, in welcher noch viel nach Réaumur gearbeitet wird, heute jedoch die Verwendung der Einteilung nach Celsius, besonders bei den geeichten Instrumenten gesetzlich vorgeschrieben ist, finden wir in Abb. 412 ein Thermometer für die Malztenne bzw. Malzhaufen, welches ca. 20 cm lang und auch oft in eine Fassung von Holz, Abb. 413, montiert ist. Abb. 414 ist ein ähnliches Thermometer, welches aber bis zum Siedepunkt reicht. In ebensolcher Holzfassung wird es als Handmaisch- und Gärbottich-Thermometer verwendet. Die Instrumente Abb. 415—417 zeigen Maischthermometer in verschiedener Ausführung, die alle wegen der Dauerhaftigkeit in

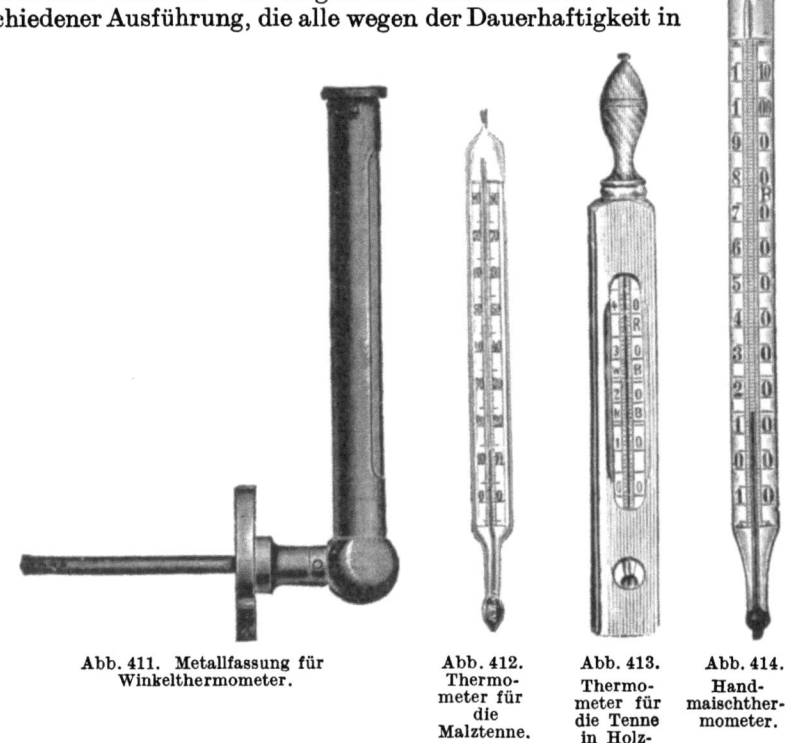

Abb. 411. Metallfassung für Winkelthermometer.   Abb. 412. Thermometer für die Malztenne.   Abb. 413. Thermometer für die Tenne in Holzzwinge.   Abb. 414. Handmaischthermometer.

Eichenholz gefaßt sind. Die Thermometer, Abb. 415 und 416, haben eine versilberte Metallskala, die aber heute nur mehr wenig gemacht wird. Besser, reiner und unveränderlicher sind die Thermometer Abb. 417, die sog. eingeschmolzenen Thermometer, wie Abb. 418, die oben zugeschmolzen sind, so daß in das Thermometer weder Dämpfe noch Flüssigkeiten dringen können.

Diese Maischthermometer sind immer nach Réaumur geteilt, reichen bis $+90^0$ R und werden in Längen von 50 cm bis zu 150 cm verwendet.

Im Weinbau und in der Kellerwirtschaft finden wir das Thermometer als Kellerthermometer, Abb. 419, ebenso die Thermometer Abb. 412

Die Thermometer.

bis 414 zur Verwendung im Preßhause, Keller und zur Bestimmung der Temperaturen in Flüssigkeiten.

Ein sehr altes, aber jetzt wieder eingeführtes Instrument, Abb. 420, ist das Ebullioskop nach Maligand, welches, als ein Thermometer zur Bestimmung des Alkohols im Weine dient. Der Apparat besteht aus einem Siedegefäß, auf welchem ein Kühlgefäß angebracht ist, um das Verdampfen des Alkohols zu verhindern. Das Thermometerrohr, dessen Gefäß in den Siederaum reicht, ist im Winkel gebogen und umfaßt die Grade von $+88$ bis $+100°$ C. Die Bestimmung des Alkohols erfolgt durch Ablesung des Siedepunktes des zu untersuchenden Weines, der um so tiefer liegt, je mehr Alkohol vorhanden ist.

Die Volumprozente Alkohol können auf der Skala des Apparates direkt abgelesen werden.

In der Milchwirtschaft und in der Käserei werden die Thermometer Abb. 412, 413, 414, 419 und 427 verwendet, ebenso in der Essigfabrikation, in welcher das Thermometer ähnlich Abb. 410a in den Essigbildern angebracht zu sein pflegt. Diese Thermometer reichen von 0—40° R und haben eine Schenkellänge von 15 cm.

Die in der Lackfabrikation zur Verwendung gelangenden Thermometer gleichen den Maischthermometern, sind aber nur in Metallfassung, Abb. 421 und 427, zu verwenden. Der Meßbereich ist von $+70$ bis $+400°$ C und

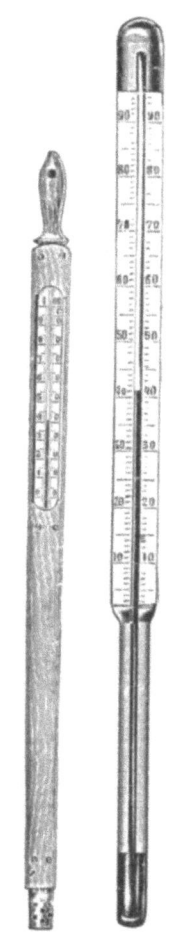
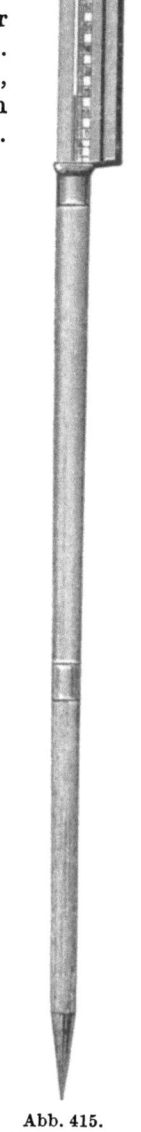

Abb. 417. Abb. 418.

Abb. 417 und 418 Eingeschmolzenes Maischthermometer mit Kartonskala.

Abb. 415.

Maischthermometer mit versilberter Metallskala in runder Eichenholzfassung.

Abb. 416.

Maischthermometer in 4 kantiger Holzfassung.

das Thermometer hat Stickstofffüllung. Die Länge der Thermometer, d. h. deren unterer Teil, geht bis zu 2 m.

Die Thermometer für Malzfabrikation gleichen denen der Brauerei und jene der

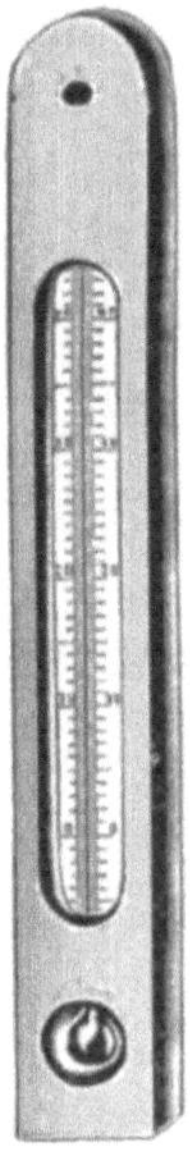

Abb. 419. Kellerthermometer.

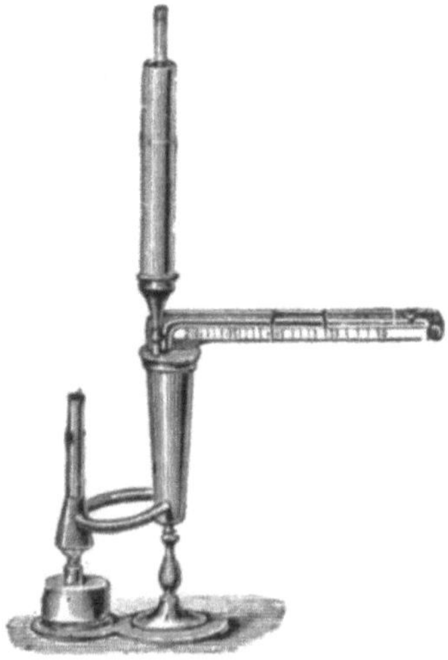

Abb. 420. Ebullioskop nach Maligaud.

Abb. 421.  Abb. 422. 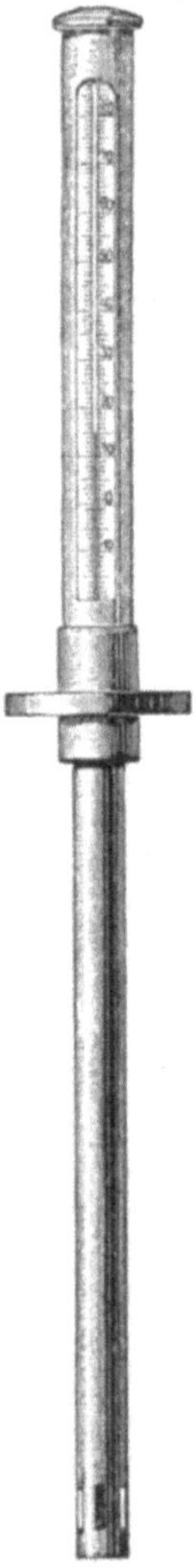 Abb. 423. 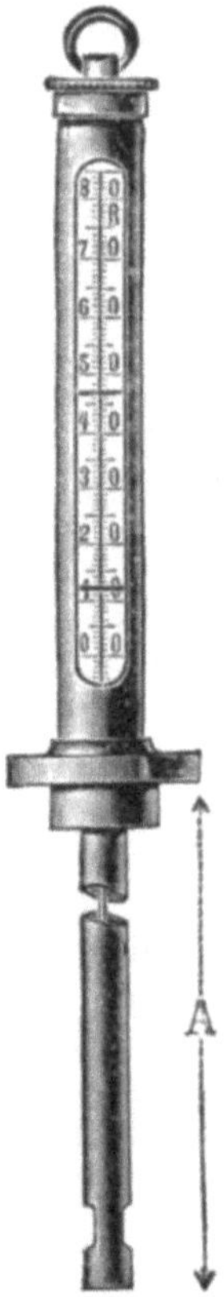 Abb. 424.
Abb. 421—424. Thermometer für Lack-, Paraffin-Seifen u. Ölfabriken.

Paraffin-, Seifen- und Ölfabriken denen der Lackfabriken mit dem Unterschiede, daß sie keine so hohen Temperaturen zu zeigen brauchen, und es genügt, wenn dieselben bis $+200°$ C reichen.

Die Thermometer.

In der Spiritus- und Zuckerfabrikation sind die Thermometer Abb. 427 auch wieder ziemlich die gleichen, wie in der Brauerei. Zur Temperaturbestimmung in den Mieten für Kartoffeln und Rüben dienen die Thermometer Abb. 412 und 414, die ersteren in Metall, die letzteren in Holz gefaßt. Das Thermometer ist so wie Abb. 421, hat eine Länge von 1 m und einen Skalenbereich von -10 bis 30^0 R. In der Zuckerfabrikation bei der Auslaugung der Rübenschnitzel im Vakuum in den Diffuseuren werden die Thermometer Abb. 423 und 424 verwendet. Diese reichen von 0 bis 110^0 C und haben eine Tauchlänge von 15 bis 20 cm. Für die Vakuumkochapparate verwendet man Thermometer Abb. 452 und 426, die im stumpfen Winkel gebogen und in einer Metallfassung am Kessel angebracht sind. Die untere Schenkellänge beträgt 20 cm, wird oft aber auch länger gemacht, der Skalenbereich ist wie bei den vorher genannten Thermometern.

Für die Sterilisationsapparate dienen Thermometer von der Form Abb. 428, die nur einen Skalenbereich von $+80^0$ bis 120^0 C haben. Die Tauchlänge wird sehr verschieden, von 10 cm bis zu 50 cm, gemacht, ebenso wird die Skala meistens noch in halbe Grade geteilt.

Als Laboratoriumsthermometer werden in den Betrieben solche Thermometer wie vorn angeführt, verwendet, nur wird auf stärkere Ausführung gesehen.

Um nicht bei der Erwärmung von Kesseln oder Räumen (Trockenkammern, Brutschränken usw.) immer von Zeit zu Zeit ablesen zu müssen und damit Zeit zu verschwenden, werden Kontaktthermometer gemacht, die, sobald eine bestimmte Temperatur erreicht ist, einen Alarmapparat in Bewegung setzen. Diese Kontaktthermometer, Abb. 429—430, haben an irgendeiner Stelle, oft auch im Quecksilbergefäße einen Platindraht eingeschmolzen, der als der eine Kontaktpunkt gilt

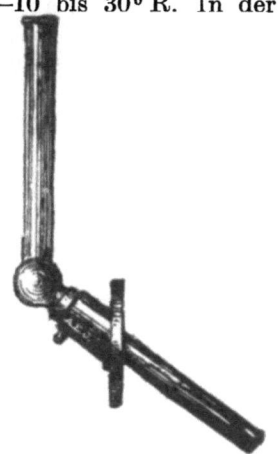

Abb. 425. Metallfassung zu 426.

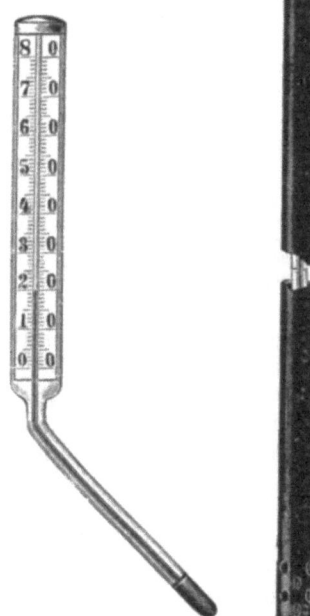

Abb. 426. Thermometer für Zuckerfabriken.

Abb. 427

und dessen Lage ganz nebensächlich ist, nur muß er unter jenem Punkte liegen, welcher den genauen Kontaktpunkt bildet. Beim Einschmelzen des zweiten Kontaktpunktes muß der Platindraht so eingeschmolzen sein, daß der Querschnitt des Rohres an dieser Stelle fast gar nicht deformiert und geändert ist. Um dies zu erreichen, bläst man das Lumen des Rohres ein ganz klein wenig auf, schneidet es glatt an der Erweiterung ab, legt den einzuschmelzenden Platindraht so auf den erweichten Rand auf, daß er nur bis in die Hälfte des Lumens ragt und fügt dann die beiden Schnittflächen wieder zusammen. An einer feinen Stichflamme verschmilzt man die Ränder und den Draht und sucht die Erweiterung durch Zusammenschmelzen wieder auf das Lumen des Rohres zu bringen. Mehr als zwei oder drei Kontaktpunkte an einem Thermometer anzubringen empfiehlt sich nicht, weil mit jeder weiteren die Genauigkeit durch die Querschnittsänderung des Rohres leidet.

Sollen in einem Raume mehrere Temperaturen und möglichst genau angezeigt werden, so ist wohl am besten das Thermometer so zu konstruieren, daß man für jede Temperatur ein Rohr macht und diese dann auf ein Brett montiert und hintereinander schaltet.

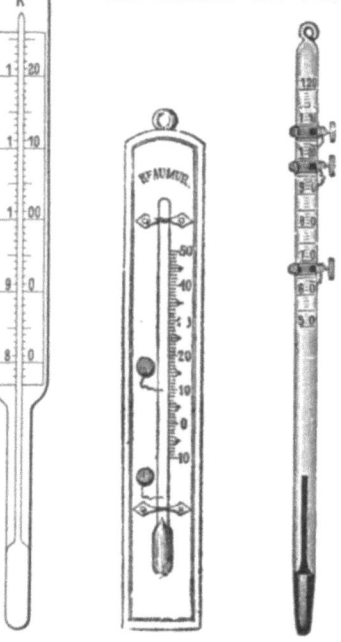

Abb. 428. Thermometer für Sterilisationsapparate.

Abb. 429. Kontaktthermometer auf Holz.

Abb. 430. Kontaktthermometer, Stabform.

Der Vorgang bei diesen Kontaktthermometern ist der, daß man an den unteren Platindraht den einen Draht einer Klingelleitung und an den oberen den anderen Draht der Leitung anschließt. Steigt nun die Temperatur bzw. das Quecksilber und gelangt auf jenen Temperaturgrad, bei welchem der zweite Platindraht eingeschmolzen ist, schließt das Quecksilber den Strom und schaltet das Läutwerk ein.

Die Platindrähte, welche zu diesen Kontaktthermometern verwendet werden, sollen 0,3 mm Dicke nicht überschreiten, doch auch nicht unter 0,2 mm sein, weil sie sonst sehr leicht abbrennen und auch abbrechen, und dann hat man ja auch mit jedem Zentigramm zu rechnen. Jedenfalls ist es sehr zu empfehlen, die Drähte durch Anbinden mit einem feinen Silberdraht an das Rohr vor dem Abreißen zu schützen. Bezüglich der Dimensionen dieser Thermometer ist man, wie bei allen anderen, an keine Grenzen gebunden, ebenso mit dem Kontaktpunkte.

Diese Thermometer können aber nicht nur als Alarmapparate, son-

Die Thermometer.

dern auch als Regulatoren zum elektrischen Heizen von Räumen (Keimkästen und Brutschränken) verwendet werden, und zwar so, daß, sobald die höchste gewünschte Temperatur erreicht ist, ein Kontakt die elektrische Heizvorrichtung abschaltet. Beim Abkühlen öffnet das Thermometer den Strom und schaltet die Heizvorrichtung wieder ein, was so eingestellt werden kann, daß die Temperaturschwankung kaum einen halben Grad beträgt, je nach der Empfindlichkeit des Thermometers, die ja in die Hand des Thermometermachers gelegt ist, wie schon besprochen wurde.

Um in Räumen mit Gasheizung konstant eine bestimmte Temperatur herzustellen, und zu halten, bedient man sich der Thermo-Regulatoren, Abb. 431—434.

Diese Instrumente macht man außer in den angeführten Abbildungen noch in allerlei Ausführungen und Modifikationen und Füllungen, die aber eigentlich ganz unwesentlich sind, jede aber ihre Freunde findet.

Der älteste Thermometerregulator ist der nach Reichert, Abb. 431, der dann dahin verbessert wurde, daß man zur Regulierung der Minimalflamme einen Hahn anbrachte. Bei diesen Regulatoren ist die thermometrische Substanz das Quecksilber, das aber in dieser Konstruktion keine große Empfindlichkeit ergibt, weil das Lumen des Rohres weit sein muß und die eigentlich wichtige Stelle im Übergang von Rohr zum Konus des Schliffes liegt.

Abb. 431.
Thermoregulator nach Reichert.

Um den Regulator in Tätigkeit zu setzen und auf die betreffende Temperatur einzustellen, verbindet man denselben mit einem Schlauch bei G mit der Gasleitung. Von g führt man dann einen Schlauch zum Brenner, der aber mit einer Drahtnetzeinlage gegen das Zurückschlagen gesichert sein muß. Nun läßt man das Gas durch den Regulator zum Brenner, zündet die Flamme an und bringt sie unter ein größeres Gefäß mit Wasser, in welchem sich ein Kontrollthermometer befindet, das aber nirgends die Wand des Gefäßes berühren darf (Stativ). Ebenso befestigt man den Regulator. Man beobachtet nun unter stetem Umrühren die Erwärmung und nimmt die Flamme vorläufig, ohne abzudrehen, weg, sobald die Temperatur um einige Grad höher ist, als die gewünschte. Unter Umrühren oder Quirlen wartet man, bis das Bad auf die einzustellende Temperatur gefallen ist, in welchem Momente man durch Drehen der Schraube D bei den Typen Abb. 431 und 432 das Quecksilber vor die Spitze bringt, wodurch der Gaszufluß abgesperrt wird

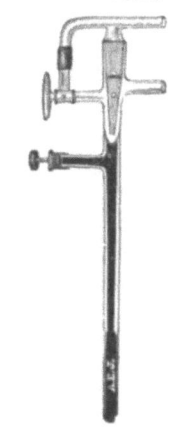

Abb. 432
Thermoregulator mit Glashahn.

Woytacek, Glasbläserei. 2. Aufl.

und nur mehr durch das Loch L soviel Gas treten kann, als die Minimalflamme braucht. Jetzt wartet man weiter und sieht am Kontrollthermometer, bei welcher Temperatur das Quecksilber den Gasstrom wieder frei gibt, d. h. die Flamme wieder groß brennt. Ist der Moment eingetreten, so bringt man die Flamme unter das Bad und beobachtet bei fortwährendem Umrühren, bei welcher Temperatur die Flamme wieder klein wird. Stimmt es noch nicht mit der erlangten Temperatur, so reguliert man das mit der Schraube D ganz fein aus. Bei den Typen Abb. 433 und 434 geschieht die Einstellung durch Auf- und Abschieben des Rohres, welches in das Innere des Regulators führt und schräg abgeschliffen ist, damit nicht ein plötzliches, sondern allmähliches Schließen des Gasstromes erfolgt.

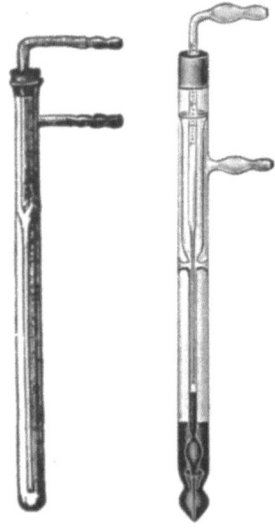

Abb. 433. Einfacher Thermoregulator.

Abb. 434. Thermoregulator mit feiner Einstellung.

Handelt es sich darum, möglichst genau konstante Temperaturen zu haben, so ist es besser, die Luft als thermometrische Substanz zu nehmen, wie bei den Instrumenten Abb. 433 und 434. Das erstere ist eine einfache Ausführung, das zweite eine bessere mit Metallmontierung. Die Luft im unteren Raum wird durch Quecksilber abgeschlossen, und dieses wird bei der Ausdehnung der Luft in dem einen eingeschmolzenen Röhrchen gehoben und verschließt das durch den Kork eingeführte Rohr, wodurch der Gasstrom gedrosselt bzw. auf ein Minimum geschlossen wird. An dem durch den Kork laufenden Röhrchen ist ein ganz kleines Löchelchen angebracht, welches das Gas für die Minimalflamme liefert. Wird die Temperatur geringer, so sinkt das Quecksilber und gibt das schief abgeschliffene Ende des Rohres frei und es kann wieder mehr Gas durch zur Flamme.

Abb. 435. Photothermometer n. D. Zippermayr.

Auch auf dem Gebiete der Phototechnik ist man darauf gekommen, daß die Temperatur der Bäder einen großen Einfluß hat. Zu diesem Zweck hat Dr.-Ing. Zippermayr in Wien ein sog. Schalenthermometer konstruiert, über welches in der Zeitschrift „Die Kinotechnik"[1] eine Abhandlung erschienen ist.

Wie aus Abb. 435 ersichtlich, ist das Thermometer ein Winkelthermometer mit ganz kurzem Schenkel, der den Zweck hat, daß das

---

[1] Kinotechnik, Guido Hackebeil, Berlin, H. 9, Jg. 11.

Thermometer nicht rollen kann und mit der Skala nach oben zu liegen kommt. Außerdem ist das Thermometer so beschwert, daß es keinen Auftrieb hat und nicht schwimmt. Der Meßbereich des Thermometers kann dem Zwecke entsprechend gemacht werden, doch wählt man den Meßbereich + 8 bis + 50° C, womit das Auslangen gefunden werden kann. Die Länge des Skalenschenkels ist ca. 10 cm, damit das Instrument noch in einer Schale 9 × 12 verwendet werden kann. Diese Thermometer sind unter der Wortmarke „Nautilus" gesetzl. geschützt.

D. Die maßanalytischen Gefäße und Geräte.

Das Messen der maßanalytischen Glasgefäße und Geräte.

Der in der Wissenschaft und Technik tätige Forscher benötigt zu seiner Arbeit Gefäße und Geräte aus Glas zur genauen Messung der Mengen und Stoffe im flüssigen oder gasförmigen Zustande.

Die wichtigste Anwendung finden die maßanalytischen Gefäße in der analytischen Chemie und zwar in der Maßanalyse.

Das Ausmessen der Gefäße und Geräte, das eine Arbeit des Glasschreibers (Justierers) ist, wird auch wieder besonders bezeichnet. Vielfach werden die beiden Worte kalibrieren und graduieren angewendet, es sollen daher diese Benennungen näher erklärt werden.

Die Arbeit des Messens, die nun erklärt werden soll, besteht also darin, das Volumen der Gefäße genau festzustellen und auf diesen zu verzeichnen, so daß nach diesen Angaben die Einteilung (Graduierung) erfolgen kann.

Abb. 436.
Bechermensur.

Bevor aber auf die eigentliche Arbeit eingegangen werden soll, ist es geraten, eine allgemeine Übersicht über alle in Betracht kommenden Gefäße und Geräte zu geben. Diese Übersicht

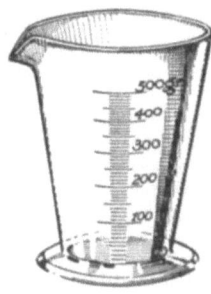

Abb. 437.
Bechermensur mit Henkel.

Abb. 438.
Bechermensur mit Fuß

Abb. 439. Bechermensur mit Fuß und Henkel.

und Einteilung kann man in zwei Gruppen vornehmen, und zwar in solche für grobe und solche für feine Messungen.

In die erste Gruppe kann man die Mensuren, die Meß- und die Mischzylinder einteilen, in die zweite Gruppe können dann die Büretten, Pipetten und die Meß- und Mischkolben kommen.

Für gewöhnliche Abmessung von Flüssigkeitsmengen bedient man sich der Mensuren Abb. 436—339, die man, wie ersichtlich, mit oder ohne Henkel herstellt. Diese Form von Meßgefäßen wird in allen Abstufungen gemacht, doch geht man wegen der Handlichkeit nicht über die Größe von zwei Litern hinaus.

Schon etwas genauer lassen sich die Meßzylinder herstellen, was schon ihre Form mit sich bringt. Abb. 440 zeigt uns einen solchen Meßzylinder, der, wie die Mensuren mit einem Ausguß und mit Fuß versehen ist. Diese Zylinder sind in den Abstufungen von 2000, 1000, 500, 250, 200, 100, 50, 25 und 10 cm³ im Gebrauch, und je kleiner sie sind, geben sie auch durch ihren geringeren Durchmesser ein genaueres Gefäß, so daß man die Genauigkeit, mit welcher man arbeitet, wie folgt übersehen kann:

Inhalt	2000	1000	500	250	200	100	50	25	10 cm³
Kleinste Ablesung	50	20	10	5	2	1	1	0,5	0,1 cm³

Um Flüssigkeitsmengen in einem Gefäße abzumessen und gleich mischen zu können, hat man dem Zylinder, Abb. 441, einen Hals mit

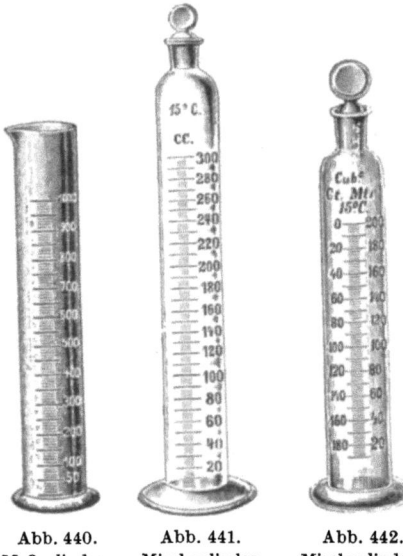

Abb. 440. Meßzylinder.   Abb. 441. Mischzylinder mit einfacher Zahlenreihe.   Abb. 442. Mischzylinder mit doppelter Zahlenreihe.

einem eingeschliffenen Stöpsel, dem man die Bezeichnung Mischzylinder gegeben hat. Die Größen, deren Abstufung, sowie die Einteilung sind genau so wie bei den Meßzylindern. Bei beiden Gattungen und auch bei den Mensuren aber hat man die Teilung, je nach der Verwendung, so getroffen, daß, wie bei Abb. 441 ersichtlich, die Graduierung und Bezifferung so ist, daß der Nullpunkt am Boden des Gefäßes liegt; bequemer ist es, wenn man die Bezifferung wie in Abb. 442 auf der einen Seite der Teilung von unten nach oben und auf der anderen Seite von oben nach unten macht. Auf diese Art kann wohl die Menge beim Aus- wie beim Eingießen leicht abgelesen werden.

Die zweite Gruppe der Meßgeräte ist, wie schon erwähnt, empfindlicher beschaffen und erfordert auch schon eine sorgfältigere Anfertigung; sie können wieder unter sich in Untergruppen eingeteilt werden.

Eine solche Gruppe für sich sind die Büretten, deren Bezeichnung aus dem Französischen übernommen ist und „Maßröhre" heißt. Diese Büretten sind Glasröhren, welche eine Einteilung haben und aus welchen man Flüssigkeiten in genau bestimmten Mengen ablassen kann. In Abb. 443 sehen wir eine Bürette nach Mohr, die, oben offen, glatt verschmolzen oder auch aufgerandelt sein kann. Unten ist die Bürette aus-

Das Messen der maßanalytischen Glasgefäße und Geräte. 197

gezogen und mit einer kleinen Schlaucholive versehen, an welcher ein Stück Gummischlauch angesteckt ist, an dessen anderem Ende ein Glasröhrchen mit einer feinen Spitze steckt, die zum Ausfließen und Ablassen der Flüssigkeit dient. Über den Gummischlauch zwischen Bürette und Spitze ist ein Quetschhahn gesteckt, der den Verschluß durch Zusammendrücken des Schlauches (Quetschen) herstellt und der durch Drücken mehr oder weniger geöffnet werden kann. Diese Art Hahn kann natürlich nur bei Flüssigkeiten Anwendung finden, die den Gummischlauch nicht angreifen und durch diesen nicht verunreinigt werden. Für diesen Fall hat man die Bürette Abb. 444 mit einem Glashahn versehen, und von diesem hat man wieder gerade, Abb. 444, seitliche, Abb. 445 und schräge, Abb. 446, zu unterscheiden. Diese Büretten können und sollen auch oben einen Verschluß haben, der wieder sehr verschieden sein kann. Der eigentliche Zweck, vor Staub zu schützen, aber nicht luftdicht zu schließen, kann bald

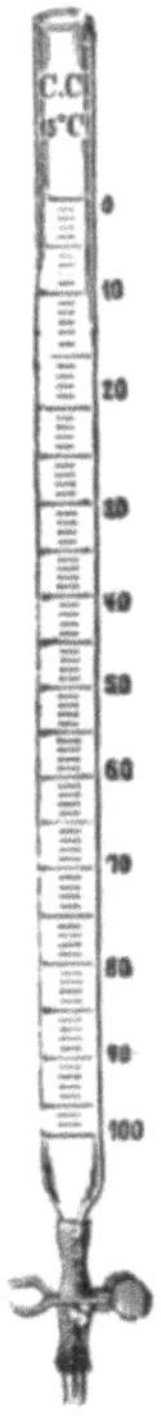

Abb. 443.
Bürette nach Mohr mit Quetschhahn.

Abb. 444.
Bürette mit geradem Glashahn.

Abb. 445.
Bürette mit seitlichem Glashahn.

Abb. 446.
Bürette mit schrägem Glashahn.

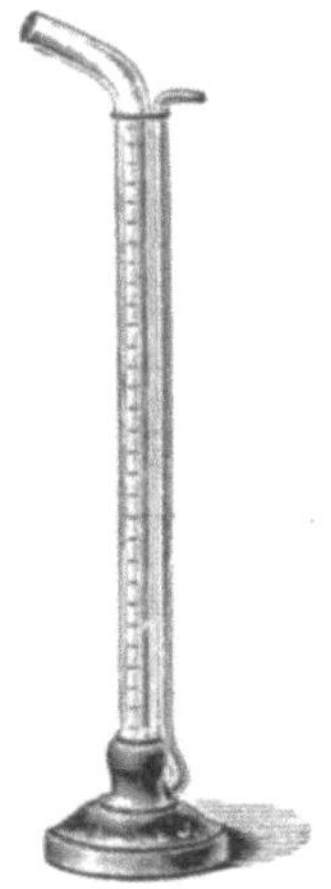

Abb. 447.
Bürette nach Gay-Lussac.

erreicht werden; hat die Bürette einen abgeschmolzenen Rand, so kann dies mit einer kleinen Glaskappe oder Glaskugel, deren Herstellung ja keine besondere Mühe erfordert, erreicht werden. Ist ein besserer Verschluß notwendig, kann man einen eingeschliffenen Stöpsel machen, der aber so gemacht sein muß, daß in einer bestimmten Stellung Luft eindringen kann (siehe vorne Schliffe).

Die im allgemeinen übliche Form der Bürette ist die einfache gerade Glasröhre, doch hat man auch noch andere Formen und Konstruktionen gewählt, die aber heute nur mehr sehr wenig vorkommen. Eine dieser Formen ist die Bürette nach Gay-Lussac, die französische Form genannt, Abb. 447 u. 448, die ihren Ursprung dem Streben, den Quetschhahn zu umgehen, zu verdanken hat. Bei dieser Bürette wird die Flüssigkeit, wie in Abb. 449 dargestellt, mit einem Druckball herausgepreßt. Die englische Form der Bürette, Abb. 450, nach Binks, hat als Ausguß einen Schnabel und einen seitlichen Ansatz, welcher beim Tropfen durch Neigen der Bürette mit dem Daumen zugehalten wird. Diese beiden Formen nennt man auch Stehbüretten, weil sie mit hölzernem Fuße versehen sein müssen. Wie schon erwähnt, sind diese Büretten schon lange nicht mehr oder nur selten in Verwendung, weil sie eben aus einer Zeit stammen,

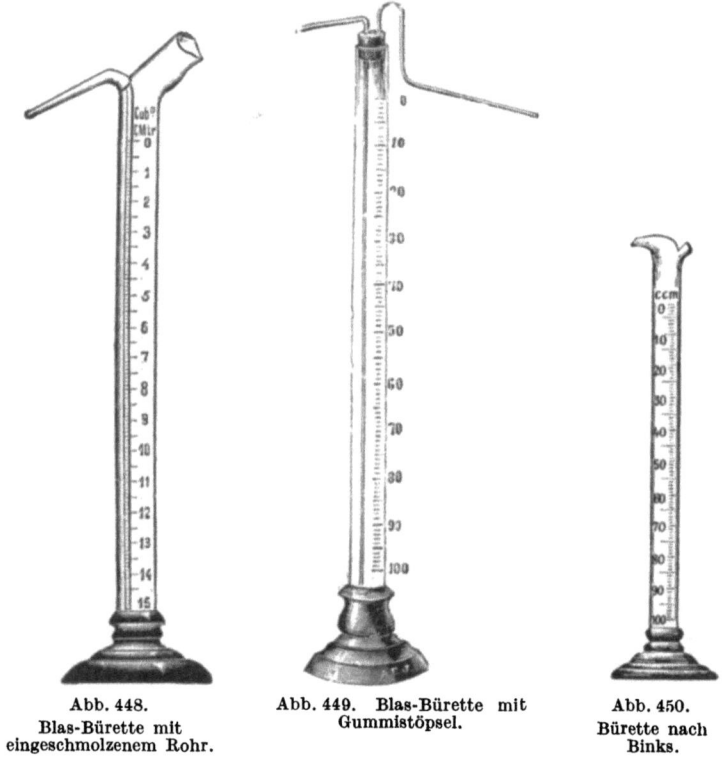

Abb. 448.
Blas-Bürette mit
eingeschmolzenem Rohr.

Abb. 449. Blas-Bürette mit
Gummistöpsel.

Abb. 450.
Bürette nach
Binks.

in welcher die Glashähne noch sehr teuer waren und nur von wenigen Glasbläserfirmen erzeugt wurden. Die Verbilligung und dadurch die allgemeine Einführung von Glashähnen im Laboratorium hat ja auch schon zur Folge, daß der Quetschhahn nur mehr dort verwendet wird, wo er nicht zu umgehen ist.

Bei dieser Gelegenheit sei gleich auf einen Umstand aufmerksam gemacht, der bei Glashahnbüretten sehr schädlich werden kann. Wenn mit Lauge gearbeitet wird, so muß darauf gesehen werden, daß die Bürette mit dieser nicht zu lange Zeit steht, weil sich durch die Lauge der Hahn festkittet und dann oft, wenn es sehr lange her ist, nicht mehr zu drehen und meist verloren ist. Kommt es jedoch einmal vor, so tut man am besten, den festsitzenden Hahn einige Stunden in kochendes Wasser zu stecken und von Zeit zu Zeit nicht zu kräftig das Drehen zu versuchen. In sehr hartnäckigen Fällen kann man versuchen, mit einem kleinen Holzhammer nachzuhelfen, aber vorsichtig zu klopfen und dadurch den Hahn zu lockern.

Die Bürette dient dazu, wie schon einmal erwähnt, Flüssigkeiten in den kleinsten Mengen genau ablassen zu können, es war daher eine Notwendigkeit, bei längerem und vielem Arbeiten mit der Bürette eine Vorrichtung zu schaffen, die das leichte und rasche Nachfüllen möglich machte. Zu diesem Zwecke hat man daher an den Büretten verschiedene Vorrichtungen angebracht, die als Zulaufvorrichtung und Zulaufbüretten eingeführt wurden.

In den Abb. 451—457 sehen wir eine Reihe von Zulaufbüretten, die aber nicht als vollständig gelten kann, weil es noch einige, allerdings weniger bekannte und praktische solcher Vorrichtungen gibt, die aus Mangel an Raum aber übergangen werden müssen. Wohl die denkbar einfachste sehen wir in Abb. 451, bei welcher etwas über dem obersten Teilstrich, dem Nullpunkte der Bürette, seitlich ein Rohr angesetzt ist, das auf irgendwelche Art mit der Vorratsflasche verbunden werden kann. In Abb. 452 sehen wir den Ansatz seitlich unter dem untersten Punkte der Teilung angebracht. Eine bessere Vorrichtung ist die in Abb. 451a dargestellte, die nach Rammelsberg benannt wird. Das Zulaufröhrchen ist hier oben zentrisch eingeschmolzen und nach innen seitlich gebogen, damit die einlaufende Flüssigkeit an der Wand der Bürette hinunterläuft und nicht schäumen kann, das Röhrchen an der Seite dient dazu, daß die Luft aus der Bürette nicht mit der äußeren Luft in Berührung kommt und in die Vorratsflasche geleitet wird.

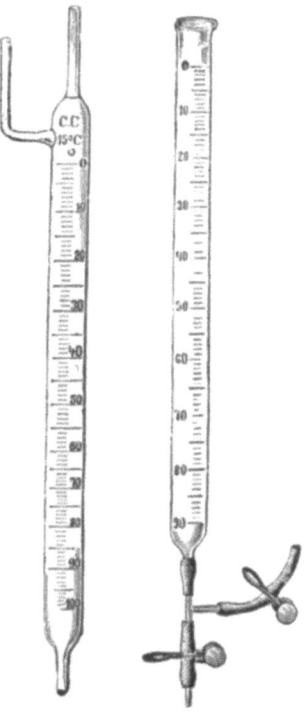

Abb. 451. Zulaufbürette.

Abb. 452. Bürette mit Zulaufrohr.

Eine sehr geschickte Zulaufvorrichtung, die durch einen angesetzten Zweiweghahn hergestellt ist, zeigt Abb. 453. Das seitliche Röhrchen des Hahnes ist mit der Vorratsflasche verbunden, und je nach der Stellung des Hahnes kann der Zu- und Ablauf und der Verschluß der Bürette erfolgen. Die Bürette Abb. 454 ist als Zu- und Überlaufbürette konstruiert und funktioniert wie folgt: Durch das seitliche Röhrchen über dem Glashahne wird die Verbindung von der Vorratsflasche, also der Zulauf, besorgt, und oben an der Bürette sitzt ein flaschenförmiger Aufsatz, in welchem zentrisch ein Röhrchen eingeschmolzen ist, was als der

200   Die Anfertigung der Apparate und Glasinstrumente.

Überlauf bezeichnet wird und dessen oberster Rand den Nullpunkt der Bürette bildet. Wird die Bürette von unten aus gefüllt, so steigt die Flüssigkeit in derselben und man schließt den Zulauf, sobald die Flüssigkeit das Ende des Röhrchens erreicht hat. Um die Bürette auf 0 einzustellen, läßt man die Flüssigkeit nur ganz wenig überlaufen, wobei der Überlauf sich im Fläschchen sammelt bzw. in dem seitlichen Röhrchen abfließt und aufgefangen oder in die Vorratsflasche zurückgeleitet werden kann. Dieser Bürette ähnlich ist die in Abb. 455 dargestellte, bei welcher der Zulauf seitlich unten an der Bürette sitzt und der

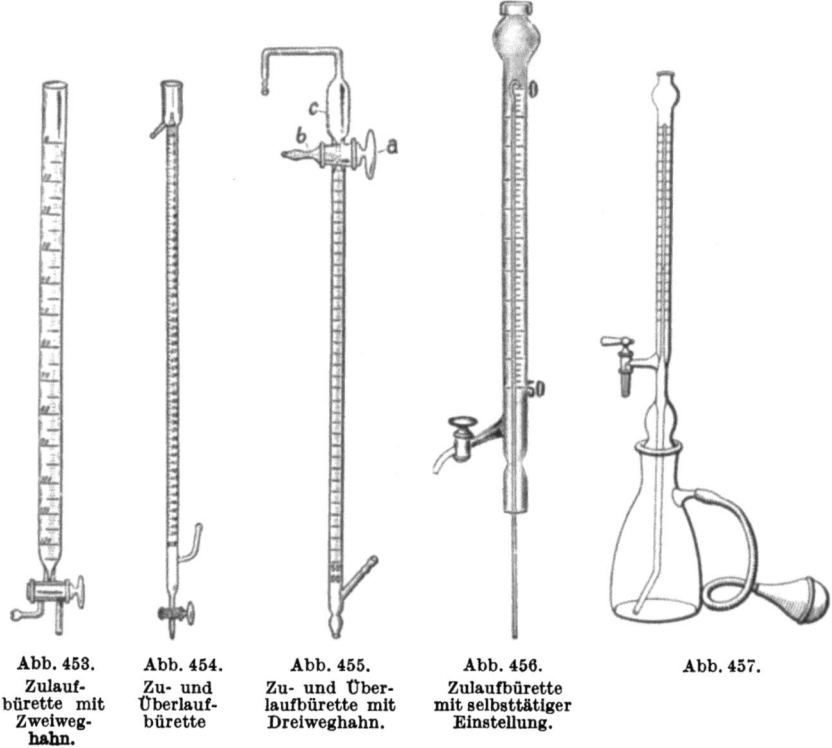

Abb. 453. Zulaufbürette mit Zweiweghahn.

Abb. 454. Zu- und Überlaufbürette.

Abb. 455. Zu- und Überlaufbürette mit Dreiweghahn.

Abb. 456. Zulaufbürette mit selbsttätiger Einstellung.

Abb. 457.

Über- und Ablauf durch einen Dreiweghahn bewerkstelligt wird. Bei der Füllung der Bürette wird der Hahn gerade, d. h. auf „Durch" gestellt. Die Bürette füllt sich mit Flüssigkeit, und diese läßt man ein wenig bis in den erweiterten Teil steigen. Den Nullpunkt der Bürette bildet der Abschluß des Hahnes, man kann somit jetzt, indem man den Hahn um 90° dreht, durch seine seitliche Bohrung Luft eindringen lassen und in dieser Stellung bei Öffnung des Quetschhahnes von der Bürette Flüssigkeit abnehmen. Die durch Überlauf in der Erweiterung über dem Hahn angesammelte Flüssigkeit kann man ablassen, indem man den Hahn um 180° dreht, und sie bei der Verlängerung des Hahnstöpsels, dem sog. Schwanz auffängt.

In Abb. 456 und 457 sehen wir eine Zu- und Überlaufbürette, in welcher das Zulaufrohr zentrisch in das Büretterohr eingeschmolzen ist, das obere Ende dieses Rohres den Nullpunkt der Bürette bildet und die durch den Ablauf des Überschusses durch das innere Rohr in die Flasche zurück sich ganz automatisch immer gleich genau einstellt, eine Vorrichtung, die uns später noch einmal begegnen wird.

Um bei der Ablesung an der Bürette, bei welcher leicht Fehler gemacht werden können, diese letzteren zu vermeiden, hat man in früherer Zeit in die Bürette einen Schwimmer, Abb. 458, gebracht, der in seinem äußeren Durchmesser um ein geringes kleiner war, als das Lumen der Bürette, damit er sich durch den Auftrieb in der Flüssigkeit nicht schräg stellen konnte. Am Zylinder des Schwimmers war in seiner Höhenmitte eine feine Marke geätzt, und über diese wurde dann abgelesen. Statt der geätzten Stichmarke hat man auch in diesen Schwimmer ein mit einer Marke versehenes Röhrchen eingesetzt oder einen bis zur halben Höhe reichenden Papierstreifen eingerollt, dessen Außenseite schwarz und dessen Innenseite weiß war und über dessen Rand abgelesen wurde. Man konnte bei diesem Schwimmer das geringste schiefe Ablesen (Parallelachse) wahrnehmen, weil in diesem Falle immer die weiße innere Fläche des gerollten Streifens im Auge war.

Abb. 458.
Bürettenschwimmer.

Diese beiden Schwimmer wurden überflüssig, als man die Büretten, wie es bei den Wasserstandgläsern schon lange der Fall war, mit einem weißen Emailstreifen, versah, in dessen Grunde ein schmälerer farbiger Streifen lag. Diese Büretten, unter dem Namen Schellbachbüretten eingeführt, zeigen, wenn sie mit einer durchsichtigen Flüssigkeit gefüllt, eine sehr schöne optische Erscheinung, und verbunden mit dieser gestatten sie eine sehr genaue Ablesung, wobei alle parallaktischen Fehler vermieden sind.

In Abb. 459 sehen wir ein Stück Rohr mit dem Emailstreifen und die optische Wirkung der Flüssigkeitsoberfläche. Das Bild des auf weißem Grund laufenden farbigen Streifens wird in der Oberfläche der Flüssigkeit so dargestellt, daß man zwei sich mit den Spitzen treffende Dreiecke sieht, und die Stelle, wo sich die Spitzen treffen, wird als Punkt genommen, auf welchem abgelesen wird.

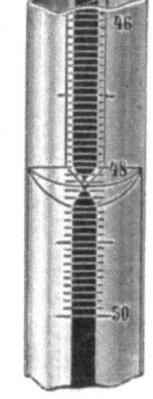
Abb. 459.
Schellbach-Röhre.

Die Büretten bieten, wie schon bemerkt, die Möglichkeit, Flüssigkeitsmengen in jeder Abstufung zu messen bzw. ablassen zu können, man kann mit ihnen bis zu ihrem Vollinhalt, der entweder 25, meistens aber 50, selten 100 cm^3 beträgt, bis herunter auf 0,02 genau arbeiten, es ergibt sich aber die Notwendigkeit, daß man bestimmte Mengen von Flüssigkeiten oft und schnell abmessen können soll, zu welchem Zwecke man eigene Geräte, „Pipetten" genannt, gemacht hat, mit denen man die Flüssigkeiten wie mit einem Stechheber aus den Behältern aufsaugen kann.

Die Pipetten unterscheiden sich wieder in solche mit einer Marke, Abb. 460, mit zwei Marken, Abb. 461, und in Meßpipetten, Abb. 462, und alle diese Pipetten werden stufenförmig in allen Größen hergestellt. Die Pipetten mit einer Marke werden im Maße von 1, 2, 5, 10, 15, 20, 25, 30, 50, 100, 150, 200 und 250 cm^3 und darüber hinaus gemacht und ihr Maß macht man entweder „frei ab", d. h. daß jene Menge der Flüssigkeit, die in der Auslaufspitze der Pipette hängen bleibt, nicht mitgerechnet ist, oder — bei der zweiten Art — das Maß wird so gerechnet, daß diese in der Spitze bleibende Menge mitzurechnen ist, es muß diese Menge daher ausgeblasen werden. Derlei Pipetten tragen dann am Körper nebst der Bezeichnung des Inhalts und der Temperatur die Bemerkung „Ausblasen", während die vorigen die Bemerkung „frei ab" tragen.

Für Pipetten mit einer Marke wählt man oft auch die

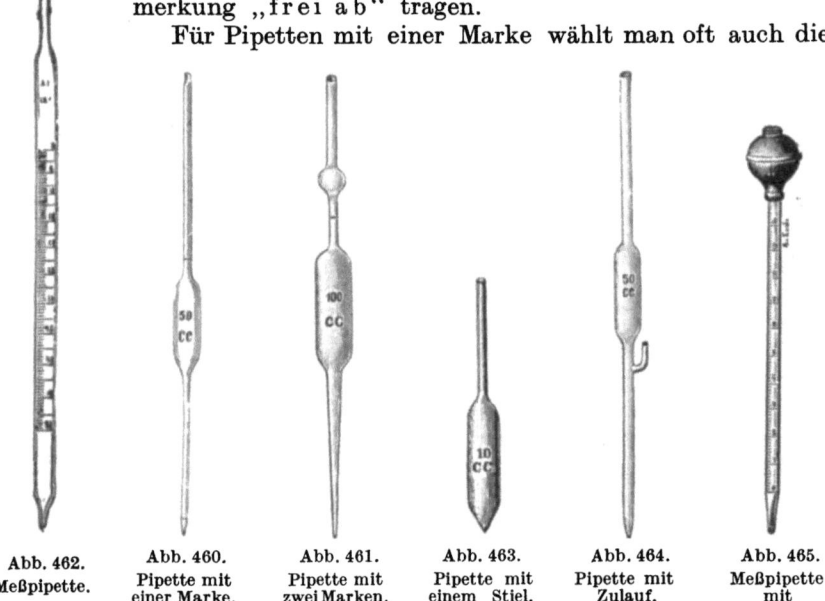

Abb. 462. Meßpipette.   Abb. 460. Pipette mit einer Marke.   Abb. 461. Pipette mit zwei Marken.   Abb. 463. Pipette mit einem Stiel.   Abb. 464. Pipette mit Zulauf.   Abb. 465. Meßpipette mit Saugball.

Form Abb. 463 ohne unteres Rohr, dies ist aber nur bei kleineren der Fall, um mit der ganzen Pipette durch den Hals der Reagenzflaschen zu kommen.

Pipetten, deren Maß mit Ausblasen berechnet ist, dienen hauptsächlich dazu, um diese nach der Messung ausspülen zu können, was bei manchen Arbeiten vorgeschrieben ist. Die dritte Sorte von Pipetten sind so gemessen, daß eine Marke am oberen und die zweite Marke am unteren Schenkel angebracht ist, so daß der Inhalt zwischen den beiden Marken liegt. Um das Messen mit dieser Pipette schneller durchführen zu können, kann man, wie in Abb. 464, am unteren Stengel seitlich ein Rohr als Zulaufvorrichtung anbringen. Auch macht man oft bei Pipetten, die zum Messen von giftigen Flüssigkeiten bestimmt sind, am oberen Stengel eine Kugel, Abb. 461, die aber über der Marke sein muß. Alle diese vorgenannten drei Arten von Pipetten sind so beschaffen, daß man mit ihnen nur eine einzige bestimmte Menge messen kann, für die sie gebaut sind, es ist aber bei der Arbeit des Analytikers nötig, daß er auf dieselbe Art des Aufsaugens mit der Pipette diese Mengen noch leicht teilen kann. Zu diesem Zwecke dienen die Meßpipetten Abb. 462 und 465, die nun wieder in besonders zarten und feinen Abstufungen die Meßmöglichkeit gestatten. Die Abstufungen werden wie folgt allgemein eingehalten und so eingeführt, daß von der kleinsten Menge von 1 cm³ in 0,01 cm³ geteilt angefangen, jede Menge bis zu 50 cm³ in 0,1 geteilt, über die man mit der Meßpipette nie hinausgehen soll, gemessen wird.

Die Meßpipetten werden in folgenden Größen gemacht:

Inhalt	1,	2,	5,	10,	20,	25,	50 cm³
geteilt in	1/10, 1/100	1/50,	1/10, 1/50,	1/10,	1/10, 1/5,	1/10, 1/2,	1/5, 1/10 cm³

Diese Meßpipetten bestehen aus einem Rohre, auf welchem die Teilung wie bei den Büretten angebracht ist, bei den feineren und kleineren entsprechend lang, Abb. 465, und das gleich zum Aufsaugen dient. Bei den größeren ist aber ein Saugrohr, Abb. 462, angesetzt.

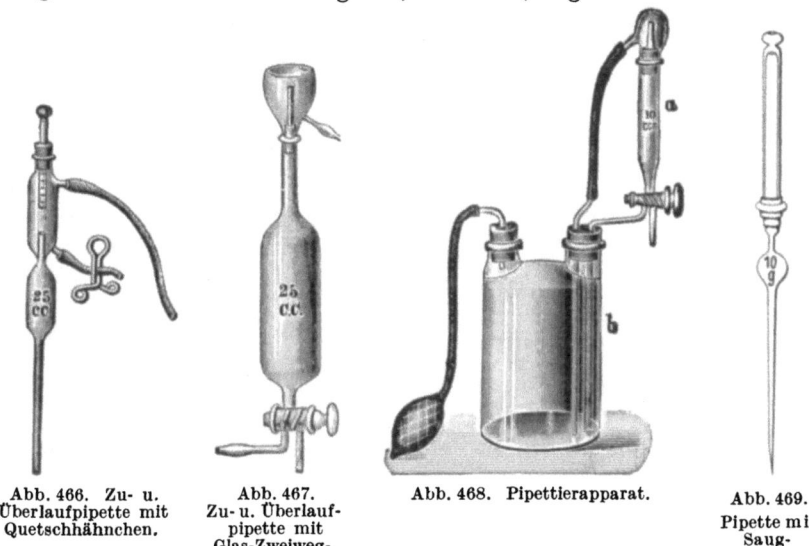

Abb. 466. Zu- u. Überlaufpipette mit Quetschhähnchen.

Abb. 467. Zu- u. Überlaufpipette mit Glas-Zweiweghahn.

Abb. 468. Pipettierapparat.

Abb. 469. Pipette mit Saugvorrichtung.

Wie bei den Büretten, ist aber noch mehr bei den Pipetten die Notwendigkeit vorhanden, das Pipettieren möglichst rasch und genau durchführen zu können. Zu diesem Zwecke hat man auch Zu- und Überlaufvorrichtungen an denselben angebracht, die meist denen an den Büretten gleichen. In Abb. 466 sehen wir eine Überlaufpipette, deren oberer Stengel in einem Gefäß eingeschmolzen ist, in welches der Überschuß abfließt und wo der Inhalt vom anderen Ende dieses Rohres an auf „frei ab" oder Abstrich gerechnet werden kann. Diese Vorrichtung beschränkt sich auf die Anwendung von Quetschhähnen, man kann aber,

204   Die Anfertigung der Apparate und Glasinstrumente.

und zwar schöner, einen solchen Apparat mit einem Zweiweghahne zusammenstellen, wie ihn Abb. 467 darstellt, während Abb. 468 die Zusammenstellung der Pipette mit der Vorratsflasche zeigt.

Das Füllen der Pipetten geschieht gewöhnlich durch Ansaugen mit dem Munde, was aber nicht immer möglich und oft auch nicht zu empfehlen ist, man hat daher zuerst nach dem Gummisaugballen gegriffen, der aber doch einige Vorsicht verlangte, weil bei einem zu starken Zusammendrücken des Ballens die Flüssigkeit leicht in den Ballen gelangte und beides verunreinigt wurde; besser war es in diesem Falle, zwischen Pipette und Ballen einen Dreiweghahn einzustellen, wie in Abb. 470. Durch die Vorrichtung Abb. 469, die nur bei Meßpipetten anzubringen ist, ist man in der Lage, die Saugwirkung und beim Ablassen die Druckwirkung ganz beherrschen zu können, nur muß der zu verwendende Gummischlauch von sehr guter Beschaffenheit sein, und um das Gleiten zu fördern und das Festsitzen zu verhindern, ein ganz wenig mit Glyzerin befeuchtet sein.

Abb. 470.   Abb. 471.   Abb. 472.   Abb. 473.   Abb. 474.
Meßpipette   Abb. 471—472. Meßkolben.   Abb. 473—474. Meßflaschen.
mit
Glashahn.

Die nächste Gruppe der Meßgefäße ist die der Meßkolben und Flaschen, Abb. 471—474, die in Größen von 25 cm³ bis 2,000 cm³, und zwar zu 25, 50, 100, 200, 250, 300, 400, 500, 1,000 und 2,000 cm³ eingeführt sind. Der Inhalt wird am Halse mit einer Ringmarke angezeichnet und am Körper des Kolbens die Größe des Inhaltes in cm³ nebst der Temperatur, bei welcher der Kolben gemessen ist, angebracht. Der Hals des Meßkolbens soll seiner Größe entsprechen, doch nicht zu weit sein, um die Genauigkeit nicht zu beeinträchtigen, auch werden oft in Meßkolben und Flaschen Stöpsel eingeschliffen, wie in Abb. 472 und 474 ersichtlich ist.

Bei Meßkolben für ganz besondere Arbeiten hat man dem Halse eine dem Zwecke entsprechende Form, Abb. 475 und 476, gegeben, ihn jedoch

Das Messen der maßanalytischen Glasgefäße und Geräte. 205

an jener Stelle, an welcher die Marke ist, ziemlich verengt, um Fehler zu vermeiden. In bezug auf den Rauminhalt und dessen Bezeichnung gilt, wenn der Kolben nur eine Marke um den Hals trägt, dieser Inhalt als ,,Einguß", d. h. die bis zur Marke reichende Menge ist z. B. bei einem Literkolben = 1,000 cm³, wenn man aber den Kolben ausgießt, so wird aus diesem um jenes Quantum weniger ausfließen, welches an den Wänden des Kolbens hängengeblieben ist, also die Wände genetzt hat. Will man daher Meßkolben so messen, daß die aus denselben ausgegossene Menge, um beim früheren Beispiel zu bleiben, 1,000 cm³ sei, so muß der Kolben eine zweite Marke tragen, die man mit ,,Ausguß" bezeichnet.

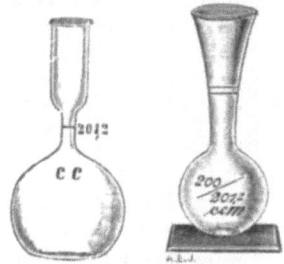

Abb. 475.   Abb. 476.
Abb. 475—476. Meßkolben für sehr genaue Arbeit.

Eine aus diesen Kolben entstandene Art sind die Mischkolben, Abb. 477 und 478, sie dienen dazu, um Flüssigkeiten in einem bestimmten Verhältnis rasch und doch genau mischen zu können. Auch diese Kolben macht man jedem Mischverhältnis entsprechend und in allen Größen. Je nach dem Mengenverhältnis der zu mischenden Flüssigkeiten verwendet man Kolben, die zwischen den Marken am Halse eine Erweiterung tragen wie in Abb. 477 ersichtlich, oder Kolben, die bloß zwei Marken tragen wie Abb. 478. Man hat auch schon an diesen Kolben außer der einen eine zweite Erweiterung angebracht zur Mischung von drei Flüssigkeiten. In den Bereich der Meßkolben kann man auch die Fläschchen zur Bestimmung des spezifischen Gewichtes von Flüssigkeiten, die Pyknometer, einreihen.

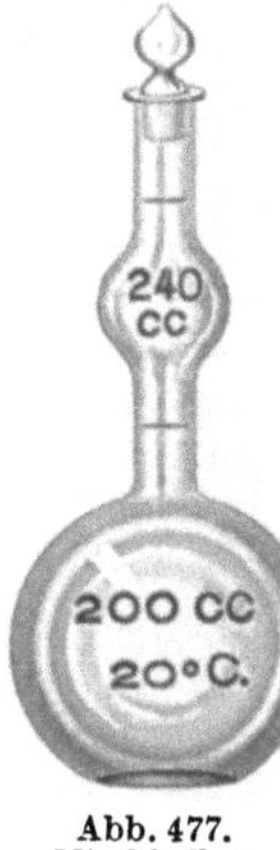

Diese Pyknometer sind so gemacht, daß sie bei einem Inhalte von 10—50 cm³ einen sehr engen Hals, an diesem eine Marke und oben eine Erweiterung tragen, in welche manches Mal ein Stöpsel eingeschliffen oder auf die eine Deckplatte aufgeschliffen ist. (Siehe Abschnitt 8.)

Abb. 477.
Mischkolben.

Eine Gruppe von Meßgeräten für sich bilden jene für die Gasanalysen, unter welche man die Gasmeßröhren, Eudiometer, Gasbüretten, Nitrometer und Gaspipetten einreihen kann.

Diese Meßgefäße alle unterscheiden sich schon vor allem dadurch, daß ihre Einteilung und Bezifferung gegen die der maßanalytischen Gefäße verkehrt ist, weil eben in diesen Gefäßen Gase untersucht und diese unter Abschluß von Flüssigkeiten gehalten werden müssen.

Abb. 478.
Mischkolben.

Gasmeßröhren, Abb. 479, sind Glasröhren mit starker Wand, die oben rund zugeblasen, unten gerade abgeschnitten, und deren Rand verschmolzen ist, um ihn leicht mit dem Daumen zuhalten zu können. Der Nullpunkt der Teilung liegt in der Kuppe des Rohres und geht die Teilung von oben nach unten, sie erfolgt fast immer in Kubikzentimetern, seltener in Millimetern. Je nach der Gasmenge, mit der gearbeitet werden soll, hat man Gasmeßröhren von 25, 50 und 100 cm³, die wieder je nach Größe und Zweck in 0,5, 0,2 oder 0,1 cm³ geteilt sind. Um bei Gasuntersuchungen das betreffende Gas in den Gasmeßröhren zur Verbrennung bzw. zum Explodieren bringen zu können, sind in diese Röhren oben zwei Platindrähte eingeschmolzen, deren Spitzen im Innern der Kuppe sich bis auf ca. 1—2 mm gegenüberstehen. Diese Röhren heißen dann Eudiometer, Abb. 480. Sie müssen aber sehr sicher und gut gearbeitet, die Drähte ganz besonders sicher eingeschmolzen sein, damit sie bei den im Innern über Quecksilber stattfindenden Explosionen nicht gefährdet werden.

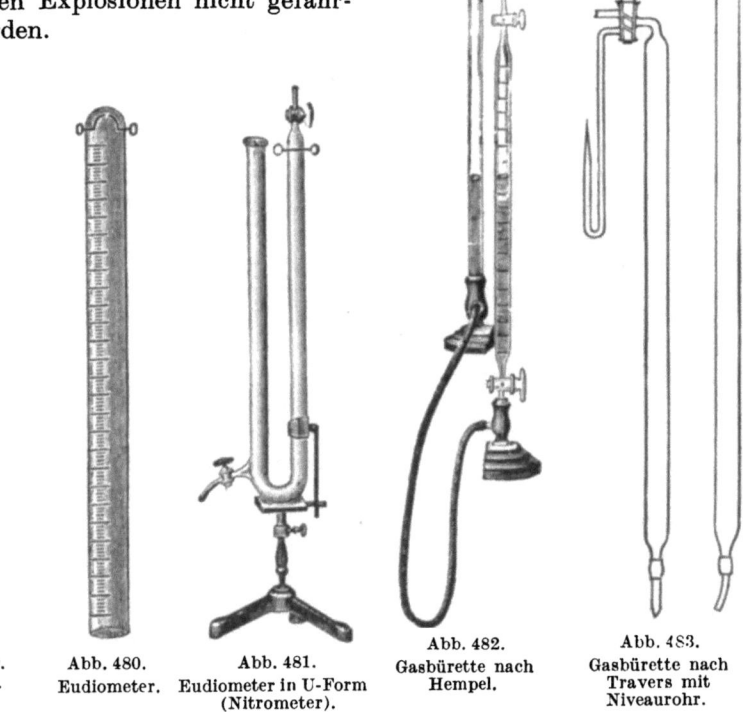

Abb. 479. Gasmeßröhre.
Abb. 480. Eudiometer.
Abb. 481. Eudiometer in U-Form (Nitrometer).
Abb. 482. Gasbürette nach Hempel.
Abb. 483. Gasbürette nach Travers mit Niveaurohr.

Diese Eudiometer sind auch in der Form Abb. 481 in Verwendung und bekommen dann für die Vorführung weiterer Versuche noch einen Hahn auf den geschlossenen Schenkel angesetzt.

Zum Messen der Gasmenge und zur Behandlung derselben dienen die Gasbüretten, deren es eine ziemliche Anzahl gibt, von denen wieder nur die gebräuchlichsten erwähnt werden sollen.

Die älteste und heute noch in Verwendung stehende ist die Gasbürette nach Hempel, Abb. 482; ihr Inhalt vom oberen zum unteren Hahne gerechnet ist 100 cm³ in 0,2 cm³ geteilt, der obere Hahn ist ein gewöhnlicher, der untere ein Dreiweghahn. Die Bürette steckt in einem mit Blei ausgegossenen Holzfuße und hat einen nach der Seite gebogenen

Abfluß, der mit dem Niveaugefäße in Form einer zweiten ungraduierten Bürette durch einen starken Gummischlauch verbunden ist.

Die Gasbürette, nach Bunte hat an ihrem unteren Teile einen einfachen Hahn und oben einen Dreiweghahn, auf welchem eine Erweiterung angesetzt ist. Die Bürette ist nicht, wie jene nach Hempel, in ihrer ganzen Länge gleich weit, sondern hat eine Erweiterung, die eine Verkürzung der Bürette ergibt und sie dadurch handlicher macht. Die Graduierung und Form ist so gewählt, daß im weiten Teile, der immer ca. 60 cm^3 von dem 100 cm^3 fassenden Raume der Bürette einnimmt, diese nur in ganze cm^3 geteilt ist, während im engeren unteren Teile die Teilung auf 0,2 oder 0,1 gemacht wird.

Eine neuere Gasbürette, bei welcher der schon oft erwähnte und praktische Zweiweghahn Anwendung findet, Abb. 483, ist die Gasbürette, wie sie von Travers angegeben und benützt wird. Die Teilungseinheit der Bürette beträgt 0,1 cm^3, und der Rauminhalt, der vom Hahnschluß gerechnet wird, ist 100 cm^3; als Niveaugefäß wird eine Glasröhre von den gleichen Dimensionen wie die Bürette verwendet und beide in ein Stativ eingeklemmt. In diese Gasbürette können oben in möglichster Nähe des Hahnes die Platindrähte eingeschmolzen sein, wenn sie der Genauigkeit der Arbeit nicht im Wege stehen.

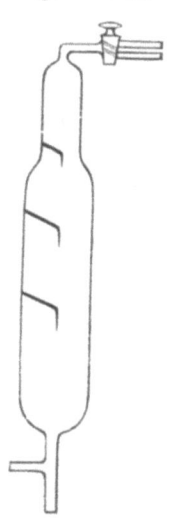

Abb. 484. Gasbürette nach Travers mit Einstellmarken.

In der Chemie der Sprengstoffe und der Gasanalyse werden die bei der Untersuchung der Nitropräparate (Sprengmittel) verwendeten Gasbüretten mit Nitrometer bezeichnet.

In neuerer Zeit hat man auch für Gasbüretten mit sehr genauem Volumen, wenn dieses ein konstantes (unveränderliches) sein muß, in die Bürette Glasspitzen Abb. 484 eingeschmolzen, die aus schwarzem massiven Glas mit ihrer feinen Spitze nach abwärts gerichtet waren. An diesen Spitzen ist die Genauigkeit der Ablesung eine sehr große, weil man an dem Spiegelbilde der Spitze im Quecksilber nicht leicht fehlen kann[1].

Weitere Geräte für die Analyse sind die Gaspipetten, die eigentlich keine graduierten Gefäße sind, aber dennoch Erwähnung finden sollen. Gaspipetten dienen in erster Linie zur Absorption von Gasen bei den Analysen, und wir finden in Abb. 485 eine Gaspipette, die als einfache bezeichnet wird und für flüssige Absorptionsmittel geeignet ist.

Abb. 485. Einfache Gaspipette mit Niveaugefäß.

---

[1] Travers, Dr. M. W.: Untersuchung von Gasen. Vieweg & Sohn, Braunschweig. 1905.

Eine einfache Gaspipette für feste Absorptionsmittel, Abb. 486, hat nur eine Kugel und einen zylindrischen Körper mit einem Hals zur Einführung fester Reagenzien, der am besten mit einem Gummistöpsel verschlossen wird. In den Abb. 487 und 488 sehen wir zusammengesetzte Gaspipetten für flüssige und feste Reagenzien. Einfache Gaspipetten Abb. 489

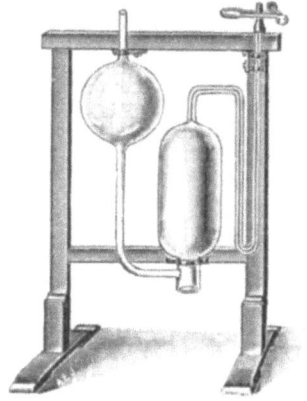

Abb. 486. Einfache Gaspipette für feste Absorptionsmittel.

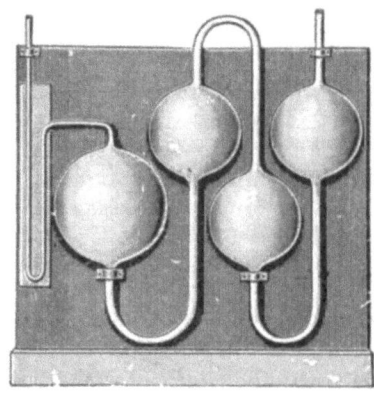

Abb. 487. Zusammengesetzte Gaspipette.

mit eingeschmolzenen Platindrähten und Glashahn führen den Namen Explosionspipetten und werden ähnlich den Eudiometern gehandhabt.

Die Größe der Kugeln bei den Gaspipetten beträgt ca. $100\ cm^3$, die der in den Skizzen größeren etwas darüber. Die Montierung geschieht auf

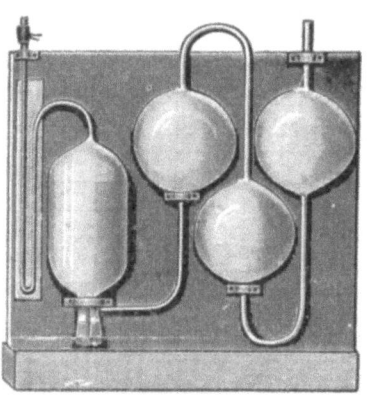

Abb. 488. Zusammengesetzte Gaspipette für feste Reagenzien.

Abb. 489.

Stativen von Holz oder Metall, die Montierung auf Holz ist aber die bessere, schon deshalb, weil sich Glas mit dem Holz besser verträgt. Die Befestigung auf dem Holze ist auch eine leichtere, man kann dazu Metallbügel, sog. „Überlagel", verwenden, und diese mit Leder oder Kork füttern.

Eine besondere Form und gute Konstruktion finden wir von Travers angegeben und konstruiert, die sich sehr schön ausführen läßt.

Wieder finden wir die praktische Anwendung des Zweiweghahnes und sehen in Abb. 490 u. 491 eine Reihe Gaspipetten neuerer Konstruktion, deren nähere Beschreibung in dem Buche Dr. Travers'[1] zu finden ist. Als allgemeine Regel für die Anfertigung der gasanalytischen Geräte sei erwähnt, daß die Hähne und die Röhren der Zuleitungen zu den Gasbüretten u. dgl. im Lumen nicht weiter als 1½ mm, höchstens 2 mm sein dürfen, weil sie sonst schädlich und störend bei den Bestimmungen wirken.

Die neue deutsche Eichordnung vom 1. April 1930 schreibt vor, daß eichfähige Meß- und Mischzylinder, Büretten, Pipetten, Meß- und Misch-

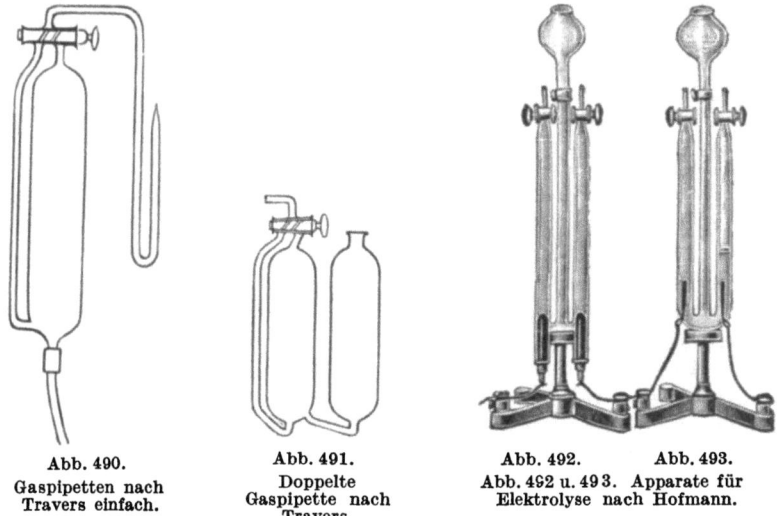

Abb. 490.
Gaspipetten nach Travers einfach.

Abb. 491.
Doppelte Gaspipette nach Travers.

Abb. 492. Abb. 493.
Abb. 492 u. 493. Apparate für Elektrolyse nach Hofmann.

kolben, Gasmeßröhren, Eudiometer, Gasbüretten und -pipetten aus einem Glase bestehen müssen, welches mindestens der dritten hydrolytischen Klasse nach Mylius angehört, wie Jenaer Geräteglas oder z. B. das „Fischer Primaglas" mit roter und weißer Linie als Warenzeichen.

Vor Abschluß der allgemeinen Behandlung dieses Abschnittes wären noch einige Geräte zu erwähnen, die noch zu den graduierten Geräten zählen, das sind die Apparate nach Hofmann, die zur Zerlegung der Substanzen durch den elektrischen Strom, „Elektrolyse" genannt, verwendet werden.

Diese Apparate, Abb. 492 u. 493, werden in vielen Bauarten ausgeführt und sind je nach ihrer Bestimmung mit Platin- oder Kohlenelektroden versehen. Ein U-förmig gebogenes Rohr, Abb. 494, von ca. 18—19 mm Weite hat an seinen Enden Glashähne, die aber erst angesetzt werden, wenn die Elektroden (siehe vorne), eingeschmolzen sind. Diese sind bei Abb. 493 Platinbleche mit Drähten, die aber nicht

[1] Experimentelle Untersuchung von Gasen. Siehe vorne.

unter dem Bug eingesetzt werden dürfen, ebenso hat man zu sorgen, daß die beiden Schenkel des U-Rohres möglichst nahe zueinander kommen, damit der Widerstand des Stromes in der Flüssigkeit nicht zu groß werde. Um dies zu erreichen, kann man das zwischen den beiden Schenkeln anzusetzende Niveaurohr mit der Kugel statt zwischen die Schenkel seitlich am Buge, Abb. 494, und zwar bei der Arbeit zuerst nur einen kurzen Stutzen, wie er in der Skizze punktiert ist, ansetzen. Wenn das U-Rohr gebogen und der Stutzen angesetzt ist, müssen die Schenkel oben offen und natürlich etwas länger sein. Von diesen offenen Schenkeln aus werden die Platinelektroden eingeführt und eingeschmolzen, wie vorn unter Einschmelzen der Elektroden erklärt wird. Nach dieser Arbeit werden die Schenkel oben ausgezogen und die beiden Hähne angesetzt und dann zuletzt, nachdem nach jeder Hantierung der Apparat erkaltet war, das Rohr mit der Kugel an den seitlichen Stutzen angesetzt und nach aufwärts gebogen.

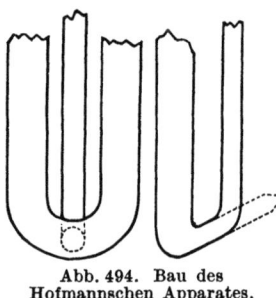
Abb. 494. Bau des Hofmannschen Apparates.

Bei der zweiten Type dieser Apparate, die für Kohlenelektroden bestimmt sind, ist es zu empfehlen, die beiden kurzen Schenkel mit kurzen Stutzen zusammenzuschmelzen und die nun parallel stehenden Röhren unten aufzurandeln, damit die in Glasröhrchen gefaßten Kohlenstifte mit Gummistöpsel eingeführt werden können.

Es gibt natürlich noch eine ganze Menge graduierter und geätzter Geräte, die zwar wegen Raummangels nicht angeführt werden können, die aber gewiß auf Grund der vorangegangenen und nun folgenden Anleitungen von jedem, der sich interessiert, angefertigt werden können.

Die zur Anfertigung der Gefäße erforderlichen Röhren, Kolben und Flaschen müssen vorerst auf das gründlichste gereinigt und getrocknet werden. Die Röhren für Büretten müssen sehr sorgfältig ausgewählt, blasen- und schlierenfrei, und was die Hauptbedingung ist, in ihrer ganzen Länge gleichweit zylindrisch sein. Diese letztere Eigenschaft besitzen nur wenige Röhren, aber auf den Glashütten, die besonders für Glasbläser arbeiten, werden solche eigens gezogen und ausgesucht und sind dort zu haben. Doch auch unter diesen sind nicht lauter ideale Röhren, es ist daher bei Büretten immer gut, wenn man sie von 5 zu 5 oder bei größeren von 10 zu 10 cm^3 in ihrem ganzen Inhalte ausmißt. Sieht man dabei, daß die Intervalle untereinander zu sehr verschieden sind, so ist das betreffende Rohr von der Verwendung auszuschließen. Sind die Abweichungen klein und gleichmäßig, so läßt sich dies auf der Teilmaschine durch die konische Einstellung ausgleichen (siehe Abschnitt 10).

Es soll nun jetzt auf die Sorgfalt und Genauigkeit verlangende Arbeit eingegangen werden, die „Kalibrieren" genannt wird.

Zur Kalibrierung, d. h. zur Ausmessung des Raumes in den Gefäßen, wird Wasser oder Quecksilber benützt. Beim Ausmessen mit Wasser muß aber auf die Benetzung der Wände und auf das Haften des Wassers an denselben Rücksicht genommen werden.

Zur Ausmessung empfiehlt es sich, zur dauernden Benützung in der Werkstätte eigene Normalgefäße zu machen, um ein gleichförmiges und doch nicht zu langsames Arbeiten zu erreichen.

Das Ausmessen kann wieder auf zwei Arten geschehen, und zwar durch das Ein-, Ab- und Umfüllen aus Normalgefäßen, oder, was jedenfalls am genauesten ist, auf der Waage, die aber eine entsprechende Empfindlichkeit, mindestens eine solche von 0,005 g, haben muß. Als Gewicht für den Rauminhalt von einem Kubikzentimeter wird ein Gramm destilliertes Wasser oder 13,598 g Quecksilber von der Temperatur 20° C genommen.

Bei Anwendung von Wasser ist nur destilliertes Wasser, von Quecksilber ganz reines trockenes zu verwenden. Um das Haften des Wassers an den Wänden so zu beeinflussen, daß es immer gleichmäßig und natürlich geschieht, müssen die Gefäße, so oft es nötig ist, mit Chromschwefelsäure oder heißer Lauge vollständig fettfrei gemacht werden. Ist dies der Fall, so muß das Wasser gleichmäßig an den Wänden ablaufen, ohne an denselben einzelne Tropfen zu bilden. Bei vollständig reinem und trockenem Quecksilber und Gefäßen ist ein Netzen und Haftenbleiben desselben an den Wänden ganz ausgeschlossen, es ist daher das Ausmessen mit Quecksilber sehr bequem, doch mißt man Räume, die größer als 50 cm³ sind, nicht mehr mit Quecksilber aus, weil das Arbeiten schon durch das Gewicht der Menge nicht mehr leicht wird.

Die Normalgefäße für Quecksilber, Abb. 495, werden hergestellt, indem man ein entsprechend weites Rohr an einem Ende mit einem flachen Boden versieht. In dieses mißt man ziemlich roh jene Menge Quecksilber, der die Größe des Meßbechers entsprechen soll, und sprengt ihn an passender Stelle ab. Sodann werden die Ränder plangeschliffen, damit sie mit einer Planplatte aus Glas genau abgeschlossen werden können. Das Abschleifen des Bechers hat so lange zu erfolgen, bis die Menge Quecksilber, die der Meßbecher enthält, wenn man ihn mit Quecksilber vollgefüllt und mit der Platte den Überschuß abgedrückt hat, genau den Rauminhalt hat, zu dessen Messung der Becher bestimmt ist. Von solchen Meßbechern macht man sich einen ganzen Satz von 1, 2, 5, 10 bis zu 25 cm³, mit welchem man das Auslangen finden kann.

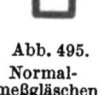

Abb. 495. Normalmeßgläschen für Quecksilber.

Beim Füllen des Meßbechers kann es vorkommen, daß sich im Quecksilber Luft fängt, und diese sich in Blasen an den Wänden des Bechers zeigt. Man entfernt sie, indem man den Becher nicht ganz voll füllt, damit ein ganz kleiner Luftraum bleibt, mit dem Daumen den Becher schließt und ihn nach allen Seiten bewegt. Durch diese Bewegung wird die Luftblase im Quecksilber bewegt und nimmt dabei alle kleinen Bläschen in sich auf, worauf dann der Becher vollgefüllt und mit der Platte abgepreßt werden kann.

Zur Ausmessung mit Wasser ist es zweckmäßig, sich wieder einige Normale zu machen. Diese Normale können, wenn nur einige Zeit aufgewendet wird, sehr genau gemacht werden, und es empfiehlt sich hierzu besonders die Pipettenform als Zulaufpipette, Abb. 496. Diese Gefäße sollen auch in einem Satz vorhanden sein und es ist zu empfehlen, sie von einem Inhalte von 500 cm³ abwärts, und zwar zu 500, 250, 100 und 50 cm³, anzufertigen; kleinere als 50 cm³ zu machen, ist wohl nicht notwendig, weil die kleineren Inhalte besser mit dem Quecksilbermeßbecher zu kalibrieren sind.

Daß diese Art von Meßgeräten genau sein kann, sichern schon die beiden Röhren, die man nicht weiter als mit 6—7 mm Lumen bei den größeren und 5 mm bei den kleineren nehmen soll. Die beiden Marken M und m an den Röhren sind mit der Waage zu bestimmen, wobei es gut ist, daß man zur Kontrolle nicht eine, sondern zwei oder drei Wägungen macht, jedesmal die Marke mit Tusche genau einzeichnet und dann die mittlere gelten läßt.

Zur Arbeit wird die Pipette in ein Stativ eingespannt und bei A mit einem guten Gummischlauch ein Quetschhahn angesetzt, ebenso wird bei Z mit einem Quetschhahn und Schlauch der Zulauf aus der Vorratsflasche zu neuerlicher Füllung hergestellt.

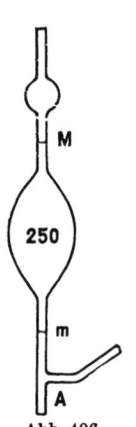
Abb. 496.
Normalpipette.

Das Ausmessen der Büretten ist immer am besten mit der Waage zu machen, denn die Teilung der Bürette soll ja so sein, daß das in der Teilung ausgedrückte Quantum ausfließt. Das Auswiegen erfolgt, indem man die Bürette mit einem Quetschhahn und sehr feiner Ausflußspitze versieht, sie in ein Stativ einspannt und bis zu jener Stelle, wo der Punkt 0 liegen soll, mit destilliertem Wasser von der betreffenden Temperatur füllt.

Auf der Waage wird nun ein leichtes Becherglas austariert und das Gewicht für 10 cm³ Wasser bei der betreffenden Temperatur, 10 g bei 20° C aufgelegt, worauf man aus der Bürette das Wasser in das Becherglas ablaufen läßt, bis die Waage genau einspielt. Hierauf zeichnet man in der Bürette den Stand der Flüssigkeit an und legt weitere Gewichte für weitere 10 cm³, auf, wiegt wieder und zeichnet an, usf., bis es z. B. bei einer Bürette von 50 cm³ zu 5 Wägungen à 10 cm³ kommt. Auf Grund dieser fünf angezeichneten Marken wird dann die Einteilung auf der Teilmaschine gemacht, worüber in Abschnitt 10 die Rede sein wird.

Auch Pipetten können auf diese Art gemessen werden, doch macht man diese meistens so, daß man die Spitze unten zuschmilzt und mit einem feinen Trichter Quecksilber aus dem Meßbecher eingießt und die Marke anzeichnet. (Achtung auf Luftblasen.)

Das Ausmessen der Meßzylinder-Kolben und -Flaschen kann natürlich auch mit der Waage oder mit der Pipette, Abb. 496, bei kleineren mit dem Quecksilberbecher erfolgen, je nach der Genauigkeit, die verlangt wird.

Abgesehen von den Fehlern, die beim Wiegen und Umgießen entstehen können, aber streng vermieden werden müssen, können solche sehr leicht bei der Ablesung gemacht werden, schon allein deshalb, weil an der Flüssigkeitsoberfläche abgelesen werden muß, die in einem Glasrohr immer gewölbt ist, was man den Meniskus nennt.

Dieser Meniskus ist bei Flüssigkeiten, die leicht netzen und an den Wänden haften, nach abwärts, Abb. 497, und bei Flüssigkeiten, die an den Wänden nicht haften und diese nicht netzen, wie Quecksilber, nach aufwärts, Abb. 498, gewölbt.

Durch diesen Meniskus entstehen daher sehr leicht Ablesungsfehler, man muß, um diese zu vermeiden, folgendes beachten. Vor allem gilt beim Ablesen der Flüssigkeitsoberflächen mit hohlem Meniskus die Regel, über den tiefsten, bei solchen mit erhabenem Meniskus über den höchsten Punkt der Meniskuskuppe senkrecht auf die Achse des Rohres zu visieren und beim Anzeichnen der Punkte in unserem Falle die Marke mit einem feinen Schreibdiamanten oder mit Tusche anzubringen. Besonders ist darauf zu sehen, daß sich das Auge genau in der Höhe der abzulesenden Stelle befindet, weil durch schräges Visieren eben die meisten Fehler begangen werden; man kann aber zur größeren Sicherheit die Lupe oder das Fernrohr zu Hilfe nehmen. Bei den vorn erwähnten Schellbachröhren mit dem Emailstreifen kann man nicht leicht, ja fast nie Ablesungsfehler begehen, sie sind daher sehr zu empfehlen. Eine weitere Sicherheit bei Ablesungen an Röhren kann man erreichen, wenn man hinter dem Rohre eine weiße Fläche oder eine matte Glasscheibe, die eventuell beleuchtet werden kann, anbringt. Anders steht die Sache bei der Ablesung der Quecksilberkuppen, die man außer der Lupe noch mit dem Spiegel ablesen kann. Zu diesem Zwecke bringt man hinter dem Rohre einen Spiegel an und sieht jetzt über die Kuppe in den Spiegel, indem man das Auge in eine solche Höhe zu bringen sucht, daß im Spiegelbilde die Kuppe des Quecksilbers im Zentrum der Pupille erscheint.

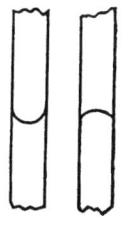

Abb. 497. Abb. 498. Meniskus.

Um möglichst genau zu arbeiten, kann man an der zu messenden Röhre einen schmalen Papierstreifen mit einer provisorischen oder Millimeterteilung anbringen, an dieser ablesen und notieren, und dann mit dem Schreibdiamanten die Teilstriche einritzen, nachdem zuerst alle bestimmt worden sind.

Sind die betreffenden Geräte ausgemessen, die Punkte bestimmt und markiert, so wird das Gerät außen vor allem trocken und rein gewischt und mit dem Ätzgrund versehen, d. h. das geschmolzene Bienenwachs mit einem Pinsel gleichmäßig und nicht zu dick aufgetragen. In diesem Stadium ist es so weit, daß die entsprechenden Gravierungen und Teilungen angebracht werden können, worüber der Abschnitt H handelt.

Beim Ausmessen bzw. Wiegen der Geräte sind in bezug auf die Temperatur die Rauminhalte bei $20°$ C eingeführt, man muß daher alle diese Messungen und Punktbestimmungen an Meßgeräten bei dieser Temperatur vornehmen und diese an den Instrumenten vermerken.

Ein weiterer, sehr beachtenswerter Umstand beim Ausmessen mit netzenden Flüssigkeiten, in unserem Falle mit Wasser, ist der, daß dasselbe, wie schon erwähnt, an den Wänden hängenbleibt, und dieses um so mehr, je größer die Auslauföffnung ist und je rascher die Flüssigkeit im Rohre sinkt. Es muß daher die Auslauföffnung zur Länge und Größe des Meßgewichtes in einem bestimmten Verhältnisse stehen, das die Sicherheit gibt, daß das an den Wänden haftende Wasser Zeit hat, mit den anderen Mengen abzufließen.

Bei Büretten und Meßpipetten soll die Auslauföffnung eine solche Weite haben, daß

bei einer Länge der Teilung von Millimetern bis einschließlich	Millimeterlänge				
	200	200 bis 350	350 bis 500	500 bis 700	700 bis 1000
Die Auslaufzeit für Wasser in Sekunden	25—35	35—45	45—55	55—70	70—90

beträgt.

Die im Handel vorkommenden Meßgeräte tragen die verschiedensten Bezeichnungen, besonders bezüglich der Benennung des Inhaltes. Die allgemein amtlich festgesetzte und anerkannte Bezeichnung für unseren Fall, also des Kubikzentimeters, ist mit „cm^3" festgesetzt und in allen Ländern eingeführt, es ist daher die Bezeichnung gr, oder „CC" usw. unzulässig und zu meiden.

Die amtliche Eichung und Beglaubigung der Meßgeräte erfolgt nur auf Grund des deutschen Eichgesetzes, weil die anderen maßgebenden Länder bis jetzt über kein solches Gesetz verfügen. Dieses findet sich im Deutschen Reichsgesetzblatt vom 3. August 1909, Beilage 52.

E. Die Vakuumröhren.

Die Anfertigung der Vakuumröhren fordert die peinlichste Sorgfalt in bezug auf Material und Arbeit, die zu verwendenden Röhren müssen absolut frei von Blasen, und auch ihre Wandung soll gleichmäßig und nicht zu schwach sein. An den Stellen, wo sich auch nur die kleinsten Blasen finden, werden die Röhren ungemein leicht vom Induktorfunken durchgeschlagen, besonders, wenn die Verdünnung eine größere wird, kann es vorkommen, daß schon an der Pumpe das Durchschlagen erfolgt und die ganze Arbeit vernichtet wird.

Auch der Reinigung der Röhren ist besondere Aufmerksamkeit zuzuwenden, vor und während der Arbeit soll beim Hineinblasen immer darauf gesehen werden, daß möglichst wenig, am besten gar keine Feuchtigkeit hineingelangt; die Feuchtigkeit, welche durch die Flamme hineingelangt, muß möglichst rasch durch Einführen eines trockenen Luftstromes entfernt werden. Zu diesem Zwecke leitet man, von der Druckluftleitung abzweigend, den Luftstrom durch eine Waschflasche mit konzentrierter Schwefelsäure oder ein Chlorkalziumrohr, im Notfalle durch ein mit Charpiewolle gefülltes Glasrohr, in jedem Falle sehe man aber darauf, daß der Luftstrom nicht zu sehr gedrosselt werde.

Vakuumröhren sollen, wenn sie fertig zum Auspumpen sind, nicht mehr lange herumliegen, sondern sofort an die Pumpe gebracht und ausgepumpt werden.

Alle diese Vorsichten sind bei Spektralröhren ganz besonders zu beachten, weil sonst die kleinsten Teilchen irgendeiner Substanz störend wirken, die Arbeit sehr erschweren und oft auch unmöglich machen.

Die Vakuumröhren. 215

Die zu verwendenden und schon vorbereiteten Elektroden sind vor jeder Verunreinigung zu schützen und vor dem Einführen und Einschmelzen gut zu glühen. Besonders Platindraht muß vor dem Einschmelzen geglüht werden und läßt dies auch leicht zu, sobald er aber mit Aluminium oder irgendeinem Schwermetall oder mit Bleiglas, behaftet ist, muß man vorsichtig sein beim Glühen, weil er sonst sehr leicht abbrennt.

Für Elektroden kommt, wenn nicht anders nötig, nur Aluminium in Betracht. Platin ist nur zur Durchführung durch das Glas bestimmt, weil es als Elektrode im Innern am negativen Pol zerstäubt wird und das Rohr in der Umgebung der Elektrode einen spiegelnden Belag bekommt und dadurch den Einblick hindert.

Platin, Iridium und Nickel kommen bei Röntgenröhren als Antikathoden in Betracht und zerstäuben in dieser Anwendung nur in geringerem Maße, weshalb man auch beim Auspumpen diesen Pol mit der Erde verbinden muß.

Wie das Einschmelzen der Elektroden geschieht, ist schon in einem vorherigen Abschnitt erklärt worden, doch muß noch betont werden, daß man von dem Anbringen von Ösen an den Platindrähten am äußeren Ende abgekommen ist, weil diese sehr leicht abbrechen.

Jetzt wird der Platindraht, wie in Abb. 288 u. 289 ersichtlich ist, gerade herausstehen gelassen und über die ganze Kuppe eine Metallkappe gekittet, die eine Öse besitzt. Die Metallkappe hat unter der Öse ein kleines Loch, durch welches der Platindraht herausragt, der dann, wenn die Kappe aufgekittet ist, an diese angebogen und eventuell sogar angelötet werden kann.

Das Aufkitten der Kappen geschieht am besten mit einem Kitt aus Gips und Leim, der zwar länger zum Trocknen braucht, aber dafür gut haftet.

Wenn nichts anderes verlangt wird, werden die Vakuumröhren immer aus bleifreiem Natronglase gemacht, das bei den Entladungen und einer Verdünnung von 0,03 mm grüngelb, dagegen Bleiglas bläulich und Uranglas grün leuchtet, wovon später die Rede sein soll.

Die einfachste Art von Vakuumröhren sind die Spektralröhren, die wieder je nach ihrer Bestimmung verschieden sind und in bezug auf die Anfertigung ganz gewiß keiner besonderen Erklärungen bedürfen (siehe 1. Teil Abziehen, Ansetzen usw.).

Zwei ca. 10 cm lange und 16 mm weite Zylinder sind mit einer Kapillare, deren Lumen höchstens 1 mm beträgt, verbunden und in den Enden der beiden Zylinder befinden sich die Elektroden.

Abb. 499 zeigt eine Spektralröhre, wie sie ursprünglich von Geißler angefertigt wurde und später dann in Abb. 500 überging. Abb. 501 ist eine Spektralröhre, bei welcher man von der Kuppe a aus das Licht beobachten kann und die es ermöglicht, bevor man diese Kuppe schließt, feste Substanzen (Arsen, Schwefel, Jod und dgl.) in einigen Stückchen einzubringen, um diese Substanzen nach dem vollständigen Auspumpen durch Erwärmen schmelzen, verdampfen und beobachten zu können. Abb. 502 zeigt eine Spektralröhre, die an ihrem einen

Ende mit einem Planschliff versehen ist, an welchen man eine planparallele Quarzplatte ankitten kann, zu dem Zweck, die ultravioletten Strahlen austreten zu lassen. Eine Röhre, welche die Beobachtung des Lichtes in der Kapillare von zwei Seiten in der Richtung von b—c oder umgekehrt zuläßt, zeigt Abb. 503.

Um das Gas im Spektralrohre rein zu halten und nicht mit Metall in Berührung zu bringen, hat man an der Spektralröhre, Abb. 503, die Elektroden außen angebracht. Diese dürfen aber nicht einfach angelegt sein, weil dadurch das Durchschlagen gefördert wird. Das Anbringen erfolgt, indem man die Stelle am Rohre mit einem Silberbelage versieht (verspiegelt), der sehr gleichmäßig sein muß und nicht zu dünn sein darf. Auf diesen Silberbeschlag schlägt man dann auf galvanischem Wege Kupfer, Silber oder Platin nieder, wobei darauf zu sehen ist, daß er nicht übermäßig stark wird, weil er sonst leicht abschält. An diesen Kupferbelag kann man dann schwache leichte Drahtösen anlöten.

Zur besseren Beobachtung der Lichtquelle im Spektralrohre hat Götze in Leipzig ein Rohr gemacht und dieses mit zylindrischen Elektroden versehen, damit diese bei Anwendung eines starken Stromes nicht leicht heiß werden.

Mit diesen Formen sind die wesentlichsten Spektralröhren vorgeführt, doch werden solche noch je nach der wissenschaftlichen Arbeit, zu welcher sie bestimmt sind, in allen Dimensionen und Formen gemacht.

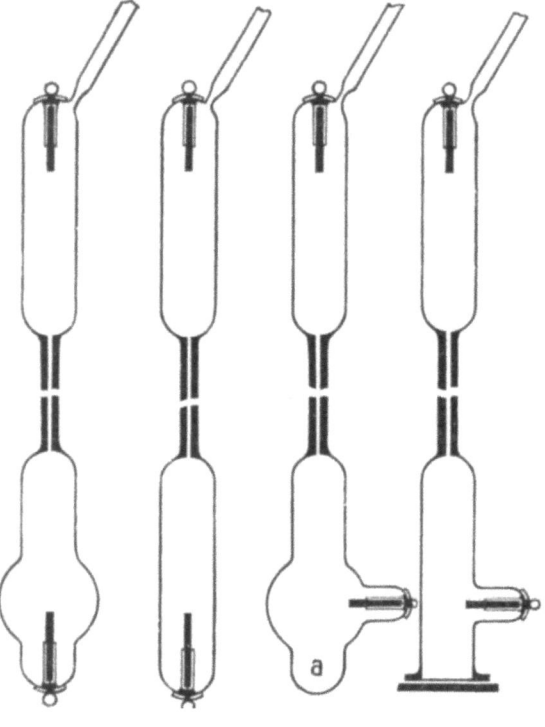

Abb. 499. Abb. 500. Abb. 501. Abb. 502.
Abb. 499—502. Spektralröhren.

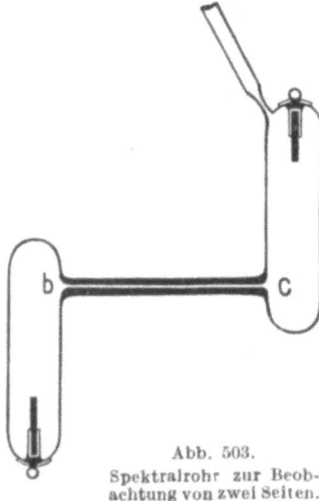

Abb. 503. Spektralrohr zur Beobachtung von zwei Seiten.

Die Verdünnung in den Spektralröhren ist zwischen 2 und 3 mm gelegen. Das Füllen mit den verschiedenen Gasen muß, so wie alle Arbeiten, mit größter Reinlichkeit vor sich gehen. Zu diesem Zwecke wird das Rohr an die Pumpe angeschmolzen, ein Verfahren, über das im nächsten Abschnitte geschrieben wird[1].

Ein sehr praktisches Vakuumrohr für Vorlesungszwecke hat die Form von Abb. 504, es kann je nach Größe und Leistung der zur

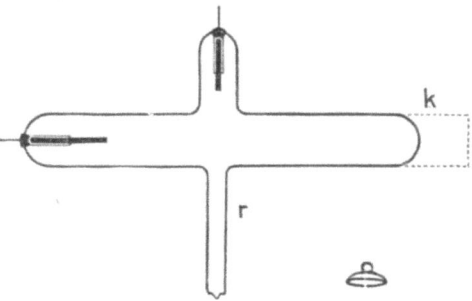

Abb. 504. Versuchsrohr für Entladungsstadien.

Verfügung stehenden Luftpumpe verschieden groß gemacht werden und ist geeignet, die Entladungserscheinungen in allen Stadien vom Beginn bis zum Verschwinden derselben vorzuführen, wobei an der runden Kuppe die magnetischen Ablenkungserscheinungen der Kathodenstrahlen und die Röntgenstrahlen gezeigt werden können. An dem zur Pumpe führenden Rohre R kann ein Leiserscher Planschliff angesetzt werden, um das Rohr an die Pumpe, die ebenfalls einen Planschliff besitzt, leicht anschließen und wieder abnehmen zu können. Die Anfertigung eines solchen Rohres ist auch nicht schwer und es sei in diesem Falle auf die Abb. 284—289 verwiesen, wobei bemerkt sei, daß bei dieser Arbeit ganz zuletzt das Rohr Abb. 504 bei K', welches in seiner Fortsetzung zum Einführen der Elektroden offen ist, zugemacht wird.

Um während einer Unterrichtsstunde die Erscheinungen bis zum Auftreten der Kathoden- und Röntgenstrahlen, diese an Bariumplatincyanur, zeigen zu können, hat man ein kleines Röntgenrohr, Abb. 505, eingeführt, welches, wie das vorhergehende, auch mit einem Planschliff versehen werden kann. Dieses Rohr faßt nicht mehr als 100—125 cm und läßt sich an der kleinsten Luftpumpe leicht in 20 bis 25 Minuten soweit auspumpen, daß die Entladungserscheinungen deutlich wahrnehmbar sind, sich in den zartesten Abstufungen beobachten lassen und eingestellt werden können, wie es ähnlich bei der Vakuumskala ist, die aber nur sechs Stufen hat.

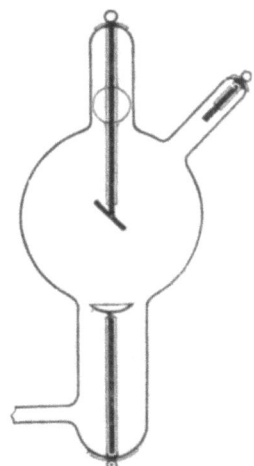

Abb. 505. Versuchsrohr für Röntgenstrahlen.

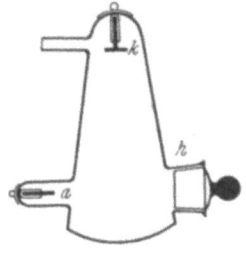

Abb. 506. Vakuumrohr zur Prüfung von Glas und Mineralien.

Handelt es sich aber darum, die feineren Abstufungen, wie Glimmlicht, Schichtung, dunkler Raum usw. zu zeigen, so ist die Röhre Abb. 504

---

[1] Siehe auch v. Angerer: Kunstgriffe, Bd. 71.

vorzuziehen, weil die Stellung der Elektroden und der Antikathode im Rohr Abb. 505 eine prägnante Erscheinung verhindert, obwohl es z. B. beim Auftreten der ersten Kathodenstrahlen schon am Hohlspiegel den Kegel derselben zeigt und wie sich dieser mit Zunahme der Verdünnung immer mehr verlängert, so daß er bei einer Verdünnung von 0,01 schon mit seiner Spitze die Antikathode berührt, die gewöhnlich zweieinhalb Radiuslängen vom Hohlspiegel entfernt ist. Röntgenstrahlen können während der Unterrichtsstunde vorgeführt werden, und man kann auch ganz gut die Aufnahme irgendeines kleinen Gegenstandes machen.

Für die Vorführung der Fluoreszenz und Phosphoreszenz der Mineralien in derselben kurzen Zeit einer Unterrichtsstunde soll das Rohr Abb. 506 dienen. Nach dem Anschluß an die Pumpe mit Planschliff (Abschnitt 2) werden die Mineralien durch den Hals h, nachdem sie vorher, wenn ihre Eigenschaft es zuläßt, angewärmt wurden, um sie von Gasen einigermaßen zu befreien, mit einer Pinzette in das Rohr gebracht und der Stöpsel mit ganz wenig Fett eingerieben. In ca. 20 Minuten ist die Verdünnung so weit gediehen, daß das Leuchten und Nachleuchten der Mineralien schon gut wahrnehmbar ist. Bei diesem Versuche können nicht zu große Stückchen verschiedener Mineralien eingelegt werden, um die Kontraste der Farben im Leuchten zu eigen. Sehr zu empfehlen ist je ein Stückchen Kalzit, Feldspat, Rubin, Flußspat, welche sehr früh ansprechen und ihrer Reihe nach rötlichgelb, hellblau, rot und dunkelblau leuchten und nachleuchten, was wieder bei den Kalziten am deutlichsten in Erscheinung tritt.

Wie schon erwähnt, sollen zur Anfertigung von Vakuumröhren ganz bleifreie Gläser verwendet werden, und da selbst bei Gläsern mit Spuren von Blei, die chemisch fast nicht nachzuweisen sind, diese beim Auftreten der Fluoreszenz deutlich sichtbar werden, so muß das Glas vor der Anwendung genau untersucht werden. Macht man das nicht, so kann es vorkommen, daß man einen Apparat ganz fertig hat, und erst beim Auspumpen sieht man den Fehler, was bedeutet, daß die Arbeit umsonst war.

Um diese kostspieligen und riskanten Arbeiten zu verhindern, kann man sich bei Glasröhren oder Gefäßen, über die man im Zweifel ist, des Rohres Abb. 506 bedienen. Man schneidet oder bricht von jedem zu untersuchenden Rohre einen kleinen Scherben, bezeichnet sich dieselben, bringt sie in das Rohr, pumpt dieses bis zur Fluoreszenz aus und sieht dann genau, welches Glas bleifrei ist.

Hat das Glas, wie schon gesagt, nur Spuren von Blei, so leuchtet es nicht grün, sondern blau oder bläulichgrün, man tut daher gut, auch ein Stück gutes Glas einzulegen, um es vergleichen zu können.

Diese schönen Erscheinungen bewogen uns, damit nicht nur zum Erwerbe, sondern auch zum Vergnügen zu experimentieren. Wir untersuchten alle Mineralien, die wir erhalten konnten, und wir sind der Meinung, daß alle Mineralien leuchten, nur dürften uns das Wahrnehmungsvermögen oder die Reagenzien dazu, wie es bei den Röntgenstrahlen das Platinsalz ist, fehlen.

Durch Herrn Prof. Riedl, einen hervorragenden Edelsteinkenner, auf das Gebiet der Edelsteinkunde geführt, konstruierten wir im Verein mit demselben die in Abb. 507 dargestellte Doppelröhre, die zur absolut sicheren Unterscheidung von synthetischen (künstlich hergestellten) und natürlichen (echten) Edelsteinen durch Kathoden- oder Röntgenstrahlen dient, wobei wir auf die Arbeiten Prof. Riedls[1] hinweisen.

Dieses Doppelrohr, Abb. 507, besteht aus dem Kathodenstrahlenrohr A und dem Röntgenrohr B. Diese beiden Rohre sind miteinander verbunden, um gemeinsam an eine schnellwirkende Hg-Pumpe (Gaede) angeschmolzen werden zu können. Außer den Ansätzen mit den Elektroden ist an jedem Rohre ein möglichst weiter Hals H und H' mit gut schließendem Stöpsel angebracht, der zur Beschickung der Röhren mit ungefaßten und gefaßten Edelsteinen geeignet ist. Eine Untersuchung mit diesen Röhren an der Pumpe ist in ca. 12—15 Minuten ausgeführt und einwandfrei, selbst für den Laien, festzustellen.

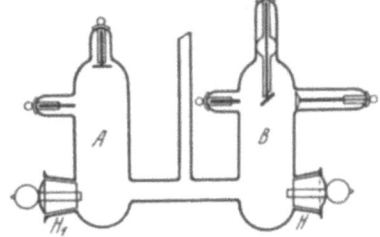

Abb. 507. Vakuumdoppelröhren zur Prüfung von Edelsteinen.

Eine aus den Spektralröhren entstandene Type der neueren Zeit sind die in der ganzen Welt bekannt gewordenen Leuchtröhren[2].

Die Verwendung von Leuchtröhren zum Zwecke der Reklamebeleuchtung hat in den letzten Jahren einen gewaltigen Umfang angenommen. Die farbige Wirkung hauptsächlich in Rot und Blau und die hohe Leuchtkraft, außerdem die Ökonomie, haben die Leuchtröhren zu einem Propagandamittel erster Klasse gemacht.

Die Lichtwirkung ist auf die Luminiszenz der in den Röhren eingeschlossenen Edelgase, hervorgerufen durch hochgespannten Wechselstrom zurückzuführen. Diese Gasentladungsröhren sind vervollkommnete Geißlersche Röhren und bestehen aus einem Glasrohr, an dessen Enden die Elektroden angesetzt sind. Je nach der Leuchtfarbe sind diese Röhren mit Edelgasen oder unedlen Gasen gefüllt. Als Füllgase für Reklamebeleuchtung verwendet man Neon für orangerote Röhren, Neonargongemisch mit Quecksilberzusatz für weißblauleuchtende Röhren, Helium für gelb, für Sonnengold Stickstoff und für Weiß Kohlensäure. Der Fülldruck ist für die einzelnen angeführten Gase verschieden und beträgt im Mittel 1—5 mm Quecksilbersäule. Um den Leuchteffekt zu erhöhen, erzeugt Gustav Fischer in Ilmenau eine ziemliche Anzahl von Spezialglasröhren für Leuchtröhren.

Derzeit werden die Leuchtröhren fast nur mit hochgespanntem Wechselstrom betrieben. Die Höhe der Spannung richtet sich nach dem Füllgas und beträgt für Leuchtröhren von einem Meter Länge und einem Durchmesser von 15 mm bei Neon 1000 V, bei Neonargonquecksilber ebenfalls 1000 V, bei Helium 1700 V, bei Stickstoff 2600 V und endlich

---

[1] Die Goldschmiedekunst 35, Nr. 25, 26, 27 (1914).
[2] Von Ingenieur Josef Linder, Wien.

bei Kohlensäure 3500 V. In der Regel werden alle Gasentladungsröhren mit Einheitstransformatoren von 6000 V Hochspannung betrieben, wodurch auch eine gute Wirtschaftlichkeit der Leuchtröhrenanlage gewährleistet erscheint. Einzelne Elektrizitätswerke haben die genannte Spannung von 6000 V in ihren Errichtungsvorschriften vorgeschrieben. Von hauptsächlichstem Interesse ist es hier, die Leuchtröhrenfabrikation von der betriebstechnischen Seite zu betrachten und alle Umstände zu berücksichtigen, die für das einwandfreie Arbeiten der Röhren wesentlich sind. Hauptsächlich sind es drei Arbeitsgebiete, deren Beherrschung bei der Leuchtröhrenfabrikation vorausgesetzt werden muß. Im ersten Arbeitsgang werden die Leuchtröhren aus Glasröhren in die gewünschte Form, z. B. Buchstaben, gebracht und das fertige Glasrohr auf einen entsprechend geformten Blechbuchstaben befestigt, wobei die Elektroden und stromführenden Kabel im Innern dieses Kastenbuchstabens untergebracht sind. Schwieriger ist der zweite Arbeitsprozeß, welcher im Evakuieren, Formieren der Elektrode und Füllen der Leuchtröhren besteht.

Nachdem die Leuchtröhre an eine Hochvakuumpumpanlage angeschlossen ist, wird die in der Leuchtröhre befindliche Luft ausgepumpt. Da sowohl die Glasröhren und auch das Metall der Elektroden große Gasmengen festhalten, ist es notwendig, diese okkludierten Gase auszutreiben. Dies geschieht auf mannigfache Art. Von der Sorgfalt, mit der dieser Reinigungsprozeß vorgenommen wird, hängt das Gelingen der Leuchtröhren ab. Ist diese Reinigung vollzogen, wird die Füllung mit dem Edelgas vorgenommen.

Zeigt die Leuchtröhre nach Einführung des gewünschten Edelgases die diesem Gas zukommende charakteristische Färbung, wird die Leuchtröhre von der Pumpanlage abgeschmolzen. Die fertiggestellte Leuchtröhre wird nun durch mindestens 10—12 Stunden mit der Betriebsstromstärke von 40—70 Milliampere gebrannt. Zeigen sich in der sog. Einbrennperiode keinerlei Verfärbungen, kann die Röhre dem dritten Arbeitsvorgang, der Montage zugeführt werden.

Die Montage der Leuchtröhren muß nach den von den Elektrizitätswerken herausgegebenen Errichtungsvorschriften vollzogen werden, und besondere Sorgfalt ist auf durchschlagsichere Kabel zu legen. Feuchtigkeit ist von den Verbindungsstellen zwischen Kabel und Elektrode fernzuhalten. Alle hochspannungsführenden Teile müssen gegen jede zufällige Berührung geschützt werden. Maßgebend ist hauptsächlich, daß die Elektroden in den Blechkörpern genügend Platz finden und daß sie soviel Abstand von den Blechwandungen haben, daß ein Überschlag zwischen Hochspannung und Blechwand von vornherein vermieden wird. Die Glasröhren selbst sind mittelst federnder Rohrhalter auf den Blechgehäusen befestigt. Alle Blechprofile müssen so versteift sein, daß ein Verziehen des Materials ausgeschlossen ist, da sonst die Leuchtröhren brechen.

Die Lebensdauer der Leuchtröhren beträgt normal einige tausend Brennstunden. Während dieser Zeit setzt sich an den Elektrodenwandungen ein Spiegelbelag ab, der von den abgeschleuderten Metallteilen des Elektrodenmetalles herrührt. Die Zerstäubung steigt mit der Brennstundenzahl. Diese Verspiegelung der Elektrodenkolben zieht das Versagen der Leuchtröhren nach sich, da das fein verteilte Metall leitend wird und sich auf dem Metallspiegel die Entladung festsetzt. Dies führt zur einseitigen Erhitzung des Elektrodenkolbens und Zersprengung desselben.

An Entladungsröhren, die normalerweise bei einigen 100 V glatt zünden, hat man gefunden, daß nach längerer Benutzung die Zündspannung stieg und daß endlich ein Vielfaches der ursprünglichen Zündspannung nicht mehr ausreichte, um eine Entladung einzuleiten. Obwohl weder an den Elektroden, noch an der Gasfüllung irgendwelche Änderungen vorgenommen wurden, verhielten sich die Röhren so, als ob sie bis zum höchsten Vakuum ausgepumpt wären. Ein derartiger Zustand wird als Hartwerden der Röhren bezeichnet. Ein solches Entladungsrohr muß ausgewechselt werden. Derzeit ist noch nicht mit Sicherheit erforscht, auf welche Vorgänge chemischer oder elektrischer Natur das Pseudohochvakuum zurückzuführen ist. Während die Edelgase sich durch ihre chemische Indifferenz auszeichnen und durch den elektrischen Strom keinerlei Veränderungen erleiden, ist es mit den unedlen Gasen anders bestellt. Die zur Leuchtröhrenfüllung verwendeten Gase Stickstoff und Kohlensäure erleiden beim Durchgang des elektrischen Stromes eine Veränderung und zwar wird das eingeschlossene Gas langsam aufgezehrt. Aus diesem Grunde war es früher nicht möglich, bei den mit unedlen Gasen gefüllten Geißlerschen Röhren eine längere Lebensdauer zu erreichen. Erst der Amerikaner Moore hat durch seine Erfindung eines Vakuumreglers die Möglichkeit geschaffen, den Gasdruck in den Rohrsystemen auf gleicher Höhe zu halten. Die Lebensdauer solcher Moorelichtanlagen ist bei sachgemäßer Wartung sehr groß. Die Moorelichtanlagen werden aus einzelnen Glasröhren von 45 mm Durchmesser zusammengeschweißt und an den Enden mit Elektroden versehen. Die Herstellung erfolgt am Montageort durch Zusammenschweißen der Glasröhren. Die Glasröhren werden mit isolierten Rohrhaltern an der Decke oder an den Wänden des Anbringungsortes befestigt. Sind die Rohrsysteme geschlossen, werden sie auf ein bestimmtes Vakuum ausgepumpt und mit Stickstoff oder Kohlensäure gefüllt. Wie bereits früher erwähnt, ändert sich unter dem Einfluß des elektrischen Stromes das Vakuum. Durch das in die Anlage eingebaute Nachspeiseventil und eine besonders aufgestellte Speiseapparatur wird von Zeit zu Zeit das verminderte Vakuum auf die erforderliche Höhe gebracht. Man erhält durch diese Anordnung Anlagen von großer Lebensdauer.

Bei Stickstoffanlagen, welche gelbrosa leuchten, wird der Stickstoff durch einen Separator erzeugt. In diesem Separator wird die Luft über Phosphor geleitet, der den Sauerstoff der Luft absorbiert und reinen Stickstoff in die Rohrsysteme leitet. Bei den Tageslichtapparaten kommt ein Generator zur Verwendung, in dem Salzsäure mit Marmor zur Bildung der für die Speisung erforderlichen Kohlensäure in Verbindung gebracht wird. Für die Montage von Moorelichtanlagen sind von den Elektrizitätswerken wieder besondere Errichtungsvorschriften erlassen worden. Der

Stromverbrauch beträgt ungefähr 100 bis 130 W pro Rohrmeter. Die mittlere Lichtintensität ist ca. 60 Nk pro Rohrmeter. Bis vor zwei Jahren hat sowohl das Stickstofflicht als auch das Kohlensäurelicht nur Anwendung zur blendungsfreien Innenbeleuchtung gefunden. Infolge der spektralen Zusammensetzung des Kohlensäurelichtes, welches dem Tageslicht am nächsten kommt, hat man das Kohlensäurelicht viel zu industriellen Zwecken, hauptsächlich zur Farbenunterscheidung verwendet. Einen solchen Tageslichtapparat zeigt die Abb. 508.

Erst in jüngster Zeit geht man daran, das Moorelicht als Reklamebeleuchtung zu verwenden. Derartige Konturenbeleuchtungen zeigen eine vorbildlich vornehme und blendungsfreie Wirkung.

Die wichtigste und wohl in der ganzen Welt verbreitetste Vakuumröhre ist die von Robert v. Lieben erfundene Verstärkerröhre, kurz „Liebenröhre" genannt.

Abb. 508. Tageslichtapparat.

Was v. Lieben der Wissenschaft, der Technik und Volkswirtschaft mit seiner Erfindung geschenkt hat, hatte er selbst und seine Mitarbeiter nicht geahnt. Heute kennt man die Liebenröhre, die in Millionen von Exemplaren im Gebrauch ist und fortwährend erzeugt wird, in der ganzen Welt. Wurde doch durch die Liebenröhre, und nur durch diese, der Weltrundfunk möglich; ein furchtbares Geschick hat es dem tüchtigen Manne nicht gegönnt, seine großen Erfolge zu erleben.

Auf die Konstruktion der Liebenröhre näher einzugehen, mangelt es an Platz, weil es auch an entsprechender Literatur nicht mangelt, sei auf sie verwiesen, aber über Robert von Lieben, den Erfinder, sei mir gestattet, einige Worte in treuem Gedenken zu sagen.

Zwei Jahrzehnte lang, bis zu seinem im Jahre 1913, leider zu früh erfolgten Tode, hatte ich als sein glastechnischer Mitarbeiter an seiner Seite arbeiten dürfen.

So groß und weltbedeutend die Erfindung v. Liebens war, so bescheiden war er als Mensch, sein tiefes Wissen und Können trug er niemals prunkend oder protzend zur Schau, intensiv und mächtig war sein Arbeitswille und seine Ausdauer, die kein Mißerfolg trüben konnte, und seine Mitarbeiter mußten — und sie taten es gerne — bei einer einmal aufgenommenen Idee bis in die frühen Morgenstunden mit ihm ausharren an der Arbeit.

Zum Leide aller, die ihn kannten, hat Robert v. Lieben, der nie nach Titeln und Würden strebte, nur ein Alter von 35 Jahren erreicht, doch wird v. Lieben jedem, der mit ihm zu arbeiten hatte, unvergeßlich sein, sein Denkmal aber, das Denkmäler aus Erz und Stein überdauern wird, hat sich der Brave selbst gesetzt: die Liebenröhre.

F. Die Luftpumpen und die Messung des Vakuums.

I. Die Luftpumpen, im besonderen die Hg-Luftpumpen und die Messung der Verdünnung.

Zur Herstellung eines luftverdünnten oder luftleeren Raumes im allgemeinen dienen die Luftpumpen. Diese unterscheiden sich in **Stiefel-** oder **Kolbenpumpen, rotierende Kapsel-, Öl- und Wasserstrahl-** und **Quecksilberluftpumpen**. Außer den Quecksilberluftpumpen, die zur Erzielung möglichst hoher Verdünnungen bestimmt sind, werden die anderen angeführten Luftpumpen meist nur als vorarbeitende Pumpen für die Quecksilberluftpumpen in Anwendung gebracht, weil

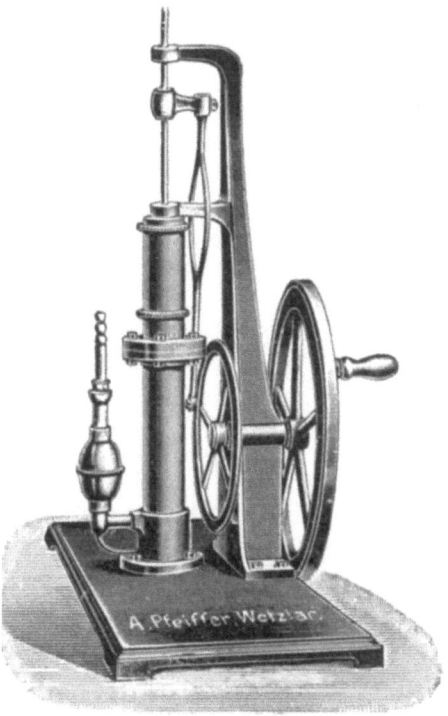

Abb. 509. Gerykpumpe für Handbetrieb.   Abb. 510. Gerykpumpe für Motorantrieb.

ihre Leistung eben wohl eine rasche, die erreichbaren Verdünnungen bei den meisten aber keine hohen sind.

Ganz besonders die als Stiefelluftpumpen bezeichneten Pumpen sind in ihrer Leistung und Konstruktion derart überholt, daß sie nur mehr als Lehrmittel für den Elementarunterricht geeignet sind.

Ihre Leistung ist infolge der schädlichen Räume in den Stiefeln und der schlechten Dichtungsmöglichkeit der Hähne eine ganz geringe und ein konstantes Dichthalten nicht möglich. Die neueren **Kolbenluftpumpen**, bei denen der schädliche Raum ganz verschwunden ist, sind die **Ölluftpumpen**. Von diesen ist die **Gerykpumpe** (Fleuß-Patent) die auch für technische Zwecke am meisten eingeführte und die erste gewesen, die gute Resultate geliefert hat. Sie wird ein- und zweistiefelig in verschiedenen Größen geliefert [1].

Abb. 509 u. 510 zeigt die kleinste Type dieser Pumpen mit einem Stiefel, mit der man im Laboratorium wie im Kleinbetriebe vollkommen auskommt und die man, wenn nötig, auch mit einem Motor betreiben kann.

In Abb. 511 soll die innere, sehr sinnreiche Einrichtung der Pumpe vorgeführt und deren Beschreibung aus einer Broschüre des Werkes „Pulsometer Engeneering Co. Ltd. London" gegeben werden.

A Saugrohr.

B Luftweg in den Zylinder über dem Kolben.

C Kolbenleder, paßt leicht in den Zylinder hinein, und wird vermittels des Öldruckes in dem ringförmigen Raum D fest an der Wand des Zylinders gehalten.

E Kolbenventil, welches nur beim Anfang der Aussaugung arbeitet, während es ganz außer Tätigkeit bleibt, sobald das Vakuum innerhalb der Grenze von etwa 12 mm kommt.

F Luftrohr, um den Kolben bei den ersten Hüben zu entlasten.

G Stellring, durch welchen die Kolbenstange leicht hindurchgeht.

I Ein hydraulisches Lagerstück, um eine Verbindung mit der Kolbenstange herzustellen, dessen Flansch oder Vorderseite die Verbindung von G mit dem Deckel H zudeckt, wodurch ein reibungsloser Ersatz für die Kombination einer Stopfbüchse und eines Druckventiles erzielt wird. Wenn der Kolben am Ende seines Hubes ist, so gibt es eine vollständig freie Öffnung von A bis B. Beim Hochgehen des Kolbens wird der Luftweg B geschlossen, und der Zylinder ist mit Luft gefüllt, die unausbleiblich zum Ventile G befördert wird. Es ist ganz unmöglich, daß etwas Luft an dem Kolben vorbei zurücktreten kann, da der Kolben mit Öl bedeckt ist. Mit dem Hochgehen des Kolbens vermehrt sich der Druck auf denselben, wodurch das Kolbenleder noch fester an die Zylinderwand angedrückt wird.

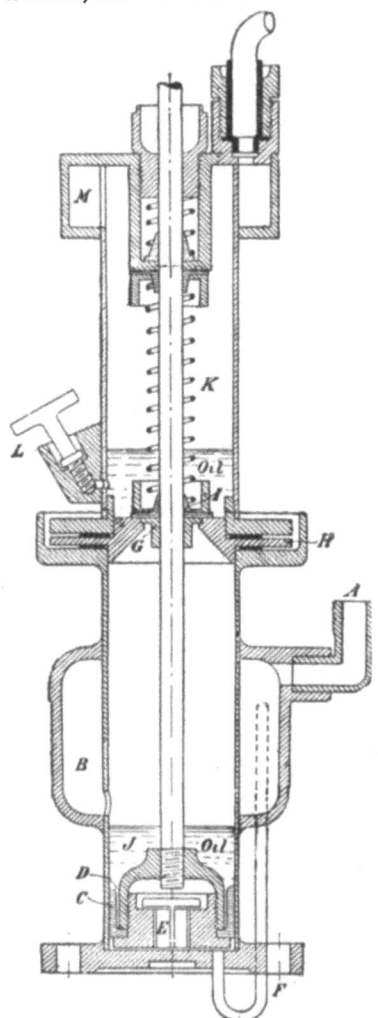

Abb. 511. Schematische Darstellung der Gerykkolbenluftpumpe.

[1] Fa. Artur Pfeiffer in Wetzlar.

Sollte etwas Öl unter den Zylinder gelangen, so wird dasselbe sofort durch das Ventil E aufgefangen, sobald der Kolben wieder am Ende seines Hubes anlangt. Wenn der Kolben am Gipfel seines Hubes ist, so befindet er sich in Berührung mit dem Ventil G und hebt dasselbe 6 mm von seinem Sitze weg, so daß der Luft ein freier Ausgang geschaffen wird. Doch befindet sich so viel Öl auf dem Kolben, daß ein bedeutender Teil davon durch das Ventil bei G durchgedrängt wird, wobei es sämtliche Luft vor sich hintreibt. Während der Kolben am Gipfel seines Hubes ist, kann das Ventil sich nicht zuschließen, und bildet das Öl, bei J und K, vorderhand eine zusammenhängende Masse, so daß keine Luft rückwärts entweichen kann, obschon das Ventil vollständig offen ist. Da das Ventil G auf dem Kolben ruht, so kann es sich nicht zuschließen, bis der Kolben 6 mm seines Niederganges vollzogen hat. Dadurch tritt ein Quantum Öl, gleich dem Volumen von 6 mm Zylinderhöhe, in den Zylinder über dem Kolben, das wieder bei der nächsten Aufwärtsbewegung, die Luft vor sich hertreibend, durch das Ventil G gedrückt wird.

Mit einer einzylindrischen Pumpe kann man ganz leicht eine Luftleere innerhalb $1/4$ mm erhalten. Mit einer doppelzylindrischen Pumpe in Serienschaltung, d. h. mit dem Auspumpen des ersten durch den zweiten Pumpenstiefel, kann eine viel höhere Luftleere erzielt werden. (Mit einem guten Trockenrohre hat man sogar schon Luftleeren bis 0,005 mm mit einer großen McLeod-Lehre gemessen.)

L Öl-Füllstöpsel; die Kammer K sollte mit Öl bis zum Niveau des Ölstöpsels, d. h. bis es fast überläuft, angefüllt werden.

An diese beiden Typen von Pumpen reiht sich würdig in Leistung und Ausführung wie Verwendung die Rotationsölpumpe der Siemens-Schuckertwerke, deren Erklärung und genaue Beschreibung in F. Poskes Zeitschrift für physikalischen und chemischen Unterricht, Jg. XIX nach einem Vortrage des Münchener Hochschulprofessors Dr. Fischer enthalten ist.

Die moderne Hochvakuumtechnik hat es mit sich gebracht, daß gerade auf diesem Gebiet sehr viel Neues entstanden ist und haben die Firmen E. Leybolds Nchflg., Köln, Arthur Pfeiffer, Wetzlar und Siemens-Schuckert-Werke ganz hervorragendes in Ölpumpen mit sehr hohen Leistungen auf den Markt gebracht.

Einen weiteren Schritt zur Verbesserung der Pumpen kann man die rotierende Kapselpumpe nach Gaede nennen, die auch als Gebläse sehr gut zu verwenden ist und mit einem 0,1-PS-Elektromotor betrieben werden kann.

Abb. 512 stellt diese Kapselpumpe dar, die von der Firma Leybold in den Handel gebracht wird.

Diese Pumpe ist wohl durch die modernen Ölpumpen überholt, soll jedoch aus dem Grunde beschrieben werden, weil meines Wissens noch sehr viele Laboratorien und Anstalten sie besitzen.

Die älteren Typen haben wohl den Nachteil, daß deren Bestandteile größtenteils aus Messing und daher gegen Hg empfindlich sind. Diesem Umstand Rechnung tragend muß man daher entsprechende Vorlagen anbringen. Die neuen Typen dieser Pumpen sind ganz aus Stahl hergestellt und werden daher von Hg nicht angegriffen.

226   Die Anfertigung der Apparate und Glasinstrumente.

Die Pumpe kann auch als Gebläse verwendet werden, vorläufig aber soll sie als Vorpumpe für die Hg-Luftpumpe, besonders für die noch zu beschreibende Hg-Luftpumpe nach Gaede in Betracht kommen.

Die Beschreibung der Pumpe und deren Einrichtung soll an Hand der Abb. 513 u. 514 im nachstehenden erfolgen:

Abb. 513 zeigt einen Durchschnitt senkrecht und Abb. 514 parallel zur Rotationsachse. Die Welle B trägt den Zylinder A, in welchem die gehärteten Stahlschieber s radial verschiebbar sind. Durch Federkraft

Abb. 512. Rotierende Kapselluftpumpe nach Dr. Gaede.

werden die Schieber auseinander gedrückt und legen sich an die Innenwand des Rotgußgehäuses G. Die Vorderseite des Gehäuses ist durch eine ausgeschliffene Rotgußplatte P luftdicht (ohne Zwischenlage) geschlossen. Die Platte ist mit sieben Schrauben am Flansche des Gehäuses G festgeschraubt und wird durch zwei Präzisionsstifte in der Lage fixiert. Das Gehäuse G ist auf der Eisenplatte E montiert und mit zwei Schrauben e befestigt. Das Gehäuse O dient gleichzeitig als Ölgefäß und als Windkessel und ist mittels des Gewindes g an das Gehäuse G geschraubt. Das Gefäß ist bis m mit Öl gefüllt, und das Öl wird durch den Ring r zur Achse B befördert. Das Glasfenster F dient zur Kontrolle der richtigen Ölfüllung. b ist eine Stopfbüchse, welche das Entweichen von Druckluft aus O verhindert. Das Seilrad H sitzt auf der Welle B und ist durch einen Riemen mit dem ebenfalls auf der Eisenplatte montierten Motor verbunden.

Dreht sich der Zylinder A in dem in Abb. 513 durch den Pfeil gekennzeichneten Sinne, so wird die Luft bei C angezogen und durch das

Ventil *D* und durch den Kanal *k* nach dem Windkessel *O* befördert. In der Saugdüse *C* befindet sich ein engmaschiges Sieb *l*, welches alle festen Bestandteile, wie vor allem Gummistücke, welche sich in alten Gummischläuchen loslösen können und durch den Luftstrom mitgerissen werden, Quecksilbertropfen usw., zurückhält, so daß die Pumpe selbst bei sehr wenig sorgfältiger Behandlung störungsfrei arbeitet. Wird die Pumpe zum Blasen und für Druckluft benützt, so wird der Schlauch bei *J* aufgesetzt. Das Ventil besteht aus dem Ventilkörper *a*, der durch die Feder *t* auf dem Ventilschlitz niedergehalten wird. *S* ist eine Spannvorrichtung mit Rolle, welche die Riemenspannung konstant hält. Außer durch einen Elektromotor kann die Pumpe auch direkt von der Hand gedreht werden. Für maschinellen Betrieb reicht ein $^1/_{10}$-PS-Motor aus. Es sind daher Hauptschlußmotoren ohne Anlasser verwendbar, und die Inbetrieb-

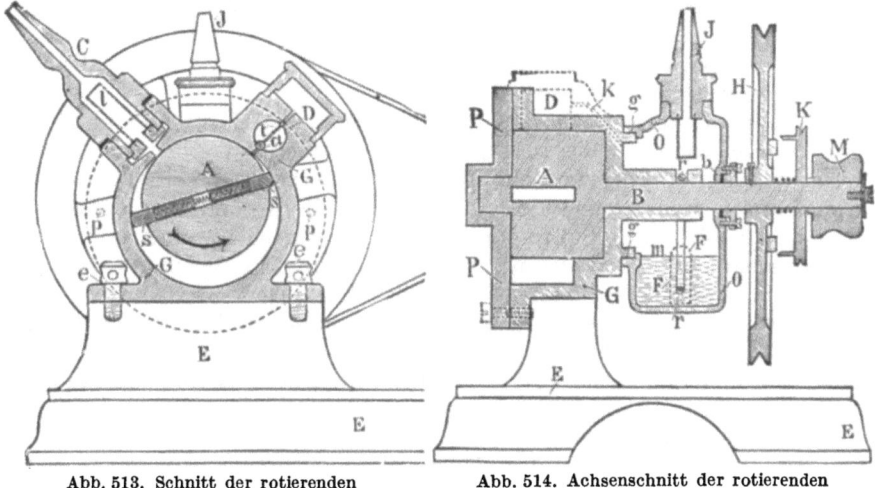

Abb. 513. Schnitt der rotierenden Kapselpumpe senkrecht zur Achse.

Abb. 514. Achsenschnitt der rotierenden Kapselpumpe.

setzung der Pumpe erfolgt einfach durch Drehen eines auf *E* montierten Glühlampenschalters.

Bei einer Umdrehung fördert die Kapselpumpe 110 cm^3. Die Leistung der Pumpe hängt von der Umdrehungszahl und somit auch von der Stärke des Antriebsmotors ab. Durch einen $^1/_{10}$-PS-Motor angetrieben, evakuierte die Kapselpumpe ein Gefäß von 6 Liter Inhalt von Atmosphärendruck in 1 Minute auf 3 mm, in 2 Minuten auf 0,4 mm, in 3 Minuten auf 0,15 mm, in 8 Minuten auf 0,035 mm, in 10 Minuten auf 0,012 mm und in 15 Minuten auf 0,006 mm Quecksilbersäule. Das Gefäß war in einfacher Weise durch einen Gummischlauch ohne Öldichtung u. dgl. an die Pumpe angeschlossen. Der Versuch war ohne jedes Trokkengefäß ausgeführt.

Als Druckpumpe liefert die Kesselpumpe bis zu 1 Atmosphäre Überdruck. Das Gewicht der Kapselpumpe nebst Motor und Grundplatte beträgt 28 kg.

Bei der Einstellung dieser beiden Pumpen, deren Leistungsfähigkeit und Konstruktion eine sehr gute ist, wäre wohl nur zu beachten, daß hierzu eine bedeutende Aufwendung nötig ist und diese Pumpen außer ihrer vielseitigen Verwendbarkeit für die Arbeiten im Laboratorium und in der Werkstätte im Sinne dieser Abhandlung nur als Vorpumpen für die Hg-Luftpumpen in Betracht kommen.

Eine besondere Type von Luftpumpen sind die Wasserstrahlluftpumpen. Diese werden sowohl in Metall wie in Glas hergestellt. Diese Art von Luftpumpen ist, wenn eine Wasserleitung von mindestens zwei Atmosphären vorhanden ist, wohl die bequemste.

Die älteste derartige Pumpe ist die nach Arzberger-Zulkowski, der später die von Körting folgte, welche beide in Metall ausgeführt sind, gute Leistungen zeigen und als Vorpumpen sehr gut verwendet werden können.

Diese Pumpen beruhen auf der Saugwirkung des Wasserstrahles, der durch einen Injektor geleitet wird, nur muß dafür gesorgt werden, daß das Eindringen des Wassers in den luftverdünnten Raum durch ein Rückschlagventil verhindert wird.

Wasserluftpumpen wurden in allen möglichen Formen und Konstruktionen auch in Glas ausgeführt, weil man so in erster Linie sicher war, daß derlei Pumpen sehr gut funktionieren und keine Veränderung durch Säuren usw. erleiden. Einer Verunreinigung derselben kann man leicht mit Säure oder heißen Laugen beikommen und auch sofort sehen, wo der Fehler ist; überdies ist die Pumpe ein gutes Lehrmittel, weil der Vorgang leicht zu beobachten ist.

Diese Vorteile besitzen die in Metall ausgeführten Pumpen nicht und sind außerdem noch der Gefahr ausgesetzt, daß durch Säuren und durch den Gebrauch der Injektor, d. h. die Querschnittsverhältnisse desselben, sich ändern und daher die Wirkung eine verminderte wird. Die Herstellung einer Wasserluftpumpe mit Rückschlagventil zeigt Abb. 189 u. 240.

Mit der Konstruktion der gläsernen Wasserluftpumpen haben sich viele befaßt. Prof. Leiser hat sich die Mühe gegeben, die Querschnitte zu berechnen, und es ist ihm gelungen, die Querschnittsverhältnisse genau festzustellen, nach denen die Anfertigung geschehen kann.

Eine solche Wasserluftpumpe zeigen Abb. 515 u. 515a, die mit einem Manometerrohr versehen die Saugwirkung genau beobachten lassen. Ein Rückschlagventil hindert das Eindringen von Flüssigkeiten in den Luftraum und ein Dreiweghahn vermittelt jede gewünschte Verbindung bzw. Umschaltung. Die Leistung dieser Pumpe reicht ohne jede Vorlage bis zur Dampfspannung des Wassers, d. i. bei der gewöhnlichen Temperatur bis ca. 15 mm, und da ihre Saugwirkung auch eine große Geschwindigkeit hat, ist sie gerade als Vorpumpe zur Hg-Luftpumpe geeignet und sehr bequem, weil, wie schon erwähnt, das Manometer während der ganzen Arbeit die Funktion beobachten läßt und jede Störung sofort wahrzunehmen ist.

Alle Wasserstrahlpumpen haben jedoch den unangenehmen Nachteil, daß bei schwankendem Wasserdruck das Wasser in den evakuierten Baum zurückgeschleudert wird. Um diesen Nachteil zu verhindern, sollen nur Wasserstrahlpumpen mit Rückschlagventilen verwendet werden. Die

Herstellung eines solchen Ventiles, das an die Pumpe angeschmolzen werden kann, wird in Abb. 235—240 vorgeführt und dessen Anbringung in Abb. 515 ersichtlich gemacht.

Es gibt eine ganze Anzahl anderer Konstruktionen, von denen ich wieder auf Dr. v. Angerers Sammlung, Vieweg, H. 71 verweisen will.

Alle die genannten Pumpen sind, wie schon öfter erwähnt, als Vorpumpen für die Quecksilberluftpumpen gedacht, bei denen es hauptsächlich darauf ankommt, möglichst rasch zu saugen und ohne Trockenvorlage eine Verdünnung bis zum Wasserdampfdruck von mindestens 10—20 mm oder noch tiefer zu schaffen.

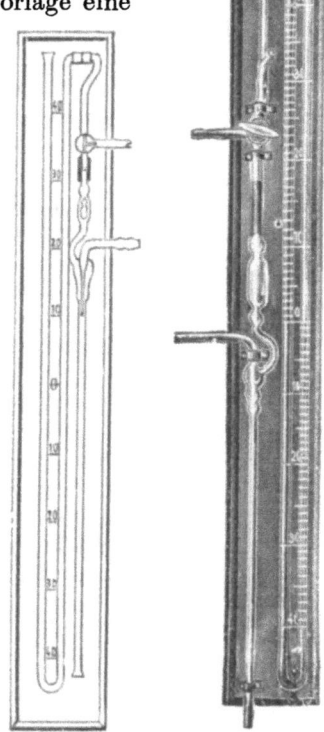

Abb. 515. Wasserstrahl-Luftpumpe mit Rückschlagventil und Barometer.

Abb. 515a. Linksmontiert.

Eine bedeutende Umwälzung in der Konstruktion in dem Bestreben, immer Besseres zu leisten, hat auf dem Gebiete der Luftpumpen die Erfindung der Glühlampen und deren Fabrikation im großen hervorgerufen, weil zu diesem Zweck hohe Verdünnungen verlangt wurden, wodurch wieder die Quecksilberluftpumpen sehr bedeutend verbessert wurden.

Zur Herstellung hoher und sehr hoher Verdünnungen sind die Quecksilberluftpumpen nicht zu entbehren, und von diesen sollen wieder nur besonders die am meisten und besten verwendbaren angeführt werden; außerdem sollen aber alle diese Pumpen so erklärt werden, daß immer, von der einfachsten Anordnung ausgehend, das Prinzip gezeigt wird, damit es auch dem Liebhaber möglich ist, bei einiger Übung sich einfachere Pumpen selbst anfertigen und zusammenstellen zu können.

Den ersten Quecksilberluftpumpen lag die Benützung der Toricellischen Leere zugrunde; sie wurden schon wenige Jahre nach der Erfindung der Kolbenluftpumpe angewendet. Der schon einmal erwähnte hervorragende Glasbläser Heinrich Geißler stellte 1857 die erste auf dem Toricellischen Prinzipe beruhende Quecksilberluftpumpe her, die später dann von ihm verbessert, bis zur Erfindung der Glühlampen sich als die tauglichste erwies.

Bei größeren Arbeiten und in der Glühlampenfabrikation erwies sich jedoch das Arbeiten mit der Geißlerpumpe als langsam; das umständliche Hantieren mit den Hähnen bei und nach jedem Hube, und der noch schwerwiegendere Umstand, daß oft bei der geringsten Unachtsamkeit mit einem kleinen Fehlgriff an den Hähnen die Arbeit von Stunden und die Pumpe selbst gefährdet war, bedeutete einen großen Nachteil.

Die Hähne zu vermeiden, war also eine sehr wichtige Frage, die der

Physiker Töpler sehr sinnreich löste, indem er statt der Hähne Abschlüsse in Form von Barometerhöhen anbrachte, die überdies noch auch die Messung der Verdünnung ermöglichten, so daß die Leistung dieser Pumpe bei Vorlage von P_2O_5 schon bis 0,0002 reichte.

Ein weiterer Nachteil dieser beiden Pumpen aber in bezug auf die Verwendung in der Technik war noch das Heben und Senken des Quecksilbergefäßes, das ja oft bis zu ca. 15 und mehr Kilogramm wog und sehr oft gehoben werden mußte, wenn der auszupumpende Raum nur einige 100 cm³ hatte.

Mit den steigenden Anforderungen, die die Forscher stellten, um möglichst der absoluten Leere nahezukommen, konstruierten viele unter denselben und besonders jene, die auch des Glasblasens kundig waren, viele Typen von Quecksilberluftpumpen oder der eine verbesserte die Konstruktion des anderen. Sind die Luftpumpen von Geißler und Töpler auf der Toricellischen Leere aufgebaut, so benützte Sprengel zuerst die saugende Wirkung des Quecksilberstrahles zur Quecksilberluftpumpe, die dann von Gimmingham und Kahlbaum und anderen vervollkommnet wurde.

Um ein klares Bild der Anfertigung einer einfachen Quecksilberluftpumpe zu bekommen, ist es gewiß zu empfehlen, vorerst über das Prinzip der beiden Arten von Quecksilberluftpumpen zu sprechen.

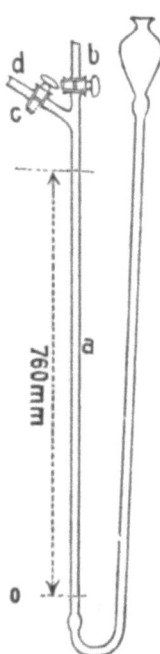

Abb. 516.
Toricellis-Geißler Prinzip.

Geißler und Töpler und nach diesen noch Viele bauten, wie schon mehrmals erwähnt, auf Toricellis Erfindung auf, während Sprengel seiner Quecksilberluftpumpe die schon von Bunsen gemachte Entdeckung der saugenden Wirkung eines Flüssigkeitsstrahles, in unserem Falle also Quecksilber, zugrunde legte.

In Abb. 516 soll das einfache Prinzip Toricellis bzw. Geißlers Grundlage gezeigt werden.

Am oberen Ende eines Glasrohres a von ca. 100 cm Länge und einer lichten Weite von 10—12 mm setzt man einen Glashahn b und ca. 5 bis 7 cm unter diesem seitlich einen zweiten Hahn c an, der mit einem Schliff versehen ist, an dessen Stöpsel das zu evakuierende Rohr angesetzt wird. Am unteren Ende bringt man einen 90 cm langen starkwandigen Gummischlauch an, der vorher gut gereinigt sein und die Eigenschaft haben muß, daß er vom Luftdruck nicht zusammengedrückt und vom Quecksilberdruck nicht auseinandergepreßt werden kann. An dessen zweitem Ende bringt man ein birnenförmiges Glasgefäß e an, welches wir Niveaugefäß nennen wollen, weil es ja zur Veränderung des Niveaus durch Heben und Senken dienen soll.

Zur Tätigkeit der Pumpe wird der Hahn b geöffnet, der Hahn c geschlossen und das Niveaugefäß langsam so lange gehoben, bis das Quecksilber etwas über den Hahn b gestiegen ist. Jetzt wird dieser geschlossen, so daß über dem Hahn im Rohre nur wenig Quecksilber sitzenbleibt, und das Niveaugefäß gesenkt, daß es unter den Nullpunkt des

Rohres kommt, nun wird der Hahn c geöffnet, daß sich der Druck im Rohre a b mit dem Druck im auszupumpenden Raume ausgleicht; ist dies geschehen, was man daran erkennt, daß sich das Quecksilber bei festem Stand des Gefäßes e nicht mehr senkt, so wird Hahn c geschlossen, das Gefäß wieder langsam gehoben, bis das Quecksilber beim Hahn b angelangt ist, dieser geöffnet und, sobald die angedrückte Luft durch ihn ausgetreten, wieder geschlossen und das Quecksilber wieder gesenkt, was einen neuen Hub bedeutet. Nachdem c wieder geöffnet und der Druck ausgeglichen war, wiederholt man den Vorgang so oft, bis die Verdünnung möglichst weit gebracht worden ist, was man dadurch erkennt, daß, wenn man das Niveau des Quecksilbers in e in die Höhe des Punktes 0 bringt, das Quecksilber im Rohr a ziemlich nahe an 760 steht. Weiter als auf 720—730 wird es mit diesem einfachen Apparate nicht zu bringen sein, weil der Wasserdampf durch seine Spannung es nicht möglich machen wird, welcher Fehler bei den verbesserten Pumpen durch Anbringen einer Vorlage, die zur Absorption des Wasserdampfes dient, behoben wird, eine Einrichtung, über die später noch gesprochen wird.

Dies wäre also die Vorführung des Grundgedankens der Geißlerschen Quecksilberluftpumpe, und

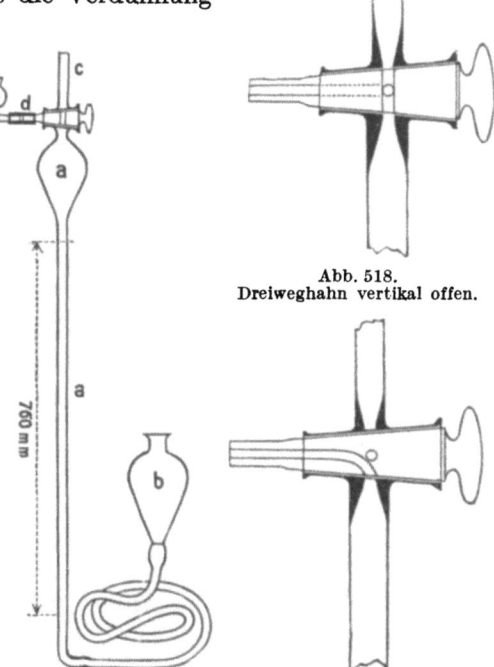

Abb. 517. Die älteste Geißler-Luftpumpe mit Dreiweghahn.

Abb. 518. Dreiweghahn vertikal offen.

Abb. 519. Dreiweghahn seitlich und nach unten geöffnet.

nun sehen wir in Abb. 517 die älteste Konstruktion derselben, bei welcher der Gedanke, das Verhältnis der Toricellischen Leere zum Inhalt des auszupumpenden Raumes möglichst groß zu gestalten, vorherrscht. Statt der zwei Hähne b und c in Abb. 516 ist nur einer angebracht, der in Abb. 518 u. 519 dargestellt, als Dreiweghahn angesprochen werden kann. Das Gefäß a Abb. 517 hat einen Inhalt von 400—500 cm^3 und hat nach unten eine Röhre a, welche mindestens 90 cm lang sein muß, die nach der Seite gebogen, in eine Schlaucholive endet. Von dieser geht ein guter Gummischlauch von 1 m Länge zum Niveaugefäß b. Am oberen Ende des Gefäßes a ist der Zweiweghahn angesetzt, mit dem durch die Röhre c die Verbindung der Leere mit dem zu evakuierenden Raume, durch die Verlängerung des Hahnstöpsels d durch die Kugel e die Verbindung mit der äußeren Luft hergestellt werden kann. Bei c kann ein Schliff und an dessen Stöpsel das auszupumpende Rohr angesetzt werden. Der Vorgang beim Auspumpen ist derselbe, wie bei der vorher beschriebenen einfachen Vorrichtung. Das Gefäß b wird, nachdem vorher der Hahn in die Stellung Abb. 519 gebracht war, langsam gehoben, bis das Quecksilber das Gefäß vollständig gefüllt hat und ein wenig in d eingedrungen ist. Sodann wird der Hahn um 45^0 gedreht, womit derselbe nach allen zwei Wegen abschließt, und das Gefäß b gesenkt, wodurch sich in a die Toricellische Leere bildet. Wird nun der Hahn noch um 45^0 weiter gedreht, Abb. 518, so wird durch die gerade Bohrung desselben der auszupumpende Raum an C mit der Leere verbunden und tritt ein Ausgleich des Druckes ein. Ist dieser Ausgleich erfolgt, wird der Hahn um 45^0 zurückgedreht, so daß Abschluß entsteht, und b wieder vorsichtig und langsam gehoben, bis das Quecksilber fast den Hahn erreicht hat, worauf dieser um weitere 45^0 zurückgedreht wird, um mit der Kugel e bzw. der äußeren Luft, zu kommunizieren. Dieser Vorgang bedeutet einen Hub und muß nun so oft wiederholt werden, bis die gewünschte Verdünnung erlangt ist. Auch diese Anordnung, welche die älteste ist, hat noch keine Trockenvorlage und soll eben die Entwicklungsstufen der Geißlerpumpe zeigen und jedem, der Lust hat, sich eine solche zu machen, bei der Anfertigung zur Hand sein. Als Schulversuch kann man sich diese Pumpe im Sinne der Abb. 516 mit einer Kugel an a anfertigen.

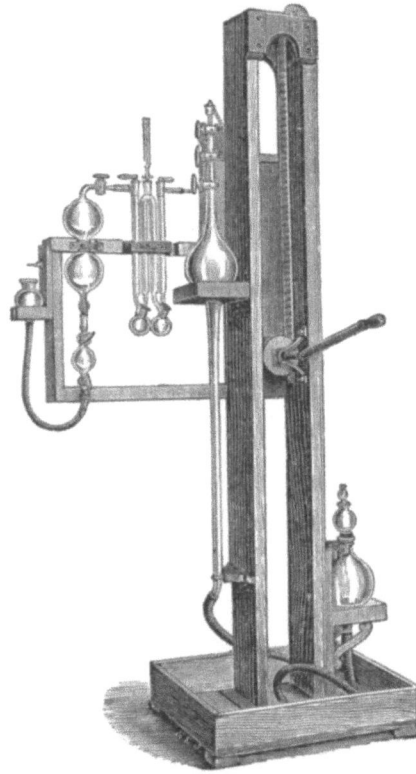

Abb. 520. Quecksilberluftpumpe nach Geißler.

Durch Geißler selbst wurde dann die Pumpe dahin verbessert, wie Abb. 520 zeigt, daß mit ihr das Arbeiten sicherer und vollkommener wurde. Die erste Stufe der Verbesserung war, daß man statt dem einen Zweiweghahn, bei dessen Drehung sehr vorsichtig hantiert werden mußte, drei gewöhnliche Hähne anbrachte, die so angeordnet waren, daß der eine seitlich angesetzte Hahn gegen den Rezipienten abschloß und zwei untereinander angesetzte Hähne nach außen mündeten und auf diese Weise ein ganz sicherer Abschluß das Erreichen sehr hoher Verdünnungen ermöglichte. Über dem zweiten Hahn ist noch ein Schliff angesetzt, in welchem ein Gasauffangröhrchen sitzt, mit dem die ausgepumpten Gase in einer pneumatischen Quecksilberwanne aufgefangen werden konnten. An dem zum Rezipienten führenden seitlichen Hahne ist ebenfalls mit einem Schliff eine Trockenvorlage und an dieser wieder mit einem Schliff die Barometerprobe (ein verkürztes Heberbarometer) angebracht. Ein weiterer Schliff ermöglicht das Anbringen der auszupumpenden Apparate.

Abb. 520 zeigt die Pumpe auf ein Gestell montiert, wobei das Heben und Senken des Quecksilbers mittels einer Hebevorrichtung mit Kurbel besorgt wird, weil eben diese Type meist so gebaut wurde, daß mehr als ein Liter, ca. 15 kg, Quecksilber verwendet wurden.

Mit dieser Pumpe konnten zwar sehr hohe Verdünnungen hergestellt werden, doch war das Arbeiten ein verhältnismäßig langsames, schon, wie erwähnt, durch die Hantierung mit den Hähnen.

Um diese Hantierung auszuschalten, setzte Töpler an Stelle der Hähne Röhren, die etwas mehr als Barometerhöhe hatten, als Abschlüsse, die selbsttätig arbeiteten, bewirkte aber dadurch, daß drei Barometerhöhen, je eine oberhalb und eine unterhalb, und eine in der Höhenmitte der Pumpe angebracht werden mußten, daß die Pumpe eine Höhe von über 2 m bekam.

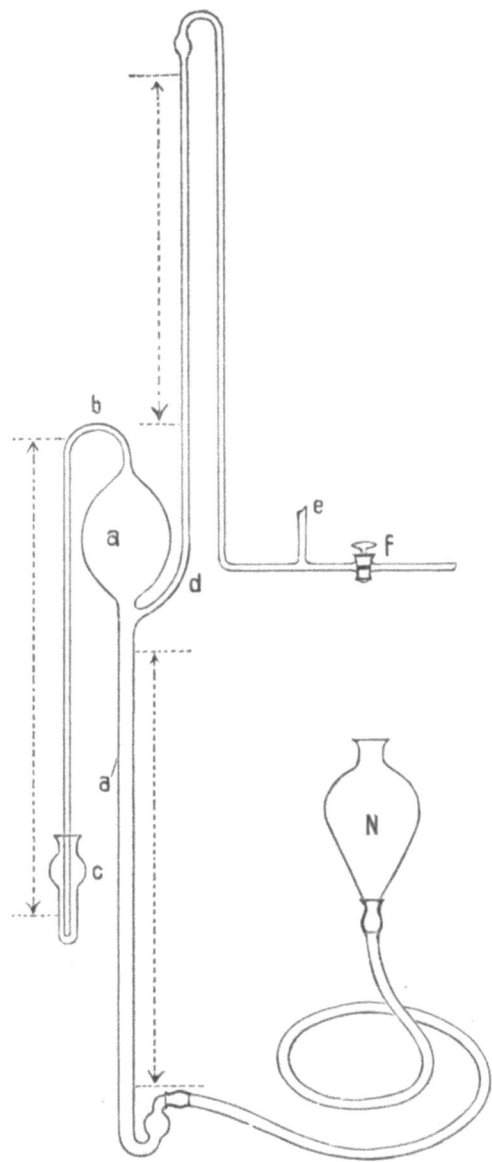

Abb. 521. Quecksilberluftpumpe nach Töpler.

Die schematische Darstellung der Töplerschen Pumpe in Abb. 521 soll nun wie folgt erklärt werden. Als Toricellischer Raum fungiert das Gefäß a. Es läuft nach unten in das Rohr a' aus, welches am Ende nach aufwärts gebogen, etwas erweitert und nach der Seite gebogen ist. An diesem Ende ist ein guter, aus schwefelfreiem Gummi bestehender Schlauch befestigt, der ca. 1 m lang sein muß. An dessen anderem Ende ist das Niveaugefäß N angebracht, dessen Inhalt mindestens einundeinhalbmal größer sein muß, als der Inhalt des Gefäßes a. Am oberen Teile von a ist eine Kapillarröhre b von ca. 2 mm Lumen so angesetzt, daß der Raum allmählich in diese Kapillare übergeht und diese in einem tadellosen Buge nach unten ca. 90—95 cm ausläuft. Das Ende der Röhre b bildet ein kleines Gefäß c, welches als Quecksilbergefäß dieses Barometers anzusprechen ist. An der Röhre a ist unterhalb des Gefäßes a eine Röhre d angesetzt, die nach aufwärts gebogen in 1 m Höhe eine kleine Kugel hat und sich oberhalb dieser Stelle nach unten biegt und deren Ende dann zu einem Zweigrohr e führt, an dem die auszupumpenden Apparate mit einem Schliff angebracht werden können. Am Ende des Hauptrohres ist der Hahn f angebracht, der zum Einlassen von Luft oder irgendeines Gases dient.

Der Vorgang beim Evakuieren ist folgender:

An dem Rohre e ist der zu evakuierende Gegenstand angebracht, der Hahn f ist zu schließen. In das Gefäß c ist bis zum Anfange der Erweiterung, ebenso in das Gefäß N reines und trockenes Quecksilber zu gießen. Nun wird das Gefäß N gehoben, damit das Quecksilber in a und d steigt. Durch diesen Vorgang wird in d die Luft zusammengedrückt, während durch b und durch das Quecksilber in c die Luft aus a ausgestoßen wird. Das Heben von N wird so lange fortgesetzt, bis das Quecksilber aus a die ganze Luft verdrängt hat und etwas Quecksilber in die Röhre b nach c läuft. In diesem Momente wird N langsam gesenkt, wodurch das Quecksilber im Buge von b abreißt, mit c ein Gefäßbarometer bildet und nach außen den Abschluß besorgt. In a stellt sich nun die Leere her, und die Luft, die jenseits d ist, gluckst nun aus d und gleicht den Druck aus. Dieses Glucksen beim Ausgleich des Druckes zwischen dem Raume a und dem auszupumpenden Raume an e ist ein Nachteil der Pumpe und ist besonders bei den ersten Huben der Pumpe sehr gefährlich. Man nennt das das Stoßen der Pumpe, bei welchem an die Festigkeit der Pumpe starke Anforderungen gestellt werden, deshalb muß das Senken des Gefäßes N sehr langsam bewerkstelligt werden. Ist das Quecksilber unterhalb des Ansatzes von b angelangt, wird gewartet, bis der Druck sich ausgeglichen hat, und ein nächster Hub kann gemacht und so lange wiederholt werden, bis jene Verdünnung erreicht ist, die man haben will. Wie weit die Verdünnung fortschreitet, kann man an den Röhren a, b und d wahrnehmen, am besten wohl im Rohre b, an welchem man auch eine Skala mit dem Nullpunkte in c anbringen kann. Dieser Teil der Pumpe läßt sogar eine genauere Messung zu, über welche aber erst später gesprochen werden soll. Die Zeichnung der Pumpe ist, wie schon erwähnt, eine schematische und die Pumpe muß zur Arbeit auf ein Gestell aufmontiert werden, an welchem auch für das Heben und Senken des Gefäßes N vorgesorgt sein kann, wie in späteren Bildern gezeigt wird.

Mit dieser Pumpe lassen sich bei Anbringung einer Trockenvorlage sehr hohe Verdünnungen erreichen, sie war für die Zeit um 1880 ein großer Fortschritt, besonders aber ihre Einfachheit führte sie gut ein.

Die Anforderungen, die aber die Forschung an diese Art Pumpen stellte, brachte es mit sich, daß sich mehrere Forscher mit der Verbesserung befaßten, und darunter hat Bessel-Hagen die Töplersche Pumpe am meisten verbessert. Diese Verbesserungen sehen wir in der schematischen Zeichnung Abb. 522. Statt dem Gefäße c in Abb. 522 hat Bessel-Hagen parallel zur Kapillare ein ca. 20 mm weites und ca. 700 mm langes Rohr angebracht und aus dem abschließenden Gefäßbarometer ein Heberbarometer gemacht, welches das Ausstoßen der Luftbläschen sicherer vor sich gehen läßt. Um das lästige und gefährliche Stoßen des Quecksilbers zu verhüten, brachte der genannte Forscher beim Ansatz von d eine Abzweigung an, die bei d' wieder in das Gefäß a mündet und so beim Druckausgleich bewirkte, daß die Luft aus dem auszupumpenden Raume durch d' nach dem Raume a dringen konnte. Das Rohr d wurde nur bis zur Höhe von 1 m geführt und über dieses das Rohr g gestülpt, welches wieder einerseits mit dem Gefäße h ein Gefäßbarometer bildet und an seinem zweiten engeren Schenkel die Trockenvorlage trägt, in deren seitlich angesetztem Schliff das Zweigrohr mit Hähnen zum Abschluß der Pumpe vom Rezipienten und zum Einlaß der Luft angesteckt werden kann. Diese verbesserte Töplerpumpe entsprach schon den sehr

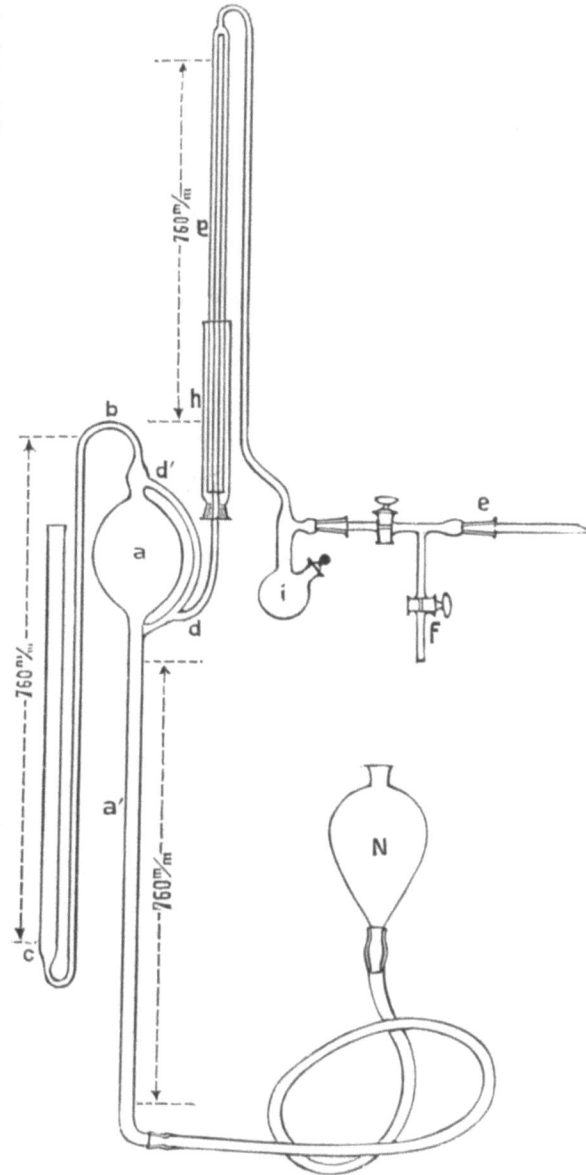

Abb. 522. Quecksilberluftpumpe nach Töpler, verbessert von Bessel-Hagen.

236   Die Luftpumpen und die Messung des Vakuums.

gesteigerten Anforderungen der Forscher in bezug auf sehr hohe Verdünnungen, die Bessel-Hagen bis 0,0001 brachte, nur war das Heben und Senken des Quecksilbers noch eine unangenehme Sache.

Dieser Umstand scheint mehrere Physiker veranlaßt zu haben, der Ausnützung des fallenden Quecksilbers näherzutreten, und Hermann Sprengel war der erste, der dieses Prinzip in Anwendung brachte.

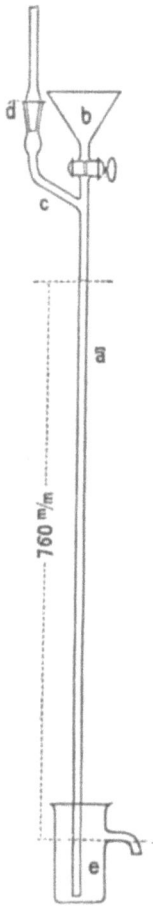

Abb. 523.
Prinzip der Hg-Luftpumpe nach Sprengel.

An einem mindestens 100—120 cm langen Rohre a, Abb. 523, von ca. 5—6 mm Lumen ist am oberen Ende ein Hahntrichter b angesetzt, unterhalb des Hahnes ist eine schräge Abzweigung c angebracht, an welcher nach aufwärts gebogen ein Schliff d sitzt, an dessen Stöpsel der auszupumpende Apparat angesetzt werden kann. Das untere Ende des Rohres a ragt in ein Gefäß e, welches einen seitlichen Ablauf hat, unter den man beim Arbeiten ein Becherglas oder dgl. stellt, um das durchgelaufene Quecksilber aufzunehmen, damit es neuerdings in den Trichter b aufgegossen werden kann. Der Vorgang beim Pumpen ist der, daß man Quecksilber in den nicht zu klein gewählten Trichter gibt und es durch den Hahn ablaufen läßt, aber sehr gut aufpaßt, daß, sobald das Quecksilber fast abgelaufen ist, man den Hahn schließt, das unten aufgefangene Quecksilber wieder aufgießt und diese Arbeit öfter wiederholt. Das aus dem Trichter fließende Quecksilber reißt die im Ansatz bzw. im Rezipienten befindliche Luft in Blasen mit und leitet sie beim Fallen durch das Rohr a weiter durch das in e als Abschluß befindliche Quecksilber an die äußere Luft. Auf diese Weise kann man die Verdünnung bis zur Spannung des in dem luftverdünnten Raume sich befindenden Wasserdampfes bringen, die ca. 20 mm betragen kann. Dies wäre eine Anordnung für einen Schulversuch, wobei die hervorgebrachte Verdünnung für den Beweis des Prinzips hoch genug wäre.

Die Konstruktion, welche nun Sprengel machte, sehen wir in Abb. 524. Diese besteht in einem Niveaugefäße, welches mit einem Schlauch mit dem Quecksilberzuführungsrohre a verbunden ist und welches in eine Erweiterung b mündet. An dieser Erweiterung sitzt oben ein Schliff c für die auszupumpenden Apparate und unten das Fallrohr d, an welches das Ablaufgefäß e mit einem Kork angebracht ist. Dieses Gefäß e hat einen Ansatz, welcher in die äußere Luft mündet, und einen zweiten, sicheren, der dem Quecksilber als Ablauf dient, unter welchen ein Becherglas gestellt wird.

Um die Pumpe in Tätigkeit zu setzen, wird das Gefäß N in der niedersten Stellung mit Quecksilber gefüllt und sodann gehoben, daß es in die Höhe der Überfallstelle b kommt. Das Quecksilber läuft nun durch b in die Erweiterung, und weiter fällt es im Rohre d nach unten, die Luft durch c mit sich reißend, um sie durch das Quecksilber in e auszustoßen. Das Gefäß N bleibt nun jetzt in der Höhe fixiert und wird mit dem von e abgelaufenen Quecksilber fortwährend beschickt, bis man zum gewünschten Grad der Verdünnung kommt, der aber wieder auf ca. 20 mm begrenzt ist, wenn nicht mit Trockenvorlage gearbeitet wird, weiter aber auch dadurch, daß das Quecksilber immer noch, besonders wenn die Verdünnung schon vorgeschritten, Luftbläschen mitbringt und in das Fallrohr hineinreißt.

Dieser Nachteil führte zur Konstruktion der Pumpe Abb. 525, die der Physiker Šantel ausgedacht hat und die sehr sinnreich genannt werden kann, weil der unter Umständen nicht angenehme Gummischlauch wegfällt und das Quecksilber durch eine eingeschmolzene Spitze zentrisch in das Fallrohr gelangt. Das Rohr a, Abb. 225, welches ein U-förmiges Rohr darstellt, dessen Schenkel ca. 20 mm und dessen zweiter Schenkel ein Biegerohr von ca. 9 mm äußerer Weite ist, ist mit einem Buge an der Erweiterung b eingesetzt und ragt als Spitze verlängert in b hinein. An b seitlich ist ein Rohr angesetzt, welches den Schliff c trägt, an dessen Stöpsel der auszupumpende Apparat angeschmolzen werden kann. Am unteren Ende des mindestens 160 cm langen Fallrohres d ist das Quecksilbergefäß angebracht, dessen Erklärung schon im vorhergehenden Absatze erfolgte. Bei der Betätigung der Pumpe wird in a Quecksilber gegossen, bis dasselbe über den Bug durch die Spitze bei b in das Fallrohr gelangt, beim Durchfallen die Luft aus c reißt und bei e ausstößt. Da das Quecksilber bei diesem Vorgange sehr gerne Luft aufnimmt, empfiehlt es sich, in das Rohr a einen Trichter einzusetzen, dessen Rohr bis weit unter die Höhenmitte ragt und dessen Ende in eine Verengung ausläuft, die nach

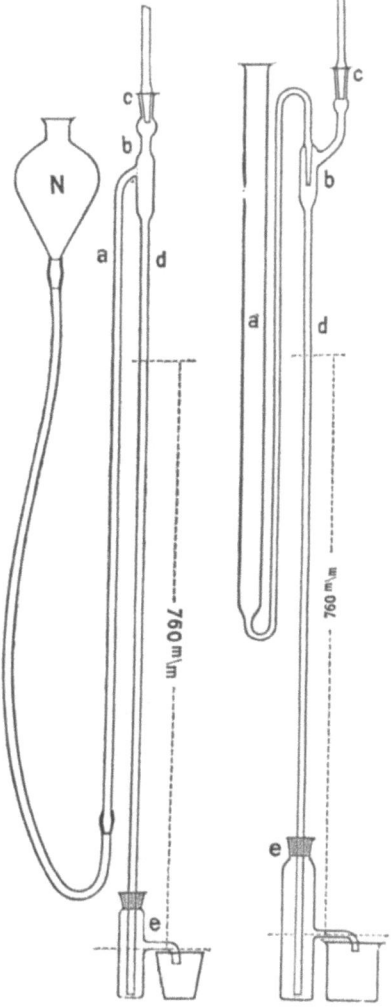

Abb. 524. Sprengel-Hg-Luftpumpe mit beweglichem Niveaugefäß.

Abb. 525. Hg-Luftpumpe mit festem Niveauzylinder nach Šantel.

oben gebogen ist, wodurch das Quecksilber beim Auslaufen aus dem Trichter die Luftblasen nach oben treibt und diese dann nicht leicht in die Fallvorrichtung gelangen. Ein weiterer Vorteil der Konstruktion ist noch, daß, wenn kein Quecksilber mehr nachgegossen wird, dasselbe im Rohr a abläuft und als Barometer den Abschluß besorgt und stillsteht, ohne daß die Verdünnung gefährdet ist.

Diese Anordnungen und Konstruktionen wurden von einigen Forschern mit Verbesserungen ausgebaut und vervollkommnet, von welchen die von Kahlbaum in Basel die nennenswerteste ist, schon deshalb, weil Kahlbaum, selbst ein Glasbläseramateur, nicht ungeschickt war und seine Pumpe fast allein gemacht hat.

Kahlbaum ging nämlich zuerst der unangenehmen Hantierung und Pantscherei mit dem Quecksilber zu Leibe und bemühte sich, das Quecksilber mit Vorrichtungen auf jene Höhe zu heben, auf der man es brauchte und von da dessen Fall auszunützen und es auch vor dem Eintritt in den verdünnten Raum vollständig von Luft frei zu machen.

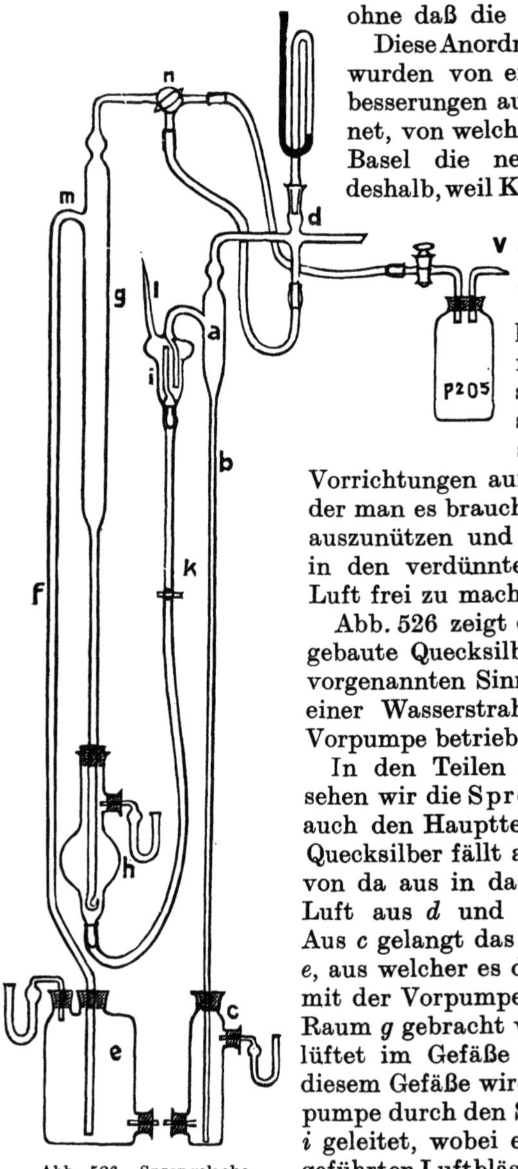

Abb. 526 zeigt die erste von Kahlbaum gebaute Quecksilberluftpumpe, die in dem vorgenannten Sinne konstruiert ist und mit einer Wasserstrahlpumpe oder irgendeiner Vorpumpe betrieben werden kann.

In den Teilen a, b und c der Abb. 526 sehen wir die Sprengelsche Anordnung, die auch den Hauptteil der Pumpe bildet. Das Quecksilber fällt aus a in das Fallrohr b und von da aus in das Gefäß c und pumpt die Luft aus d und dem angefügten System. Aus c gelangt das Quecksilber in die Flasche e, aus welcher es durch die Hebevorrichtung mit der Vorpumpe durch das Rohr F in den Raum g gebracht wird, von welchem es entlüftet im Gefäße h gesammelt wird. Aus diesem Gefäße wird es wieder durch die Vorpumpe durch den Schlauch k in den Luftfang i geleitet, wobei es die eventuell noch mitgeführten Luftbläschen bestimmt abgibt und von da nach a gelangt. Vor dem Ingangsetzen der Pumpe muß der Luftfang i durch das seitliche Röhrchen l ganz mit Quecksilber gefüllt, und wenn dies geschehen, das Röhrchen l, welches möglichst lang sein und in eine Spitze enden soll, zugeschmolzen werden. Das Heben des Quecksilbers geschieht

Abb. 526. Sprengelsche Hg-Luftpumpe, verbessert von Kahlbaum, mit einem Luftfang und Hg-Hebevorrichtung.

in der Weise, daß das bis auf den Boden der Flasche e reichende Rohr F, ca. 8 cm von seinem unteren Ende ein ganz feines Loch besitzt, durch welches beim Saugen der Vorpumpe Luft eindringt. Durch die Kleinheit des Loches wird bewirkt, daß das Quecksilber durch die Vorpumpe im Rohre F auf eine bestimmte Höhe gesaugt, durch das Eindringen von Luft aber unterbrochen wird, so daß im Rohre F die Quecksilbersäule, weil sie durch die Luft in Stücke geteilt ist, bedeutend höher als 760 gehoben und bei m samt der Luft nach g geworfen wird, welch letztere aber über den Hahn n von der Vorpumpe konstant abgesaugt wird. Die Vorpumpe wird am Vorlegegefäß bei V angeschlossen. Der Dreiweghahn n stellt die Verbindung der Quecksilberpumpe und der Hebevorrichtung her. Durch denselben kann die Arbeit beider reguliert werden, so daß nicht mehr Quecksilber hinaufgeschafft wird, als in a ablaufen kann. Auf diese Art ist es möglich, vorausgesetzt, daß de Vorpumpe verläßlich ist und immer gleichgut arbeitet, daß die Pumpe, einmal in Gang

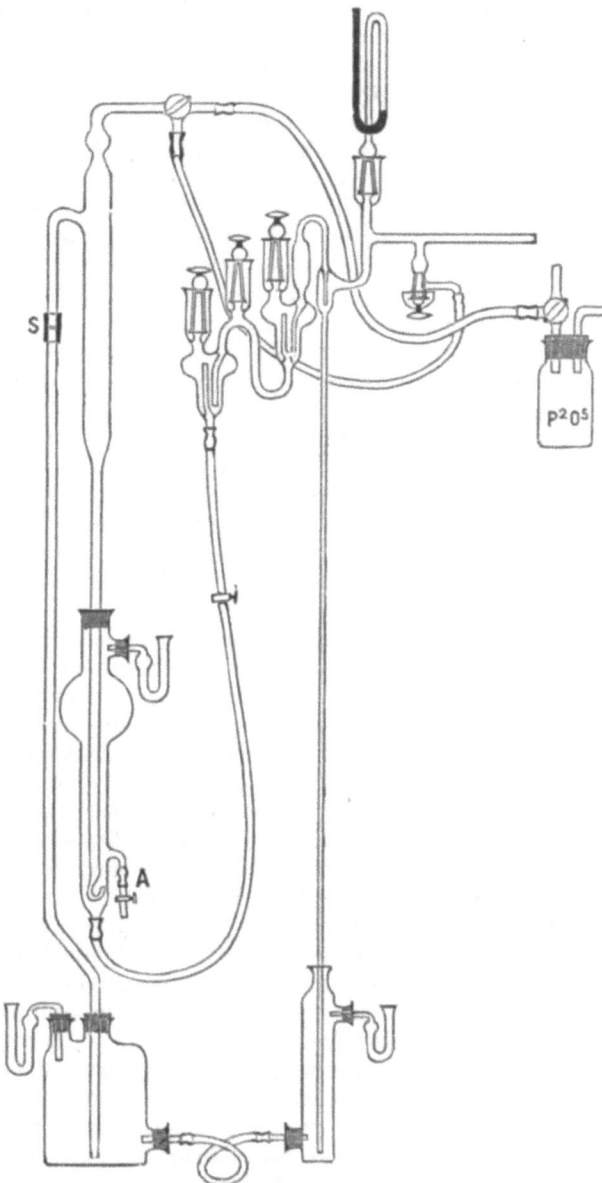

Abb. 527. Wie Abb. 526 mit zwei Luftfängern und zentral einfallendem Hg-Strahl.

gesetzt, keiner weiteren Bedienung und Beaufsichtigung bedarf und tagelang arbeitet. Wie aus der Zeichnung ersichtlich, müssen alle

Öffnungen, die mit der äußeren Luft kommunizieren, mit Trockenröhren abgeschlossen sein, daß nur trockene und staubfreie Luft in den Apparat gelangen kann. Durch die Anordnung zur Entlüftung des Quecksilbers erreicht die Pumpe eine ganz besonders hohe Leistungsfähigkeit, die durch die neuerlichen Verbesserungen von Kahlbaum in Abb. 527 gezeigt werden sollen.

An dieser Pumpe sind statt einem Luftfang deren zwei angebracht und durch Schliffe mit Quecksilberschalen abgeschlossen. Diese Schliffe haben in ihrer Hülse und an ihrem Stöpsel eine bis zur halben Höhe reichende Rille, und zwar der Stöpsel eine solche von der halben Höhe bis zum Griff hinauf. Werden diese Hülsen so gedreht, daß die Rillen kommunizieren, so ist der Quecksilberhahn offen. Dreht man dann die Hülse um 180°, so ist der Quecksilberhahn geschlossen. Diese zwei Luftfänge schließen es vollkommen aus, daß Luft in den verdünnten Raum gelangen kann. Eine weitere Verbesserung der Leistungsfähigkeit ist noch die Anwendung der Šantelschen Spitze, deren Weite Kahlbaum in ein bestimmtes, genaues Verhältnis zur Weite des Fallrohres brachte, was von großer Wichtigkeit ist. Die Querschnitte dieser beiden Teile, also Spitze zu Fallrohr, sollen 2 zu 3 sein. Zwei weitere neue Anordnungen bestehen darin, daß erstens das Rohr F nicht in einem Stück, sondern bei S, Abb. 527, unterbrochen ist, was die Reinigung und Zerlegung der Pumpe wesentlich erleichtert, und zweitens die Verlängerung des Gefäßes h, an welchem der Ansatz A die Regulierung der Quecksilbermenge ermöglicht[1].

An diese Pumpen können schon ziemliche Anforderungen gestellt und damit Höchstleistungen vollbracht werden, weshalb sie auch seinerzeit in der Glühlampenfabrikation verwendet wurden, jedoch wurden besonders die Sprengelschen für diesen Zweck mit 3, 5 und auch 7 Fallröhren versehen, welche Konstruktion von Gimingham ausgedacht wurde.

Einen Nachteil jedoch haben diese Pumpen mit den Fallröhren, nämlich den, daß diese an der Stelle, wo der Quecksilberstrahl bei schon ziemlich vorgeschrittener Verdünnung auffällt, nach kurzem Gebrauche brüchig werden. Dieses Zerspringen rührt erstens daher, daß das Quecksilber beim Auffallen durch die Reibung am Glas elektrische Entladungen hervorruft und dadurch die Wandung zerschlagen wird; denn man konnte an diesen Röhrenstellen ganz genau wahrnehmen, daß sich die Glasteilchen blätterartig ablösen und die Röhren zersprengen. Dieser Nachteil aber ist am einfachsten von Gimingham behoben worden, indem man die Fallröhren nicht mehr ansetzte, sondern mit Gummischläuchen und Quecksilberdichtung anbrachte.

Alle diese Pumpen aber beanspruchen immer eine Menge von 10—12, die rotierende Pumpe sogar 20 kg Quecksilber, es war dadurch nur den besser dotierten Anstalten möglich, solche Apparate anzuschaffen.

Dieser und noch andere Umstände und seine eigenen Studien veranlaßten Prof. Leiser, eine Quecksilberluftpumpe zu konstruieren,

[1] Über Kahlbaum-Quecksilberluftpumpe siehe Wiedemanns Annalen, Bd. 53, H. 9.

die erstens möglichst wenig Quecksilber beanspruchte und zweitens in ihrer Herstellung billig sein sollte; überdies sollte sie es möglich machen, in einer Unterrichtsstunde eine ganze Reihe von Versuchen vorzuführen. Leiser als sehr geschicktem Amateurglasbläser war es leicht, seine sich selbst gestellte Aufgabe zu lösen, und Abb. 528 zeigt seine Pumpe, die im ganzen ca. 2—2,5 kg Quecksilber erfordert. Auch die Hähne ersetzte er durch fein eingeschliffene Ventile mit Quecksilberabschluß, die sich beim Hub selbsttätig öffnen und schließen, die Abschlüsse stellte er durch tellerförmige Planschliffe her, deren Verbindung leicht herzustellen und leicht zu lösen ist.

Aufgebaut ist diese Pumpe wieder auf der Toricellischen Leere, und das Heben und Senken des Quecksilbers macht keine Schwierigkeiten, weil nur höchstens ein Gewicht von 2,5—3 kg in Betracht kommen kann. Wenn das Niveaugefäß N, mit Quecksilber gefüllt, gehoben wird, gelangt das Quecksilber in der Röhre a zuerst an das in die in den Körper b hineinragende Röhre eingeschliffene Ventil c, hebt dasselbe, drückt es durch seinen Auftrieb an die Schlifffläche und schließt den jenseits c gelegenen auszupumpenden Raum. Dieses System umfaßt am Rohr d die Barometerprobe und den Tellerschliff e, an welchem mit weiteren Tellerschliffen die Trockenvorlage f und der auszupumpende Apparat angefügt werden kann.

Die Barometerprobe g sitzt mit einem Schliff mit Quecksilberschale an d, ist abnehmbar und hat einen Hahn zum Einlaß von Luft oder einem anderen Gase. Am Gefäße b sitzt, ohne einen schädlichen Raum zu bilden, die Röhre h, in welcher die Ventile sitzen, von denen i zur Hälfte mit Quecksilber gefüllt ist, um den Auftrieb zu verringern. Das Ventil k ist offen, so daß es sich

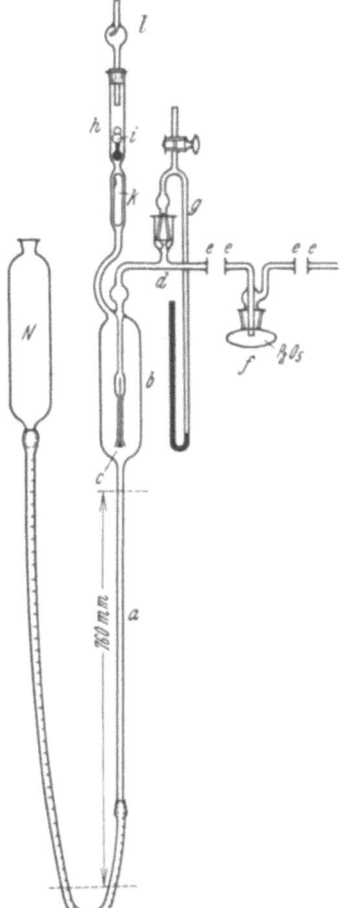

Abb. 528. Hg-Luftpumpe nach Prof. Leiser, Handbetrieb.

beim Arbeiten ganz mit Quecksilber füllen kann, wodurch der Auftrieb sehr gering wird. Das Röhrchen l ist mit Kork in h festgefügt und hat den Zweck, das Herausspritzen des Quecksilbers zu verhindern und andererseits den Auftrieb des Ventiles i zu hemmen bzw. zu begrenzen.

Hat nun beim Heben des Quecksilbers dieses das Ventil c geschlossen, so wird das Gefäß N so lange gehoben, bis das Quecksilber zu den Ventilen k und i gelangt, diese hebt und über dieselben steigt. In diesem

Woytacek, Glasbläserei. 2. Aufl.

242 Die Anfertigung der Apparate und Glasinstrumente.

Momente senkt man das Gefäß N, und es werden sich die Ventile i und k schließen und an diesen zum Abschluß etwas Quecksilber sitzenbleiben. Durch die Anbringung zweier Ventile wird der Abschluß ein besserer, weil zwischen i und k schon eine Verdünnung eintritt, die das Ventil k entlastet und eine gewisse Sicherheit bietet. Sobald beim Senken das Quecksilber in den Körper b gelangt und sich die Leere bildet, öffnet sich c, und es tritt die Luft aus d und seinem Anhang in die Leere, um die Verdünnung in b und d auszugleichen. Ist das Quecksilber bis unter c in die Röhre a gelangt, so ist der Hub vollendet und kann nach einigen Sekunden, die zum sicheren Ausgleich des Druckes nötig sind, wiederholt werden, was so lange geschieht, bis die gewünschte Verdünnung erlangt ist. Zu dieser Pumpe sei auf die Vakuumröhren, Abb. 499—508 hingewiesen[1].

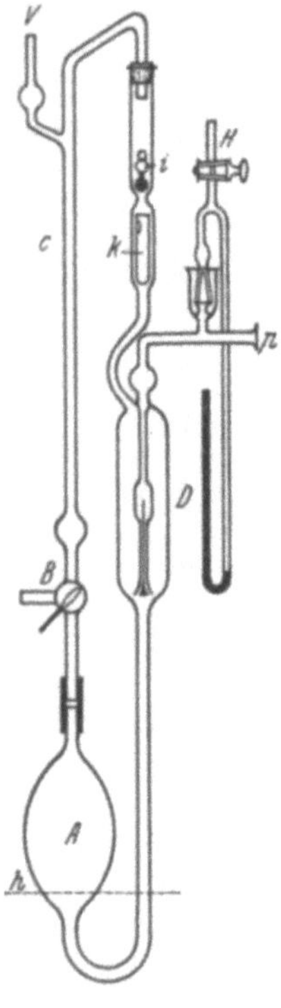

Um das Heben und Senken des Quecksilbers zu ersparen, konstruierte Leiser die Luftpumpe Abb. 529, bei welcher diese Arbeit mit der Wasserstrahlpumpe bzw. mit dem äußeren Luftdrucke besorgt wird, wodurch die Luftpumpe nur eine Gesamthöhe von höchstens 70 cm erreicht.

Zur Arbeit wird an den Planschliff p die Trockenvorlage und weiter der auszupumpende Apparat angekittet, wie das in einem vorn behandelten Abschnitt erklärt wurde. Um das Quecksilber in das Gefäß A einzubringen, nimmt man den Stöpsel des Dreiweghahnes B heraus, führt in die Hülse in die nach unten führende Öffnung den Fülltrichter Abb. 530 ein und gießt das Quecksilber durch diesen in das Gefäß A, und zwar soviel, als die Pumpe von der Stelle h bis hinauf über das Ventil i faßt, zur Sicherheit lieber ein wenig mehr. Diese Füllung muß bei geöffnetem Hahne H geschehen, worauf der Stöpsel des Dreiweghahnes sorgfältig reingemacht und gefettet wieder eingesetzt wird. Der Stöpsel des Hahnes B hat in der Richtung der durchgehenden Bohrung einen Hebel, um ihn leichter drehen und feiner einstellen zu können. An das Rohr V wird die Vorpumpe angeschlossen, aber es ist gut, zwischen dieser und der Quecksilberluftpumpe irgendeine Flasche, am besten eine leere Waschflasche, einzuschalten, wie es bei der Kahlbaumpumpe zu sehen ist.

Soll nun gearbeitet werden, so wird zuerst der Hahn H geschlossen und der Hahn B so gestellt, daß er den Weg nach außen absperrt, das Rohr c aber mit dem Raume A kommuniziert, also die entgegengesetzte Stellung wie in Abb. 529 einnimmt. Wird nun die Vorpumpe ein-

Abb. 529. Hg-Luftpumpe nach Prof. Leiser mit Vorschaltung der Wasserstrahlluftpumpe.

Abb. 530. Hg-Trichter zu 529.

---

[1] Siehe Rosenberg: Experimentierbuch, Bd. I u. II (1908).

geschaltet, so saugt diese die ganzen Räume der Pumpe aus, was durch Schnattern der Ventile i und k zu erkennen ist und an der Barometerprobe beobachtet werden kann. Zeigt diese eine Verdünnung von ca. 30—40 mm, so stellt man den Hahn B so, daß das Rohr c abgesperrt ist und der Raum A mit der Außenluft kommuniziert. Diese drückt nun das Quecksilber in den Raum D und läßt es bis über die Ventile i und k steigen, in diesem Momente stellt man den Hahn B wieder, wie früher vorgeschrieben, und die Vorpumpe saugt durch c das Quecksilber aus D wieder nach A zurück, was an dieser Pumpe einen Hub bedeutet. Dieser Vorgang muß immer wieder wiederholt werden, um die Verdünnung, die man will, zu erreichen.

Abb. 531. Rotierende Luftpumpe. Dr. Gaede.

Diese Type der Leiserschen Quecksilberluftpumpe wird in verschiedenen Größen je für eine Menge von 3—6 kg Quecksilber gebaut. Bei einer später besprochenen Arbeit über Messung von Verdünnungen wird ihre Leistungsfähigkeit noch erwähnt werden.

Eine ganz besonders auffallende und im Quecksilberluftpumpenwesen einschneidende Erfindung ist die rotierende Quecksilbervakuumpumpe von Dr. Gaede, die im Vereine mit einer guten Vorpumpe für die damalige Zeit wirklich Höchstleistungen zustande brachte. Ihre Beschreibung soll im Original wiedergegeben werden, und zwar auch aus dem Grunde, weil diese Pumpe in vielen Laboratorien vorhanden ist und sich als Vorpumpe für die später beschriebenen Diffusionspumpen für Laboratoriumsarbeiten sehr gut eignet.

16*

244   Die Anfertigung der Apparate und Glasinstrumente.

Die rotierende Quecksilberluftpumpe Abb. 531 besteht aus einem zur Hälfte mit Quecksilber gefüllten Eisenbehälter, in dem eine Porzellantrommel rotiert. Bei der Rotation der Trommel füllen sich die Kammern, in welche die Trommel unterteilt ist, abwechselnd mit Luft und Quecksilber. Die Kammern saugen die Luft aus dem Rezipienten und verdrängen bei fortgesetzter Rotation den aufgenommenen Luftinhalt nach außen. Das System hat eine gewisse Ähnlichkeit mit der Gasuhr, nur daß bei dieser das bewegte Gas die Rotation bewerkstelligt, während bei der Gaedepumpe die Rotation durch äußere Kraft erfolgt und das Gas bzw. die Luft in Bewegung setzt.

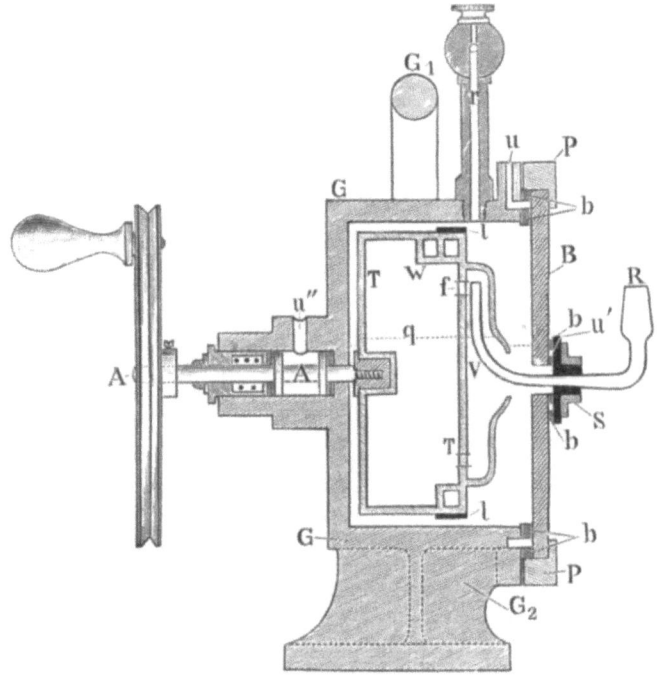

Abb. 532. Längsschnitt 531.

Abb. 532 zeigt die Pumpe in der Seitenansicht, Abb. 533 im Querschnitt von vorne gesehen. G ist das gußeiserne Gehäuse mit dem Handgriff G_1 und einem starken Fuß G_2. Die Vorderseite des Gehäuses ist geschlossen durch die 2 cm starke Glasplatte B, welche durch fünf Schraubenbolzen mittels des Gußringes P an das Gehäuse G angeschraubt ist. Durch die zentrale Bohrung der Glasplatte führt das U-förmige Rohr R und verbindet den Vorderraum V der Trommel T mit dem an R anzuschließenden Rezipienten. Bis zur Linie q ist die Pumpe mit Quecksilber gefüllt. Die Achse A führt durch eine Quecksilberstopfbüchse in das Gehäuse und trägt die Trommel T. r ist ein in das Gehäuse geschraubtes Stahlrohr, mit den Schlauchansätzen s_1 und s_2 und dem Stahlhahn h. Die Abdichtung der Glasscheibe B am Gehäuse G und

Die Luftpumpen und die Messung des Vakuums. 245

ebenso des Stahlrohres R an der Glasscheibe B erfolgt durch je zwei konzentrische Gummiringe b, deren Zwischenraum durch die Öffnung u, resp. u_1 mit Quecksilber gefüllt wird.

Dreht man die Trommel, so vergrößert sich der Raum W (Abb. 532), wodurch Luft durch die Öffnung f der Scheidewand aus der Vorkammer V und durch das Rohr R aus dem angeschlossenen Rezipienten gesaugt wird.

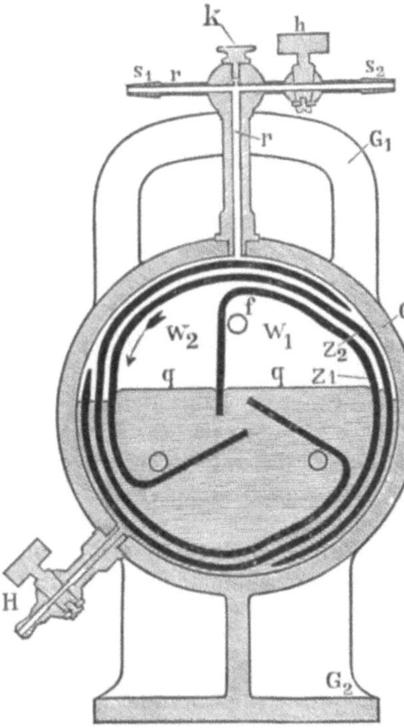

Abb. 533.
Querschnitt von 531.

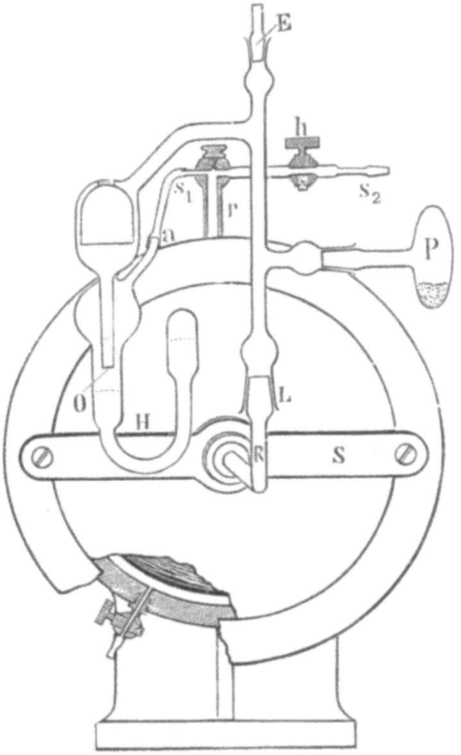

Abb. 534.
Schema und Ansicht der Glasapparatur von 531.

Wie die Pumpwirkung zustande kommt, zeigt Abb. 533. Durch Drehen der Trommel in der Pfeilrichtung füllt sich der Raum W_1 durch die Öffnung f mit der Luft des Rezipienten. Bei fortgesetztem Drehen kommt die Öffnung f unter den Quecksilberspiegel. Die Luft in dem auf diese Weise vom Rezipienten abgeschlossenen Raume W_2 wird in den zwischen den Wänden Z_1 und Z_2 liegenden peripheren Kanal der Trommel gedrängt und bei fortgesetzter Rotation der Trommel in den zwischen der Trommel und dem Gehäuse liegenden Raum gefördert. Von hier wird die Luft durch eine bei s_2 angeschlossene Vorpumpe abgesaugt, welche ein solches Vakuum geben muß (mindestens 20 mm Quecksilbersäule), daß der Quecksilberspiegel q außerhalb der Trommel nicht unter den oberen Rand der zentralen Öffnung sinkt.

Abb. 534 zeigt den Glasapparat, der mit dem Schliff L auf das Stahlrohr R (vgl. Abb. 532) aufgesetzt wird. Bei E wird der mit einem Normalschliff versehene Rezipient angeschlossen. Der Glasapparat ist mit einem Manometer H und einem Trockengefäße P zur Aufnahme des Phosphorpentoxydes ausgerüstet. Das Manometer H dient zu gleicher Zeit als automatisches Ventil, indem bei Atmosphärendruck die Öffnung O frei ist. Da durch ein Schlauchstück der Ansatz a mit s_1 verbunden wird, kommuniziert die bei s_2 angesetzte Vorpumpe durch das Stahlrohr r und die Öffnung O direkt mit dem Rezipienten bei E. Ist ein Vakuum von ca. 20 mm erreicht, so sinkt das Quecksilber im rechten Schenkel und verschließt, im linken Schenkel steigend, die Öffnung O. In diesem Augenblicke läßt man die Trommel rotieren. Die in der Pumpe befindliche Öffnung von R ist von einem Drahtnetz bedeckt. Dieses Drahtnetz läßt der angesaugten Luft freien Durchtritt, verhindert dagegen durch die kapillare Depression das Eindringen von Quecksilber, welches andernfalls bei sehr heftigen Bewegungen, z. B. beim plötzlichen Einlassen von Luft, überfließen und das Rohr R verstopfen würde. Für technische Zwecke wird die Pumpe ohne Glasarmatur und ohne Stahlrohr mit Hähnen geliefert, an dessen Stelle ein einfacher Schlauchansatz tritt.

Jede einzelne Pumpe wird vor der Ablieferung sorgfältig geprüft und ihre Wirkung gemessen, indem ein 6-Liter-Ballon, der mit einem 500 ccm fassenden Mac-Leodschen Vakuummeter verbunden ist, evakuiert wird. Jeder Pumpe wird bei der Ablieferung das Prüfungsprotokoll mitgegeben. Die durchschnittliche Leistung einer Pumpe ist derart, daß bei 10 mm beginnend, der Ballon in 5 Minuten auf 0,004, in 10 Minuten auf 0,0001 und in 15 Minuten auf 0,00001 mm evakuiert wird. Als Vorpumpe ist jede Pumpe brauchbar, auch eine gewöhnliche Wasserstrahlpumpe. Die Verwendung der beschriebenen Kapselpumpe als Vorpumpe bietet den Vorteil äußerst einfacher Bedienung und Handhabung der Apparate und absoluter Sicherheit des Betriebes. Irgendwelche besondere Vorsichtsmaßregeln, z. B. Abstellen der Pumpe, sind nicht zu beachten. Bei den ersten Pumpen sprang die Porzellantrommel, wenn plötzlich Luft in das hohe Vakuum eingelassen wurde. Bei der jetzt gangbaren Type sind diese Nachteile vollkommen beseitigt durch die neue Ventiltrommel (D. R. P. ang.), bei welcher ein Gummiband l (Abb. 532) eine Art Sicherheitsventil verschließt[1]. Die Einführung der Sicherheitsventile ermöglicht, als Trommelmaterial das vielbewährte Porzellan beibehalten zu können und die zwar festeren, dafür aber oxydierbaren und daher für Hochvakuumtrommeln schlecht geeigneten Metalle, wie Eisen, zu umgehen.

Eine weitere Konstruktion Dr. Gaedes bildet die Molekularluftpumpe, die eine Hochvakuumpumpe darstellt, deren Funktion und Herstellung jedoch keine Glasbläserarbeit ist. Sie ist eine Rotationspumpe und kann nur im Vereine mit einer sehr guten Vorpumpe verwendet werden. Dann aber ist ihre Leistung eine rasche und sehr hohe.

---

[1] Vgl. W. Gaede: Physikal. Ztschr. VIII (1907) S. 852.

Außerdem hat sie den Vorzug, daß sie ohne Trockenmittel arbeitet, muß jedoch, um die höchste Leistung zu erreichen, ca. 8000 Touren pro Minute machen.

Eine Hochvakuumpumpe aus Glas hat Dr. Gaede in der sog. Diffusionspumpe geschaffen, die aber auch nur wie die vorige rasch und hoch arbeitet, wenn ihr eine sehr gut arbeitende Vorpumpe (mindestens 0,1 mm Vorvakuum) vorgeschaltet wird.

Nach vielen Änderungen und Verbesserungen ist man mit der Diffusionspumpe zu jener Konstruktion und Ausführung gelangt, die allein Anspruch hat, erwähnt zu werden.

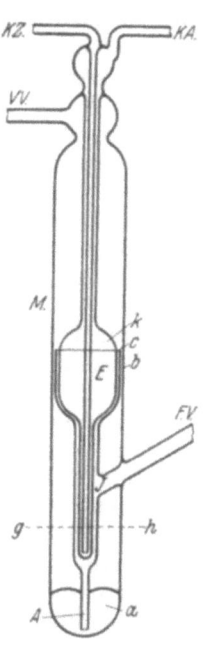

Abb. 535. Hg-Diffusions-Hochvakuumpumpe nach Dr. Gaede aus Glas oder Quarz.

Nach dem Dafürhalten vieler Physiker ist vor allem aber die Bezeichnung Diffusionspumpe nicht ganz die geeignete, weil die Wirkung dieser Pumpe teilweise durch den Strahl des Quecksilberdampfes und teilweise durch Diffusion hervorgebracht wird.

In dieser Ansicht wird man noch bestärkt durch ein jüngst angemeldetes Deutsches Reichspatent einer Quecksilber-„Dampfstrahlpumpe", die eigentlich nur eine kleine Änderung und verwickelteren Aufbau in der Form sowie in der Anordnung des Kühlers und dessen Einrichtung aufweist, im Prinzip aber, welches die Ausnützung des Dampfstrahles anwendet, der sog. Diffusionspumpe gleicht, gegenüber dieser jedoch viel zu kompliziert und sehr leicht zerbrechlich ist[1].

Es soll nicht Zweck dieses Buches sein, zu entscheiden, welche die richtige oder unrichtige Bezeichnung wäre, es soll nur die glastechnische Seite im Auge behalten werden und Ausführung und Wirkungsweise der Pumpe in ihrer neuesten und jüngsten Form zur Anschauung kommen.

Ebenso unmöglich ist es ja auch, auf alle diese unzähligen Formen und Konstruktionen von Quecksilberluftpumpen, welche die Röntgenerfindung ausgelöst hatte, einzugehen. Sie waren aber bisher immer entweder auf dem Toricellischen oder Sprengelschen Prinzip aufgebaut, mit Ausnahme der neueren Rotations- und Diffusionspumpen.

Die Quecksilber-Diffusionsluftpumpe Abb. 535 beruht hauptsächlich auf dem Prinzip der Injektorsaugwirkung, welche durch den Quecksilberdampf bewirkt wird, wobei aber die Diffusionswirkung ihren Teil dazu beiträgt.

Die heutige Pumpe ist eigentlich durch die im Jahre 1914 von Gaede veröffentlichte Diffusionspumpe, die in ihrem Innern aber Stahlteile

---

[1] Prof. Dr. Gaede hat als erster eine Luftpumpe konstruiert, bei der Quecksilberdampf als Treibmittel benutzt wird, der im Haupt- und Vorvakuum durch Kühlung niedergeschlagen wird. (D. R. P. Nr. 286 404.) Alle derartigen Pumpen sind von diesem Pionierpatent abhängig.

hatte, entstanden oder besser auf ihr aufgebaut und modifiziert worden, weil man alle Teile aus Glas machte. Sie besteht aus folgenden Teilen: In das Mantelrohr M, Abb. 535, ist der Injektortrichter J seitlich eingeschmolzen und endet unten in das bis an den Boden reichende Rohr A, das zum Abschluß und zugleich zum Abfluß für das kondensierte Quecksilber dient. Der Injektortrichter mit seinem zylindrischen Rande C bildet mit der Innenwand des Mantelrohres M den kreisförmigen Spalt b, durch welchen der Quecksilberdampf gezwungen wird, hindurchzuströmen. Von der Genauigkeit und Größe des Spaltes b hängt die Leistungsfähigkeit der Pumpe ab, er muß daher mit großer Sorgfalt hergestellt sein. In den Injektortrichter J genau zentrisch ragt der Kühler K mit seiner zylindrischen Erweiterung und bildet mit dieser einen zweiten konzentrischen Spalt C, der mit dem zu evakuierenden Raume durch das Rohr FV verbunden wird. Mit dem Rohre VV ist die Pumpe mit der Vorpumpe verbunden, die eine Mindestleistung von 0,1 mm haben muß. An den Röhren KZ und KA ist der Kühlwasserzufluß bzw. Kühlwasserabfluß anzubringen. Die für die Pumpe notwendige Quecksilbermenge beträgt ca. 300 g — sage dreihundert Gramm —, deren besondere Reinheit Bedingung ist.

Zum Arbeiten mit der Diffusionspumpe bedient man sich am besten als Vorpumpe einer rotierenden Quecksilberluftpumpe (Gaede) oder auch einer Siemens-Schuckertschen Ölpumpe, bei welchen beiden man leicht ein Vorvakuum von 0,01 mm erreichen kann. In diesem Stadium beginnt man dann die Diffusionspumpe wirken zu lassen und erhitzt das in der Pumpe befindliche Quecksilber, worauf folgender Vorgang stattfindet:

Der Quecksilberdampf, der in ziemlicher Menge entwickelt werden muß, steigt nach aufwärts, wird im Spalt b komprimiert, durch den nachströmenden Dampf durch b gedrückt und oberhalb b durch die Kühlung über den Spalt C gezogen, der nun durch V mit dem Rezipienten verbunden ist.

Der Quecksilberdampf kondensiert oberhalb des Spaltes C, das Quecksilber fällt teilweise durch C und teils an den Wänden wieder zum Ausgangspunkt a zurück.

Das Anheizen der Pumpe, bzw. des unteren Teiles kann mit Gas oder auch mit Elektrizität geschehen und erfordert eine besondere Aufmerksamkeit.

Zum Schutze des oberen Teiles der Pumpe ist bei Gasfeuerung erforderlich, daß man in der Höhe der Zone gh eine Asbest- oder Asbestschiefermanschette anbringt, die Flamme im Anfange klein stellt und erst dann vergrößert, wenn sich oberhalb der Erweiterung des Kühlers Kondensation des Quecksilbers zeigt. Bei elektrischer Beheizung schiebt man bis zur Zone gh ein kleines Kästchen aus Asbestschiefer, in welchem die elektrische Heizung eingebaut ist.

Ein besonderes Augenmerk ist bei der dauernden Heizung darauf zu legen, daß dieselbe nicht zu stark ist, da sonst die Wirksamkeit der Pumpe nachläßt und ein zu rasches Anwärmen ein Zerspringen des Innenteiles verursachen kann.

Die Luftpumpen und die Messung des Vakuums. 249

In technischen Betrieben, wo es darauf ankommt, in kurzer Zeit hohe Verdünnungen zu erreichen, werden in neuerer Zeit größtenteils Diffusionspumpen aus Stahl verwendet, die von den Firmen Leybolds Nflg., Köln, und Arthur Pfeiffer, Wetzlar in bester Ausführung hergestellt werden.

Ausführliches über Wesen und Wirkungskreis dieser Pumpen finden sich in ,,Dr. Saul Dushmann: Die Grundlagen der Hochvakuumtechnik[1]".

Die gesamte Höhe der Diffusionspumpe beträgt ca. 50 cm.

Wie schon vorne erwähnt, ist der Heizung bei Glaspumpen ein besonderes Augenmerk zuzuwenden und das Siedegefäß bei den verschiedenen Typen ein wunder Punkt, es soll daher nun in der folgenden neuen Type Abb. 536 a eine sehr gute Konstruktion des Siedegefäßes Abb. 536 b gezeigt werden.

Diese ganz neue Form der Quecksilber-Diffusionspumpen hat neben der sehr raschen Arbeit noch den Vorteil,

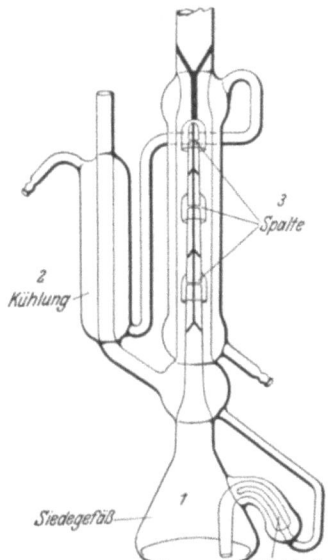

Abb. 536a.
Dreistufige Quecksilber-Diffusionspumpe aus Glas.

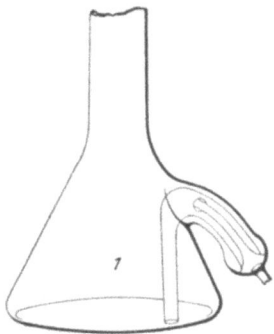

Abb. 536 b. Siedegefäß mit Vorwärmevorrichtung der Pumpe 536.

daß sie als Schulmodell für die dreistufigen Stahlpumpen dienen kann. In Abb. 536 a sehen wir die Spalten 3 die ringförmig angeordnet sind. Die Wirkung ist tadellos und rasch und der größte Vorteil der Pumpe ist das Siedekölbchen 1.

Dieses Siedegefäß Abb. 536 b, vergrößert dargestellt, soll die Details besser zeigen. In seinen einzelnen Teilen ist das Gefäß besonders beim Rücklauf des Kondensquecksilbers sehr stark beansprucht, und dient dazu, das Kondensquecksilber vorgewärmt wieder in das Siedegefäß zu bringen, wodurch das lästige Stoßen und das noch lästigere Zerspringen, wenn auch nicht ganz ausgeschaltet, doch auf ein Mindestmaß gebracht ist.

Das leichte Zerspringen nach längerer Benützung der aus Glas gemachten Gaedeschen Diffusionspumpen, auch wenn diese aus Jenaer

---

[1] Berlin: Julius Springer 1926.

250 Die Anfertigung der Apparate und Glasinstrumente.

Geräte- oder Schübel-Hartglas waren, hat dazu geführt diese Pumpen aus Quarzglas zu machen. Diese waren wohl dem Zerspringen nicht ausgesetzt, wurden aber bei längerer Erhitzung durch das Sintern des Quarzes undicht und weiteres war ihrer umfangreicheren Verwendung der hohe Preis und die Möglichkeit des Zerschlagens im Wege.

Dem unaufhaltsamen Drange und dem Gebote der wissenschaftlichen Forschung folgend, Besseres, Vollkommneres und Haltbareres zu schaffen und die Leistung so hoch als möglich zu treiben, hat zur Herstellung der Öl- und Metalldiffusions-Luftpumpen geführt.

Diese sind von mehreren Fabriken hergestellt und auf den Markt gebracht worden, von denen die Firma Leybolds Nachf. in Köln in uneigennütziger Weise mir den notwendigen Stoff und das Material zur Verfügung stellte, wofür ich bestens danke.

Abb. 537. Einstufige rotierende Öl-Duplex Luftpumpe.

Von den erwähnten Pumpen, welche meiner Meinung nach in Laboratorien und Glasbläsereien zur Verwendung kommen könnten, will ich einige Typen anführen, die alle durch Patente geschützt sind.

Die kleinste Type dieser einstufigen rotierenden Ölluftpumpen Abb. 537 ist zum Saugen und Blasen zu verwenden und führt die Bezeichnung Duplexpumpe nach Gaede, die mit ihr erreichbare Verdünnung beträgt 0,02 mm Quecksilbersäule.

Die zweistufige Ölluftpumpe, Duplexpumpe (Abb. 538) genannt, hat eine Verdünnungsleistung von 0,00001 mm Quecksilbersäule.

Von den Stahl-Diffusionsluftpumpen nach Gaede sind die Typen Abb. 539—542 wegen ihrer geringen Dimensionen und hohen Leistungen zu erwähnen.

Die Diffusionsluftpumpe Abb. 539 aus Stahl mit einer Stufe hat eine Länge von 258 mm, benötigt ein Vorvakuum von 0,1 mm, eine Menge von nur 8 cm³ Quecksilber und leistet eine Verdünnung von 10^{-6} mm.

Die nächste Type Abb. 540 mit zwei Stufen leistet bei einem Vorvakuum von 14 mm, mit 30 cm³ Quecksilberfüllung dieselbe Verdünnung wie die vorerwähnte Pumpe.

Die nächstgrößere Type Abb. 541 dieser Pumpe hat eine Saugleistung von 10 l pro Sekunde bei ca. 10^{-3} mm Quecksilber, eine

Die Luftpumpen und die Messung des Vakuums. 251

Füllung von 60 cm³ Quecksilber, leistet dieselbe Verdünnung wie die vorigen und ist zweistufig.

Bei der größten Type dieser Diffusionsstahlpumpen, Abb. 542, die dreistufig ist, beträgt die Saugwirkung 15 l pro Sekunde und die Quecksilberfüllung 100 cm³, das Vorvakuum

Abb. 539. Diffusionsluftpumpe aus Stahl einstufig.
Abb. 540. Wie 539 mit zwei Stufen.

Abb. 538. Zweistufige Ölluft-Duplexpumpe.

beträgt nur 40 mm, die Verdünnung 10^{-6} mm Quecksilber.

Eine besondere Art von Vakuumpumpen für den Laboratoriumsbedarf bis zum Bedarf im Großbetrieb sind die patentamtlich geschützten Ölluftpumpen der Firma Arthur Pfeiffer in Wetzlar. Die Typen dieser Pumpen, deren es eine ziemliche Anzahl gibt, bringt die Firma unter folgenden Bezeichnungen auf den Markt:

1. Rotierende Zylinder-Ölluftpumpen.
2. Rotierende Kammer-Ölluftpumpen.
3. Rotierende Kapsel-Ölluftpumpen.
4. Rotierende Pharmapumpe.
5. Röntgen-Ölluftpumpen.

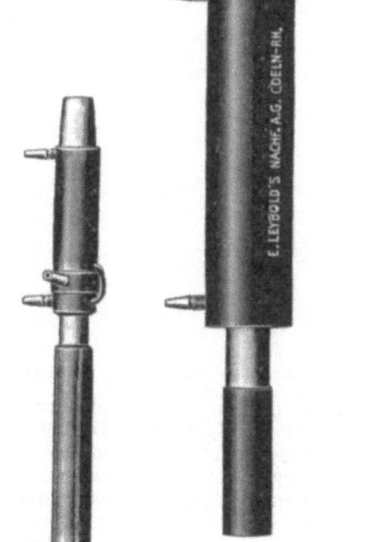

Abb. 541. Größere Type wie 540 mit zwei Stufen.
Abb. 542. Wie 540 jedoch mit drei Stufen.

Die unter 1 genannten Pumpen sind in fünf Typen vertreten und leisten im Saugen 6—100 cbm Luft pro Stunde, die Ölfüllung beträgt 0,5—10 l, die erreichbare Verdünnung 0,1 mm Hg.

Die unter 2 angeführten rotierenden Kammer-Ölluftpumpen, von denen es sieben Typen gibt, haben eine Saugleistung von 4—250 m³ per

Stunde, eine Ölfüllung von 1,5—30 l und leisten eine Verdünnung von 0,02 mm Hg.

Die unter 3 angeführten Pumpen sind rotierende Kapselpumpen, die sich wieder in rotierende Duplex-, Zwillings- und Drillings-Kapsel-Ölluftpumpen teilen. Die Saugleistung beträgt je nach Type und Schaltungsweise 6—30 m³ Luft pro Stunde, die Ölfüllung je nach Type 13—80 l und die Verdünnung 0,001 mm Hg.

Die rotierende Pharmapumpe, ad 4, ist eine Type wie die vorherigen, jedoch speziell für die Verwendung im pharmazeutischen Laboratorium konstruiert.

Die unter 5 angeführten Röntgen-Ölluftpumpen, die besonders für Laboratorien und Glasbläsereien geeignet sind, sollen, weil besonders in den Rahmen eines Lehrbuches passend, ausführlicher beschrieben werden, wozu ich der Firma das Wort lasse:

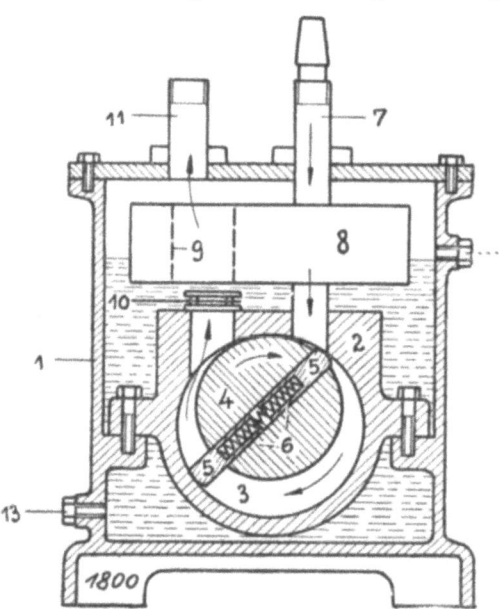

Abb. 543. Schnitt der Röntgen-Ölluftpumpe.

Die Röntgenpumpen sind rotierende Ölluftpumpen, bei denen der Pumpkörper vollkommen in einem Ölbad untergebracht ist, um den Pumpraum und das Ventil gegen die Atmosphäre abzudichten. Als Baustoff wurde für meine rotierenden Ölluftpumpen von jeher Stahl und Eisen verwandt. Die Quecksilberfestigkeit ist also auch bei den Röntgenpumpen eine Selbstverständlichkeit. Der Ölrückschlag, der bei meinen sonstigen Pumpenkonstruktionen in einfacher Form vermieden ist, wird bei den Röntgenpumpen durch eine ebenso einfache wie sichere Einrichtung aufgefangen (D. R. P.). Die Konstruktion der Röntgenpumpen ist aus dem obenstehenden Schnittbilde (Abb. 543) leicht erkenntlich.

Der eigentliche Pumpkörper 2 ist in einem viereckigen Ölkasten 1 festgeschraubt. Durch den auf dem Kasten aufgeschraubten Deckel führt das mit Normalschliff und Gewinde versehene Saugrohr 7 und das Auspuffrohr 11. Das Saugrohr 7 mündet unten in den Saugraum 3, in dem der Kolben 4 rotiert. In dem Kolben gleiten die durch die Federn 6 auseinandergehaltenen Schieber 5, die dadurch an der zylindrischen Wand des Saugraumes 3 anliegen. Die durch das Saugrohr 7 eintretende Luft expandiert in dem Saugraum 3 und wird durch die Schieber 5 nach dem Auspuff durch das Ventil 10 hindurch in den oberen Teil des Kastens 1 und von hier durch das Auspuffrohr 11 ins Freie befördert. Das Ventil 10 besteht aus einer federharten Stahlplatte — einem sog. Flatterventil —, das sich durch die Luftbewegung in der Pumpe dauernd hebt und senkt. Die Schraube 12 dient zur Kontrolle des Ölniveaus, welches beim Füllen und von Zeit zu Zeit nachgeprüft werden soll, da die Ölhöhe für das erreichbare Vakuum ausschlaggebend ist. Durch die Schraube 13 kann die gesamte Ölfüllung bequem abgelassen

Die Luftpumpen und die Messung des Vakuums. 253

werden. Soweit stimmt die Bauart meiner Röntgen-Ölluftpumpen grundsätzlich mit meinen bisherigen Konstruktionen an größeren Pumpen überein.

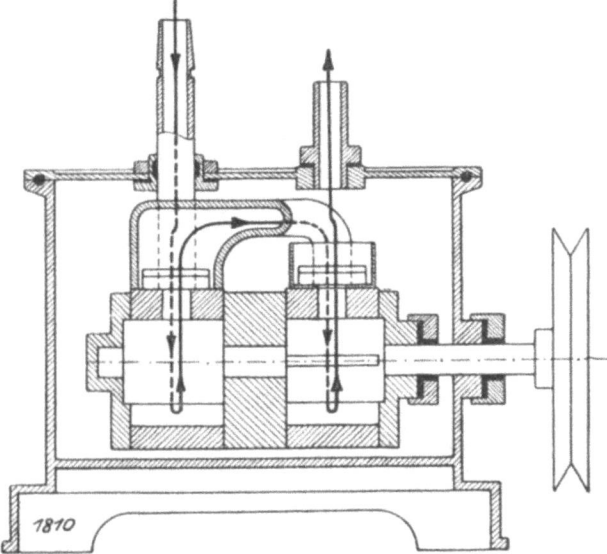

Abb. 544. Schnitt der zweistufigen Röntgen-Ölluftpumpe.

Die Frage der Vermeidung des Ölrückschlages ist dagegen neuerdings durch folgende einfache Konstruktion gelöst (D. R. P. vom 15. Juli 1927). Bei allen rotierenden Pumpen mit reichlicher Ölfüllung und -Abdichtung des Ventils kommt die über dem Ventil liegende Ölmenge (zuzüglich der im Saugraum befindlichen, die aber wegen ihrer Kleinheit vernachlässigt werden kann) für den Rückschlag in Frage. Deshalb wird diese Ölmenge auf ein Mindestmaß beschränkt, indem ein Verdränger 8 in das Öl eingetaucht wird, der durch einen Ausschnitt 9 über dem Ventil 10 die aus diesem ausgestoßene Luft hindurchläßt, andererseits aber genügend Öl zur Abdichtung des Ventils 10 enthält. An den Wänden des Kastens 1 liegt der Verdränger 8 möglichst dicht an, so daß für den Rückschlag des Öles praktisch nur die geringe Menge oberhalb des Ventils 10 im Ausschnitt 9 in Frage kommt. Außerdem aber habe ich den Verdränger 8 hohl gestaltet und ihn mit dem Saugrohr 7 verbunden, so daß dieses nicht nur aus dem Saugrohr selbst, sondern auch aus dem Hohlraum des Verdrängers besteht. Außerdem ist die das Ventil umgebende

Abb. 545. Einstufige Röntgen-Ölluftpumpe.

Ölmenge noch durch ein besonderes, darum gebautes Gefäß auf ein unschädliches Minimum beschränkt. (D. R. P. vom 19. Juli 1926.) Das wenige

254   Die Anfertigung der Apparate und Glasinstrumente.

zurückschlagende Öl wird also von dem relativ großen Hohlraum des Verdrängers bequem aufgenommen, so daß es nicht aus dem Saugrohr austritt. Die Frage der Vermeidung des Ölrückschlages ist demnach sehr einfach und doch wirksam gelöst.

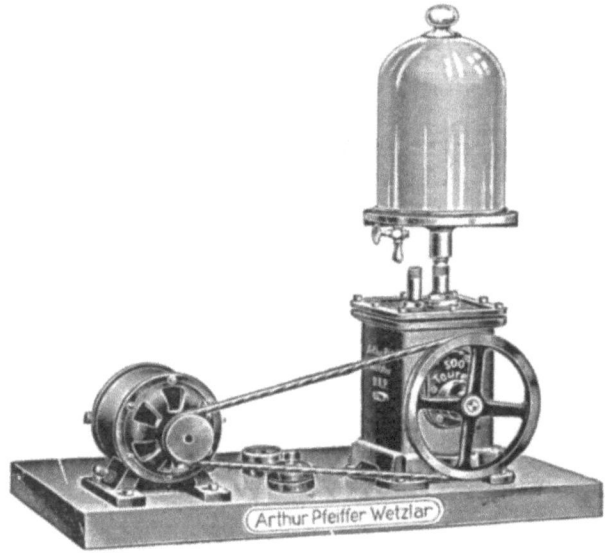

Abb. 546. Röntgen-Ölluftpumpe einstufig mit Riemenantrieb.

Abb. 544 stellt eine zweistufige Röntgenpumpe dar, bei der die Hintereinanderschaltung der beiden Pumpkörper deutlich erkennbar ist.

Das Saugrohr ist zur Aufnahme der Apparate mit Mantelkonus mit einem Normalkernkonus (DIN Denog 25) versehen, trägt außerdem eine Schlauchrille, um aufgesteckten

Abb. 547. Direkt gekuppelt.   Abb. 548. Röntgen-Ölluftpumpe, zweistufig.

Vakuumschlauch festzuhalten, und schließlich auch noch Normalgasgewinde zum Aufschrauben von mit entsprechendem Gewinde versehenen Apparaten. Das Auspuffrohr besitzt gleichfalls Schlauchrillen und Normalgasgewinde zur

Die Luftpumpen und die Messung des Vakuums. 255

Aufnahme der von mir gelieferten Apparate für Druckluftversuche. Im Ruhezustand der Pumpe werden Saugrohr und Auspuffrohr mit Hülsen, die mit Ketten an der Pumpe befestigt sind, verschraubt, um Verschmutzungen der Pumpe oder Beschädigungen des Saugrohrkonus zu vermeiden.

Abb. 549. Direkt gekuppelt.

So sind meine Röntgen-Ölluftpumpen D. R. P. in jeder Beziehung einfach und praktisch konstruiert, so daß die kleinen Typen einen integrierenden Bestandteil der Apparatesammlung jeder Schule bilden und die technischen Modelle bei gleich hohem Vakuum eine wesentlich größere, doppelte Ansaugleistung bieten.

Abb. 550. Mit Riemenantrieb.

In Abb. 545 sehen wir eine einstufige rotierende Röntgenpumpe der kleinsten Type, in Abb. 546 dieselbe mit Motor und Riemenantrieb auf Unterlage aufmontiert, in Abb. 547 mit direkter Kuppelung. Die notwendige Ölmenge beträgt 0,9 l, der Kraftbedarf $1/_8$ PS und die Verdünnung 0,001 mm Hg. Die Abb. 548—550 zeigen eine zweistufige rotierende Röntgenpumpe mit direkter Kuppelung bzw. Riemenantrieb. Die Ölfüllung beträgt 1,8 l, der Kraftbedarf $1/_6$ PS und die Verdünnungsleistung 0,00001 mm Hg.

Für Großbetriebe, welche die Herstellung von Glühlampen, Thermosflaschen, Röntgen-, Radio- und Leuchtreklameröhren u. dgl. betreiben, müssen die Luftpumpen von bester Förderleistung sein.

Zu diesem Zwecke baut die Firma Siemens-Schukkert mehrere Typen Ölluftpumpen, die unter der Bezeichnung Elmo-Hochvakuumpumpen in den Handel gebracht werden.

In Abb. 551 sehen wir eine dieser Hochvakuumpumpen in ihrer Ansicht, während Abb. 552 u. 553 die Schnitte der Pumpe zeigen.

Abb. 551. Elmo-Hochvakuumpumpe nach Siemens-Schuckert.

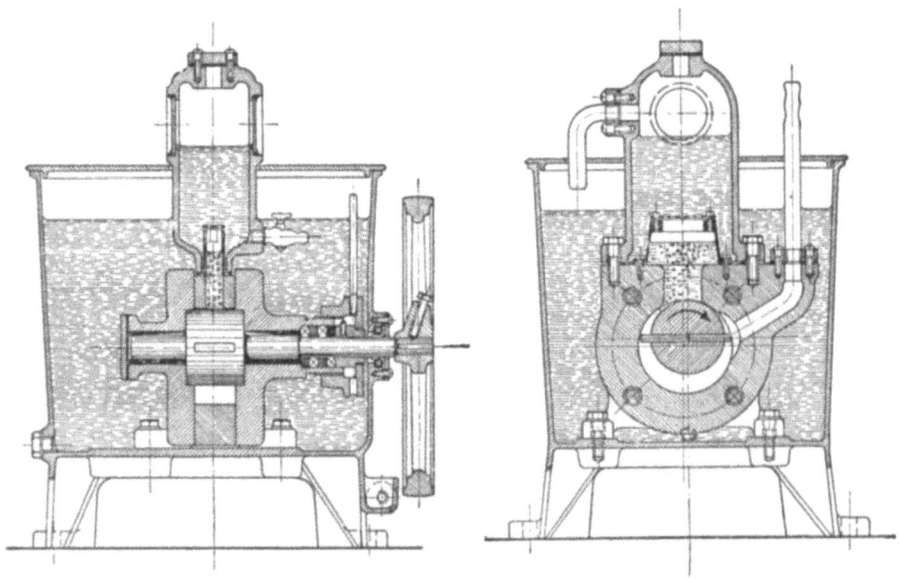

Abb. 552. Abb. 553.
Schnitte der Elmo-Hochvakuumpumpen nach Siemens-Schuckert.

Die Messung der Luftverdünnung.

Zum Messen der Luftverdünnung können offene Quecksilbermanometer, Barometer in verschiedener Form, verkürzte Barometer, Barometerproben genannt, und für die feine Messung Vakuummeter verwendet werden, die alle aus Glas angefertigt und dem Zwecke entsprechend auf Metall, Holz u. dgl. oder aber auf den Pumpen selbst aufmontiert werden können. Es werden auch Vakuummesser aus Metall nach dem Prinzipe des Dampfmanometers gebaut, diese haben wohl den Vorteil der Unzerbrechlichkeit, können aber nur angewendet werden, wo es sich um rohe Messungen handelt, versagen aber auch öfters hier und zeigen meistens mehr, als richtig ist, d. h. sie zeigen gelegentlich schon lange eine Verdünnung von 76 cm an, wenn auch dieser Grad noch nicht erreicht ist.

An der Hand der nun folgenden Abbildungen, die alle im glasbläserischen Sinne schematisch gehalten sind und deren Montierung ja leicht von jedermann ausgeführt werden kann, soll nun die Erklärung von der einfachsten bis zur künstlerischen Ausführung erfolgen.

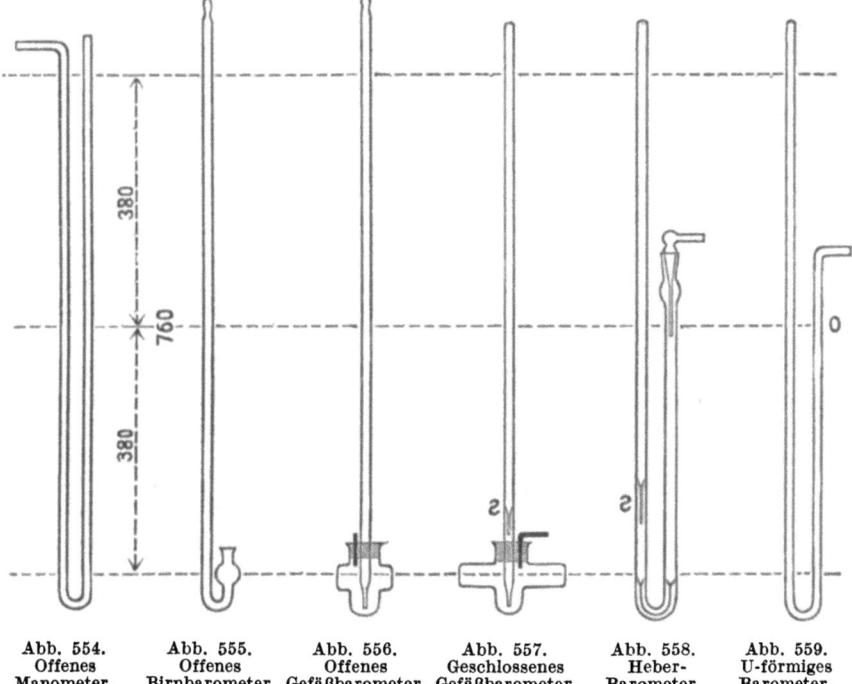

Abb. 554. Offenes Manometer. Abb. 555. Offenes Birnbarometer. Abb. 556. Offenes Gefäßbarometer. Abb. 557. Geschlossenes Gefäßbarometer. Abb. 558. Heber-Barometer. Abb. 559. U-förmiges Barometer.

Wenn in dieser Abhandlung von einer Gummischlauchverbindung oder einem Schlauch gesprochen wird, so ist zu beachten, daß damit immer der sog. Vakuumschlauch gemeint ist, der eine lichte Weite von 3—5 mm und eine sehr starke Wandung hat, daß ihn der Luftdruck nicht quetschen kann.

Wohl die einfachste und rasch improvisierte Vorrichtung, deren sich der Glasbläser in der Werkstätte bedient, ist ein an beiden Seiten offenes 6—8 mm Biegerohr. Dieses verbindet man am einem Ende durch einen Schlauch mit dem verdünnten Raume und steckt das untere Ende in ein mit Quecksilber gefülltes beliebiges Glasgefäß. Dies ist wohl die einfachste, wohl aber nur rohe Messung, auf der aber einige der nun folgenden Apparate aufgebaut sind.

Zur Beobachtung der Tätigkeit der Pumpe vom Beginne der Arbeiten und während des Pumpens ist das offene Manometer, Abb. 554, am

258 Die Anfertigung der Apparate und Glasinstrumente.

meisten zu empfehlen. Dieses kann, auf ein Brett montiert, mit einer Skala versehen werden. Die Gesamthöhe beträgt 95 cm. Der eine Schenkel ist nach der Seite gebogen, mit einer Schlaucholive versehen und kann auf diese Weise angeschlossen werden. Der zweite Schenkel ist oben offen und kann, nachdem die Füllung des Manometers mit Quecksilber zur Höhenmitte erfolgt ist und so der Nullpunkt festgelegt ist, mit einem Wattebäuschchen verstopft gegen Staub geschützt werden.

In Abb. 555 sehen wir ein offenes Birnbarometer, dessen Rohr in eine Olive für Schlauchverbindung endet. Das Gefäß wird mit Quecksilber gefüllt, daß der Nullpunkt in die Höhenmitte der Kugel zu liegen kommt, wenn das Quecksilber angesaugt im Rohre nahe der Barometerhöhe steht.

Ein Gefäßbarometer als Verdünnungsmesser zeigt Abb. 556, bei welchem das Gefäß einen verhältnismäßig großen Durchmesser gegenüber dem Lumen des Rohres hat.

Diese offenen Barometer eignen sich, wie schon erwähnt und wie man auf den ersten Blick sieht, nicht zur genauen Messung von hohen Verdünnungen, wohl aber sehr gut zur Kontrolle der Pumpe bei Beginn der Arbeit und lassen während dieser jede Störung wahrnehmen.

Die nächste Gruppe der Verdünnungsmesser sind die geschlossenen und eigentlichen Barometer, die schon je nach ihrer Bauart eine genauere Messung leisten.

Abb. 557 ist genau genommen ein Stationsbarometer und dient nur zum genauen Messen von Verdünnungen, die nicht unter 50 mm liegen. Das Gefäß an diesem Instrumente hat einen sehr großen Durchmesser, so daß der Fehler durch die Verschiebung des Nullpunktes beim Ansaugen vernachlässigt werden kann. Ganz besonders eignet es sich als Prüfungs- und Kontrollinstrument für Aneroide, von dem im Anhang Abschnitt II gesprochen werden soll. Bei diesen Instrumenten, die schon feine Barometer und deren Röhren mit destilliertem und luftfreiem Quecksilber gefüllt sind, ist es auch notwendig, daß die Buntsche Spitze, Abb. 557 S, eingeschmolzen ist, die das Eindringen von Luftbläschen in die absolute Leere verhindert und die Genauigkeit sichert. Das Instrument Abb. 557 ist also als Gefäßbarometer anzusprechen, während das folgende Instrument Abb. 558, das demselben Zwecke dienen soll, als Heberbarometer funktioniert, nur mit dem Unterschiede, daß es eine Ablesung bis nahe zum Nullpunkt zuläßt, wenn bei einer Millimeterteilung mit der Lupe abgelesen wird.

Beide Instrumente, Abb. 557 und 558, können sehr fein und genau adjustiert werden, und wenn sie mit einer auf das Rohr geätzten Millimeterteilung versehen sind, allen Ansprüchen auf Genauigkeit entsprechen.

Die Abb. 559—564 zeigen den Übergang vom Barometer zum verkürzten Barometer, zur Barometerprobe, welche man beliebig kurz machen kann, je nach dem Verdünnungsgrade, bei welchem man die Messung beginnen will. Das Barometer Abb. 559 ist ein ganz gewöhnliches Heberbarometer, dessen geschlossener, ca. 850 mm langer Schenkel so gefüllt ist, daß bei Atmosphärendruck das Quecksilber die

Die Luftpumpen und die Messung des Vakuums.

Leere zeigt und im kurzen Schenkel ca. 5—6 cm über dem Bug steht. Abb. 560 ist ein verkürztes Barometer, also eine Barometerprobe, und zwar hat es die halbe Höhe von einem gewöhnlichen Barometer, Abb. 559. Man wird mit dieser Barometerprobe daher erst eine Verdünnung von ca. 350 mm messen können. Diese Art von Röhren, Abb. 559 und 560, kann man auf Brett montiert mit einer Skala von Pappe, Holz oder dgl. versehen oder auch die Teilung am Rohre geätzt anbringen.

Eine weitere Verkürzung des Barometers zeigt die Barometerprobe Abb. 561, die auf ein Zehntel der Barometerhöhe gekürzt ist, so daß das

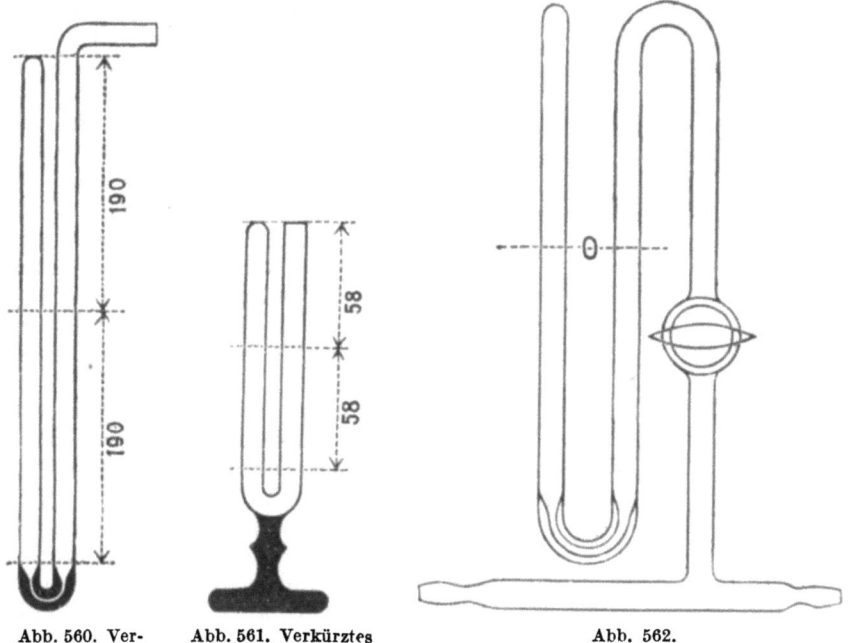

Abb. 560. Verkürztes Barometer.   Abb. 561. Verkürztes Barometer mit Fuß.   Abb. 562. Barometerprobe mit Glashahn

Messen damit erst erfolgen kann, wenn die Verdünnung unter 75 mm beträgt. Diese Barometerprobe versieht man meistens mit einem Glasfuße, weil derlei kleine Instrumente meistens unter dem Rezipienten untergebracht werden, auch ist es sehr gut, wenn man die Teilung am Rohre anbringt, d. h. ätzt.

Eine Ausführung einer Barometerprobe, die am besten auf einem Holzgestelle montiert zu verwenden ist, zeigt Abb. 562, bei welcher die Skala aus Holz, Milchglas oder Spiegelplatte so montiert werden muß, daß sie verschiebbar ist, um den Nullpunkt der Skala immer auf einen Schenkel einstellen zu können, wodurch die Niveaudifferenz direkt abgelesen werden kann.

Sehr praktisch bei Wasserstrahlpumpen ist es, die Barometerprobe unmittelbar an dieselben anzumontieren, wie in Abb. 563, und zwischen Pumpe und Barometerprobe einen Dreiweghahn einzuschalten, dessen Seitenrohr dann als Anschluß für die auszupumpenden Sachen dient.

17*

260 Die Anfertigung der Apparate und Glasinstrumente.

Diese Pumpen sind samt der Montierung 50—60 cm hoch und 25 cm breit und lassen sich sehr schön am Experimentiertisch anbringen.

Soll die Messung mit diesen Barometern und Barometerproben eine genaue und verläßliche sein, so muß das Instrument mit reinem, trockenem und luftfreiem Quecksilber gefüllt sein und auch bleiben. Auf diesem Gebiete wird von den meisten Erzeugern viel gesündigt, indem sie der Herstellung und Füllung nicht jene Sorgfalt widmen, die ihr unbedingt gewidmet werden soll und muß. Es soll daher über die Anfertigung und Füllung so viel gesagt werden, daß sich jedermann, der Lust und Geschicklichkeit dazu hat, derlei Instrumente selbst anfertigen kann.

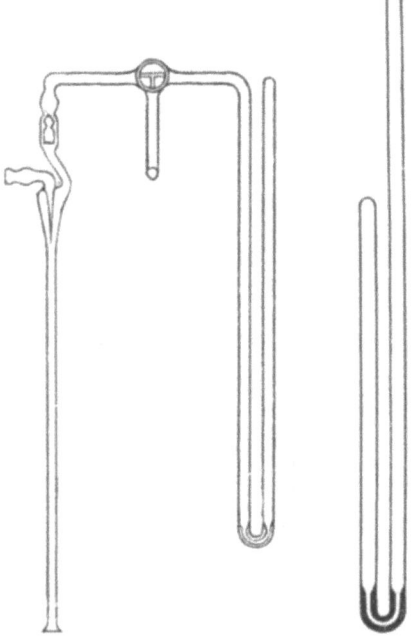

Abb. 563. Wasserstrahl-Luftpumpe mit Dreiweghahn und Barometerprobe.

Abb. 564. Barometerprobe zur Füllung.

Die zur Barometerprobe erforderlichen Röhren sind auf das Sorgfältigste zu reinigen (Schwefelchromsäure usw., siehe vorn) und zu trocknen. Sodann wird das eine Ende geschlossen, unter Bedacht darauf, daß hierbei kein Wasserdampf in das Innere gelangt. Dies erreicht man dadurch, daß man in jenes Ende, in das man hineinbläst, ein kleines Bäuschchen feine Charpiewolle stopft. Beim Schließen des Endes hat man darauf zu achten, daß die Flamme nicht in die Öffnung schlägt, was man dadurch erreicht, daß man die Stelle etwas unterhalb der Öffnung in die Flamme bringt und dort abzieht und zuschmilzt. Beim Rundblasen der Kuppe ist zu beachten, daß dieselbe schön gleichmäßig rund ist.

Die Barometerproben sind, wenn sie unter negativem Drucke stehen und dieser durch einen Unfall oder dgl. plötzlich aufgehoben wird, in der Gefahr, von dem im luftleeren Schenkel nach oben stürzenden Quecksilber durchgeschlagen zu werden. Um dies zu verhüten, hatte man in früherer Zeit etwas unter der Kuppe am geschlossenen Schenkel eine kurze Einschnürung angebracht, die als Dämpfung diente. Diese Einschnürung war aber, wenn zufällig an der Stelle abzulesen nötig war, eine Störung für eine genaue Ablesung. Man bringt daher besser die Einschnürung im Buge der Barometerprobe Abb. 564 an und kann dadurch die Schenkel sehr nahe aneinander bringen, indem man beim Biegen die Einschnürung macht und sodann gleich biegt und unter den weiter vorn erklärten Hantierungen abkühlt.

Den zweiten Schenkel macht man gut eineinhalbmal länger, Abb. 564, und füllt nach dem Erkalten in diesen durch einen reinen Papiertrichter

Die Luftpumpen und die Messung des Vakuums. 261

reines Quecksilber, und zwar etwas mehr, als für den kurzen Schenkel zur Füllung notwendig ist, setzt die Pipette, Abb. 565, daran, und läßt das Ganze dann kalt werden.

Um nun die Barometerprobe auszukochen, spannt man sie mit dem zylindrischen Teile der Füllpipette in ein Stativ, daß sie schräg in einem Winkel von 40—45° steht. An das Röhrchen der Füllpipette schließt man mit einem Schlauche die Luftpumpe an und pumpt gut aus, wenn dies geschehen ist, erhitzt man mit einer nicht zu heißen aber großen Flamme eines Bunsenbrenners die ganze Barometerprobe vom Buge bis dahin, wo Quecksilber im offenen Rohre steht, bis letzteres zum Kochen kommt und dabei bis in die Pipette hinauf hüpft. In diesem Stadium hört man mit dem Erhitzen auf und läßt abkühlen, und wenn dies geschehen ist, Luft ein. Man untersucht nun womöglich mit der Lupe, ob sich nicht etwa oben in der Kuppe ein, wenn auch nur recht kleines Luftbläschen zeigt. Ist dies der Fall, setzt man nochmals die Pumpe an und wiederholt das Kochen des Quecksilbers nochmals recht gut und läßt wieder abkühlen, worauf man nochmals die Kuppe genau untersucht, ob sie ganz absolut rein und blasenfrei gefüllt ist. Jetzt kann die Füllpipette abgeschnitten und das Quecksilber im offenen Schenkel so weit entleert werden, daß es in demselben ca. 1—1,5 cm über der Einschnürung steht.

Diese Barometerproben haben den Vorteil, daß sie, wenn sie auch geneigt und umgekehrt werden, das Quecksilber in der Einschnürung durch die Kapillardepression festhalten, so daß es nur bei Stoß oder Erschütterung aus demselben aus- und dafür Luft eintritt, die dann wieder durch die Luftpumpe angesaugt und entfernt werden kann.

Abb. 565. Auskochpipette für Barometerprobe.

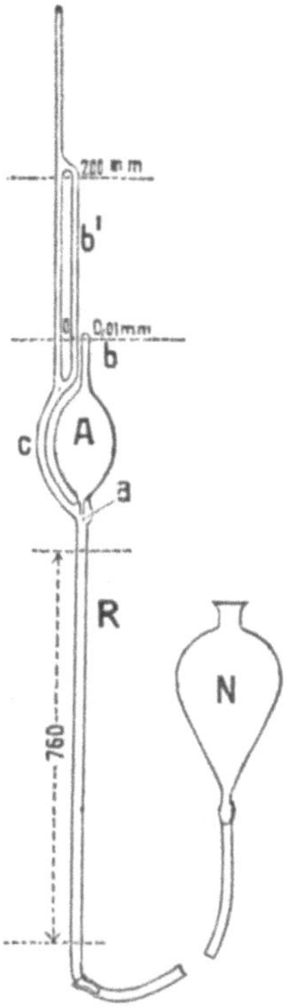

Abb. 566. Vakuummeter nach Mac Leod.

Wenn die Barometerproben sorgfältig gemacht sind, so lassen sie eine genaue Messung bis auf einen, bei Ablesung mit der Lupe selbst bis auf einen halben Millimeter zu, soll aber die Messung des verdünnten Raumes weiter ausgedehnt werden, so muß man sich schon eigener Instrumente bedienen, von denen das folgende Kapitel handeln soll.

Die Meßinstrumente für sehr hohe Verdünnungen wurden von Mac Leod eingeführt, und stellt Abb. 566 ein solches dar. Es besteht aus dem Gefäß A, dessen Inhalt von der Spitze a bis zur Kuppe der Kapillare b genau festgestellt und an demselben verzeichnet ist. Am unteren Teile des Gefäßes A ist das Rohr angesetzt, an welchem mit einem Schlauche das Niveaugefäß N angebracht ist. An R seitlich sitzt das Rohr C, an welchem die Kapillare b' parallel zu C angesetzt ist, welche von genau demselben Rohre sein muß, aus welchem das Rohr b ist. An der Kuppe von b ist eine Marke angebracht, die den Inhalt von 0,01 cm³ zeigt, während b' eine Teilung in Millimeter trägt, deren Nullpunkt genau in der Höhe der Marke 0,01 cm³ auf b liegt. Das Rohr C, welches mindestens 700 mm vom unteren Ansatze von b' gemessen hoch sein muß, wird mit dem luftverdünnten Raume verbunden und das Gefäß N mit Quecksilber gefüllt. Das Gefäß A wird, je genauer die Messung werden soll, um so größer gewählt, was natürlich seine Grenze darin findet, daß man es wegen der Schwere des Quecksilbers und seines Preises nicht über 500 cm³ wählt.

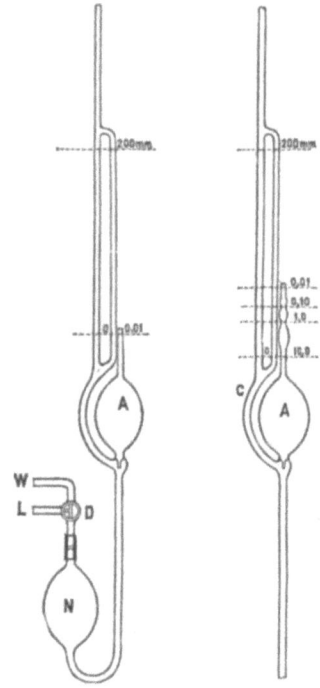

Abb. 567. Vakuummeter nach Mac Leod, verkürzt mit Dreiweghahn.

Abb. 568. Vakuummeter nach Mac Leod, verbessert von Prof. Holzmeister.

Die Messung geschieht wie folgt:

Das Gefäß N wird langsam gehoben, wobei das Quecksilber, an der Spitze a angelangt, das bestimmte Volumen A absperrt. Beim weiteren Heben von A wird nun das abgesperrte Volumen A zusammengepreßt, und das Quecksilber steigt in C und b' höher. Nun wird das Heben des Quecksilbers langsam und vorsichtig fortgesetzt, bis das Volumen A bis zur Marke 0,01 cm³ zusammengepreßt ist. In diesem Momente wird im Rohre b' in Höhe der in demselben stehenden Quecksilbersäule der Überdruck abgelesen und notiert, welchen Wert wir mit d bezeichnen wollen. Wenn wir nun den Inhalt von A mit V und den Inhalt der Kuppe von 0,01 cm³, auf welcher die Zusammenpressung unter dem Drucke d erfolgt, mit v bezeichnen, so findet man den Verdünnungsgrad durch die Formel nach dem Boyleschen Gesetze:

$$x = d\frac{v}{V}.$$

Auch dieses Meßinstrument läßt sich verkürzen, wie Abb. 567 zeigt, an welcher das Gefäß N, statt mit einem Schlauch, mit A fest verbunden ist. Am oberen Ende ist ein Dreiweghahn angebracht, der durch N mit der Vorpumpe und durch L mit der äußeren Luft kommuniziert, und diese Vorrichtung dient bei der Messung durch Einlassen von Luft zum Heben des Quecksilbers, was durch entsprechende Stellung des Hahnes D geschehen und sogar fein nuanciert werden kann. Soll das Quecksilber gesenkt werden, wird der Raum N mit W verbunden, die Vorpumpe saugt das Quecksilber wieder herunter, d. h. pumpt den

Raum N wieder aus. Beispiele der Verdünnungsmessungen finden sich in der folgenden Abhandlung Dir. Holzmeisters.

Den Meßbereich dieser Instrumente fand Prof. Holzmeister zu beschränkt und änderte sich zu seinen Arbeiten das Mac Leod, d. h. verbesserte es dahin, daß der Meßbereich größer und das Rechnen verringert wurde.

Zur Erklärung des Mac-Leod-Holzmeister-Apparates bringe ich nachstehend einen Auszug aus einem Vortrage Prof. Holzmeisters im Vereine zur Förderung des physikalischen und chemischen Unterrichts in Wien.

Als Ausgangspunkt diente mir das Vakuummeter (Mac-Leod — Abb. 567), mangelhaft schien mir aber der beschränkte Meßbereich sowie der Umstand, daß man auf vielerlei Rechnen angewiesen ist. Dadurch ist aber ein rasches Arbeiten wesentlich behindert.

Um hierin abzuhelfen, habe ich dem Vakuummeter die Form Abb. 568 gegeben. Es besteht aus den zwei kommunizierenden Gefäßen: dem Kugelgefäß A mit 200 cm³ Inhalt und dem Steigrohre C. Wird von unten in das kommunizierende Gefäß Quecksilber gepreßt, so kann es sich teilweise in der Kugel und teilweise in dem mit dem Rezipienten verbundenen Steigrohr ausbreiten. Bis zur Marke unter der Kugel herrscht im Innern der Röhrenverbindung überall gleicher Druck. Sobald jedoch das Quecksilber höher gehoben wird, wird die Luft in der Kugel sehr rasch und in der Steigröhre, einer sehr feinen Kapillare, sehr wenig zusammengepreßt. Hebt man z. B. das Quecksilber so weit, bis dasselbe die Marke 1 cm³ erreicht, so ist das ursprüngliche Gasvolumen in der Kugel auf $1/200$ verkleinert, somit der Druck auf das 200fache gesteigert. Dieser Druck reicht gewiß hin, um im Steigrohr eine kleine Quecksilbersäule über der Marke zu halten. Im Rezipienten beträgt nun der Druck $1/200$ des im Steigrohr abgelesenen Betrages.

Am Apparate selbst steht an den Marken $1/20$, $1/200$, $1/2000$ bzw. $1/20000$ zur raschen Berechnung des Druckes angeschrieben.

Man könnte vielleicht glauben, daß die Verkleinerung des Volumens im Rezipienten durch das Nachrücken des Quecksilbers im Steigrohr unrichtige Werte ergibt, da auch das eingeschlossene Gas im Rezipienten durch die Volumenverminderung auf einen größeren Druck gebracht wird.

Bezeichnet man das Volumen des Rezipienten mit v und den Druck mit p, wenn das Quecksilber an der untersten Marke steht; ferner mit v_1 und p_1 die entsprechenden Werte, wenn sich im Steigrohr Quecksilber befindet, dann gilt

$$v_1 p_1 = v p.$$

$$p_1 = \frac{v p}{v_1}.$$

Analog gilt für das Gas in der Kugel nach obigem Beispiele

$$v_2 p = v'_2 (p_1 + b),$$

wenn wir mit b den Druck der Quecksilbersäule über der Marke bezeichnen; also ($v_2 = 200$ cm³)

$$200\,p = 1 \cdot (p_1 + b), \text{ eingesetzt}$$
$$= \frac{vp}{v_1} + b$$
$$p\,(200) - \frac{v}{v_1} = b$$
$$p = \frac{b}{200 - \dfrac{v}{v_1}}.$$

Da $\dfrac{v}{v_1}$ nur wenig größer ist, als 1, so kann der Wert von p ohne besondere Fehler berechnet werden, indem man $\dfrac{b}{200}$ berechnet, also vom abgelesenen Quecksilberstande im Maßrohr den 200. Teil ermittelt.

Die Marken wurden durch Auswägen mittels Quecksilbers gefunden. Dabei ist wesentlich darauf zu achten, daß das Quecksilber chemisch rein, trocken und **luftleer** sei; zudem vergesse man nicht, die Dichte (mit Rücksicht auf die herrschende Temperatur) aus Tabellen zu entnehmen.

Die Kapillardepression wurde dadurch unwirksam gemacht, daß die freien Oberflächen des Quecksilbers bei Messungen stets gleich sind.

Selbstverständlich werden sich immer Versuchsfehler einstellen; einmal läßt sich die Lage der Marken an und für sich nur bis zu einem gewissen Grade richtig ermitteln, und dann wird bei der Einstellung selbst das Quecksilberniveau um Bruchteile eines Millimeters (besonders ohne Kathetometer) zu hoch oder zu tief zu stehen kommen.

Es wird daher nicht überflüssig sein, wenn kurz untersucht wird, worauf bei der Einstellung vor allem zu achten ist, um möglichst kleine Fehler zu machen. Das Volumen der Kugel samt Ansatz sei $v\,(= 200\,\text{cm}^3)$, das Volumen auf $\dfrac{v}{n}$ (z. B. $\dfrac{1}{200}$) verkleinert worden. Da ich die Kompression $\dfrac{v}{n}$ nicht genau treffen kann, wird sich in der Höheneinstellung ein Fehler dh ergeben:

$$\frac{v}{n}(h+c) = k \;\; (c \text{ Gasdruck im Rezipienten}).$$

$$(h+c)\,d\!\left(\frac{v}{n}\right) + \frac{v}{n}\,dh + \frac{v}{n}\,dc = 0;$$

wir können ungefähr $dc = 0$ setzen und finden

$$dh = \frac{h+c}{\left(\dfrac{v}{n}\right)} \cdot d\!\left(\frac{v}{n}\right).$$

Man wird also um so genauere Einstellungsresultate erzielen, je geringer die Niveaudifferenz des Quecksilbers in der Kugel und im Steigrohr ist. Man stelle daher immer auf die tiefere Marke ein und lasse sich nicht verleiten, deshalb eine größere Säule zu wählen, um **scheinbar genauer** ablesen zu können.

Ferner nehmen die Höhenunterschiede mit der Verdünnung zu.

Aus dieser Darlegung ergibt sich für die praktische Arbeit, daß man um so vorsichtiger einstellen muß, je weiter der Grad der Verdünnung fortschreitet. Ein Zahlenbeispiel möge das Gesagte erläutern: Die Kapillare habe eine Lichte von 2 mm. Stelle ich so ein, daß das Quecksilberniveau um $1/3$ mm zu hoch steht, dann ist:

a) Bei der Marke $1/20$ das Volumen $1/20 \cdot 200 \text{ cm}^3 = 10 \text{ cm}^3$, und in unserem Falle $10 - 1/100 \pi \cdot 1/30 = 9,999 \text{ cm}^3$;

$$h_1 = h \frac{10}{9,999} \quad \text{und} \quad h_1 - h = h \frac{0,001}{9,999} \sim \frac{1}{10,000} h;$$

b) bei der Marke $1/2000$ ist das Volumen 0,1 cm³ und bei gleichem Einstellungsfehler ($1/3$ mm zu hoch) $0,1 - 0,001 = 0,099 \text{ cm}^3$; daher analog

$$h_1 = \frac{0,1}{0,099} \quad \text{und} \quad h_1 - h = h \frac{0,001}{0,099} \sim \frac{1}{100} h.$$

Aus diesen zwei Beispielen ersieht man, daß mit der Verdünnung der Ablesefehler wohl wächst, daß aber derselbe immerhin für einfachere Versuche genügend verkleinert werden kann, indem man h so klein wie möglich wählt.

Handelte es sich um ganz besonders hohe Verdünnungen und deren genaue Messung mit den fortschreitenden Verbesserungen der Pumpen, welche zur Herstellung der Verstärkerröhren für Funkentelegraphie notwendig waren, mußte man ins Auge fassen, die Messungen rasch und oft vornehmen zu können.

Zu diesem Zwecke haben wir im Vereine mit dem Techniker Ing. Schrack einen Meßapparat, Abb. 569, auf Mac-Leodschem System derart modifiziert, daß erstens beim Heben des Quecksilbers das Hinaufschießen desselben eine Dämpfung erleidet und daß zweitens der Apparat zwei Meßkapillaren hat, deren eine c' mit einer fixen und deren andere d' mit einer beweglichen Skala s versehen ist. Das Rohr b, eine Kapillare von 1 mm Lumen, trägt drei Marken, und zwar 0,05, 0,005 und 0,0005 cm³. Im Steigrohre R ist zur Dämpfung des Quecksilbers ein ca. 5 mm weites Rohr D eingeschmolzen. Unterhalb des Gefäßes A zweigen in der Höhe der Spitze a beiderseits die Röhren c und d ab, an denen die Meßkapillaren c' und d' sitzen. Am Gefäß A sitzt oben die schon erwähnte Kapillare b mit ihren Marken. Das Meßrohr c' ist mit einer auf das Rohr geätzten Millimeterteilung versehen, deren Nullpunkt mit der obersten Marke auf $b = 0,0005$ übereinstimmt und zu den feinsten Messungen dient, die bis zur Verdünnung von 0,000001 reichen. Das Meßrohr d' ist mit einer verschiebbaren geätzten Milchglasskala mit Millimeterteilung versehen, deren Nullpunkt auf die Marken 0,05 und 0,005 auf b eingestellt werden kann die zur Messung von Verdünnungen vom Hundertstel angefangen dienen. Beim Rohr V wird das Vakuummeter an den zu evakuierenden Raum angeschmolzen.

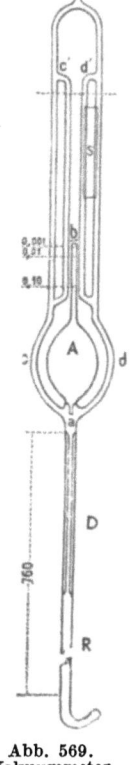

Abb. 569.
Vakuummeter
nach Schrack-
Ferd. Woytacek.

Zur Erklärung der Vornahme der Messungen mit dem von uns konstruierten Vakuummeter sollen folgende Daten dienen: V ist das Vakuum von $A = 500$ cm³, v ist der Raum von 0,01 im Rohre b. Der Druck, der nötig ist, das Volumen von 500 cm³ verdünnter Luft in A auf 0,01 cm³ zusammenzupressen, wird sich in c' oder d' in Millimeterhöhe zeigen und soll für unsere Berechnung mit p bezeichnet werden.

Die Berechnung erfolgt nun nach der schon vorne genannten Formel nach dem Boyleschen Gesetz und lautet:

Der gesuchte Druck $x = p \cdot \dfrac{v}{V}$.

Hebt man das Quecksilber und stellt es auf die Marke 0,05 auf b ein und mißt jetzt, indem man die verschiebbare Skala mit ihrem Nullpunkt auf die Marke 0,05 einstellt, die Höhe des Quecksilbers in d' und man liest z. B. 3 mm ab, so ergibt sich nach der Formel folgende Rechnung:

$$x = 3 \cdot \frac{0,05}{500} = 0,0003 \text{ mm}.$$

Als zweites Beispiel diene die an diesem Apparat als letzte noch verläßlich durchzuführende Messung, wobei angenommen wird, daß man, ohne einen Fehler zu machen, den Druck in c' von einem Millimeter abgelesen hat, wobei das Quecksilber in b auf die Marke 0,0005 eingestellt war.

Es ergibt sich dann der Druck:

$$x = 1 \cdot \frac{0,0005}{500} = 0,000001 \text{ mm}.$$

Auf dem Gebiete der Hochvakuumtechnik wurden von vielen Forschern eine ganze Reihe von Meßapparaten konstruiert, die alle das Ziel im Auge hatten, die größtmögliche Genauigkeit der Messung zu erreichen.

Alle diese wertvollen Konstruktionen hier anzuführen ist nicht gut möglich und es sei wieder auf das schon erwähnte Werk Dr. Saul Dushmanns: Die Grundlagen der Hochvakuumtechnik[1], verwiesen.

G. Die Quecksilberdampflampen.

Diese Lampe führte eigentlich zuerst die Bezeichnung Quecksilberbogenlampe, weil eben statt der Kohlenelektroden solche von Quecksilber vorhanden waren. Wie wir aus einem Vortrage Prof. Pawecks[2], der sich im Vereine mit Dr. C. Kellner sehr lange und intensiv mit den Lampen beschäftigte, entnehmen können, wurde die Lampe schon im Jahre 1860 von Wag erfunden, und erst in späterer Zeit haben sich Forscher gefunden, welche sich mit der Konstruktion und dem Ausbau dieser Lampen eingehender beschäftigten.

In den Abb. 570—583 finden sich einige von den vielen Lampenformen, von denen die wesentlichsten erklärt werden sollen.

Die Quecksilberdampflampe hat einen bedeutenden wissenschaftlichen und praktischen Wert und man setzte schon während der Arbeiten

---

[1] Berlin: Julius Springer.
[2] Ztschr. f. Elektrotechnik 1904 Nr. 18.

Dr. C. Kellners und seiner Vorgänger mit Recht große Hoffnungen in sie. Leider aber erfüllten sich diese nicht in vollem Umfang, wenigstens nicht bei den damals bekannten Typen, weil diese nicht nur ziemlich teuer waren, sondern auch leicht zerbrechlich, schon durch den Umstand, daß die „Zündung" nur durch Kippen oder Schütteln zu erreichen war.

Ein weiterer Nachteil der Quecksilberdampflampen, besonders der später zu besprechenden Uviolglas- und -Quarzlampen, war die schädliche Wirkung ihres Lichtes auf das Auge, die aber leicht aufgehoben werden konnte, wenn man sich der Schutzgläser, wenn auch nur gewöhnlicher Brillengläser, bediente.

Zur Anfertigung dieser Lampen muß ganz besondere Sorgfalt und Reinlichkeit aufgewendet werden, besonders beim Einschmelzen der Platindrähte, an denen bei diesen Lampen Kohlen-, Eisen- oder Nickelelektroden angeschweißt oder gut angenietet sind. Die Platindrähte dürfen der Verwendung entsprechend keinen zu kleinen Querschnitt haben, jedenfalls darf aber nicht unter die Dicke von 0,5 mm gegangen werden, weil sonst die Erhitzung zu groß ist und die Stellen gerne zerspringen.

Der Grundgedanke der Lampe sind eigentlich Quecksilberelektroden, und zur Durchführung des Stromes durch die Glaswände sind die Platindrähte nicht zu umgehen, dürfen jedoch nie bloßliegen, sondern müssen immer vom Quecksilber bedeckt sein. Man sieht das am besten in der Lampe L. Arons, Abb. 570. An den Enden des gebogenen Rohres a, welche geschlossen und in welchen die Platindrähte eingeschmolzen sind, sind die Kugeln b, b angeblasen, an welchen sich die Tubusse c, c befinden. Das Rohr a hat einen Ansatz d, mit welchem es an die Pumpe angesetzt wird. Bevor dies geschieht,

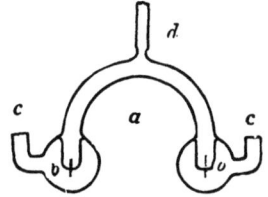

Abb. 570. Hg-Dampflampe nach Aron.

wird in den Raum a so viel ganz reines Quecksilber gefüllt, daß, wenn man die Lampe umlegt, das Quecksilber im gebogenen Rohr a von einer Elektrode zur anderen reicht und, ohne diese zu entblößen, eine zusammenhängende Masse bildet, aber das Rohr nicht ganz ausfüllt. In die Räume b füllt man Quecksilber bis in den Ansatz, und in diesen führt man durch einen Kork gedichtet den Leitungsdraht der Stromzuführung.

Die Quecksilberdampflampe muß soweit wie möglich ausgepumpt werden, wobei das Quecksilber erwärmt werden muß, was nur unter größter Vorsicht und nicht mit direkter Flamme, sondern immer im Luftbad geschehen soll.

Um sich zu überzeugen, wie weit die Verdünnung in der Lampe gediehen ist, kann man sich außer der Lampe noch ein kleines Vakuumrohr an die Pumpe ansetzen, um an den Entladungserscheinungen in diesem die Verdünnung beurteilen zu können. Im Notfalle kann man auch die Lampe an der Pumpe in die Stromleitung einschalten und sie mit Induktionsstrom zünden, was aber, wenn man nicht sehr erfahren ist, für die Lampe gefährlich ist, weil sie leicht durchgeschlagen werden kann. Bei großer Vorsicht aber und wenn man den Induktionsstrom nur für Augenblicke wirken läßt, kann nichts geschehen, und die Zündung wird erfolgen, wenn auch nur für kurze Zeit, die eben genügt, um den Grad der Verdünnung beurteilen zu können.

Wenn die Lampe hoch genug ausgepumpt ist, was durch die Erhitzung des Quecksilbers in der Lampe sehr gefördert wird, und sie von der Pumpe abgestochen und kalt geworden ist, kann sie in Verwendung genommen werden, wobei folgender Vorgang einzuhalten ist.

In die Tubusse c, c wird die Stromzuführung eingedichtet und die Lampe bei Vorschaltung eines entsprechenden Widerstandes angeschlossen. Nun wird die Lampe so geneigt, daß das Quecksilber im Raume a zusammenläuft, ohne die Platindrähte bloßzulegen; sodann bringt man die Lampe langsam in die aufrechte Lage, bis das Quecksilber in a abreißt und der Dampf den Lichtbogen bildet. Sollte dies nicht eintreten, so wiederholt man den Vorgang, bis die Zündung gelingt. Tritt nach einiger Zeit das Verlöschen des Lichtbogens ein, so muß man mit dem neuerlichen Zünden warten, bis das Glas etwas abgekühlt ist und neuerlich kippen. Die beiden mit Quecksilber gefüllten Kugeln b, b haben

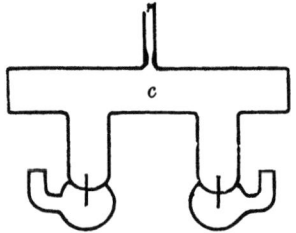
Abb. 571. Hg-Dampflampe nach Lumer.

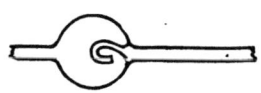
Abb. 572. Sicherheits-Aufsatz.

hauptsächlich den Zweck, das Warmwerden der Platindrähte und das Zerspringen der Einschmelzstellen hierdurch zu verhindern.

Diese Type der Aronslampe bildet eigentlich die Grundlage aller bisher konstruierten Quecksilberdampflampen, und wir sehen in Abb. 571 die Quecksilberdampflampe von Lumer, bei welcher der Lichtbogen in einem zylindrischen Gefäße C gebildet wird, welches an den Enden flach geschlossen ist und daher eine große Lichtintensität hat. Die übrige Anordnung der Elektroden ist ähnlich der Aronschen Lampe, die Handhabung ist die gleiche, da aber die Erhitzung eine größere ist, muß die Lampe in eine Art Kühler eingebaut werden.

Bei beiden Lampen hat man auch öfter, um das Durchschlagen der Spitze am Rohransatz durch das Quecksilber zu verhindern, einen Sicherheitsaufsatz, Abb. 572, angebracht, wohl auch, um die ausgepumpte Lampe halbwegs versandfähig zu machen.

In den Abb. 573—579 sehen wir sieben Lampen, die von Dr. C. Kellner konstruiert wurden, in der Absicht, diese Lampen für Beleuchtungszwecke im großen zu verwenden, die alle aber nur durch Kippen zu zünden waren. Auch hatte Kellner das Licht dieser Lampen durch Verwendung verschiedener Amalgame zu beeinflussen versucht und seine Versuche in den Jahren 1895—1900 durchgeführt[1].

---
[1] Siehe Ztschr. f. Elektrotechnik, Wien 1903, H. 29.

Die Quecksilberdampflampen.

Bei diesen Versuchen hat er im Vereine mit Professor H. Paweck auch angestrengt daran gearbeitet, die Zündung nicht durch Kippen zu erreichen, sondern das Quecksilber auf eine andere Art zum Abreißen und zur Bogenbildung zu bringen.

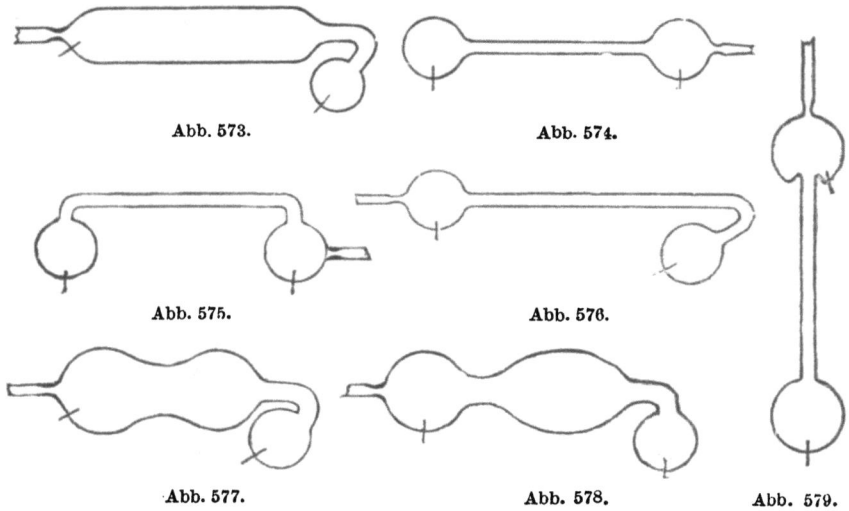

Abb. 573.

Abb. 574.

Abb. 575.

Abb. 576.

Abb. 577.

Abb. 578.

Abb. 579.

Abb. 573—579. Hg-Dampflampen nach Dr. Karl Kellner, mit Kippzündung.

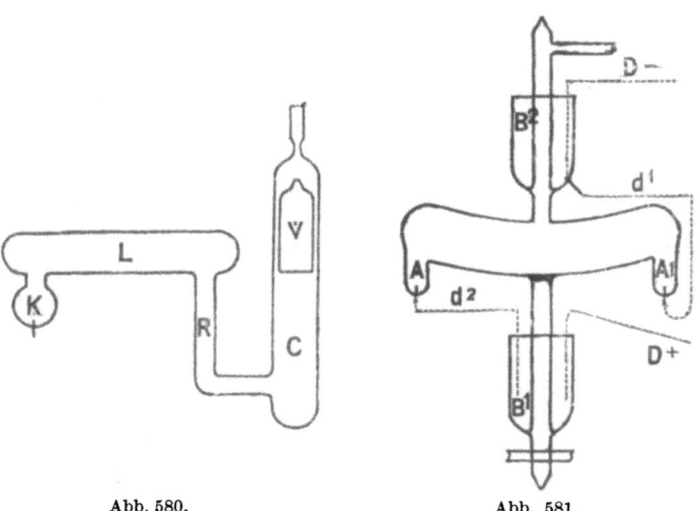

Abb. 580.
Hg-Dampflampe nach Dr. Kellner.

Abb. 581.
Hg-Dampflampe nach Dr. Paweck.

In Abb. 580 und 581 sehen wir die Lampen der beiden Forscher. In der ersten, der Kellnerschen, Abb. 580, schwimmt auf dem Quecksilber ein Zylinder C, der bis zu seiner Hälfte mit Quecksilber gefüllt ist, das im Rohre R kommuniziert, ein Verdrängungskörper V, der aus Glas hergestellt und in seinem Innern mit dünnen Eisendrahtstückchen (ausgeglüht) gefüllt ist. Über den Zylinder C wird ein Solenoid gesteckt. Soll nun die Lampe zum Leuchten gebracht werden, so wird das Solenoid eingeschaltet und der Körper V wird in das Quecksilber gezogen, das hierdurch verdrängte Quecksilber wird durch R in den Zylinder L gedrückt und vereinigt sich mit dem Quecksilber in der Kugel K, jetzt wird der Strom in der Spule ausgeschaltet und V taucht durch seinen Auftrieb aus dem Quecksilber in C, dieses reißt dadurch im Zylinder L ab und es bildet sich der Lichtbogen.

Die Lampe Abb. 581 ist die Pawecksche. Bei dieser wird das Abreißen des Quecksilbers und die Bogenbildung durch die Anwendung der Fliehkraft hervorgerufen und führt daher den Namen Rotationslampe.

Die Stromzuführung erfolgt durch die Drähte D—D, in den an der Lampe angeschmolzenen Glasbechern B_1 und B_2 befindet sich Quecksilber, das nur den Zweck hat, den Kontakt zu besorgen, und von diesem

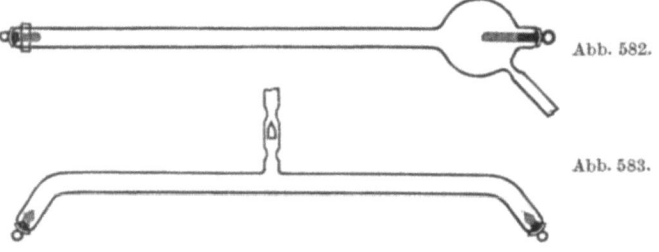

Abb. 582.

Abb. 583.

Abb. 582 u. 583. Hg-Dampflampe nach Hewitt.

wird durch die Drähte d_1 und d_2 der Strom durch Ansätze und Elektroden A, A_1 in die Lampe geleitet. Wird jetzt die Lampe in drehende Bewegung gesetzt, so wird das Quecksilber in dem sanft abgebogenen Zylinder C abreißen und durch die Fliehkraft nach den Enden von C geschleudert, und es wird sich zwischen dem abgerissenen Quecksilber der Lichtstrom bilden.

Alle diese Typen kamen aber nicht über den Rahmen des Laboratoriumsversuches hinaus, erst Hewitt kam mit einer Lampe, Abb. 582 u. 583, welche für die Beleuchtung im großen geeignet erschien, aber auch diese Hoffnungen erfüllten sich nicht.

Hewitts Lampen waren so konstruiert, daß die eine Elektrode (—) Quecksilber war, während die andere (+) aus Eisen oder Nickel in Form eines kleinen Becherchens aus dünnem Blech oder Draht gewickelt war.

Besondere Verwendung fanden diese Lampen in der Photographie, und man stellte sie in drei Dimensionen her, und zwar:

I. Länge 135 cm, Durchmesser 19,2 mm, Volt 90,
II. „ 67,5 „ „ 19,2 „ „ 46,
III. „ 135 „ „ 38,5 „ „ 46.

Um die Quecksilberdampflampen, deren Licht sehr reich an ultravioletten Strahlen ist, nutzbar zu machen und das leichte Zerspringen der Lampe aus Glas zu umgehen, konstruierte Heraeus solche aus geschmolzenem Quarz, der für die ultravioletten Strahlen durchgängig ist und nicht zerspringt, wenn auch das kalte Quecksilber plötzlich auf die glühende Fläche kommt, was bei den automatischen Zündungen immer der Fall ist.

Der ziemlich hohe Preis und die geringe Bruchfestigkeit des Quarzes sowie der Umstand, daß evakuierte Quarz- und auch Glas-Quecksilberdampflampen nicht leicht versendet werden konnten, dürften der Einführung der Lampen im Wege gewesen sein. Wohl spielt heute noch die Quarzlampe in der Heilkunde als Höhensonne eine bedeutende Rolle, wobei aber noch die meisten Kippzündung haben.

Die Glaswerke in Jena führten zur Zeit, als man sich stark mit den Quecksilberlampen beschäftigte, ein besonderes Glas und Lampen aus demselben ein, das sie Uviolglas nannten, weil dasselbe für ultraviolette Strahlen fast so durchgängig war wie Quarz.

Diese Jenaer Uviollampen wurden ganz besonders für ärztliche Zwecke gemacht, wurden aber und werden heute noch in der Photographie benützt.

Hergestellt wurden sie in der Form Abb. 583 in den Längen von 45 cm und 65 cm bei einer Rohrweite von 30 mm für die Spannung von 70 bzw. 100 V.

Auch diese Lampen konnten nur durch Kippen zum Leuchten gebracht werden. Die Elektroden sind Kohlenspitzen, welche an Platindraht genietet oder besser geschweißt sind, der zum Einschmelzen dient.

Auf diese Uviol-Lampen hielt man auch sehr viel, doch wieder war es die Zerbrechlichkeit und das Zerspringen in der Hitze und beim Gebrauch, welche die Enttäuschung brachten. Es ist jetzt doch noch immer die Quarzlampe, auf die man hoffen kann, doch steht dieser wieder der hohe Preis entgegen.

Trotz diesem hat sich die Quarzlampe speziell in der Medizin in hohem Maße bewährt und eingeführt. Hat doch die Deutsche Quarzlampen-Gesellschaft schon an die 100000 Exemplare „künstliche Höhensonne" nach allen Teilen der Erde geliefert und wenn man bedenkt, daß eine derartige Lampe nach den ersten 1000 Brennstunden noch für nicht besonders hohe Kosten regeneriert wird, muß man anerkennen, daß der Betrieb — auch in Anbetracht des geringen Stromverbrauches — billig kommt.

Die Lampen der Hanauer-Gesellschaft werden mit Kippzündung hergestellt und die Konstruktion der Kippvorrichtung ist so sinnreich, trotz aller Einfachheit, daß eine Gefährdung der Lampe nur bei großer Unvorsichtigkeit oder Ungeschicklichkeit möglich ist.

H. Das Justieren der Instrumente.

Diese Arbeit könnte man füglich wieder in zwei Teile teilen, und zwar in die Bestimmung der Punkte an den Instrumenten, die eigentliche erste Prüfung, und in die Anfertigung der Skalen, d. i. das Teilen und Schreiben und Anbringung derselben.

Durch die Arbeitsteilung haben sich mit der Zeit in der Glasinstrumentenmacherei sowohl bei den Glasbläsern als auch bei den sog. Glasschreibern verschiedene Untergruppen gebildet, so daß in neuerer Zeit und besonders in der Heimat der Glasinstrumentenindustrie, in Thüringen, die Facharbeiter nicht nur in zwei Hauptgruppen, die Glasbläser und die Glasschreiber (auch Fertigmacher) sich teilten, sondern diese beiden Hauptgruppen haben sich durch die fortwährende Spezialisierung auf dem Gebiet der Glasinstrumentenindustrie auch noch in Untergruppen geteilt. Bei den Glasbläsern unterscheidet man Apparatebläser, Thermometerbläser, Glühlampenbläser, Röntgenröhrenbläser, Radioröhrenbläser und Neonröhrenbläser.

In der Thermometerindustrie ist man sogar so weit gegangen, Spezialisten für eine einzige Gruppe von Thermometern heranzubilden, so gibt es z. B. in Thüringen viele Glasbläser, die nur Fieberthermometer blasen können, andere wieder, die nur Fenster- und Zimmerthermometerröhren, ja sogar solche, die nur sog. Sixröhren für Maximum- und Minimumthermometer herstellen können. Nicht unerwähnt seien auch die Lauschaer Christbaumschmuck- und Spielzeugbläser, welche allerdings mit der Glasbläserei im höheren Sinne nichts zu tun haben. Auf demselben Niveau der Glasblasekunst stehen auch die Spezialarbeiter für gewisse Massenartikel wie Parfümfläschchen, Mutterrohre, Milchpumpen, Brusthütchen und sonstiger Artikel für Krankenpflege und klinischen Bedarf.

Die zweite Hauptgruppe, diejenige der Glasschreiber, ist schon weniger einer Spaltung unterworfen, doch unterscheidet man immerhin Schreiber (Fertigmacher) für technische und chemische Thermometer, Fieberthermometer, für Zimmer- und Fensterthermometer, sowie sog. Wachsschreiber für Büretten, Pipetten, Meßzylinder und Meßkolben und endlich solche für Aräometer. Meist ist es bei den Thüringer Glasschreibern so, daß sie auf einem dieser Gebiete spezialisiert sind, selten kommt es vor, daß einer alle diese Gebiete beherrscht.

In früherer Zeit wurde diese Spezialausbildung nicht beobachtet, sondern der Glasinstrumentenmacher mußte, wenn er etwas gelten wollte, das ganze Gebiet beherrschen. Solche sind noch unter den älteren Jahrgängen der Arbeiter und Meister in einiger Zahl vorhanden, in neuerer Zeit, unter den Jüngeren, aber selten zu finden.

Man kann hier eine gewisse Analogie mit einigen wissenschaftlichen Gebieten feststellen, beispielsweise der Chemie und der Medizin, bei denen die Spezialisierung in den letzten Jahrzehnten ja auch durch die Fülle der neuesten Forschungserrungenschaften gewaltige Fortschritte machte. Daß diese Spezialisierung durchaus notwendig ist, liegt klar auf der Hand, weil eben bei der ungeheuren Fülle des Stoffes eine ganz tiefschürfende Ausbildung auf dem ganzen Gebiet in der dafür bestimmten Zeit wohl kaum möglich wäre.

Unsere Arbeit in diesem Abschnitt ist zunächst, die Bestimmung der Punkte und die Anfertigung der Skalen an den Instrumenten zu beschreiben. Hier haben wir wieder diese Arbeit in eine solche mit Rücksicht auf Thermometer, Barometer und Aräometer und die graduierten Gefäße zu unterscheiden.

Das Justieren der Instrumente.

An den Thermometern werden am besten drei Punkte bestimmt. Man wählt dafür an solchen, welche die Fundamentalpunkte umfassen, diese und einen mittleren Punkt. Im allgemeinen werden alle Punkte an den Thermometern mit einem geeichten Normalthermometer bestimmt, doch kann man sich in Ermangelung eines Normalthermometers die beiden Fundamentalpunkte experimentell bestimmen und diesen Abstand in 100 bzw. 80 Teile teilen, nur hat man dann keine Gewißheit über die Richtigkeit des Thermometers in den Graden, die zwischen den beiden Punkten liegen.

Das Thermometer Abschn. 6 Abb. 367 diene jetzt als Beispiel, doch ist der Vorgang bei allen anderen Thermometern der gleiche. Das Thermometer ist nun vom Glasbläser bis zur Anbringung der Skala fertiggestellt, und von dieser Arbeitsstufe aus wollen wir den Vorgang der Justierung schildern. Nehmen wir an, es sei ein Thermometer, welches beide Fundamentalpunkte umfaßt, so muß zuerst immer der oberste Punkt und dann von oben nach unten die entsprechenden Punkte bestimmt werden. Zur Kontrolle bei der Bestimmung der Punkte bedient man sich, wie schon erwähnt, eines wenn nicht geprüften, so ganz verläßlichen Normalthermometers.

Zur Bestimmung der Punkte versieht man das zu bestimmende Thermometer mit einer provisorischen Papierskala, die in Millimeter geteilt sein kann, und schreibt die auf dieser genau abgelesenen Werte auf, um sie dann von der provisorischen auf die eigentliche definitive Skala zu übertragen. Die Milchglasskalen für sehr genau zu justierende Thermometer paßt man vorerst ohne Teilung genau in dieselben ein und versieht sie mit einem Papierstreifen mit Millimeterteilung, indem man diesen auf der Milchglasskala aufklebt. Hat man die Punkte ermittelt und notiert, so nimmt man die Skala heraus und ritzt die Punkte durch das Papier auf der Milchglasskala mit dem Schreibdiamanten ein. Dort dienen sie dann zum Einstellen auf der Teilmaschine, das später behandelt werden soll.

Der Siedepunkt wird im Dampfe von reinem Wasser bestimmt, das unter dem Drucke von 760 mm Barometerstand siedet. Da aber dieser Druck nicht leicht konstant hergestellt werden kann, wird bei der Bestimmung des Siedepunktes der Barometerstand abgelesen und aus der folgenden Tabelle gefunden, die nach Wiebe zusammengestellt ist (s. Tabelle nächste Seite).

Die Bestimmung des Siedepunktes nimmt man am sichersten und besten in einem Apparate vor, wie ihn Abb. 584 zeigt. Dieser ist aus Metall, am besten Kupfer, angefertigt und besteht aus dem Siedegefäße S, auf welchem der Dampfmantel D dicht sitzt. Derselbe ist doppelwandig, das innere Rohr d mündet in das Siedegefäß und ragt bis fast zur Höhe des äußeren Zylinders C, der oben eine Öffnung zur Aufnahme des zu prüfenden Thermometers hat. Unten seitlich sind zwei Röhrchen angesetzt, von denen das eine M mit einem Manometer versehen ist und mit dem Siederaum kommuniziert. Das zweite Röhrchen A verbindet den Raum zwischen den beiden Zylindern d und C mit der

274   Die Anfertigung der Apparate und Glasinstrumente.

Barometerstand in mm	Siedepunkt °C	Barometerstand in mm	Siedepunkt °C	Barometerstand in mm	Siedepunkt °C	Barometerstand in mm	Siedepunkt °C	Barometerstand in mm	Siedepunkt °C
730	98,887	740	99,256	750	99,630	760	100,000	770	100,367
731	915	1	293	1	667	1	037	1	404
2	953	2	338	2	704	2	074	2	440
3	991	3	368	3	741	3	110	3	477
4	99,027	4	406	4	778	4	147	4	514
35	067	45	443	55	815	65	184	75	550
6	105	6	481	6	852	6	220	6	587
7	142	7	518	7	889	7	257	7	623
8	180	8	555	8	926	8	193	8	660
739	99,218	749	99,593	759	99,963	769	100,330	779	708
								780	747

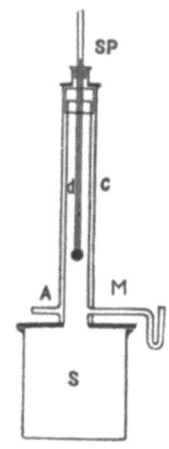

Abb. 584. Apparat zur Bestimmung des Siedepunktes aus Metall.

äußeren Luft und dient als Abzug für den Dampf, der aber keinerlei Hindernis im Abströmen finden darf, weil sonst im Siederaum ein Druck entstehen und eine Temperaturerhöhung stattfinden könnte.

Das Thermometer, an dem der Siedepunkt ermittelt werden soll, ist an einem Kork dicht in den Hals des Zylinders C eingesetzt und muß so tief sitzen, daß gerade noch der Stand des Quecksilbers gut abgelesen werden kann. Das Manometer vom Ansatz M dient dazu, um sicher zu sein, daß während der Bestimmung im Siederaum kein Überdruck und dadurch eine Erhöhung der Temperatur des Dampfes entsteht.

Zur Demonstration dieser Erscheinung im Unterricht kann man an A mit einem Gummischlauch ein Glasröhrchen anschließen, dessen Ende in eine Spitze ausgezogen, d. h. verengt ist. Durch diese Drosselung wird der Dampf unter einem höheren Druck ausströmen, der am Manometer abgelesen werden kann, und die Temperatur wird sich dem Druck entsprechend erhöhen, wie man wieder am Thermometer ersehen kann.

Abb. 585 veranschaulicht die Bestimmung des Siedepunktes bei Thermometern. Von links nach rechts sehen wir ein Ölbad sowie zwei Siedezylinder in verschiedener Höhe und daran anschließend den Siedeapparat mit einigen Thermometern. Besonders genaue Instrumente werden, wie schon erwähnt, mittels einer Hilfsskala aus Papier justiert, welche auf den Milchglasstreifen, der später die Skala tragen soll, aufgeklebt wird. Handelt es sich aber nur um gewöhnliche technische Thermometer, an welche keine Präzisionsanforderungen gestellt werden, so bestimmt man die Punkte auf einfachere Weise.

Man zieht aus einem Rohr einen ganz feinen Glasfaden, reibt etwas Ölfarbe mit der Spachtel auf einer Glasplatte an und zieht den feinen Glasfaden durch diese Farbe, dann zeichnet man damit den betreffenden Punkt am Thermometer an. Bedingung ist natürlich, daß man bei diesem Vorgang genau visiert und den Punkt nicht zu hoch oder zu niedrig anzeichnet. Bei einiger Übung sind Fehler bei dieser einfachen Methode so gut wie ausgeschlossen, um so mehr, als der Strich mit dem Faden gezogen viel feiner wird, als ein mit der Feder gezogener. Verwendung von Tusche beim Anzeichnen solcher Punkte ist, besonders wenn es sich um den Siedepunkt handelt, nicht zu empfehlen, weil sie zerläuft und der Strich auch zu dick wird.

Zur Bestimmung von höheren Siedepunkten, für Thermometer, die über 100° reichen und in Flüssigkeiten justiert werden müssen, die Metall angreifen, kann man sich einen Apparat, wie Abb. 586 zusammenstellen, am besten selbst anfertigen. Das Siedegefäß ist ein Rundkolben S, an dessen Hals das seitliche Rohr M für das Manometer angesetzt ist; über den Hals des Kolbens ist ein Kühlmantel, in dem Falle ein Dampfmantel D mit einem Kork bis zum Rohre M aufgedichtet. Dieser Mantel hat oben einen Hals H für das Thermometer und unten ein seitliches Rohr A zum Abzug des Dampfes, wie bei dem beschriebenen, aus Metall angefertigten Apparat.

Abb. 585. Siedepunktbestimmung.

Zur Bestimmung des Eispunktes dient am besten ein Apparat gemäß Abb. 587. Eine Glasglocke mit Hals oder ein größerer Trichter wird in einem Stativ befestigt und am Hals der Glocke oder des Trichters mit einem Gummischlauch ein Abfluß hergestellt, der mit einem Quetschhahne versehen ist, um das Schmelzwasser ablassen zu können. In diesen Behälter bringt man schmelzenden Schnee oder möglichst klein geschlagenes, noch besser geriebenes Eis und vergräbt darin das Thermometer bis zum Nullpunkt, ebenso das Vergleichsthermometer, und läßt die Instrumente darin, bis das Eis oder der Schnee zu schmelzen beginnt, wobei das Schmelzwasser abzulassen ist. Nach einiger Zeit notiert man sich die Ablesung auf der Hilfsskala oder bezeichnet den Stand am Rohre, läßt es aber doch noch einige Zeit

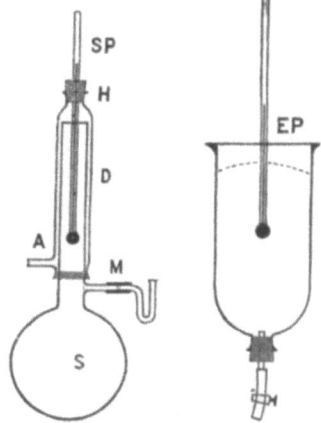

Abb. 586. Apparat zur Bestimmung des Siedepunktes aus Glas.

Abb. 587. Apparat zur Bestimmung des Eispunktes.

276 Die Anfertigung der Apparate und Glasinstrumente.

im Eise, um zu sehen, ob keine Temperaturänderung mehr erfolgt, worauf das Thermometer aus dem Eise genommen werden kann.

Auf Grund der beiden bestimmten Punkte könnte jetzt mit der Einteilung der Skala begonnen werden, und theoretisch müßte das Thermometer richtig sein, wenn die Kapillare in ihrer ganzen Länge an jeder Stelle den ganz genau gleichen Querschnitt hätte. Bei gewöhnlichen Thermometern, deren Kapillaren diesem Ideal wohl nicht sehr nahe kommen und auch nicht können, weil der Preis ja auch eine Rolle spielt, greift man zu dem Auskunftsmittel, daß man im Wasserbade mit einem genauen Normalthermometer noch einen mittleren

Abb. 588. Apparat zur Bestimmung der Zwischenpunkte.

Abb. 589. Prüfungsapparat zur Bestimmung beliebiger Punkte mit dem Normalthermometer mit Rührwerk.

Punkt bestimmt, und zwar 40 oder 50° und dadurch die Teilung, wenn nötig, konisch so herstellt, daß keine bedeutenden Fehler entstehen können. Immer aber gilt als Grundsatz, bei der Bestimmung der Punkte von oben zu beginnen und den untersten Punkt zuletzt zu bestimmen.

Bei der Bestimmung von Punkten in Bädern, d. h. im Wasserbad, bei Punkten zwischen 0 und 100° muß das Bad immer um 3—5° höher erhitzt werden, als der zu bestimmende Punkt ist, und dann unter ständigem Umrühren am besten durch ein Rührwerk (hiervon später) das Sinken der Temperatur beobachtet werden und im Moment, in dem die Temperatur am Normalthermometer erreicht ist, muß die Ablesung auf der Hilfsskala notiert bzw. am Rohr bezeichnet werden.

Aus allen diesen Erklärungen ist wohl zu ersehen, daß die Bestimmung der Punkte eine sehr genaue und gewissenhafte Arbeit erfordert und die Genauigkeit des Instrumentes von der Sorgfalt abhängt, mit der diese Arbeit ausgeführt wird.

Zur Bestimmung von Temperaturen über 100° C verwendet man Paraffinbäder, Ölbäder und Salpeterbäder. Es ist möglich, mit Paraffinbädern bis gegen 300°, mit Ölbädern bis 400° C zu kommen, doch ist bei der Feuergefährlichkeit dieser Stoffe ihre Verwendung nicht besonders zu empfehlen, sondern das Salpeterbad zu bevorzugen. Dieses bietet auch den Vorteil, daß man leicht Temperaturen bis 500° C damit erreichen kann. Salpeterbäder sind vor allem auch weniger schwankend als die Paraffin- und Ölbäder.

Man kann sich aber, wenn man über kein hochgradiges Normalthermometer verfügt, auch höhere Punkte mit Salzlösungen bestimmen, deren Siedepunkte bestimmt und genau bekannt sind.

Die gesättigte Lösung von kohlensaurem Kali (Pottasche) hat einen Siedepunkt von 135,0° C, eine solche von essigsaurem Kali = 169,0° C, Chlorkalzium = 179,5° C und Chlorzink = 300° C.

Abb. 590. Apparat zur Bestimmung einer größeren Anzahl von Thermometern.

Abb. 591. Apparat zur Bestimmung im Ölbad.

Zur sicheren und besseren Ausführung der Bestimmung und Prüfung von Thermometern hat man eine ganze Reihe von Apparaten konstruiert und eingeführt, wovon die Firma Gotthold Köchert & Söhne in Ilmenau die reichste Auswahl herstellt.

Zur Bestimmung der Punkte, die zwischen den Fundamentalpunkten liegen, dient der Apparat Abb. 588, welcher mit Doppelwänden und Drahtlehne versehen ist, bei dem aber das Rühren des Bades mit der Hand besorgt werden muß, während es beim Apparat Abb. 589 durch ein Rührwerk mit Handbetrieb geschieht. Der Apparat Abb. 590 ist ebenfalls einfach konstruiert und dient zur Aufnahme einer größeren Zahl von Thermometern.

Für die Prüfung in heißem Öl ist der Apparat Abb. 591 bestimmt, derselbe hat ein Rührwerk und ist mit einer Umhüllung aus Asbest versehen. Als Siedeapparat sind die in Abb. 592 und 593 dargestellten zu verwenden, von denen der erstere noch einen zweiten höheren Aufsatz für lange Thermometer hat, er ist für den Siedepunkt des Wassers aus Weißblech gebaut, während der Apparat Abb. 593, aus Kupfer gebaut, zum Sieden von Öl u. dgl. verwendet werden kann. Für konstante Temperaturen, wie man sie bei Fieberthermometern u. dgl. braucht, dienen die Apparate Abb. 594 und 595, von denen der erstere einen Rührring, der andere, dessen innerstes Gefäß auswechselbar ist, ein Rührwerk besitzt.

Alle diese Apparate sind für die Arbeit in der Werkstätte im großen gebaut, im Laboratorium und im Kleinbetriebe aber wird man sich mit einfacheren Einrichtungen zurechtfinden müssen und können.

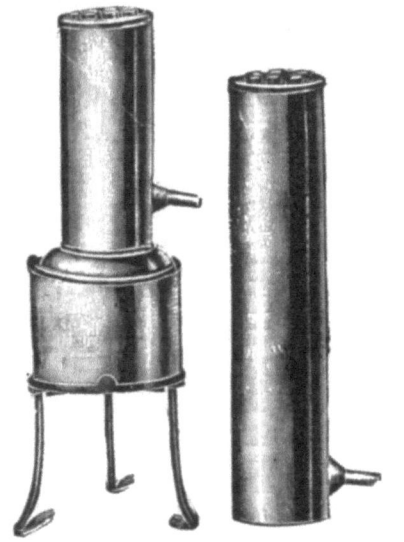
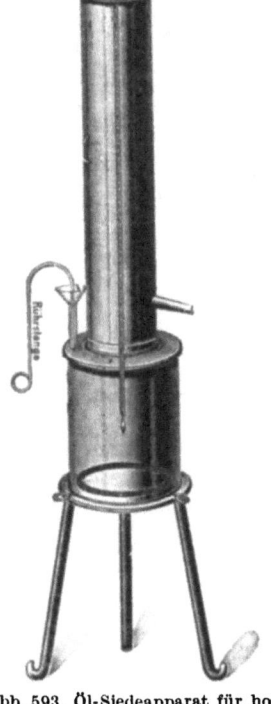

Abb. 592. Siedeapparat für kurze, mit Aufsatz für lange Thermometer.

Abb. 593. Öl-Siedeapparat für hohe Temperaturen.

Ein wichtiger Umstand bei der Bestimmung und Prüfung der Punkte bei Thermometern ist die Länge des eingetauchten Teiles des Thermometers. Bei solchen mit einem Skalenumfang von 0—100° muß das Thermometer bei der Bestimmung des Punktes immer bis zu dem zu bestimmenden Punkte sich in einer Umgebung von der Temperatur befinden die bestimmt wird, bei Thermometern, die länger sind, bestimmt man die Punkte, während das Thermometer auf 80 cm eingetaucht sein muß, und zwar bei jeder Bestimmung. Dies muß aber dann auch am Instrument auf der Skala vermerkt sein, weil auf Grund dieser Angabe bei langen Thermometern (oft bis 2,5 m) eine Korrektur vorgenommen werden muß, die in dem Lehrbuche Müller-Pouillet Bd. II, II angegeben ist.

Sind die Punkte des Thermometers bestimmt, so werden sie durch Punktierung oder mit Tusche auf die eigentliche Skala übertragen, und diese wird dann auf der Teilmaschine hergestellt. (Siehe S. 285.)

Die Entwicklung der neuesten Justierapparate geht dahin, die Gasbeheizung auszuschalten und durch elektrische Heizung zu ersetzen, was naturgemäß manchen Vorteil bietet.

Zur Bestimmung und Einstellung der Quecksilberbarometer braucht man nicht immer ein Normalbarometer, es genügt dazu ein möglichst genauer Meterstab, der in Millimeter geteilt ist.

Das gewöhnliche Birnbarometerrohr kann man, wenn es gut und luftfrei gefüllt ist, bei der Bestimmung des Standes senkrecht aufstellen und den Stand des Quecksilbers mit einer Marke mit Tusche anzeichnen. Das Rohr wird dann auf der Skala so befestigt, daß der angezeichnete Punkt, den man auf Grund der Beobachtung des Normal- oder eines genauen Barometers festgestellt hat, auf der Skala eingestellt wird. Hat man aber kein anderes Vergleichsinstrument, so stellt man das Rohr senkrecht auf und zeichnet sich im Barometergefäß den Stand des Quecksilbers möglichst genau an, ebenso den Stand im Rohre. Dieser Abstand der beiden Punkte ergibt nun den Barometerstand, und man kann auf Grund dieser Messung das Rohr aufmontieren.

Auf dieselbe Art ist auch bei allen anderen Arten von Barometern zu verfahren. Gerade bei den feinen Instrumenten ist die Feststellung des Nullpunktes sehr wichtig, denn von diesem aus ist das Auftragen der Millimeterskala mit der Teilmaschine vorzunehmen. Sollte es sich um die Herstellung von sehr genauen Instrumenten handeln, müßte die Feststellung mit Fernrohrablesung (Kathetometer) erfolgen. Auf diese Art lassen sich Barometer herstellen, deren Fehler höchstens 1—2 Hundertstel Millimeter betragen.

Abb. 594. Apparat für konstante Temperaturen mit Rührwerk.

Über die Prüfung und Bestimmung der Aneroide wurde schon im Abschnitt 7 gesprochen.

Die Bestimmung der Punkte an den Aräometern, deren Anleitung jetzt folgen soll, muß wieder mit größter Sorgfalt und Reinlichkeit geschehen.

Der Arbeitsraum für diese Arbeit soll licht und gleichmäßig temperiert sein. Bis vor einigen Jahren mußte man die Temperatur des Justierraumes für Aräometer auf 15° C halten, weil es allgemein üblich war, die Instrumente bei dieser Temperatur zu justieren. Seit einigen Jahren hat man aber diese Justierungstemperatur, auch Normaltemperatur genannt, auf Anregung des Normungsausschusses im Verein deutscher Chemiker, auf 20° C festgesetzt und zwar nicht nur bei Aräometern, sondern auch bei allen Hohlmaßen, welche im Laboratorium verwendet werden, also Pipetten, Büretten, Meßkolben, Meßzylindern usw. Diese Neuerung setzt sich immer mehr durch und ist schon aus reinen Vernunftgründen sehr zu begrüßen, denn die Temperatur von 15°C ist für einen Arbeitsraum entschieden zu niedrig und zu gewissen Zeiten, man denke nur an einen heißen Sommer, kaum auf dieser geringen Höhe zu halten, während eine Konstante von 20°C wohl zu jeder Jahreszeit verhältnismäßig leicht zu erreichen ist.

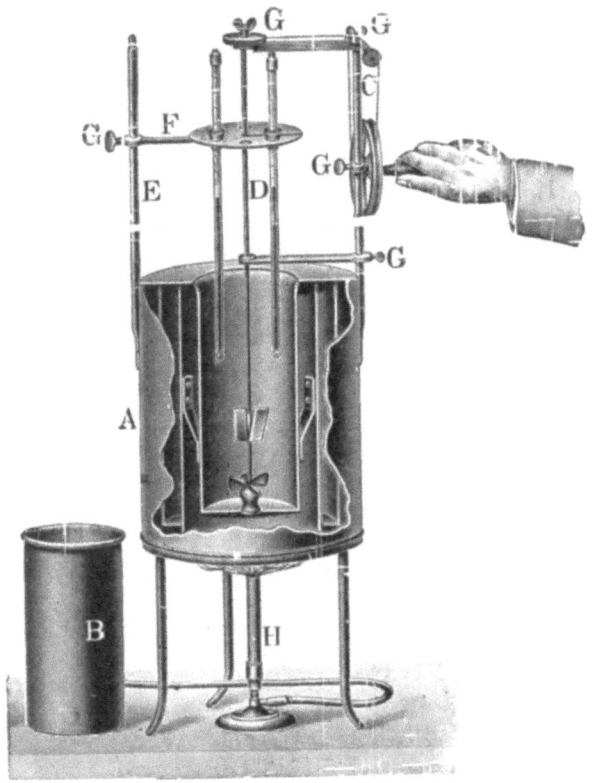

Abb. 595. Prüfungsapparat für konstante Temperaturen mit dreifacher Wand und Rührwerk.

Die Arbeitsgeräte und Hilfsmittel zu dieser Arbeit sind die Standzylinder, Teilmaschinen, Hilfsskalen, die Normalaräometer, kurzweg die Normale genannt, das Thermometer, evtl. Aräopyknometer und die Probeflüssigkeiten.

Die Standzylinder, von denen eine ganze Anzahl notwendig ist, finden wir in Abb. 318 und 319, Abschnitt II. Die Teilmaschine, deren Erklärung später erfolgt und die in Abb. 602 ersichtlich ist, soll auf einem eigenen Tisch aufgestellt werden, der einen sicheren Stand hat.

Die Hilfsskalen sind lithographierte, in Millimeter geteilte Skalen, deren Papier die gleiche Stärke und das gleiche Gewicht wie die definitiven Skalen haben soll. Man schneidet sich diese Hilfsskalen auf die entsprechende Länge und rollt sie in die zu bestimmenden Aräometer ein.

Als Normale für die Feststellung von Dichten der Probeflüssigkeiten hat man die Aräometer in Sätzen, Abb. 294, Abschn. II., das Pyknometer, Abb. 321, und das Aräopyknometer, Abb. 323, zur Verfügung.

Als Probierflüssigkeiten richtet man sich als leichte Flüssigkeiten Mineralöle (Benzin, Petroläther, Ligroin, Petroleum), Äther, Alkohol und dessen Mischungen für viele Dichten und für den Fundamentalpunkt destilliertes Wasser her.

Als schwere Flüssigkeit dient am besten konzentrierte reine Schwefelsäure (H_2SO_4) und Mischungen derselben mit Wasser, die man sich in allen erforderlichen Dichten bereiten kann.

Alle Mischungen, die man sich für Probeflüssigkeiten macht, sollen gut abgestanden und klar und rein filtriert sein. Besonders die Alkoholmischungen müssen lange Zeit vor dem Gebrauche lagern und dann filtriert werden.

Alle anderen Flüssigkeiten, besonders aber die Quecksilbernitratlösungen, haben nur Laboratoriumswert und sind aus der Werkstatt schon wegen ihrer Giftigkeit zu bannen.

Wenn das Aräometer vom Glasbläser in die Hand des Fertigmachers kommt, muß dieser es zuerst mit der entsprechenden Menge von Belastung versehen und sie im Instrumente sicher unterbringen, was man das Abwiegen des Aräometers nennt. Dieser Vorgang sei zuerst für ein solches ohne Thermometer, Abb. 596, beschrieben. In das geblasene Aräometer, an dessen Körper K oben der Stengel S, unten der für sich abgeschlossene Raum für das Gewicht G ist und dessen Spitze noch so lang ist wie die punktierten Linien zeigen, wird vorläufig in den Raum K soviel Schrott oder Quecksilber gegeben, bis das Aräometer zu jenem Punkt einsinkt, der als oberer oder unterer Punkt fixiert sein soll. Angenommen, es sei für schwere Flüssigkeiten bestimmt, und schwimme im Wasser, so müßte so lange Gewicht gegeben, also ausgewogen werden, bis es bis 1 einsinkt; wäre es für leichte Flüssigkeiten bestimmt, dürfte es nur so ausgewogen werden, daß es im Wasser bis zum Punkt 2 einsinkt. Soll der obere oder untere Punkt einer anderen Dichte entsprechen, muß dann das Auswiegen in einer Flüssigkeit von der entsprechenden Dichte geschehen.

Abb. 596.
Aräometer ohne Thermometer unjustiert.

Ist das Auswiegen geschehen, so befindet sich die Belastungsmenge im Körper K. Jetzt muß verhütet werden, daß von dieser Menge beim weiteren Arbeiten etwas verloren geht, aber auch, daß etwas hinzukommt. Zur Umfüllung des Gewichtes in den Raum G nimmt man, wenn es Bleischrotte sind, ein sicher stehendes kleines Gefäß aus Glas und gießt in dieses die Schrotte, sodann schneidet oder sprengt man die Spitze bei 3 ab und setzt den Glastrichter Abb. 597, indem man das Aräometer verkehrt in die Hand nimmt, auf die Öffnung von G und gießt die Schrotte langsam und vorsichtig ein. Ist dies geschehen, so schmilzt man die Öffnung 3 an einer feinen Stichflamme zu. Geschieht es, daß man bei dieser Arbeit einige von den Schrotten verliert, so muß die Spitze nochmals angesetzt und das Aräometer neuerlich abgewogen werden. Besteht das Gewicht aus Quecksilber, so muß dasselbe rein und trocken sein und auch rein und trocken behandelt werden. Das zum Auswiegen in den Raum K gebrachte Quecksilber schwenkt man beim Umfüllen vorsichtig darin herum, um alle kleinen Kügelchen, die vom Hineinfallen des Quecksilbers an die Wände gespritzt und hängen geblieben sind, zusammenzubringen, dann führt man den Stengel in die Pipette Abb. 598 ein, und indem man die Auslauföffnung der Pipette mit dem Finger zuhält, läßt man das Quecksilber in diese fließen und klopft dann die etwa haften gebliebenen Kügelchen in die Pipette. Ist dann die Spitze bei 3 abgeschnitten, führt man die Öffnung der Pipette ein und bläst das Quecksilber sanft in die Kugel G, worauf man das Ende 3 zuschmilzt.

Abb. 597.
Fülltrichter für Aräometer.

Nachdem das Gewicht eingebracht ist, ist das Aräometer zur Bestimmung seiner Punkte fertig. Anders steht die Sache beim Aräometer, welches mit einem Thermometer versehen ist, da muß zuerst, wie schon vorn erwähnt, das Thermometer, Unterteil genannt, fertiggemacht sein. Hat dieses als Fortsetzung der Thermometerkugel noch einen Raum für das Gewicht, Abb. 599, so kann der Stengel ohne besondere Rücksicht auf das Volumen angesetzt werden, und es wird das Instrument gerade so behandelt und ausgewogen, wie das vorhin erklärte, indem man beim Auswiegen das Gewicht vorläufig in das Unterteil bringt.

Abb. 598.
Hg-Füllpipette für Aräometer.

Soll aber, wie es bei allen geeichten Instrumenten vorgeschrieben ist, das Quecksilbergefäß als alleiniges Gewicht des Instrumentes ausreichen, d. h. „gewichtfrei" sein, so muß schon der Glasbläser darauf Rücksicht nehmen und das Unterteil so genau blasen, daß er beim Stengelansetzen zurechtkommt und das Thermometer auch den richtigen Skalenumfang hat. Dieser Stengel wird zuerst provisorisch angesetzt und das Instrument in der Flüssigkeit probiert, und je nachdem es nun zu tief oder zu wenig einsinkt, muß es der Glasbläser durch Aufblasen oder durch Verstärken an der Ansatzstelle zu treffen suchen, daß es richtig einsinkt, worauf dann die obere Skala gemacht werden kann.

Abb. 599.
Aräometer mit Thermometer unjustiert.

Beim Aräometer sollen, ebenso wie beim Thermometer, drei Punkte bestimmt werden, schon deshalb, um eine etwa vorhandene konische Form des Stengels auszugleichen. Zur Bestimmung wird in das Aräometer eine Hilfsskala eingeschoben und an die Stelle der definitiven gestellt. Sodann werden drei Probeflüssigkeiten, und zwar je eine für den obersten, mittleren und untersten Punkt, gewählt und diese unter Berücksichtigung der Temperatur in die Standzylinder gefüllt. Vor jedem Versenken des Instrumentes in die Probeflüssigkeit muß dasselbe rein, fettfrei und trocken abgewischt sein und darf nur am obersten Ende des Stengels angefaßt werden. Das Instrument wird immer so bestimmt, daß man zuerst den obersten Punkt bestimmt, dann den mittleren und zuletzt den unteren. Die Hilfsskalen tragen eine Nummer, und die Ablesungen bei der Bestimmung werden nach dieser genau geordnet in eine Tabelle eingetragen, daß man in der Lage ist, aus derselben jeden Fehler oder Irrtum feststellen zu können.

Aus Abb. 600 ist das Bestimmen und Auswiegen der Aräometer zu ersehen. Auf dem Tisch stehen zwei Zylinder mit Flüssigkeiten ver-

Abb. 600. Bestimmung der Punkte am Aräometer.

schiedener spezifischer Gewichte, in welche nach genauer Messung durch ein Normalaräometer die zu bestimmenden Instrumente, die mit einer in Millimeter geteilten Hilfsskala versehen sind, eingesenkt werden. Der gefundene Punkt wird dann auf einer vorbereiteten Tabelle notiert.

Sind sämtliche Punkte auf dem anzufertigenden Aräometer bestimmt, so werden, wie schon beschrieben, die abgelesenen Punkte auf den Papierstreifen, welcher die endgültige Skala aufnehmen soll, durch Einstechen der Punkte mit einer Nadel übertragen. Das Teilen erfolgt dann in derselben Weise wie bei den Thermometern.

Sind die Punkte bestimmt und eingetragen und sollen die Skalen selbst geteilt werden, so nimmt man bei jedem Instrumente für sich die Hilfsskala heraus, rollt sie auf und sticht die Punkte auf Grund der Tabelle auf die unterlegte, zu teilende Skala, die nun auf die Teilmaschine kommt, von der später die Rede sein wird.

Ist die Skala geteilt und beziffert, wird sie noch einmal durchgesehen, beschnitten und dann eingerollt, worauf dann das Aräometer in allen drei Flüssigkeiten nachgeprüft wird, was man das „Abstellen" nennt. Man leimt dann die Skala, an welcher ein kleines Loch angebracht ist, mit einem kleinen Tröpfchen Leim, den man an die Spitze eines flachen Drahtes gebracht und in den Stengel eingeführt hat, an der Wand desselben an, und wenn der Leim getrocknet ist, bläst man den Stengel zu.

Die Justierung des im Abschn. 8, Abb. 323 erwähnten Aräopyknometers, d. h. die Anfertigung der Skala desselben, erfolgt, indem man den Körper b des fertig geblasenen Instrumentes mit destilliertem Wasser von 20° C luftfrei füllt und verschließt. Soll das Instrument eine Skala für leichte Flüssigkeiten bekommen, so versenkt man es in einem Standzylinder in destilliertem Wasser, gibt aber vorerst ungefähr so viel Schrotte oder Quecksilber in die Kugel a, daß das Instrument bis zum Punkte 1 am Stengel einsinkt; soll es für schwere Flüssigkeiten sein, darf nur so viel Gewicht hineinkommen, daß es bis *sch* einsinkt. Durch den Umstand, daß man beim Abwiegen das Gewicht in die Kugel a geben muß, wird das Instrument sich gern umlegen, solange das Abwiegen nicht beendet ist, was man beachten muß. Nun wird das Instrument gut abgetrocknet und das Umfüllen des Gewichtes in die Kugel d vorgenommen, wie es vorn erklärt wurde. Jetzt ist das Instrument abgewogen, und es können seine Punkte, deren unbedingt drei nötig sind, bestimmt werden.

In den Stengel s wird die Hilfsskala eingeschoben und der Raum b mit destilliertem Wasser von 20° C gefüllt, das ganze in das Wasser des Standzylinders gesenkt, das Einsinken an der Skala abgelesen und notiert. Zur Bestimmung der nächsten zwei Punkte muß man nun Flüssigkeiten haben, deren spezifisches Gewicht man genau kennt. Um beim ersten Beispiele zu bleiben, sei es ein Instrument für leichte Flüssigkeiten, hätte den Wasserpunkt oben, und es sollen die beiden anderen Punkte bestimmt werden. Dazu gehört als Probeflüssigkeit für den mittleren Punkt Alkohol mit 0,810 und für den unteren Punkt Benzin mit 0,670 Dichte, von denen diese beiden genau bestimmt sein müssen.

Man entleert b, spült zweimal mit Alkohol aus und füllt dann von dem Probealkohol, schließt den Stöpsel und spült jetzt außen mit Wasser ab, senkt das Instrument immer wieder in den Standzylinder mit destilliertem Wasser ein, liest ab und notiert. Man nimmt nun das Instrument wieder aus dem Wasser, entleert den Alkohol, spült zwei- bis dreimal mit Benzin aus, füllt dann mit dem Benzin von 0,670 Dichte und senkt es nochmals in den Standzylinder, liest ab, notiert und hat so die drei Punkte 1,000—0,810 und 0,670 bestimmt, auf Grund derer die definitive Skala geteilt werden kann. Ist diese geteilt und beziffert, so wird sie gerollt, in den Stengel eingeschoben, und beim Abstellen wiederholt man den Vorgang wie beim Bestimmen und stellt mit den erwähnten Probeflüssigkeiten ab.

Zur Bestimmung der Skalen für schwere Flüssigkeiten muß der Wasserpunkt im Stengel unten bei *sch* sein, und man benützt als Probeflüssigkeiten für diesen destilliertes Wasser, ferner ein Schwefelsäuregemisch von gleichen Teilen konzentrierter Schwefelsäure und Wasser, das eine Dichte von 1,400 hat, für den mittleren Punkt, schließlich reine konzentrierte englische Schwefelsäure (H_2SO_4) von der Dichte 1,838 für den oberen Punkt, man bestimmt also 1,000—1,400 und 1,838.

Der Fundamentalpunkt des destillierten Wassers wird bei leichten und schweren Instrumenten mit 1,000 bezeichnet. Das Arbeiten mit dem fertigen Aräopyknometer ist insofern einfach, als der Raum b nur immer ausgespült zu werden braucht, und zwar vor der definitiven Füllung mit der zu untersuchenden Flüssigkeit, und als Einsenkflüssigkeit nur destilliertes Wasser allein gebraucht wird. Man ist in der Lage, mit sehr kleinen Mengen der zu untersuchenden Flüssigkeit auszukommen, was bei Untersuchung von Harn und Muttermilch von großer Bedeutung ist, und man kann zu diesem Zwecke das Instrument derart zart bauen, daß b einen Inhalt von ca. 5 cm^3 hat.

Die Bestimmung der Punkte in den maßanalytischen Gefäßen liegt schon in der im Abschnitt IV erwähnten Arbeit des Ausmessens, besonders bei den Büretten und Meßpipetten. An diesen werden je nach der angestrebten Genauigkeit eine Anzahl Punkte bzw. Raumteile gemessen oder gewogen und auf dem Rohre verzeichnet, auf Grund derer dann die Teilung auf der Maschine gemacht wird.

Über das Ätzen wurde schon unter den allgemeinen Hantierungen im ersten Teile des Buches gesprochen.

Zur Ausführung der Teilungen dienen die mehrmals erwähnten Teilmaschinen, von denen es wieder Längen- und Kreisteilmaschinen gibt, und diese sind wieder je nach den Anforderungen, die an sie gestellt werden, verschieden gebaut.

Mit der Teilmaschine ist man in der Lage, jede Länge in jede beliebige Anzahl von Teilen einzuteilen und diese Teile auf Papier, Holz, Metall oder Glas in flacher oder runder Form aufzutragen. Auf Papier werden die Gradeinteilungen mit der Reißfeder mit Farbe und Tusche gemacht, ebenso auf Holz, doch macht man sie auf diesem auch mit dem Reißer, einem spitzen Stahlmesser, mit welchem man auch die Teilungen auf Metallskalen graviert, oder man macht sie mit einer feinen Graviernadel und ätzt die Striche dann ein.

Bei diesem Verfahren, mit welchem man die schönsten Teilungen herstellt, werden die zu teilenden Gegenstände wie: Milchglas-Thermometerskalen, Rohr-(Stab-)Thermometer, Glasspritzen, chemische Meßgeräte wie Zylinder, Mensuren, Büretten, Pipetten, Meßkolben usw. — nachdem vorher die Justierpunkte auf den Gegenständen genau aufgezeichnet wurden — gleichmäßig mittels eines Pinsels mit geschmolzenem Bienenwachs bestrichen und nachher in dieses die Teilstriche auf der Maschine mit der Graviernadel oder dem Reißerwerk eingeritzt, dann geätzt und je nach dem Zweck mit gewöhnlicher oder Einbrennfarbe eingerieben.

Allen Teilmaschinen, die zum Teilen und Graduieren der verschiedenen Glasgeräte dienen, liegt — ungeachtet der Ausführung dieser einzelnen Maschinen — das gleiche höchst einfache System des „Nonius" zugrunde, das in der Abb. 601 durch wenige Striche veranschaulicht ist. Diese schematische Darstellung der Teilmaschinen ermöglicht es

286 Die Anfertigung der Apparate und Glasinstrumente.

sicher jedem Leser, die Grundsätze der Teilmaschinen und des Teilens schnell kennen zu lernen und sich auf den Maschinen zurecht zu finden, auch dann, wenn man kein berufsmäßig ausgebildeter Fachteiler ist. *A* stellt den Teilmaschinenblock (Grundbrett) dar, *B* und *B'* den Schlitten in verschiedener Stellung, *C* den Mutterskalenhalter, *D* den Arm in der „Nullpunktstellung", *D'* den Arm in einer angenommenen „100⁰-Stellung", *E* und *E'* die Läufer oder Schieber in den entsprechenden Stellungen, *F* den Armhalter oder Drehpunkt des Armes, *G* und *G'* einen zu teilenden Glasgegenstand. — Aus der schematischen Darstellung ist mit einem Blick zu erkennen, wie die seitliche Stellung und

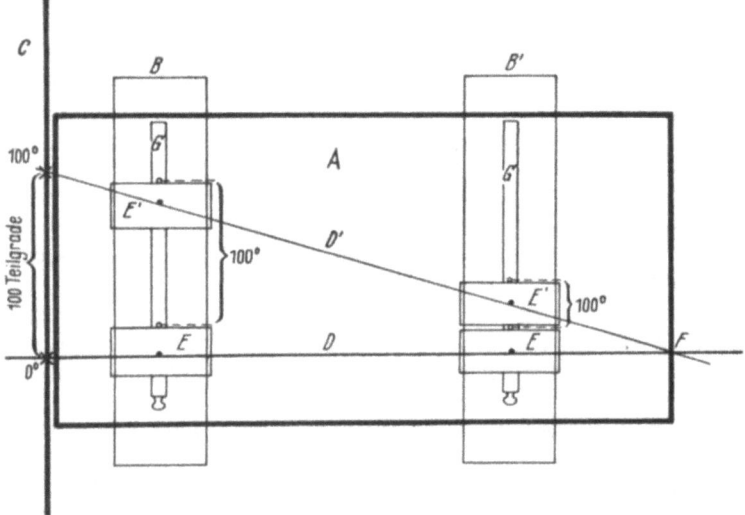

Abb. 601. Schematische Darstellung der Teilmaschine.

Verschiebung des Schlittens *B* mit dem aufgelegten Läufer oder Schieber bzw. Reißerwerk und dem Glasgegenstand die Teilungslänge des letzteren verändert im Verhältnis zur entsprechenden Teilungslänge der Mutterskala, d. h. je weiter der Schlitten nach dem Drehpunkt des Armes gerückt wird, desto enger werden die Teilstriche und kürzer die Teilungslänge, je weiter er nach dem Skalenhalter gerückt wird, desto weiter werden die Teilstriche und desto größer die Teilungslänge. Es ergibt sich daraus, daß die Länge der Teilungen genau den Erfordernissen des einzelnen Falles angepaßt werden kann und man somit zu Teilabständen mit dem Bruchteil eines Millimeters kommen kann, mit einer Leichtigkeit und Genauigkeit, wie sie bei keinem anderen System von Teilmaschinen einschließlich der teuersten Spezialmaschinen, die in Artilleriewerkstätten, zur Herstellung von nautischen Instrumenten usw. verwendet werden, möglich ist. Dabei erfordern alle Teilmaschinen des vorliegenden Systems nur einen Mann Bedienung. In den vorstehenden Erläuterungen ist „Teilungslänge" nicht gleichbedeutend mit „Teilstrichlänge".

Eine Längenteilmaschine, wie sie in der Glasinstrumenten- und Thermometerfabrikation am meisten eingeführt ist, und der Ausführung der einfacheren Teilung dient, sehen wir in Abb. 602 abgebildet. Sie besteht aus einem Grundbrett G im Ausmaße von 75×35 cm, an welchem die Füße F so angebracht sind, daß die Maschine wie ein Schreibpult schräg gestellt ist, was hauptsächlich den Zweck hat, daß der Läufer oder Schieber durch sein Gewicht nach unten sinkt. Auf dem Grundbrett gleitend, an den beiden Seitenflächen desselben, ist der Schlitten S, der sich auf dem Grundbrett links und rechts schieben und feststellen läßt. Dieser Schlitten ist gewöhnlich 54 cm lang und 30 mm tief, hat an beiden Seiten Eisenschienen, die linke

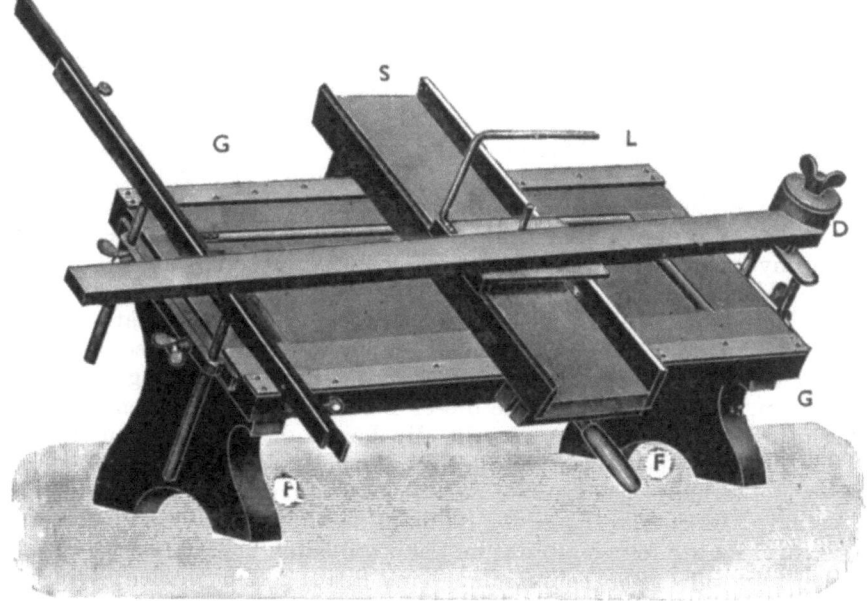

Abb. 602. Einfache Längen-Teilmaschine.

Kante ist prismatisch, die rechte Kante ist flach und genau gerade gehobelt. Auf diesen beiden Kanten liegt der Läufer L auf, der so eingerichtet ist, daß er mit seiner linken Kante auf dem Prisma geführt ist und daher nicht wackeln kann, während in der Mitte unter der rechten Kante eine kleine Rille im Läufer auf der flachen Kante die leichte Bewegung von L ab- und aufwärts möglich macht. Die obere Kante von L ist abgeschrägt und dient als Lineal bei der Führung der Teilstriche mit dem Stifte. An der rechten Kante des Grundbrettes ist eine vertikal stehende Achse D angebracht, auf welcher der Arm und die Schiene der Teilmaschine aufgesteckt und festgeschraubt werden kann. Dieser Arm kann nun um den Punkt D gedreht werden und hat an seinem freien Ende an seiner oberen schmalen Kante eine kleine messerartige Stahlschiene, die in die Zähne der Mutterskala eingreift. Die Mutterskala ist eine Zahnstange aus Stahl, welche die Originalteilung trägt und in dem Skalenhalter H festgeschraubt wird. Am Läufer L befindet sich an der Unterseite die Strichlängenvorrichtung — die später noch näher beschrieben ist — sowie an seiner Oberseite ein Bügel, der dazu dient, die parallaktischen Fehler auszuschalten, die durch ungleichmäßige Haltung der Hand eintreten könnten, außerdem hat der Läufer in seiner Mitte noch einen Zapfen, der am Arm gleitet und die Bewegung des Armes nach der Mutterskala übernimmt und beschränkt, so daß er nur der Bewegung von Zahn zu Zahn folgt. Im Schlitten S werden je nach der Dicke der zu teilenden Skalenbretter ,,Einlagebretter" eingelegt, die durch eine Feder festgehalten und auf welchen die Skalen befestigt werden. Diese Bretter lassen sich im Schlitten auf- und abwärts schieben, um die Einstellung der Punkte auf der Skala zu ermöglichen. Der Schlitten selbst ist auf dem Grundbrett, wie schon vorerwähnt, verschiebbar. Durch diese Verschiebung ist man imstande, jede Größe von Teilen unterhalb der Größe der Mutterskala herzustellen, und zwar ist die Entfernung der Teilstriche voneinander kleiner, je nachdem der Schlitten S gegen den Drehpunkt D geschoben, oder größer, wenn er gegen die Mutterskala geschoben wird.

Die erwähnten an der Unterseite der Läufer anzubringenden Strichängenvorrichtungen können in verschiedener Ausführung — je nach den Wünschen der Glasteiler — hergestellt werden. Sie bestehen in der Hauptsache aus quadratischen oder rechteckigen Blechplättchen, die in Führungen schiebbar oder um Drehpunkte drehbar angeordnet sind und durch einzelne Finger bedient, d. h. in ihrer Stellung verändert werden. An der Vorderkante dieser Blechplättchen befinden sich verschiedenlange Aussparungen, die die Länge der Einer-, Fünfer- und Zehnerstriche begrenzen. Zwischen diesen Aussparungen wird — an der Vorderkante des Läufers oder Schiebers entlang — die Reißnadel geführt, die entsprechend der Stellung der Plättchen einen mehr oder weniger langen Strich auf das im Schlitten befindliche Werkstück zieht. Soll nun auf dieser Teilmaschine eine Skala geteilt werden, wird wie folgt vorgegangen:

Die zu teilende Skala wird am Einlagebrett so befestigt, daß der Läufer L glat und ohne Reibung oder Hindernis sich bewegen kann, andererseits aber die Skala bzw. das Einlagebrett nicht zu tief vom Läufer entfernt liegt, um keine parallaktischen Fehler zu bekommen. Auf der Skala sind, wie es vorgeschrieben, die bestimmten Punkte, um ein Beispiel zu haben, die Punkte 0 und 100 — um das in der schematischen Darstellung benutzte Beispiel zu verwenden — verzeichnet. Zur Einstellung wird nun der Arm, bzw. das kleine Stahlmesser am Arm der Teilmaschine, auf denjenigen Zahn der Mutterskala eingestellt, der als 0-Punkt oder Ausgangspunkt für die Einstellung des zu teilenden Gegenstandes bezeichnet wird. Der Arm steht hierbei genau horizontal und befindet sich somit in der sog. Nullpunktlinie, die nämlich dann vollkommen erreicht ist, wenn der Schlitten beliebig nach rechts oder links gerückt werden kann, ohne daß sich bei diesem Verrücken die Lage des auf dem Schlitten befindlichen Läufers oder Schiebers verändert. Nötigenfalls muß die Lage der Mutterskala entsprechend korrigiert werden. Man bringt zweckmäßig einen mit einer runden Zahl (etwa 0, 50, 100) bezeichneten Zahn der Mutterskala auf die Nullpunktlinie, um die Mutterskala besser übersehen zu können. In dieser Nullpunktstellung des Schlittens, des Armes und Läufers bringt man jetzt durch Schieben des Einlagebretts im Schlitten den Ausgangspunkt für die Teilung des Werkstückes (Justiermarke) so dicht an die Linealkante des Läufers, daß die Spitze des probeweise aufgesetzten und richtig gehaltenen Teilstichels oder der Teilnadel diese Justiermarke berühren kann. Ist dies geschehen, so befindet sich auch der zu teilende Gegenstand auf der Nullpunktlinie. Nun nimmt man den Arm und stellt ihn — um das angezogene Beispiel zu benutzen — in den 100. Teilgrad der Mutterskala aufwärts und sieht zu, wo sich auf dem zu teilenden Gegenstand der nächst höhere Justierpunkt, der die Länge der anzufertigenden und 100 Teilgrade umfassenden Teilung bezeichnet, befindet. Ist dieser über dem Läufer, so schiebt man jetzt, bei fester Einstellung des Armes im Punkt 100, den Schlitten samt Läufer so lange nach links, bis der Läufer, der durch diese Bewegung sich am Schlitten nach aufwärts schiebt, mit seiner Linealkante bei dem Punkte 100 angelangt ist. Hat man genau nach Vorschrift gehandelt und ist die Teilmaschine gut, so ist die Einstellung beendet. Liegt der obere Justierpunkt unter der oberen Läuferkante, so verfährt man umgekehrt. Eine nochmalige Kontrolle der richtigen Einstellung des unteren Justierzeichens (Nullpunkt) ist empfehlenswert, da zuweilen versehentlich das Einlagebrett um eine Kleinigkeit verschoben wird und die Teilungslänge sodann nicht mehr stimmen würde.

Bei der Ausführung der Teilung hat man die linke Hand mit dem äußeren Handballen auf die Mutterskala, den Daumen auf den Arm oben, Mittel- und Zeigefinger am Arm unten aufzulegen, und Gold- und kleinen Finger an der Mutterskala gleiten zu lassen. Dieser Griff hat den Zweck, daß der Arm mit den unten angelegten Fingern aus den Zähnen der Mutterskala gehoben und mit dem Daumen sanft gegengedrückt wird, um sich nicht mehr als um einen Zahn zu bewegen, wobei die an der Mutterskala gleitenden Finger diese Arbeit unterstützen.

Die rechte Hand führt die Feder oder die Graviernadel und hält diese wie zum steilen Schreiben an das Lineal, mit dem Stiel an den Bügel. Der äußere Handballen ruht auf der Schiene auf, während der kleine und Goldfinger leicht am Läufer gestützt angelegt werden, dürfen diesen aber nicht in seiner leichten Bewegung hindern. Hierbei bedient nötigenfalls der kleine Finger das Blechplättchen der einen Art Strichlängenvorrichtung, d. h. er drückt dieses Plättchen gegen den fühlbaren leichten Federdruck etwas zurück, um diejenigen Aussparungen an die Linealkante des Schiebers zu bringen, die für den Fünfer- oder Zehnerteilgrad bestimmt sind. — Bei der zweiten Art Strichlängenvorrichtung wird diese Veränderung des Blechplättchens durch den Daumen der linken Hand, die sich an der Mutterskala befindet, bewirkt, dadurch, daß er ein Bindfädchen, das mittels eines Hebels mit dem Blechplättchen in Verbindung steht, leicht anzieht. — Wird anstatt des gewöhnlichen Läufers oder Schiebers mit einem Reißerwerk geteilt, so befindet sich die rechte Hand am Bedienungsknopf des Sticheltragerarmes, zieht damit die Teilstriche und stellt die Länge des Teilstriches durch Drehen dieses Bedienungsknopfes, wodurch die verschiedenen Anschläge in der Arretiervorrichtung dieses Reißerwerks ausgelöst werden, ein.

Man teilt immer von oben nach unten bis zur Nullpunktlinie, höchst selten über die Nullpunktlinie hinaus. Da man gewöhnlich auch nicht mehr als 100 Teilgrade auf einmal, d. h. innerhalb einer Einstellung teilt, führt man längere Teilungen wie diejenigen chemischer Thermometer, Büretten usw. in zwei und mehr Einstellungen aus. Hierbei teilt man zunächst die 100 Teile zwischen den obersten beiden Justierpunkten, rückt das Werkstück sodann um einen Einstellungsbereich nach oben, so daß die dritte Justiermarke auf die Nullpunktlinie kommt, richtet wieder genau ein und fährt so in der bereits beschriebenen Weise fort, bis das ganze Werkstück geteilt ist. Das abschnittsweise Teilen von chemischen Thermometern, Büretten und sonstigen Präzisionsmeßgeräten ist auch deshalb erforderlich, weil sehr oft die Kapillaren oder Röhren der Büretten usw. Ungleichmäßigkeiten im inneren Durchmesser aufweisen, durch die die Teilungslänge beeinflußt wird, daher auch das genaue Justieren oder Ausmessen dieser Meßgeräte in kurzen Unterabschnitten. Während bei der Teilung von Glasgeräten mit an sich gleichmäßiger Teilung die Mutterskala für die verschiedenen Einstellungsbereiche immer an derselben Stelle benutzt werden kann, muß bei der Ausführung ungleichmäßiger Teilungen, wie sie bei hochgradigen Thermometern, Weingeistthermometern usw. bestehen, auch die Mutterskala mit „nachgerückt" werden.

Die Mutterskalen werden mit Teilungen von 1, 1½, 2, 3, 4, 5 und 6 mm Zahnabstand — normal — angefertigt, auf besonderen Wunsch auch mit größeren oder Zwischenweiten. Soll eine weite Teilung angefertigt werden, zu der man eine genügend weite Mutterskala nicht besitzt, so kann man sich einer engeren Mutterskala dabei bedienen, muß jedoch dabei achtgeben, daß beim Weiterrücken des Armes die richtige Zähnezahl übersprungen wird, um Teilfehler zu vermeiden. Das System der Teilmaschine gestattet eine verjüngte Übertragung der Mutterskalenteilung auf die Werkstücke im Verhältnis von ca. $^1/_5$ bis $^4/_5$ der Mutterskala. Die bequemste Arbeit gewährleistet eine Mutterskala, deren Teilung etwa doppelt so weit ist als die für das Werkstück gewünschte.

Die Teilmaschinen gestatten auch die Anfertigung von solchen ungleichmäßigen Teilungen, deren Differenzen in der Weite der Teilgrade eine Kurve darstellen. Um solche Teilungen wirklich exakt auszuführen, ist die Verwendung der bereits erwähnten ungleichmäßigen Spezialmutterskalen erforderlich, wie sie für die schon erwähnten hochgradigen Thermometer, für Weingeist-, Pentan-Toluol-Thermometer, ferner für Aräometer, Alkoholometer usw. planmäßig angefertigt werden. Dagegen können diejenigen ungleichmäßigen Teilungen, die als konisch bezeichnet werden können, weil die Differenzen in den Weiten der Teilgrade nicht eine Kurve, sondern eine gerade verlaufende Linie darstellen würden, mit Hilfe von gleichmäßigen Mutterskalen ausgeführt werden. Es ist in diesem Fall lediglich erforderlich, entweder den Mutterskalenhalter mit Mutterskala — wie in Abb. 603 ersichtlich — oder den Schlitten in einem bestimmten Ausmaß zu drehen.

Bei der Maschine Abb. 603 ist der Mutterskalenhalter in seiner „Nullpunkt"-Stelle drehbar angeordnet und die Mutterskala so eingestellt, daß die ausgeführten oberen Teilgrade eng sind, während sie sich desto mehr erweitern, je mehr sie mit den unteren Teilen der Mutterskala geteilt werden. Die Einstellung der mit einer solchen konisch verlaufenden ungleichmäßigen Teilung zu versehenden Geräte erfolgt in der gleichen Weise wie bei gewöhnlichen Werkstücken, aber mit Hilfe dreier Justierpunkte, von denen man zunächst den mittleren auf die Nullpunktlinie

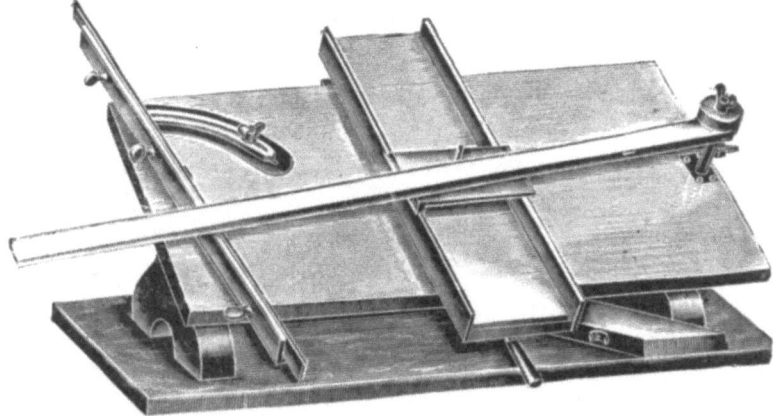

Abb. 603. Längenteilmaschine für gleichmäßige und konische Teilungen.

bringt und dann erst den oberen und dann den unteren einstellt, indem man den Mutterskalenhalter entsprechend dreht.

Im Anschluß an die soeben erfolgte Besprechung der „einfacheren" Teilmaschinen sei noch eine Neuerung der Firma Gotthold, Köchert & Söhne erwähnt, die es ermöglicht, Kreisteilungen für runde Thermometer- und Barometerplatten auf gewöhnlichen Teilmaschinen auszuführen. Es handelt sich hierbei um einen Spezialschlitten, der auf die gewöhnlichen Teilmaschinen aufgesetzt werden kann und dessen Schieber mit einer drehbaren Scheibe zur Aufnahme des Werkstückes ausgestattet ist. Diese Scheibe dreht sich im gleichen Maße, wie der Schieber über die Gleitschienen des Schlittens gleitet. Die Teilung selbst kann mit Hilfe einer eigens dazu konstruierten mechanischen Strichlängenvorrichtung oder auch mit Hilfe eines Reißerwerks ausgeführt werden. Die Einstellung des zu teilenden Gegenstandes erfolgt in genau der gleichen einfachen Weise wie die Einstellung eines geraden Werkstücks. Da die Teilungen nach gewöhnlichen Mutterskalen ausgeführt werden, können auch ungleichmäßige Teilungen für Weingeistthermometer usw. hergestellt werden.

Außer den bisher beschriebenen Teilmaschinen werden noch solche für große Meßgeräte usw. gebaut. Diese Maschinen sind zum Teil mit Rundgraduier-Einrichtungen ausgestattet, die es ermöglichen, die Teilstriche ganz oder teilweise ringsherum zu ziehen, wie es die Eichvorschriften erfordern. Auch die sonstigen Zubehörteile der verschiedenen Maschinen sind im Laufe der Jahre sehr wesentlich verbessert und ergänzt worden. Es sind auf diese Weise Maschinen entstanden, welche die sog. Schraubteilmaschinen, denen man sich bis vor wenigen Jahren noch bediente, um besonders genaue und eichfähige Teilungen herzustellen, so gut wie vollkommen verdrängten. Die Vorteile dieser neueren Teil-

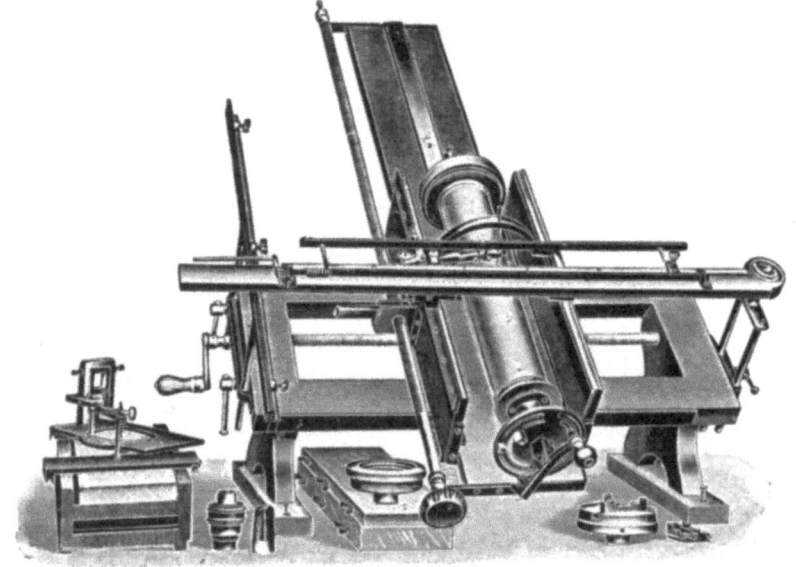

Abb. 604. Universal-Präzisionsteilmaschine für Rund- und Flachteilung.

maschinen sind größer als die der Schraubenteilmaschinen, sie zeichnen sich vor allen Dingen durch größere Handlichkeit, leichtere Bedienungsweise aus und erfordern nur einen Bedienungsraum, während die Schraubenteilmaschinen zwei Mann erfordern. Ferner ist die Möglichkeit des Einschleichens von Teilfehlern bei den Köchertschen Maschinen, besonders aber bei der in Abb. 604 abgebildeten Universal-Präzisionsteilmaschine fast ausgeschlossen, während die Schraubenteilmaschine infolge der Notwendigkeit, jeden Teilgrad auf der Teilmaschine extra einstellen zu müssen, nicht nur Teilfehler zuläßt, sondern diese sogar begünstigt.

Am vollkommensten ist die in Abb. 604 abgebildete Universal-Präzisionsteilmaschine für Rund- und Flachgraduierung. Diese Maschine ist sowohl für Rundgraduierungen auf Zylindern, Mensuren, Pipetten usw., als auch für alle Arten Flachteilungen auf Metall, Holz, Glas und Papier bestimmt. Sie eignet sich vorzugsweise zur Anfertigung feinster und präzisester Teilungen, wozu die der Maschine beigegebenen Reißerwerke und Futter Verwendung finden. Mit Hilfe der beiden Horizontal- und Vertikalleitspindeln erfolgt das Feineinstellen bis auf den kleinsten Prozentteil eines Millimeters mühelos.

Für Rundgraduierungen erfolgt das Einspannen bzw. Befestigen der Gegenstände je nach deren Form und Dimension mittels Kegel- und Tellerfutter, Büretten- oder amerikanischem Dreibackenfutter, die an die Wellen der auf der Längsgleitschiene befindlichen Böcke geschraubt werden. Zum Teilen selbst wird das große, gewölbt konstruierte Spezial-Reißerwerk laut Abb. verwandt, dessen Betätigung durch Hebeldruck vom Ende des Armes aus automatisch bewirkt wird. Die Strichlängeneinteilung wird an der unteren Scheibe reguliert.

Für Flachteilungen wird der links abgebildete Einsatz in den Schlitten eingeschoben. Das Teilen sowie Regulieren der Strichlängen erfolgt mit dem hierzu bestimmten Reißerwerk, oder mit dem Läufer nebst Bügel und mechanischer Vorrichtung, welche dieser Maschine zur Komplettierung beigegeben sind.

Zur Bedienung bei beiden Arten Teilungen ist nur ein Mann erforderlich, und die Handhabung ist eine sehr einfache.

Von Bedeutung für die Genauigkeit ist auch die Dicke des Teilstriches. Diese soll sich nach der Größe des einzelnen Grades richten und kann bei einer Teilung mit großen Graden dicker sein, als bei einer solchen mit kleinen Graden, jedenfalls aber soll der Strich nicht dicker sein als ein Zehntel des Grades.

Die Teilungen auf den Milchglasskalen werden mit Tusche, Lackfarbe, Schmelz- oder Brennfarbe aufgetragen oder geätzt. Um auf Glasskalen mit Tusche oder Lackfarbe teilen und schreiben zu können, werden sie vorerst mit einer ganz dünnen Schicht Hausenblase oder Gelatine überzogen, jedoch darf dieser Überzug nur ein leichter Hauch sein. Zu diesem Arbeitsvorgang löst man die Gelatine in heißem Wasser, aber nur so viel, daß eine ganz dünne Lösung entsteht. Mit dieser Lösung tränkt man in warmem Zustande einen Bausch Watte, um welchen man ein Leinenläppchen gewickelt hat, um von der Watte keine Fasern zu bekommen. Jetzt wird die zu behandelnde Skala auf einer Platte oder in der Flamme gleichmäßig erwärmt, aber nur soweit, daß man sie mit den Fingern noch halten kann (handwarm), und nun fährt man mit dem Gelatinewattebausch gleichmäßig einmal, höchstens zweimal über die Skala, wodurch sich ein zarter Überzug von Gelatine bildet. Nach dem Gelatinieren macht man die Skala nochmals handwarm und läßt sie frei abkühlen.

Skalen mit eingebrannter Teilung und Schrift können entweder in der normalen, vorstehend beschriebenen Weise geteilt oder geätzt, wie auf S. 285 beschrieben, und sodann mit Schmelzfarbe eingerieben und eingebrannt werden, oder man kann auch die Teilung mit Hilfe von Reißfedern sogleich in Schmelzfarbe, ebenso die Schrift mit Hilfe von Zeichenfedern auftragen und einbrennen. Das erstere Verfahren wird im allgemeinen bevorzugt, weil es sauberere Teilungen und Aufschriften ergibt, besonders dann, wenn die Aufschriften maschi-

294 Die Anfertigung der Apparate und Glasinstrumente.

nell hergestellt werden. Diese Schmelzfarben bestehen aus einem Gemisch von feinstem Glasmehl (Glasfluß) und einem der betreffenden Farbe entsprechendem Metalloxyd, welches mit Terpentin und Lavendelöl (Speik) angerieben wird. Für Schwarz muß dem Glasfluß Iridiumschwarz oder ein besonderes Gemisch von Kobalt, Kupfer- oder Eisenoxyd beigemengt werden, während man für die anderen Farben sich mit den im Kapitel Farbenglas (S. 8) angegebenen Metalloxyden behilft. Alle diese Stoffe müssen aber fein verrieben sein und man tut am besten, sie bei verläßlichen Firmen fertig zu beziehen.

Die Schmelzfarben werden mit Öl sehr fein angerieben und auf die Glasgegenstände aufgetragen bzw. in die Ätzungen eingerieben. Nach dem Trocknen werden die Glasgeräte in einer Muffel auf glatter Unterlage zur leichten Rotglut gebracht, was man mit Einbrennen bezeichnet. Die Teilungen sind, wenn sie richtig und ordentlich gemacht sind, nur mehr mit Flußsäure zu zerstören bzw. abzuwischen.

Abb. 605. Hantierung an der Universal-Präzisions-Teilmaschine für Rund- und Flachteilungen.

Abb. 605 zeigt die Arbeit an der großen Universalteilmaschine, deren Beschreibung an anderer Stelle zu finden ist. Auf dem Bilde ist eine in Arbeit befindliche Bürette von 250 cm³ Inhalt zu sehen. Die linke Hand des Teilers hält die Querstange der Maschine und zugleich diese an der Mutterskala fest, während die rechte Hand an der Kurbel liegt, mit welcher der zu teilende Körper gedreht wird. In diesem Fall steht nämlich der Stichel fest, im Gegensatz zu der anderen Teilmaschine, bei welcher der zu teilende Gegenstand festliegt und der Stichel bewegt wird.

Das Reißerwerk mit dem Stichel liegt auf dem mit der Querstange parallel laufenden Hebel, welcher mit der Querstange fest verbunden ist. Die linke Hand bewegt diese Querstange von Zahn zu Zahn nach abwärts, gleichzeitig drückt der Daumen den Stichelhebel, während die rechte Hand, wie oben gesagt, den zu teilenden Körper dreht. Diese beiden Vorgänge zusammen ergeben dann jedesmal einen Teilstrich.

Die zartesten und feinsten Teilungen auf Glas, soweit solche für die Glasbläserei und Glasinstrumentenindustrie in Frage kommen, können

Das Justieren der Instrumente. 295

jedoch nur im Ätzverfahren erreicht werden. Dieses Verfahren ist schon auf S. 117 erklärt worden, es erübrigt sich nur noch, über das Teilen einiges zu sagen.

Um Mißverständnissen vorzubeugen, sei an dieser Stelle erwähnt, daß die feinsten Teilungen auf Glas, die überhaupt vorkommen, in der optischen Industrie hergestellt werden. Sie sind nur auf photographischem Wege durch ein besonderes Verfahren zu erreichen. Man erzielt auf diesem Wege Teilungen in $1/_{100}$ mm und noch kleiner, welche nur mit dem Mikroskop abgelesen werden können.

In früherer Zeit, als das Ätzen nur mit gasförmiger Flußsäure vorgenommen wurde, waren die Striche und Züge der betreffenden Sachen nicht fein herzustellen und auch die Ätzung nur eine oberflächliche, keine tiefe, wie sie heute mit der flüssigen, konzentrierten Flußsäure hergestellt werden kann. In dieser früheren Zeit wurden die Teilungen und Striche mit dem Diamanten ausgeführt, doch waren diese Striche, auch wenn sie noch so fein gezogen wurden, nie scharf begrenzte Linien, sondern hatten immer ausgefranste Ränder und Kanten, die unter der Lupe ganz deutlich wahrnehmbar waren und auch noch die Gefahr des Zerspringens in sich bargen, wenn der Gegenstand einem schroffen Temperaturwechsel ausgesetzt wurde. Solche Striche, wenn sie mit einem Zug nicht deutlich genug geworden sind, noch ein zweitesmal nachzuziehen, wie es in einem Buche empfohlen wird, ist nicht gut, denn dieser doppelt geführte Strich ist dann bestimmt auch doppelt ausgefranst und doppelt gefährlich.

Soll das Ziehen ganz feiner Linien und Striche vorgenommen werden, darf die Platte oder Skala nur mit einer dünnen und gleichmäßigen, reinen Bienenwachsschicht überzogen werden, was man am besten erreicht, wenn man das Wachs ziemlich heiß macht und mit einem Haarpinsel in einem raschen gleichmäßigen Zug aufträgt. Das Eingravieren erfolgt dann mit einer fein gespitzten oder auch fein messerartig geschliffenen Punktiernadel, die aber keinesfalls glashart sein, sondern den ersten Grad der Anlassung (hellgelb) haben soll. Die so gravierten Skalen werden dann, je nach der Zartheit, die sie bekommen sollen, nur einige Sekunden mit der Flußsäure bestrichen und sogleich abgewaschen. Wie schon vorn erwähnt, soll man aber immer zuerst einige Ätzproben vornehmen, um auch über die Wirkung der Säure und die Zeit des Ätzens orientiert zu sein.

Sehr wichtig ist es, bevor man zur Ätzung von Skalen schreitet, diese genau zu untersuchen, ob nicht der Ätzgrund irgendwo verletzt ist, ein oder die andere Linie zu lang ist und ob alle Stellen, die geätzt werden sollen, auch wirklich durch das Gravieren rein und scharf bloßgelegt sind. Bei den Stellen, die eine Verletzung des Ätzgrundes zeigen, oder Linien, die zu lang sind, genügt es, mit einem erhitzten spitzen Metalldorn darüber zu fahren, bei größeren Schäden aber muß man dann schon den Pinsel mit heißem Wachs nehmen. Gröbere Teilungen brauchen jedoch weniger feine Striche aufzuweisen, man macht sie eben dann mit einer Nadel oder einem Stichel und setzt sie der Einwirkung der Flußsäure länger aus, was oft bis zu 10 Minuten notwendig sein wird.

Diese geätzten Teilungen und Striche erscheinen, nachdem sie abgewaschen sind, mit einer schwachen weißen, wahrscheinlich die Lösungsprodukte von Glas und Flußsäure darstellenden Masse ausgefüllt, die, wenn sie sich nicht durch Wasser entfernen läßt, leicht mit verdünnter Salzsäure entfernt werden kann. Die Striche erscheinen, wenn sie getrocknet sind, vertieft und schwach mattglänzend und müssen nun, um leichter und sicherer wahrgenommen zu werden, mit einer Farbe eingerieben werden, sofern sie nicht in der schon erwähnten Weise, mit Einbrennfarbe ebenfalls eingerieben und anschließend eingebrannt werden sollen.

Das Einreiben geschieht mit Ölfarbe oder Firnis und einer Farbe in Pulverform, indem man mit einem Lappen oder am besten mit den Fingern die Farbe einreibt und einige Stunden ziehen läßt. Dann wird mit derselben Farbe in Pulverform mit dem Finger über die Striche gewischt, wobei man darauf sieht, daß in jede Vertiefung Farbe gelangt. Zum Schlusse wischt man mit Papier flach über die Teilung und läßt sie jetzt einige Tage trocknen.

Hat man auf Apparaten, die wegen ihrer Größe und Form nicht in die Teilmaschine gespannt werden können, Teilungen anzubringen, so muß man sich die Skalen zuerst auf Papierstreifen auf der Teilmaschine machen und dann mit Reißschiene und Dreieck auf den Apparat übertragen. Diese Arbeit ist keine leichte und angenehme und kann auch nicht mit großer Genauigkeit gemacht werden.

Die Bezifferung der Skalen erfolgte in früherer Zeit mit Handschrift, heute jedoch meistens schon mit Typen aus Gummi für Papier und Glas, während für Metallskalen wie früher Stahlstempel oder Graviermaschinen verwendet werden.

Die Ziffern und Schriften an den geätzten Apparaten werden heute noch mit der Hand geschrieben, besser gesagt graviert, nur in den ganz großen Betrieben werden Graviermaschinen verwendet, die auf dem Prinzipe des Pantographen aufgebaut sind und für alle Arten Gravierungen auf Glas und Metall, Holz, Bein usw. geeignet sind.

I. Die Arbeit an der Quecksilberluftpumpe.

Bei der Arbeit an der Quecksilberluftpumpe handelt es sich um sehr hohe Verdünnungen, die nur zu erreichen sind, wenn alle Verbindungsstellen absolut dicht hergestellt sind und kein anderes Material als Glas zur Verwendung kommt.

Am sichersten sind die Verbindungen daher, wenn sie alle miteinander verschmolzen sind, und davon soll nur dann abgesehen werden, wenn es unbedingt notwendig ist. In diesem Falle kommen die in Abb. 222, 234, 252, 256 und 257 dargestellten Schliffe in Anwendung. Gummischläuche und andere Verbindungen sind zu vermeiden, weil bei diesen bei den hohen Verdünnungen Teilchen verdampfen und die Arbeit beeinträchtigen. Unter Umständen ist es aber doch der Fall, daß weder das Anschmelzen noch der Schliff angewendet werden kann. In diesem Falle kann man sich eine Dichtung und Verbindung herstellen, wie sie Abb. 606 und 607 zeigt. Zu diesem Zwecke schneidet man die beiden zu verbindenden Rohrenden ganz gerade ab und schmilzt die Ränder ab. Über diese

Ränder zieht man ein Stück sehr guten, am besten Vakuumschlauch, und sieht darauf, daß die Enden der Röhren gut und fast ganz aneinander stoßen. Aus einem Glasrohre von 25—30 mm macht man sich ein Stück von ca. 8 cm Länge, das an beiden Seiten offen ist und in seiner Längenmitte einen kleinen Hals hat. Diesen Zylinder bringt man, bevor man die Verbindung herstellt, über die Leitung, stellt die Verbindung mit dem Schlauche her, befestigt den Zylinder an jeder Seite mit je zwei halben, gut schließenden Korken und füllt nun den so geschaffenen Raum mit Quecksilber, worauf man den kleinen Hals gut verschließt. So ist diese Verbindungsstelle, die für sich eine Fehlerquelle darstellen könnte, unter Quecksilber, und wenn alles mit Sorgfalt gemacht wird, ist keine Störung zu fürchten.

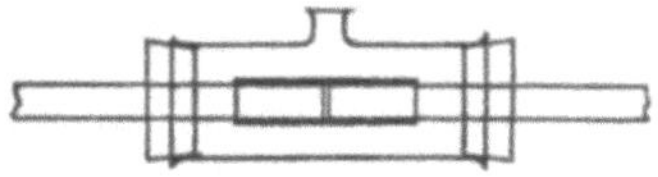

Abb. 606 ist eine solche Verbindung mit Quecksilberdichtung für horizontale und auch schiefe, Abb. 607 eine solche für aufrechte Leitungen, bei denen man beim Abmontieren das Quecksilber durch den kleinen Ablauf zuerst entleeren kann; bei Abb. 606 geschieht dies, indem man den Zylinder um 180° dreht und so entleert.

Abb. 606. Schlauchverbindung, horizontal mit Hg-Dichtung.

Das Zusammenschmelzen der starren und fixen Leitungen an der Quecksilberluftpumpe muß in der Weise hergestellt werden, daß man mit dem Gebläse in der Hand die Flamme an den zu verschmelzenden Teil bringt. Diesem Zwecke dienen die in Abb. 19 angeführten Handgebläse, deren man für grobe und feine Flammen je nach Bedarf eines haben soll.

Das Verblasen der Stellen beim Zusammenschmelzen geschieht am besten von jener Seite, in welcher die Luft in die Quecksilberluftpumpe eingelassen wird, dort bringt man einen Gummischlauch an, und für alle Fälle setzt man auch ein Chlorkalziumrohr an, um keine Feuchtigkeit in Pumpe und Leitung zu bringen.

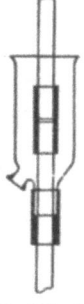

Abb. 607. Aufrechte Schlauchverbindung mit Hg-Dichtung.

Das Anschmelzen des auszupumpenden Gegenstandes Abb. 608 geschieht auf dieselbe Art, wie vorher geschildert, doch stützt man diese Sachen leicht mit einem Stativ, muß aber dabei bedacht sein, keine Spannungen in das ganze System zu bringen.

Die Schlauchverbindungen sind wohl nicht ganz zu umgehen, besonders beim „Vorpumpen", d. h. bei den das Vakuum bis zu ca. 10 bis 20 mm saugenden Wasserstrahl- und Ölpumpen müssen sogar Gummischläuche angebracht werden. Diese aber müssen von bester Qualität sein und sehr starke Wandungen und kleine Lumen haben, damit sie der äußere Luftdruck nicht zusammendrücken und dadurch das Lumen sperren oder drosseln kann.

Alle Leitungen an der Quecksilberluftpumpe sollen mindestens 10 mm Lumen haben, weil sonst die Reibung der Luft in den Röhren zu groß und daher hinderlich ist.

Die zum Auspumpen der Luft an die Luftpumpe angesetzten Vakuumröhren müssen an dem zur Pumpe führenden Rohr eine Einschnürung haben, um sie, wenn die geforderte Verdünnung erreicht ist, von der Pumpe abschmelzen zu können. Dieses Abschmelzen, technisch „Ab-

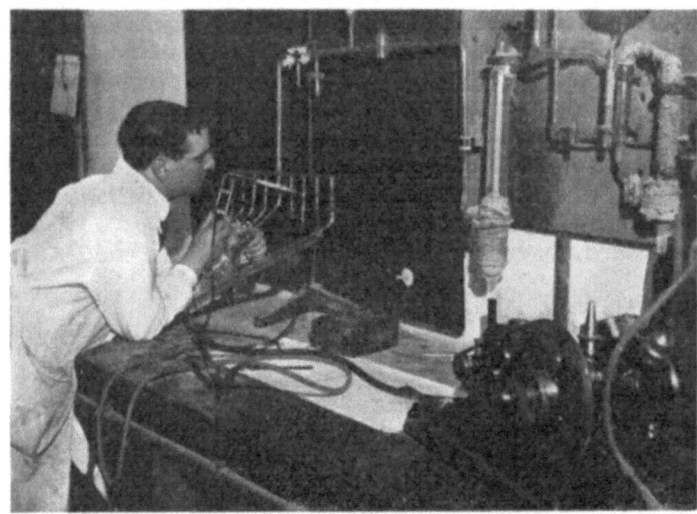

Abb. 608. Anschmelzen eines Rohres an die Hochvakuumpumpe.

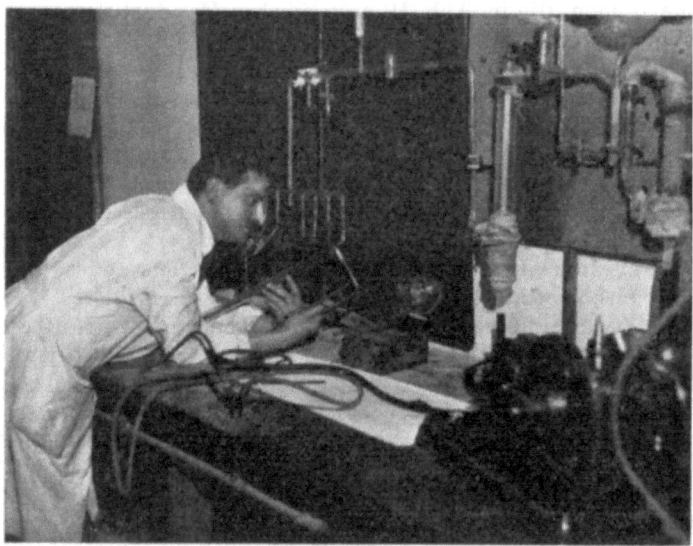

Abb. 609. Abnehmen („Abstechen") einer ausgepumpten Röhre von der Pumpe.

stechen" genannt, muß sehr vorsichtig geschehen. Bei dieser Operation ist die ganze Arbeit und Pumpe gefährdet, wenn nicht sehr gut aufgepaßt wird auf die jetzt folgenden Weisungen.

Zum Abstechen Abb. 609 wärmt man die eingeschnürte Abstechstelle mit leichter Flamme (wenig Luft!) des Handgebläses an, indem man die Flamme einmal von rechts und links und vor- und rückwärts die Stelle berühren läßt, bis sie genügend vorgewärmt ist. Das kann man am besten beurteilen, wenn man den Rand der Flamme am Glase beobachtet, ob schon die Flammenreaktion eintritt. Sodann macht man am Handgebläse eine ganz kleine Stichflamme, richtet diese immer einmal von rechts und links an eine möglichst kleine Stelle der Einschnürung und zieht mäßig an dem Gegenstande, damit sich das Glas zieht, sobald es nur halbwegs weich ist. Andernfalls wird, insbesondere wenn das Glas zu weich wird, die Abstechstelle vom äußeren Luftdruck ganz unregelmäßig eingedrückt, daher unschön, bekommt beim Erkalten sehr leicht Sprünge, und die Arbeit geht verloren. Es ist sehr zu empfehlen, diese Handfertigkeit zuerst an Röhren zu üben, die keinen besonderen Wert haben, und die man sich zur Übung nur mit der Vorpumpe auspumpt.

Diese Übung führt man am besten aus, indem man an einem Glasrohre mehrere Stellen einschnürt, es an die Pumpe ansetzt, dann auspumpt und eine Stelle nach der anderen absticht, bis man das Abstechen schön zuwege bringt.

Um Röhren mit verdünnten Gasen zu füllen, stellt man sich das betreffende Gas

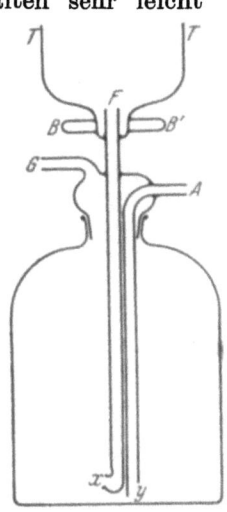

Abb. 610. Gasometer nach Wohlrab.

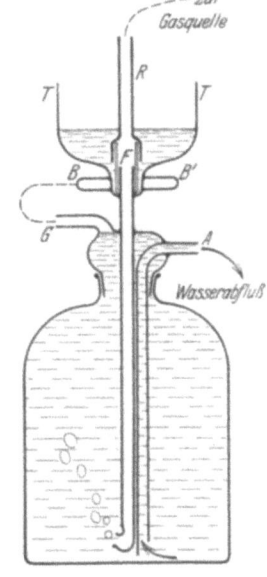

Abb. 611. Gasometer nach Wohlrab, gefüllt mit Wasser.

in höchster Reinheit dar und füllt es am besten in gläserne Gasometer. Edelgase werden von den chemischen Werken in Glasbehältern von entsprechender Größe geliefert, die man wieder in für die betreffende Arbeit geeignete Gefäße abfüllt, wobei ich auf das Buch Dr. E. v. Angerer, Kunstgriffe, Sammlung Vieweg, H. 71 verweise.

Für das Arbeiten mit Gasen, die im Laboratorium hergestellt werden können, ist der ganz aus Glas konstruierte Gasometer Abb. 610 des Oberlehrers Josef Wohlrab in Wien zu empfehlen, dessen Handhabung folgende ist:

Die erste Tätigkeit beim Gebrauch des Gasometers ist das Beschicken desselben mit Wasser oder der entsprechenden Sperrflüssigkeit. Dies geschieht auf einfache Weise, indem man durch den angeschmolzenen Trichter T Abb. 611 so lange Wasser eingießt, bis der Innenraum vollständig mit Wasser gefüllt ist. Soll nun Gas eingefüllt werden, so verschließe man zuerst das Gasrohr G durch Verbindung desselben mittelst eines kurzen Schlauches mit dem blinden Rohr B. Dann stecke man den von der Gasquelle kommenden Schlauch auf das Ende m des sog. Griffelrohres R Abb. 612, und stülpe nun das andere Ende n über das aus dem Grunde des Trichters T hervorragende Ende des Griffelrohres F. Das nun einströmende Gas gelangt durch R und F bei x in das Innere des Gasometers und sammelt sich im oberen Teile des Füllraumes. Das durch das Gas verdrängte Wasser kann durch das Abflußrohr A ungehindert ausfließen. Steckt man nun auf das Rohrende von A einen Schlauch, so kann man den Gegendruck des abfließenden Wassers herabsetzen, ja, bei genügender Schlauchlänge sogar eine Saugwirkung erzielen, was besonders dann von Vorteil ist, wenn das einströmende Gas einen zu geringen Druck hat, der Gasometer wirkt dann als Aspirator. Bei Beendigung der Füllung ist darauf zu sehen, daß die Rohrenden x und y sich mindestens 1 cm unter dem Wasserspiegel befinden, da ein gewisser Wasserrest bei eventuellen Temperaturänderungen als Sperrflüssigkeit nötig ist. Will man nun das gesammelte Gas längere Zeit aufbewahren, dann muß der Gasometer allseitig abgeschlossen werden, Abb. 613. Zu diesem Zwecke wird einfach das Abzugrohr A durch einen kurzen Schlauch mit dem blinden Rohr B' verbunden und das Griffelrohr R abgezogen. Es empfiehlt sich noch den Trichter T über die Hälfte mit Wasser zu füllen, damit bei eventuellen Temperaturveränderungen nicht Luft in den Gasometer dringen kann.

Es gibt aber noch ein zweites Mittel, den Gasometer abzuschließen. Man ziehe nämlich das Griffelrohr R nicht ab, sondern lasse es auf F oben und verbinde es durch einen Schlauch mit dem Abflußrohr A, wodurch ein vollständiger Abschluß zustande kommt. Beim späteren Entfernen des Griffelrohres muß man allerdings vorsichtig sein, zuerst Wasser in den Trichter füllen und dann langsam R abziehen, damit wie oben das Eindringen von Luft vermieden wird.

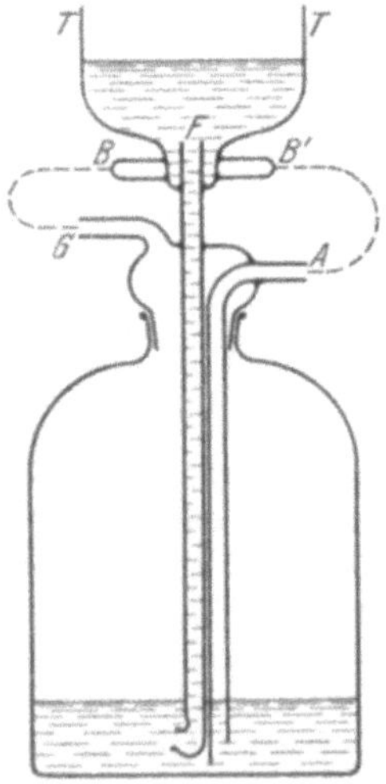

Soll nun dem Gasometer Gas entnommen werden, so verbinde man dieses Griffelrohr durch einen Schlauch mit irgendeinem Reservoir

Abb. 612. Griffelrohr.

Abb. 613. Gasometer nach Wohlrab. Gasgefüllt.

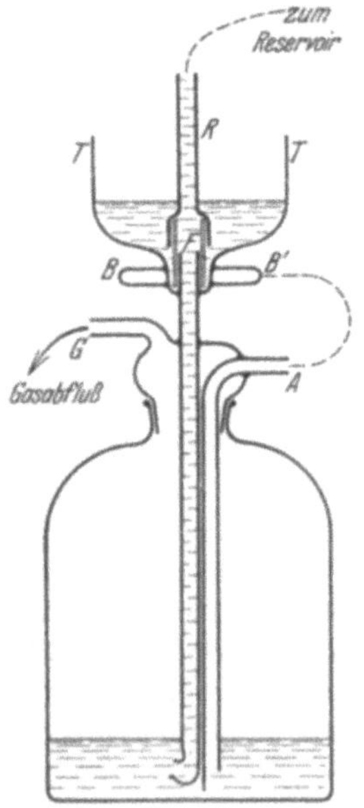

Abb. 614. Gasometer nach Wohlrab. Gasentnahme.

(Trichter, Mariottsche Flasche oder einem anderen Gefäße mit seitlicher Öffnung), lasse Wasser durchfließen, bis alle Luft verdrängt ist, drücke dann mit zwei Fingern den Schlauch zusammen und stülpe nun R, Abb. 614, wie beim Füllen, über das Rohrende F am Grunde des Trichters. Auf diese Weise gelingt es leicht, eine luftfreie Verbindung zwischen Gasometer und Reservoir herzustellen und dadurch den Apparat unter Druck zu setzen.

Zieht man nun den Gasrohrschlauch von dem blinden Rohr B ab, so kann das Gas unbehindert weitergeleitet werden. Durch Heben und Senken des Reservoirs kann der Gasdruck reguliert werden. Sollte jemand der Bequemlichkeit halber für das ausfließende Gas einen Hahn wollen, so kann ein Gashahn jederzeit in den Schlauchweg eingeschaltet werden.

Dieser Gasometer kann in allen Größen von 50 cm³ bis 10 l Inhalt hergestellt werden. Er besitzt weder gewöhnliche Kittstellen noch Hähne, weshalb ein vollständig gasdichter und reiner Verschluß möglich ist. Da der Apparat keinerlei metallische Bestandteile hat, ist eine Füllung mit fast allen Gasen, selbst Chlor und Schwefelwasserstoff, durchführbar. Außerdem kann der Gasometerkopf samt Trichter und Röhren wie ein Stöpsel aus dem Hals der Flasche gezogen werden. Dadurch ist die Möglichkeit geboten, den Gasometer in allen seinen Teilen gründlich zu reinigen. Daraus ergibt sich weiter noch der Vorteil, außer Wasser auch andere Sperrflüssigkeiten wie Öle, Glyzerin, selbst Säuren und Quecksilber verwenden zu können, was in vielen Fällen unerläßlich ist. Das abnehmbare Reservoir kann für mehrere Gasometer beansprucht werden und trägt zur Erhöhung der Transportfähigkeit bei.

Durch Heben und Senken dieses Behälters kann auch eine Druckregulierung der ausströmenden Gase in weiten Grenzen erfolgen.

Vor der Entnahme explodierbarer Gase ist immer vorsichtshalber besonders nach langer Aufbewahrung des Gasometerinhaltes eine kleine Gasprobe auf Explodierbarkeit zu untersuchen, da man nie weiß, ob nicht Unberufene sich an dem Apparat zu schaffen gemacht haben. Es empfiehlt sich auch, die Innenwände der Schlauchenden vor dem Aufstecken mit Glyzerin zu befeuchten, um das lästige Ankleben der Schläuche am Glas zu verhindern. Um mit dem Gasometer vertraut zu werden ist es zweckmäßig, ihn zuerst einige Male mit Luft zu füllen und wieder zu entleeren. Erst wenn man auf diese Weise die volle Fertigkeit im Gebrauche des Apparates erworben hat, soll man mit dem Füllen anderer Gase beginnen.

Die zu füllenden Röhren bringt man an die Quecksilberluftpumpe und pumpt sie bis zur höchsten Leistung der Pumpe aus. Sodann stellt man eine Leitung vom Gasometer zur Pumpe her, schaltet jedoch zwischen Gasometer und Pumpe zur vollständigen Reinigung und Trocknung des Gases zuerst eine Waschflasche mit konzentrierter Schwefelsäure, ein Chlorkalziumrohr und an dieses ein Trockengefäß mit Phosphorsäureanhydrit an und öffnet langsam und vorsichtig den Hahn am Gasometer bzw. an der Pumpe, läßt einen ganz schwachen Strom von Gas ein und füllt so den ausgepumpten Raum, aber nur bis zu einem

Druck von ca. 40 mm. Jetzt wird wieder ausgepumpt und der vorbeschriebene Vorgang wiederholt, was mindestens dreimal geschehen muß, wobei man von Zeit zu Zeit das Rohr mit dem Spektroskope beobachtet, bis dieses die Reinheit des Gases zeigt.

Bei allen diesen Vorgängen ist es notwendig, daß das Rohr in den Induktorstrom eingeschaltet und mit Strom beschickt wird, wobei sich die Röhre und die Elektroden erwärmen und die anhaftenden Gasteilchen frei werden. Da die Erwärmung an der Kathode aber immer bedeutend stärker ist, muß von Zeit zu Zeit der Pol gewechselt und eine zu starke Erhitzung vermieden werden.

Bei Röhren mit verdünnten Gasen soll die Verdünnung zwischen 2 und 5 mm liegen.

Oft sollen und müssen aber die Vakuumröhren, trotzdem sie mit der Pumpe starr verbunden sein müssen, doch etwas nach allen Richtungen verschoben werden können, um sie in eine vorgesehene Versuchsanordnung bringen zu können. Zu diesem Zwecke setzt man in die Leitung zwischen Pumpe und Vakuumrohr ein nach Abb. 122 gebogenes Rohr ein, welches mehrmals gebogen, ziemlich federt, wenn die Schenkel mindestens 60—70 cm lang sind. Viel mehr Büge zu machen ist nicht zu empfehlen, weil dadurch die Leitung verlängert, das Volumen und die Reibung vergrößert wird.

Diese Röhren führen den Namen Kundtsche Federn[1] und sind sehr zu empfehlen, weil sie außer dem eigentlichen Zweck die ganze Leitung bei Erschütterungen aller Art vor dem Brechen schützen, nur müssen die gebogenen Stellen gut und korrekt gemacht sein, weil sie sonst gerade diese Gefahr in sich bergen.

J. Das Quecksilber, dessen Reinigung und Destillation.

Das im Handel erhältliche Quecksilber (Hydrargyrum = Hg) ist fast nie so rein, als es die Verwendung im Laboratorium und für die Luftpumpen, besonders aber die Anfertigung von meteorologischen Instrumenten bedingt. Es ist meist durch Blei, Kupfer, Wismut und Zinn verunreinigt, welche Metalle, wenn sie nur in einem Tausendstel vorhanden sind, eine für die Arbeit erhebliche Verunreinigung bedeuten und schon nicht mehr durch einfaches Filtrieren abzuscheiden sind.

Um zu sehen, ob Hg rein ist, bringt man eine kleine Menge in ein ganz reines Glasgefäß, am besten eine flache Schale, und sieht, wenn man diese ganz schwach bewegt, ob das Hg leicht abreißt und keinen Faden zieht. Reines Hg muß bei dieser Probe schön zinnweiß sein, Kugeln bilden und nicht im mindesten an den Wänden des Gefäßes haften bleiben, bei ganz schwachem Anhauchen seiner Oberflächen muß dieser Hauch sofort wieder spurlos verschwinden.

Hg hat ein spezifisches Gewicht von 13,59, erstarrt bei 39,4° C und siedet bei 357° C, im Vakuum bei 210° C. Schon bei gewöhnlicher Temperatur verdampft Hg, am meisten bei 50° C. Die Dämpfe sind giftig, es ist daher mit größter Vorsicht ein Verschütten auf Tischen und Fuß-

---
[1] Siehe I. Teil, Abb. 122.

böden zu vermeiden und in solchen Fällen für peinlichste Reinigung und Sammlung des verschütteten Hg zu sorgen. Das Zusammenkehren kann am besten mit Borstenpinseln und kleinen steifen Besen geschehen, ferner macht man sich aus steifem Papiere kleine Schaufeln (den Kehrichtschaufeln ähnlich), auf denen man das zusammengekehrte Hg sammelt und in Wasser wäscht. Zum Auflesen kleiner Kügelchen ist eine Hg-Zange sehr zu empfehlen, doch kommt es vor, daß aus den Ritzen und Fugen der Arbeitstische kleine Kügelchen schwer herauszubekommen sind. Diese holt man sehr schnell und sicher heraus, indem man einen schwachen Zinkblechstreifen von 1 cm Breite und beliebiger Länge an einem Ende spitz zuschneidet und dieses in Salpetersäure und dann ein klein wenig in Hg taucht. Durch diesen Vorgang wird die Spitze des Blechstreifens amalgamiert (verquickt) und wenn man mit der Spitze an die Hg-Kügelchen rührt, hängen sie sich sofort leicht an das Blech.

Das Arbeiten mit Hg soll überhaupt immer in einer großen Tasse aus Holz oder Papier — oft genügt eine Entwicklertasse, oder eine Tasse aus Pappe von entsprechender Größe — geschehen, damit nicht gleich immer Tisch und Boden verunreinigt wird.

Das käufliche Hg muß man einer Reinigung unterziehen, die wieder je nach dessen Verwendung verschieden ist. Für die gewöhnlichen Versuche im Unterricht und im Laboratorium genügt es, wenn man das Hg filtriert, was am besten durch Schreibpapier (nicht Filtrierpapier) geschieht. Man dreht am besten eine Tüte aus gewöhnlichem, ganz reinem Konzeptpapier, daß dieselbe möglichst schlank wird und klebt das an der Spitze der Tüte bleibende lose Endchen mit Siegellack an. An der auf solche Art gedrehten Tüte schneidet man die Spitze ab, damit nur ein ganz kleines Loch bleibt, steckt sie dann in einen Filtrierring und schüttet das zu reinigende Hg auf.

Aus dem kleinen Loche am Ende tritt dann das Hg in feinem Strahle aus, wobei zu beachten ist, daß dieser Strahl nicht aus besonderer Höhe in das Gefäß fällt, damit nicht das Hg zu sehr spritzt und auch nicht zu leicht oxydiert wird, weil es in kleinen Tröpfchen die Luft passiert. Nach dem Filtrieren besieht man das Filter, ob sich das Hg, bzw. der Schmutz desselben, im Innern des Filters angehängt hat. Ist dies nur wenig der Fall, so kann das Hg als filtriert und rein angesprochen werden, ist dagegen das Filter stark mit einem matten Spiegel belegt, muß das Hg einer weiteren Reinigung auf chemischem Wege unterzogen werden.

Sollen größere Mengen filtriert werden, und ist das Hg nur durch Staub und nicht durch Metalle verunreinigt, so ist es zweckmäßig, sich der in Abb. 615 dargestellten Röhre zu bedienen. Diese wird an ihrem unteren Ende mit einem kleinen Lappen reinen Rehleders, das man vorher etwas nach allen Seiten gestreckt und gezogen hat, verbunden. Das Anbinden darf nur mit Zwirn und muß sehr fest geschehen, damit das Hg nicht neben dem Leder austreten kann.

Die Röhre spannt man dann am besten in ein Stativ und gießt das Hg auf. Nach einiger Zeit vermindert sich die Durchlässigkeit des Leders und das Hg rinnt nicht mehr wie im Anfange. Man braucht dann nur mit der flachen Hand an den Rand zu klopfen, um das Durchlaufen zu fördern.

Diese Methode ist, wie schon erwähnt, nur für größere Mengen Hg zu empfehlen, denn das Filtrieren durch Papier ist leichter durchzuführen, dauert nur etwas länger, was ja oft nicht ins Gewicht fällt.

Um an Zeit und Arbeit keine Einbuße zu erleiden, ist es immer am besten und sichersten, das Hg chemisch zu reinigen und wenn es sich darum handelt, einwandfreie Arbeit zu liefern, dasselbe zu destillieren.

Zur chemischen Reinigung hat man mehrfache Methoden empfohlen, die sich aber nicht alle in der Praxis bewähren. Wieder kommt der Umstand in Betracht, um welche Mengen es sich handelt.

Von allen Verfahren zur Reinigung des mit Metallen verunreinigten Hg mit Säuren hat sich nur die Behandlung mit verdünnter Salpetersäure, u. zw. 1 Säure zu 5 Wasser, am besten bewährt. Zu diesem Zwecke bringt man das Hg in ein Gefäß von möglichst großer Breite, damit es dort eine große Oberfläche darbietet, übergießt es dann mit der verdünnten Säure und läßt es, je länger je besser, am besten im Abzug oder einem luftigen Raume, stehen. Schon nach 24 bis 36 Stunden hat sich auf der Oberfläche des Hg ein Salz gebildet, manchmal je nach den Metallen, die im Hg enthalten waren, auch ein breiiger Niederschlag, und man gießt nun das Ganze in einen Scheidetrichter oder in das in Abb. 616 dargestellte Gefäß mit einem eingeschliffenen Stöpsel. Aus diesem kann man nun das Hg abscheiden und sofort in ein Gefäß mit reinem Wasser fallen lassen, worin man es noch weiter wäscht, indem man es unter die Wasserleitung stellt und das Wasser längere Zeit darüberlaufen läßt, bis es ganz rein abläuft. Hierauf entfernt man das Wasser, soweit es geht durch Abgießen, den Rest durch Absaugen mit einer Pipette und den letzten Rest mit Filtrierpapier. Sodann filtriert man 2—3 mal wie oben beschrieben.

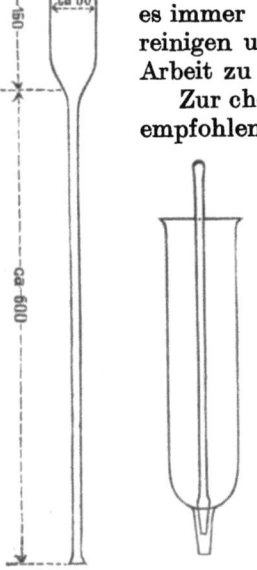

Abb. 615. Rehlederfilter.

Abb. 616. Scheidegefäß für Hg.

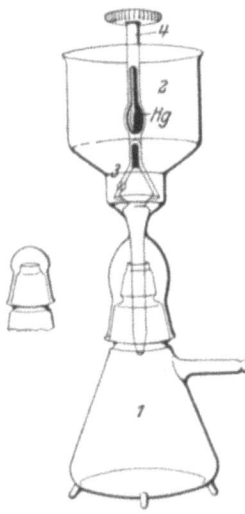

Abb. 616 a. Quecksilber-Filtrier- und Trockenapparat.

Um Hg und Wasser zu trennen gibt Dr. Rosenberg eine sehr einfache Methode an. Man nimmt einen Trichter und hält mit dem Zeige- oder Mittelfinger den schief abgeschliffenen Stiel zu, gießt auf und läßt das Hg über den Finger vorsichtig abfließen, was bei kleinen Mengen sehr empfohlen werden kann.

Eine andere Methode Quecksilber von Wasser zu trennen und überdies das Quecksilber trocken und rein zu erhalten und aufzubewahren, allerdings nur in Mengen bis ca. 1 kg, kann

Das Quecksilber, dessen Reinigung und Destillation. 305

mit dem Quecksilberfiltrier- und Trockenapparat Abb. 616a ausgeführt werden.

Das gewaschene feuchte Quecksilber wird bei geschlossenem Ventil *3* in den Behälter *2* gefüllt, dann durch *3* in den Saugkolben *1* abgelassen. Ist dies geschehen, so entferne den Oberteil *2* und verschließe den Kolben *1* mit der Kappe. Der Kolben samt seinem Inhalte kann nun im Wasserbade erhitzt und die Luft und die Feuchtigkeit mit der Luftpumpe abgesaugt werden, so daß man auf diese Art luftfreies und trockenes Quecksilber erhält und jederzeit zur Hand hat.

Diese Methode der Reinigung mit Säure versagt selten, ja fast nie, um aber ganz sicher zu sein, wäscht man das Hg vorher mit warmer Lauge und dann gut mit Wasser, um es fettfrei zu bekommen.

Für die meisten Arbeiten ist das auf diese Art gereinigte Hg schon genügend rein und eine höhere Steigerung der Reinheit wäre nur durch Destillation, die später erklärt werden soll, zu erreichen.

In der Werkstätte wird der durch die Behandlung des Hg mit Salpetersäure erhaltene Niederschlag (Hg-Oxydsalze), der sehr vorsichtig behandelt und hantiert werden muß, weil er sehr giftig ist, gesammelt und in einem Gefäße aufbewahrt, in welchem alles von den Tischen zusammengekehrte Hg, nachdem es gewaschen wurde, sowie überhaupt jedes nicht ganz sichere Hg gesammelt und stehen gelassen wird, bis eine größere Menge beisammen ist, die dann bei Bedarf sofort gewaschen und verwendet werden kann. Alles jetzt Erwähnte bezieht sich auf die Arbeit mit kleinen Mengen; hinzuzufügen wäre noch, daß man das auf die beschriebene Art gereinigte Hg noch vor der Verwendung unter der Luftpumpe im Vakuum trocken und luftfrei machen kann.

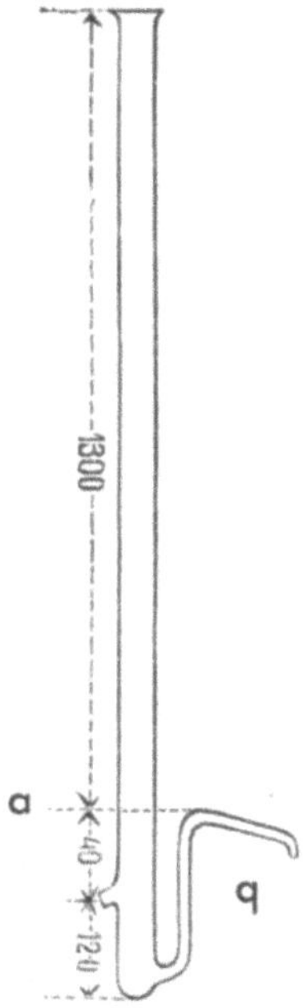

Kommen größere Mengen von Hg in Betracht, so kann man die Behandlung mit Säure auf die Art durchführen, daß man das Hg in einem kleinen feinen Strahl durch eine möglichst hohe Schichte von Säure fallen läßt. Das Rohr Abb. 617, dessen Dimensionen angegeben sind, dient zu diesem Zwecke. Das Rohr wird in ein Stativ gespannt oder an der Wand oder einem Schrank sicher befestigt, indem es unten in einer Wanne oder Tasse auf einer Korkplatte ruht. Der kleine seitliche Tubus wird gut, am besten mit Gummi, verschlossen, sodann wird in den unteren Teil bis *a* Hg eingegossen und auf dieses gießt man bis obenan die verdünnte Säure, nachdem man vorher unter die Abflußspitze *b* ein Gefäß mit Wasser gestellt hat, und der Apparat ist zur Tätigkeit vorbereitet.

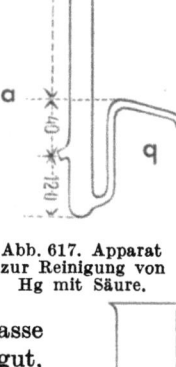

Abb. 617. Apparat zur Reinigung von Hg mit Säure.

Abb. 618.

Der Trichter Abb. 618, dessen Stiel in eine Kugel endet, die mehrere ganz kleine Löcher hat, wird nun aufgesetzt und in diesem das Hg aufgegossen. Durch die kleinen Löcher fällt das Hg in einem feinen Sprühregen durch die Säure, bietet dieser eine große Oberfläche dar und fließt dann bei *b* in das Wasser ab. Das aufgefangene Hg wird nun, wie früher beschrieben gewaschen usw. und, falls es nach dem einmaligen Durchfallen noch nicht vollkommene Reinheit zeigt, wieder aufgegossen und dies wiederholt man, so oft es eben nötig ist. Ein 2—3 maliges Durchfallen genügt in den meisten Fällen vollkommen.

Handelt es sich darum, fast chemisch reines Hg zu erhalten, so ist dasselbe nur durch Destillation zu erzielen. Man hat sich schon alle Mühe gegeben, diese einfach, sicher und einwandfrei zu machen und hierzu sehr viele Arten von Destillationsapparaten konstruiert, die aber nie über eine Stundenleistung von 200—300 g hinausgingen, wenn man nicht durch Überhitzen den Apparat gefährden und die Reinheit des Produktes beeinträchtigen wollte.

Durch die Destillation im Vakuum bringt man den Siedepunkt des Hg schon auf 180—200° C herab und der Bau der meisten Apparate ging auch darauf hinaus, daß sich das Vakuum während der Arbeit verfeinert, doch ließ die Kühlung und dadurch die Leistung immer noch zu wünschen übrig.

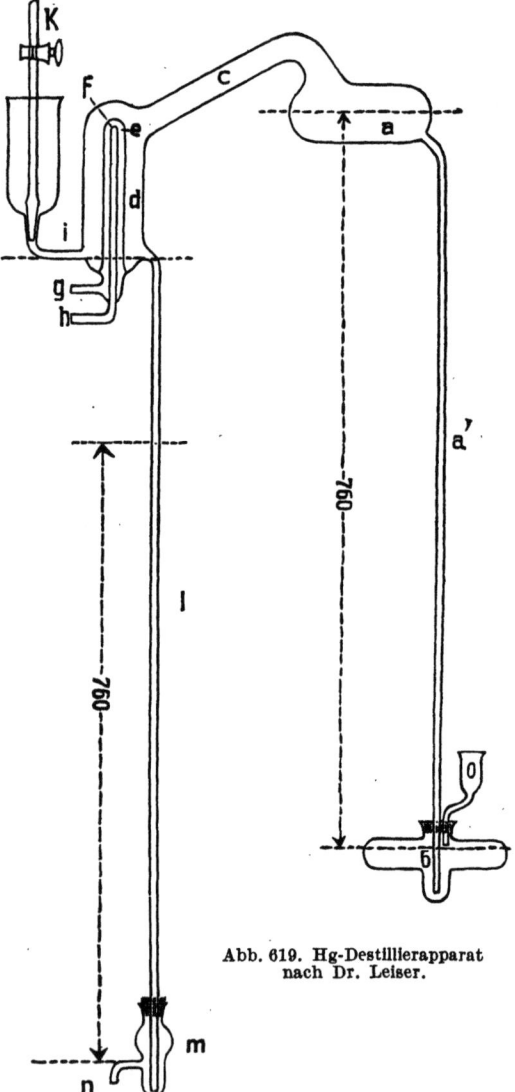

Abb. 619. Hg-Destillierapparat nach Dr. Leiser.

Um nun einen Apparat zu schaffen, der pro Stunde mindestens 1,2—1,3 kg Hg leistet, hat Prof. Leiser den Apparat Abb. 619 konstruiert.

Dieser Apparat, den man leicht auf einem großen Eisenstativ aufmontieren kann, besteht aus der Retorte *a*, an welcher ein ca. 9 mm

Barometerrohr mit ca. 4 mm Lumen angeschmolzen ist und in das Vorlegegefäß b mündet, so daß dessen Höhenmitte O von der Höhenmitte der Retorte a 750 mm beträgt. Die Retorte ist, um die Erwärmung gleichmäßig zu erreichen, mit einem Kupferdrahtnetz umhüllt und wird mit Asbestpappe so bedeckt, daß diese von oben herunter an beiden Seiten herabhängt und so die Retorte vor Abkühlung schützt. Von der Retorte führt ein ca. 22—25 mm weites Rohr C zum Kühler d, in welchen ein ca. 18 mm weites Rohr e und in dieses ein ca. 7 mm weites Biegrohr eingeschmolzen ist, aus welchem das durch das Rohr g einfließende Kühlwasser bei h abläuft. Seitlich an den Kühler ist der Einfülltrichter i angesetzt, in dessen Hals ein mit einem Glashahn versehenes Rohr mit einem Konus eingeschliffen ist. Diesem Ansatze gegenüber ist das Ablaufrohr l angesetzt, welches als Fallrohr und Abschluß für das Destillat dient. Am Ende dieses Rohres ist ein Abschluß- und Auffanggefäß m leicht mit Kork, der aber nicht dicht sitzen darf, angebracht, aus dem durch das Röhrchen n das Destillat in einen unterzustellenden Behälter ablaufen kann. Dieses Gefäß m ist so anzubringen, daß wieder die Höhenmitte den Nullpunkt einer Barometerhöhe darstellt, deren Höchststand ziemlich tief unter dem Ansatze l zu liegen kommt. In das Vorlegegefäß b ist neben dem Rohre $a\,b$ mit einem nicht dicht passenden Korke der Fülltrichter O eingesetzt, der in eine Spitze von ca. 1 mm Weite endet, damit beim Nachfüllen das Hg nicht zu rasch zufließen kann.

Um den Apparat in Tätigkeit zu setzen, füllt man durch den Trichter O das Gefäß b mit dem zu destillierenden Hg fast voll an. Sodann füllt man in den Einfülltrichter i halbwegs reines Hg und läßt es durch Lockerung des Rohres K im Konus in kleinen Mengen in den Apparat einlaufen. Dieses Hg bleibt zuerst zwischen den beiden Ansätzen i und l liegen und bildet auf diese Art einen Schutz für die Einschmelzstellen des Kühlers gegen Erhitzung. Man schüttet jedoch nochmals auf und läßt soviel Hg durchlaufen, bis das Gefäß m, bei verschlossenem Rohre n, ziemlich gefüllt ist. Bei diesem Vorgange wirkt das durch das Rohr l fallende Hg saugend und man kann, wenn man keine Luftpumpe zur Verfügung hat, diesen Vorgang so oft wiederholen, bis eine ziemliche Verdünnung erzielt ist. Hat man eine Luftpumpe, so verbindet man diese mit k und pumpt den ganzen Apparat so weit wie möglich aus.

Ist man auf diese oder die früher genannte Art in den Röhren a', C, l, dem Barometerstande möglichst nahe gekommen, so wird die Retorte a mit ganz kleiner Flamme mit Spaltbrenner langsam angewärmt. Weil beim ersten Anwärmen die im Hg befindliche Luft oft unter Stößen entweicht, was nur ganz kurze Zeit dauert, beobachtet man genau den Vorgang, um, sobald sich nur geringe Kondensation in C zeigt, mit der Kühlung zu beginnen. Die Kühlung erfolgt so, daß das Wasser durch g eingeleitet und durch h abgeleitet wird und ziemlich rasch durchläuft, um kräftig zu kühlen. Das kondensierte Hg sammelt sich in dem Raume zwischen den Ansätzen i und l an und läuft in l ab und zwar in abgeteilten Partien, welche wieder während der Destillation eine weitere Verdünnung im Apparat herbeiführen, so daß dieser nach einigen Stunden Tätigkeit ein sehr hohes Vakuum hat. Das in der ersten Stunde ablaufende Hg füllt man noch einmal auf, weil dasselbe durch die Inbetriebsetzung des Apparates nicht ganz einwandfrei rein sein kann. Ist der Apparat richtig zusammengestellt, der Kühler und die Flamme reguliert, so braucht er keine weitere Betreuung, als daß man etwa von Zeit zu Zeit das Destillat wegnimmt und für Nachfüllung sorgt. Noch wäre zu beachten, die Erhitzung nicht zu sehr zu betreiben, um nicht die Reinheit des Destillates zu beeinträchtigen, denn mehr als eine Leistung von 1000 g pro Stunde soll nicht verlangt werden.

Hat man keinen besonderen Mangel an Hg, so ist es geraten, den Apparat, sobald man ihn durch Entfernung der Heizung außer Tätigkeit gesetzt hat, einfach abkühlen und stehen zu lassen, um ihn im Bedarfsfalle sofort wieder in Betrieb setzen zu können.

Um den Apparat recht lange verwenden zu können, bevor er gereinigt werden muß, soll man das zu destillierende Hg vorerst filtrieren und, wenn es zu stark verunreinigt ist, mit Säure reinigen, und dann erst, gut getrocknet, aufgießen. Für diese Arbeit wird man reichlich dadurch entschädigt, daß der Apparat klaglos und sehr lange Zeit funktioniert, ohne gereinigt werden zu müssen.

Bei der Reinigung des Apparates kommen eigentlich nur die Retorte a, das Barometerrohr a' und das Gefäß b in Betracht, weil nur diese mit dem zu destillierenden Hg in Berührung kommen. Bei dieser Arbeit ist es am besten, das Gefäß b zu entfernen und für sich mit Chrom-Schwefelsäure (siehe vorne) zu behandeln, gut zu waschen, zuletzt mit Alkohol zu spülen und zu trocknen. Dann setzt man am Ende des Rohres a' ein Gefäß mit Chrom-Schwefelsäure an und saugt mit der Pumpe bei k diese in die Retorte, bis sie fast voll ist, schließt k und läßt die Säure einige Zeit in der Retorte. Nachdem dies geschehen, läßt man die Säure durch Öffnen des Hahnes k wieder zurückfließen und saugt so lange und so oft Wasser auf, bis die Reinigung sicher vollzogen ist und das Wasser rein abfließt. Schließlich spült man auf die gleiche Art mit Alkohol und sieht, daß derselbe zuletzt ganz abfließt.

Um dann den Apparat wieder zu trocknen, saugt man mit der Pumpe Luft durch den Apparat, die über Schwefelsäure und Chlorkalzium und Phosphorsäure geleitet und wenn möglich etwas erwärmt ist, was man erreicht, indem man ein Kugelrohr aus Kaliglas einschaltet und dieses erhitzt.

Wenn es die Umstände zulassen und man Zeit hat, ist es gut, den Apparat nach dem Spülen mit Alkohol 1—2 Tage stehen und abtropfen zu lassen, was das Trocknen wesentlich erleichtert.

Um das Verspritzen des Hg bei der Arbeit zu verhindern, ist es gut, sich einige kleine Apparate zur Hantierung mit kleinen und kleinsten Mengen Hg selbst anzufertigen.

Zum Aufsaugen des Hg sind die in Abb. 620, 621 und 622 dargestellten Pipetten sehr gut geeignet, doch muß im Halse derselben ein Baumwollpfropf sein, um das Hg nicht in den Mund zu bekommen und andererseits das Hg nicht feucht zu machen. Je nach der Verwendung kann man sich diese Pipetten noch entsprechend ändern, weil doch ihre Herstellung keine besonderen Schwierigkeiten macht. Ein sehr geschicktes Kölbchen zeigt Abb. 623. In diesem kann man reines Hg stets gut verschlossen vorrätig halten und sich jede Menge, groß oder klein, leicht nehmen.

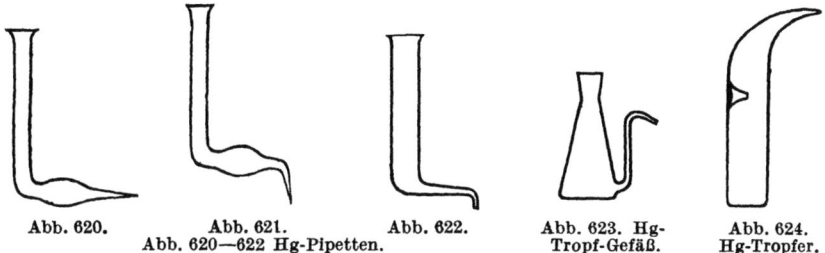

Abb. 620. Abb. 621. Abb. 622. Abb. 623. Hg-Tropf-Gefäß. Abb. 624. Hg-Tropfer.
Abb. 620—622 Hg-Pipetten.

Denselben Zweck hat das Tropffläschchen Abb. 624, bei welchem man die Öffnung für den Luftzutritt mit dem Daumen schließen kann. Beide Fläschchen lassen sich so machen, daß man die Spitze fein auszieht, um sie in Röhren und dgl. einführen und Hg eintropfen, bzw. gießen zu können.

Namenverzeichnis.
(Die Zahlen sind Seitenzahlen.)

Alteneck 151.
Arons 267.
Arzberger 228.
Assmann 181.
August 181.

Balling 127.
Baume 124.
Beck 124.
Beckmann 176.
Bessel-Hagen 235.
Binks 198.
Bourdon 152.
Boyle 136.
Brix 124.
Bunsen 35.
Bunte 141, 207.

Cartier 124.
Celsius 155.

Daniell 181.
Daviso 155.
Dechant 135.
Deisinger 187.
Dewar 88.
Dushmann 249, 260.

Edelmann 181.

Fahrenheit 155.
Fortin 141.
Fuess 148.

Gaede 99, 225, 243, 247.
Galilei 155.
Gay-Lussac 125, 146, 197.
Geissler 101, 229.
Geryk 223.
Gimmingham 230, 240.

Hagen 235.
Hefner-Alteneck 151.
Hewitt 270.
Hempel 206.
Hofmann 209.
Holzmeister 262.
Hooke 155.
Hulot 152.
Huygens 155.

Kahlbaum 94, 96, 105, 230, 238.
Kaiser 124.
Kellner 267.
Koppe 182.
Körting 228.
Kraus 187.
Krupka 138.
Kuhn 136.
Kundt 64, 302.

Leiser 96, 100, 241, 306.
Linne 155.
Looser 186.
Lumer 268.

MacLeod 261.
Malligand 189.
Mariotte 136.
Meißner 125.
Meker 35.
Mylius 125.

Naudet 152.
Negretti 170.

Öchsle 128.

Paweck 267.
Pfeiffer 252.

Quevenne 128.

Rammelsberg 199.
Reaumur 155.
Regnault 183.
Rey Jean 155.
Riedl 219.
Rosenberg 187.
Rutherford 178.

Šintel 237.
Saussure 181.
Siemens-Schuckert 265.
Six 179.
Soxhlet 128.
Sprengel 230, 236.

Schellbach 201.
Schrack-Woytacek 265.
Schott 233.

Strömer 155.

Toricelli 134.
Töpler 230, 233.
Travers 207, 209.

Vernier 147.
Vidi 152.

Wag 267.
Wagner 128.
Wohlrab 299.
Wolletz 138.
Woytacek O. und F. 147.
Woytacek-Schrack 265.

Zanbra 170.
Zippermayr 194.

Sachverzeichnis.

Abdrehen 111.
Abkühlen 57.
Ablesen der Instrumente 213, 279, 283.
Abnehmen („Abstechen") von der Luftpumpe 299.
Absprengen 45.
Abziehen 52.
Ätherthermometer 173.
Ätzpulver 116.
Ätztinte 115.
Ätzverfahren 116.
Ätzen von Teilungen 116, 295.
— von Zeichen und Marken 114.
Aktinometer 183.
Alkoholometer 126.
Alarmthermometer 191.
Alkoholthermometer 173.
Alteneck-Hefner-Variometer 151.
Alterraverfahren 3.
Ampullaxglas 12.
Ampullenbrenner 22.
Anbringen von Zeichen und Marken 114.
Aneroid-Barometer 152.
— -Prüfungsapparat 153.
Anheften 10, 16, 51, 84.
Anrußen 57.
Ansetzen 60, 67.
— seitliches 70.
Anstecker 32.
Antikathode 215.
Antimonoxyd 8.
Apparategläser 7.
Apparat zur Bestimmung der Thermometer 276.
— zur Bestimmung der Siedepunkte 273.
— zum Nachweis des Boyleschen Gesetzes 262.
— zur Destillation des Quecksilbers 310.
— zur Elektrolyse 209.
— Hofmannscher 209.
— Pipettier- 203.
— zur Prüfung der Aneroide 253.
— zur Reinigung der Kapillaren 40.
— zur Wasserzersetzung 108.
Arbeiten an der Quecksilberluftpumpe 296.
Aräometer 121, 279.
— -Arten 124.
— aus Metall 121.

Aräometer, Belastung der 125, 281.
— Bestimmung der Punkte 279, 283.
— für leichte Flüssigkeiten 122.
— für Säure 124.
— für Salzlösung 124.
— für schwerere Flüssigkeiten 122.
— für Zuckerlösungen 129.
— mit Thermometer 124.
— nach Meißner 125.
— Normal- 126.
— Stabilität des 125.
Aräometerflüssigkeiten 218.
Aräometer justieren 279.
Aräometersatz 123.
Aräometerskalen 285.
Aräometerteilung 124, 130, 283.
Aräometerzylinder 131, 280.
Aräopyknometer 121, 133, 284.
Aronsche Lampe 267.
Arzberger, Wasserstrahlluftpumpe 228.
Aspirationspsychrometer 183.
Aspirator 86.
Aßmanns Psychrometer 181.
Aufbewahrung von Röhren 7.
Auflage-Holzleiste 31.
Aufrandeln 71.
Aufsatz, Destillier- 87.
— nach Kjedahl 87.
Auftreiber 30.
Ausbohren 111.
Ausglühen 47.
Ausguß 71, 73.
Auskochen der Thermometer 163.
Auslauföffnung 214.
Auslaufzeit für Pipetten und Büretten 214.
Ausmessen 211.
Achsiales Arbeiten 51.

Backofenthermometer 187.
Badethermometer 167.
Ballings Sacharometer 127.
Barkometer 128.
Barometer 134.
— Aneroid- 152.
— -Aufhängung 150.
— bestimmen 279.
— Birn- 139.
— -blumen 154.
— Bourdon 152.

Sachverzeichnis.

Barometer, Doppel- 150.
— Fortin- 141.
— Gefäß- 141.
— Gefäßheber- 148.
— Heber- 144.
— Holosterique- 152.
— Hulots- 152.
— justieren 270.
— Kontra- 150.
— Korrektion des 149.
— Luftblasen entfernen 139.
— Metall- 152.
— nach Naudet 152.
— Normal- 150.
— -Probe 258.
— Prüfung der Aneroide 153.
— Registrier- 153.
— Reise- 146.
— -Röhren 16.
— -Röhren füllen 139.
— Schiffs- 149.
— Stations- 143, 150.
— -Staubkugel 140, 145.
— Verkürztes 258.
— -verschluß 141, 146.
— nach Vidisch 152.
— zur Vakuummessung 257.
Baroskop 154.
Baryt 3.
Bechermensuren 195.
Beckmannthermometer 176.
Belastung der Aräometer 125, 281.
Benzinapparat 19.
Bessel-Hagens Quecksilberluftpumpe 235.
Bestimmung der Punkte
— am Aräometer 279, 283.
— am Barometer 279.
— am Thermometer 273.
Biegen 60.
Biegeröhren 16.
Binksbüretten 198.
Birnbarometer 139.
— offenes 275.
Birnförmige Gefäße 81.
Bläser 34.
— für Bleiglas 34.
Blasebalg 24.
Blasen von Böden 60.
— von Kugeln 75, 76, 80.
— von Löchern 50, 59.
Blasetisch 25.
Bleiglas 1, 4, 9.
Bleioxyd 1, 4.
Bock 31.
Bodenthermometer 184.
Böden 60, 73, 74.
Börteln 71, 72.
Bohren von Löchern 113.
Bohrer für Glas 113.

Bologneserfläschchen 5.
Bornkesselbrenner 22.
Borosilikatglas 9.
Bourdons Barometer 152.
Boylesches Gesetz, Apparat zum Nachweis des 136.
Branntweinwaage 126.
Brauereithermometer 187.
Braunstein 8.
Brauseflamme 34, 35.
Brenner für Ampullen 22.
— nach Bornkessel 22.
— nach Bunsen 35.
— Flöten- 35, 36, 163.
— Heiz- 35.
— Meker- 35.
— Spezial- 22—24.
Brühenmesser 128.
Büretten 196—201.
— Auslaufzeit 214.
— Gas- 206.
— Englische 198.
— nach Binks 198.
— nach Gay-Lussac 197.
— nach Rammelsberg 199.
— nach Schellbach 201.
— Zu- und Überlauf 199.
Bürettenschwimmer 201.
Bürettenverschluß 197.
Bunsenbrenner 35.
Buntes Gasbüretten 207.
Buntesche Spitze 141.

Cardanische Aufhängung 150.
Celsiusthermometer 155.
Centigrade 155.
Chemische Eigenschaften des Glases 7.
— Reinigung des Quecksilbers 307.
— Widerstandsfähigkeit 13.
Chlorkalziumröhren 64.
Chromschwefelsäure 40.
Contrabarometer 150.

Daviso 155.
Dechantbarometer 135.
Deisingers Thermoskop 187.
Demonstrationsthermomether 185.
Destillierapparat für Quecksilber 310.
Destillieraufsatz 87.
Destillieren von Quecksilber 302, 310.
Destillierkolben 77.
Dewarsches Gefäß 88.
Diamantbohrer 113.
Dichte der Flüssigkeiten 122.
Dichtung der Vakuumleitungen 296.
Diffusionspumpe 247.
Doppelbarometer 150.
Doppelröhre für Edelsteinprüfung 219.
Doppelthermoskop 186.
Doppelwandige Gefäße 88.

Sachverzeichnis.

Dorn zum Auftreiben 30.
Draht zum Sprengen 31, 45.
Drehen 51, 54.
Dreiweghahn 105.
Druckfestigkeit des Glases 6.
Druckluftgebläse 28, 29.
Druckluftvorrichtungen 24.
Düsen für Gebläselampen 34.
Duplexluftpumpe 250.
Durchziehschnur 38.
Durobaxglas 12.

Ebullioskop 189.
Edelgasröhren 219.
Edelsteinprüfungsrohr 219.
Eichgesetze 214.
Eigenschaften des Glases 4.
Einfluß des Lichtes 6.
— der Luft 8.
Eingebrannte Skalen 293.
Eingeschmolzene Thermometer 165.
Eingußzylinder 196.
Eingußkolben 205.
Einkochthermometer 158.
Einschlußthermometer 165.
Einschmelzen 83, 85.
— von Platin 105.
— seitliches 90.
Einschmelzröhren 75.
Einschnüren 50, 56.
Eintauchlänge 278.
Eisengehalt des Glases 2, 3.
Eisenoxyd 2.
Eisenoxydul 2, 8.
Eisenscheiben 109.
Eispunktbestimmung 275.
Elektrische Eigenschaften des Glases 13.
Elektrit 109.
Elektrolyseapparat 209.
Elmo-Hochvakuumpumpe 256.
Emailglas 9.
Emailstreifen 201.
Enteisenung 3.
Entfärbung 6.
Entglasen 6.
Entstehung des Thermometers 158.
Eprouvetten 75.
Erblindung des Glases 8.
Erweiterung 57.
Essigprober 128.
Eudiometer 206.

Fäden 16.
Färbemittel 8.
Färben geätzter Teilungen 296.
Färbung des Glases 8.
Fahrenheitthermometer 155.
Farbe des Glases 6.
Farbige Röhren 18.

Feder, Kundtsche- 302.
Feldspat 3.
Felsenglas 12.
Felsquarz 3.
Fensterthermometer 167.
Fernthermometer 191.
Festigkeit des Glases 5.
Festsitzende Hähne 112, 198.
Fieberthermometer 168.
Filtriertrichter 84.
Filtriervorrichtung für Quecksilber 303.
Filzscheiben 109.
Fiolaxglas 12.
Fischerglas 7, 9, 12, 13, 18, 106, 125.
Fischer-Primaröhren 7, 9, 125.
Flache Böden 73, 74.
— Bögen 61, 63.
Flächenschleifen 109.
Fläschchen, Bologneser- 5.
Flamme, brausende 34, 35.
— leuchtende 57.
— Oxydations- 34.
— Reduktions- 34.
— Spitz- 35.
— Stich- 34, 35.
Flaschenglas 2.
Flaschenhalsrand 71.
Flaschen, Wasch- 85, 98.
Fletscher-Gebläse 25.
Fleußpumpe 223.
Flintglas 5.
Flötenbrenner 35, 36, 163.
Flüssigkeiten für Aräometer 281.
Flüssigkeitsthermometer 155.
Fluoreszenz 218.
Flußsäure 116.
Fortins Barometer 141—143.
Fraktionierkolben 77.
Freihandspannungsprüfer 50.
Füllapparat für hochgradige Thermometer 164.
Füllen von Barometern 142.
Fülltrichter für Aräometer 282.
Füllung der Aräometer 281.
— für Thermometer 173.
Fundamentalpunkte 273.

Gabelstücke 70.
Gaedepumpe 225, 243, 247.
— -Vorlage 99.
Gärbottichthermometer 188.
Galaktometer 124.
Galileis Luftthermometer 155.
Gasbüretten 206.
Gasgefüllte Thermometer 163.
Gasflöte 35, 36, 163.
Gasmeßröhren 205.
Gasometer nach Wohlrab 299.
Gaspipetten 207.
Gaswaschflasche 85, 98.

Gay-Lussac-Büretten 197.
— -Volumeter 125.
Gebläse für Druckluft 28, 29.
Gefäße, birnförmige 81.
Gebläsebrenner 18—24.
Gebläselampen 18—24.
Gebörtelter Rand 72.
Gefäß, Dewarsches 98.
Gefäßbarometer 135, 141, 148, 257.
Gefäßheberbarometer 148.
Gefrierpunkt-Bestimmung 275.
— des Wassers 155.
— des Quecksilbers 302.
Gefrierthermometer 186.
„Gege-Eff"-Glas 9, 12, 156, 174.
Gehlbergerglas 7.
Geißlerscher Hahn 101.
— Quecksilberluftpumpe 229—232.
Gelatinieren 293.
Gemenge 1.
Geräte des Glasbläsers 18.
— Maßanalytische 195.
Geräteglas 9, 12.
Gerykpumpe 223.
Geschichte des Thermometers 155.
Gimminghams Quecksilberluftpumpe 230, 240.
Gläser für Präparate 73.
Glas, Borosilikat- 9.
— Blei- 1, 4, 9.
— Chemische Eigenschaften des 7.
— Chem. Widerstandsfähigkeit des 13.
— Druckfestigkeit des 6.
— Eisengehalt des 2, 3.
— Eigenschaften des 4.
— Einfluß des Lichtes 6.
— Erblindung des 8.
— für Apparate 7.
— für Ampullen 12.
— „Gege-Eff"- 9, 12, 156, 174.
— Geräte- 9, 12.
— Kali- 1.
— Natron- 1.
— Optisches 3.
— Qualitätsprüfung des 36.
— Spezif. Gewicht des 5.
— Schmelzpunkt des 6.
— Thermische Nachwirkung des 10.
— Verwitterung des 8.
Glasbläserpfeife 15.
Glasblasen 36.
Glasbohrer 113.
Glaseinschlußthermometer 165.
Glasgemenge 1.
Glasmesser 30.
Glasröhren und Stäbe 9, 15.
Glashähne 100.
Glassand 2.
Glassatz 1, 2, 4.
Glasschmelze 2.

Glassorten 9, 156.
Glastränen 5.
Glaswolle 5.
Glockentrichter 83.
Glühen und Auskochen der Thermometer 163.
Glühofen für Thermometer 163.
Goldgehalt des Glases 8.
Gravieren 118.
Greifzirkel 32.
Griffe für Hähne 103.

Haarhygrometer 181.
Hähne 100.
— Festsitzende 112, 198.
— mit schiefer Stellung 104.
— Härten von Bohrern 113.
Hahn nach Geißler 101.
— nach Kahlbaum 105.
— nach Krupka 138.
— nach Wolletz 138.
— schräger 104.
Hahnfett 112.
Hahngriff 103.
Hahnhülse 102.
Hahnstöpsel 103.
— -griff 103.
Hals 73.
Handgriffe beim Ziehen 31.
Handmaischthermometer 188.
Haushaltthermometer 167.
Heberbarometer 135, 144, 257.
Heizbrenner 35.
Heizflöte 35, 36.
Hempels Gasbürette 206.
Hewittlampe 270.
Herstellung des Thermometers 158.
Hilfsskala 273, 280.
Hochvakuumpumpe nach Gaede 247.
Höhensonne 271.
Höhere Siedepunkte 275.
Hofmannscher Apparat 209.
Hohler Stöpsel 93.
Hohenbockaer Sand 2.
Holosteriquebarometer 152.
Holzbock 31.
Holzklammer 32.
Holzklotz 31.
Holzkonusse 30, 73.
Holzleiste 31.
Holzstäbe 31.
Huygens Thermometer 155.
Hydraulische Luftdruckvorrichtungen 27.
Hygrometer 181.
— nach Koppe 182.
Hypsometer 176.

Indikator 85.
Industriethermometer 187.

Sachverzeichnis. 315

Innentaster 32.
Instrumente ablesen 213, 279, 283.
— justieren 271.
— meteorolog. 178—185.
Instrumentenglas 9.
Iridium 215.

Jenaer Gläser 7—13, 125, 156, 249.
Jodeosinprobe 36.
Justierapparate 273.
Justieren der Aräometer 279.
— der Barometer 279.
— der Instrumente 279.

Kältemischung 155.
Käsereithermometer 189.
Kahlbaumhahn 105.
— - Quecksilberluftpumpe 230, 238.
— -schliff 94, 96.
Kali 4.
— kohlensaures 4.
Kaliglas 9.
Kalibrieren 157.
Kalk 4.
Kalkspat 4.
Kalkstein 4.
Kapillaren messen 157.
— reinigen 40.
Kapillarspitzen 53.
Kappen für Elektroden 215.
Kapselpumpe 225.
Karborundum 109.
Kathedralglas 8.
Kathodenstrahlen 217.
Kellners Lampe 267.
Keltereithermometer 188.
Kerbung 73.
Kieselsäure 2.
— -gehalt 2—3.
Kitt für Schliffe 112.
Kjedahlaufsatz 87.
Klammer 32.
Klotz 31.
Knallgasbrenner 23.
Knochenasche 8.
Kobaltglas 8.
Kobaltoxyd 8.
Kochkolben 77.
Köcherts Spezialbrenner 22.
Körting, Wasserstrahlpumpe nach 228.
Kohle zum Sprengen 46.
Kohlenfadenthermometer 178.
Kolben, Destillier- 77.
— Einguß- 205.
— Fraktions- 77.
— Koch- 77.
— Meß- 204.
Kolben blasen 77.
Kolbenhalsränder 71.
Kolbenluftpumpe 223.

Kolbentabelle 79.
Kolophonium-Wachskitt 112.
Konstante Temperaturen 280.
Konus 95.
— aus Holz 30, 73.
— schleifen 110.
Kontaktthermometer 191.
Kontrabarometer 150.
Koppes Haarhygrometer 182.
Korrektion des Barometers 149.
— des Nullpunktes 149.
Kraus Thermoskop 187.
Kreide 4.
Kreosottthermometer 180.
Krupka-Hahn 138.
Kryolith 8.
Kühlen 46, 57.
Kühler, Rückfluß- 89.
Kühlofen 47.
Kühlschlange 65.
Kugel blasen 75, 76, 80.
Kugelinhalt 79.
Kuhns Barometer 136.
Kundtsche Feder 64, 302.
Knochenasche 8.
Kupferoxyd 8.
Kupferoxydul 8.

Lackfabrikationsthermometer 189.
Laboratoriumsbrenner 21.
Laboratoriumsthermometer 175.
Laktodensimeter 124.
Läuterung des Glases 5.
Lagerung von Röhren 7.
Lampe Arons 267.
Lampen, Quarz- 271.
Laugenprober 128.
Lauschaer Brenner 21.
Lederscheiben 109.
Leisers Quecksilberdestillierapparat 306.
— Quecksilberluftpumpe 241.
— Rückschlagventil 96.
— Schliffe 100, 110.
Leiser-Woytacek, Wasserstrahlluftpumpe nach 228.
Leitungsfähigkeit des Glases 6.
Leuchtbuchstaben 219.
Leuchtflamme 57.
Leuchtröhren 219.
Lichtreklame 219.
Liebenröhre 222.
Ligroinaräometer 124.
Linnes Thermometer 155.
Löcher blasen 50, 59.
— bohren 113.
— schleifen 113.
Loosers Thermoskop 186.
Luftdüsen 34.
Luftdruckvariometer 151.
Luftdruckvorrichtung, Hydraulische 27.

Luftpumpe, Abnehmen („Abstechen") von der 299.
Luftpumpen 223.
— nach Gaede 243, 247.
— nach Geryk 223.
— Stiefel- 223.
Luftthermometer nach Galilei 155.
— andere 187.
Luftverdünnung, Messung der 256.
Lumers Lampe 268.

MacLeod 261.
Maischthermometer 188.
Malligands Ebullioskop 189.
Malzfabriken, Thermometer für 190.
Manganoxydul, kieselsaures 8.
Mangansuperoxyd 6.
Manometer, offenes 257.
Manometerröhren 16, 63.
Mariottsches Gesetz, Apparat zum Nachweis des 136.
Marken anbringen 114.
Marmor 4.
Maschine zum Röhrenziehen 16.
— zum Teilen 285, 292.
Maßanalytische Geräte 195.
Massiver Stöpsel 93, 94.
Mattätzen 116.
Mattschilder 116.
Maximalthermometer 168.
Maximumthermometer 178.
Meißner, Aräometer nach 125.
Meniskus 213.
Mennige 4.
Mensuren, Becher- 195.
Mekerbrenner 35.
Messer zum Glasschneiden 30.
Meßgeräte 195.
Meßgläschen 211.
Meßkeil 33.
Meßkolben 204.
Meßpipetten 202.
Meßröhren, Gas- 205.
Messung des Vakuums 256.
Meßwerkzeuge 32, 33.
Meßzylinder 196.
Metallbarometer 152.
Metalloxyde 8.
Meteorologische Instrumente 178—185.
Milchglas 8.
Milchprober 128.
Minimumthermometer 178.
Minium 4.
Molkereithermometer 189.
Moorelicht 222.
Mostwaage 128.

Nachwärmen 46.
Natron 4.
Natronglas 1, 9.

Negrettis Thermometer 170.
Nickel 215.
Nickeloxyd 8.
Nicolsches Prisma 47.
Nitrometer 207.
Nonius 149.
Normalaräometer 123, 281.
Normalgläser 9.
Normalmeßgläschen 211.
Normalpipette 212.
Normaltemperatur 123, 279.
Normalthermometer 173.
Nullpunkt am Aräometer 281.
— am Thermometer 275.
— Korrektion des 149.

Ölbäder 277.
Ölluftpumpen 223, 251.
Ölsiedeapparat 278.
Öfen zum Glühen 163.
Offenes Birnbarometer 257.
— Manometer 257.
Oliven für Schlauch 58.
Optische Gläser 3.
Orientierungsspindel 122, 124.
Oxydationsflamme 34.

Papier für Skalen 125.
Paraffinbäder 277.
Paraffinfabrikations-Thermometer 190.
Pawecklampe 267.
Pentanthermometer 173.
Petroleumaräometer 124.
Pfeife des Glasbläsers 15.
Phosphoreszenz 218.
Phosphorsäureanhydrid 97.
Photothermometer 194.
Pinzette 31.
Pipetten 202.
— Auslaufzeit der 214.
— Gas- 207.
— Meß- 202.
— für Quecksilber 282.
— Überlauf- 203.
Pipettierapparat 203.
Planschliffe 99, 100, 110.
Platin als Antikathode 215.
— einschmelzen 105.
Platinelektroden 105.
Platingewichte, Tabelle der 109.
Poliermittel 109.
Pottasche 4.
Präparategläser 73.
Präzisionsbarometer 147.
Prisma, Nicolsches 47.
Prismatische Röhren 18.
Probierflüssigkeit für Aräometer 281.
Projektionsthermometer 186.
Prüfung des Glases 36.
— der Spannung 47.

Sachverzeichnis. 317

Prüfungsapparat für Aneroide 155.
— für Thermometer 276.
Prüfungsrohr für Edelsteine 219.
Psychrometer 181.
Pumpen, Diffusions- 247.
— Quecksilberluft- 229.
— Wasserstrahl- 228.
Pumpenkitt 112.
Pyknometer 121, 132.
— Aräo- 121, 133, 284.

Qualitätsprüfung des Glases 36.
Quarz 2.
Quarzglas 3, 14.
Quarzsand 2, 3.
Quarzit 3, 15.
Quarzlampen 271.
Quecksilber-Dampflampen 266.
— destillieren 302, 310.
— -Destillierapparat 310.
— -Filtriervorlage 303.
— Füllpipette für 282.
— -Luftpumpe nach Bessel-Hagen 235.
— -Luftpumpe nach Gaede 243.
— -Luftpumpe nach Geißler 229, 232.
— -Luftpumpe nach Gimmingham 230, 240.
— -Luftpumpe nach Kahlbaum 230, 238.
— -Luftpumpe nach Leiser 241.
— -Luftpumpe nach Santel 237.
— -Luftpumpe nach Sprengel 230, 236.
— -Luftpumpe nach Töpler 230, 233.
— -Näpfchen 108.
— -Pipetten 282.
— -Reinigung 302.
— -Tropfgefäß 312.
Quellenthermometer 184.
Quetsche 32.
Quevennes Milchwaage 128.

Radioröhre 222.
Ränder schleifen 109.
Rändern („Randeln") 60, 71.
Rammelsberg, Büretten nach 199.
Reaumurthermometer 155.
Reduktionsflamme 36.
Regenmesser 184.
Registrierbarometer 153.
Registrierthermometer 184.
Reinigen der Kapillaren 40.
— des Quecksilbers 302.
— der Röhren 37.
Reisebarometer 146.
Regnault, Psychrometer nach 183.
Regulatoren 192.
Retorten 81, 82.
Reys Jean, Wasserthermometer 155.
Riedels Apparat zur Edelsteinprüfung 219.

Ringe 57.
Röhren absprengen 45.
— aufbewahren 7.
— aufrandeln 71.
— für Barometer 139.
— Biege- 16.
— Barometer- 16.
— biegen 60.
— Farbige 18.
— für Manometer 16.
— Prismatische 18.
— ziehen 15.
— -Ziehmaschine 16.
Röntgenglas 9, 12.
Röntgenölluftpumpe 252.
Röntgenröhre 217.
Rohrenden schließen 73.
Rosenbergs Thermoskop 187.
Ratationsölpumpe 225.
Rotierende Kapselpumpe 226.
Rückflußkühler 89.
Rückschlagventil 96, 97.
Runder Boden 73.
Rutherfords Thermometer 178.

Sacharometer 127.
Salpeterbäder 277.
Sand zum Schleifen 109.
Sandsteinscheiben 109.
Sandstrahlverfahren 118.
Sandstrahlgebläse 118.
Šantels Quecksilberluftpumpe 237.
Saugpumpe Gaedes 226.
Saussures Hygrometer 181.
Seifenfabrikations-Thermometer 190.
Seifung 6.
Seitliches Ansetzen 70.
— Einschmelzen 90.
Siedegefäß 273.
Siedepunkte, Höhere 273.
— Bestimmung der 273.
— Bestimmungsapparate 273.
— Tabelle der 274.
Silber 8.
Silikate 3.
Sixthermometer 179.
Skalen 293.
— einbrennen 293.
— Hilfs- 273, 280.
— für Aräometer 283.
Skalenpapier 125.
Soda 4.
Soxhlets Milchwaage 128.
Spannung 5.
Spannungsprüfer 47.
Spezifisches Gewicht des Glases 5.
Spektralröhren 215.
Sperrvorrichtung für Barometer 141.
Spezialbrenner 22.
Spezialröhrensorten 9.

Spiegelherstellung 118.
Spindelröhren 16.
Spirale 65, 66.
Spiritusfabrikations-Thermometer 191.
Spitze, Buntesche 141.
Spitzen ziehen 50.
Spitzflamme 35.
Sprengdraht 31, 45.
Sprengels Quecksilberluftpumpe 230, 236.
Sprengen 44.
Sprengkohle 46.
Supremaxglas 12.

Scheidewand 57.
Schellbachstreifen 201.
Schellbachröhren 201.
Schlange 65, 66.
Schlauchansatz 58.
Schleifbank 110.
Schleifen 109.
Schleifen der Konusse 110.
— der Ventile 111.
— der Löcher 113.
Schleifkitt 112.
Schleifmittel 109.
Schleifsand 109.
Schleifscheiben 109.
Schließen der Rohrenden 73.
Schliffe 91—100.
— nach Kahlbaum 94, 96.
— nach Leiser 100, 110.
— Kitt für 112.
— Plan- 99, 100, 110.
— Vakuum- 94.
Schliffhals 73, 92.
Schmelzgut 2, 4.
Schmelzpunkt des Glases 6.
Schmelzvorgang 4.
Schmiermittel für Hähne 112.
— zum Bohren 114.
Schmirgel 109.
Schneiden der Glasröhren 29, 30, 43, 44.
Schrack-Woytacek-Vakuummeter 265.
Schräger Hahn 104.
Schublehre 32, 33.
Schübelglas 7, 9, 10, 13, 49, 125, 250.
Schwefel 8.
Schwimmer für Büretten 201.

Stabilität des Aräometers 125.
Stäbe aus Glas 16.
Stahlbohrer 113.
Stahldiffusionspumpe 250.
Standzylinder 131.
Stationsbarometer 143, 258.
Staubkugel 140, 144.
Stauchen 50.
Stengelröhren 17.
Sterilisierthermometer 191.

Stichflamme 34, 35.
Stickstoff-Füllung 164.
Stöpsel 91.
— Festsitzende 112, 198.
— für Hähne 103.
— -griffe 103.
— Massiver 93, 94.

Tabelle der Gewichte für Platin 109.
— Kolben- 79.
— der Siedepunkte 274.
Taster 32.
Tauchhöhe 278.
Technische Thermometer 187.
Teclubrenner 35.
Teilmaschine 295.
Teilungen 285.
— der Aräometer 124—130, 283.
— ätzen 116, 195.
— einfärben 296.
Temperaturen, Konstante 280.
— Normal- 123, 279.
— über 100 Grad C 277.
Thermische Nachwirkung 10.
Thermometer 156.
Thermometer, Äther- 173.
— Alarm- 191.
— Alkohol- 173.
— Bestimmung der Punkte am 273.
— -Eintauchlänge 278.
— Fern- 191.
— Füllapparat für hochgradige 164.
— -füllung 173.
— für Einkochapparate 158.
— für Gärbottich 188.
— für Käsereien 189.
— für Keltereien 188.
— für Lackfabriken 189.
— für Malzfabriken 190.
— für Molkereien 189.
— für Paraffinfabriken 190.
— Quellen- 184.
— für Seifenfabriken 190.
— für Spiritusfabriken 191.
— füs Sterilisierapparate 191.
— gasgefüllte 163.
— Geschichte der 155.
— glühen und auskochen 163.
— Kohlenfaden- 178.
— Kontakt- 191.
— Kreosot- 180.
— nach Celsius 155.
— nach Fahrenheit 155.
— nach Huygens 155.
— nach Linne 155.
— nach Negretti 170.
— nach Reaumur 155.
— Pentan- 173.
Thermometerglas 9, 10, 156.
Thermometerröhren 17, 156.

Thermometertableau 158.
Thermometrische Substanz 156, 173.
Thermometrograph 178—180.
Thermoregulatoren 193.
Thermoskop nach Kraus 187.
— nach Looser 186.
— nach Rosenberg 187.
Thüringer Blasetisch 25.
Thüringerglas 9.
Tiefseethermometer 178.
Tisch, Blase- 25.
Titrierpipetten 203.
Töplers Quecksilberluftpumpe 230, 233.
Toricelliversuch 134.
Travers Gasbürette 207.
— Gaspipette 209.
Trichter 83.
Trichter, Filtrier- 84.
— Glocken- 83.
Trichterröhren 83.
Trittgebläse 26.
Trockenvorlagen 97.
T-Röhren 70.
Tropfgefäße für Quecksilber 312.
T-Stücke 70.

Überlaufpipette 203.
Umblasen 7.
Umschmelzen 7.
Undurchlässigkeit des Glases 6.
Universalteilmaschine 292.
Uran 8.
U-Röhren 63.
Uviolglas 12.
Uviollampen 271.

Vakuumgläser 9, 12, 13.
Vakuumleitung 296.
— -messung 256.
— -meter 256.
— -röhren 214.
— -rohr für Edelsteinuntersuchungen 219.
— -schliffe 94.
Variometer 151.
— nach Alteneck-Hefner 151.
Ventil, Rückschlag- 96, 97.
— schleifen 111.
Verbindungsstücke 58, 70.
Verbrennungsglas 12.
Verengen 50, 56.
Verhalten in der Flamme 41.
Verspiegeln 118.
Verstärkerröhre 222.
Versuchsbarometer 135, 136.
Versuchsrohr, elektrisches 217.
Verwitterung des Glases 8.
Vierkant-Auftreiber 30.
Volumeter nach Gay-Lussac 125.
Vorlage, Trocken- 97.

Vorlegegefäß 97, 99.
Vorwärmen 41, 46.

Wachs-Kolophoniumkitt 112.
Wägen der Büretten 212.
— der Kolben 211.
— der Pipetten 212.
Wägeröhrchen 92, 93.
Wärmeleitung des Glases 5.
Wärmemesser 156.
Warenzeichen der Spezialröhren 8, 11.
Waschflasche 85, 98.
Waschprozeß 3.
Wasserluftpumpe 28, 228.
Wasserstandsröhren 12, 16.
Wasserstrahlgebläse 27.
Wasserstrahlluftpumpen 86, 87, 228.
Wasserthermometer 155.
Wasserzersetzungsapparat 108, 209.
Weingeistthermometer 173.
Weinwaage 128.
Weite der Kapillaren 157.
Werkzeuge des Glasbläsers 29.
— Meß- 32, 33.
Widerstandsfähigkeit des Glases 5, 13
Winkelthermometer 187, 188.
Winkelröhren 61, 62.
Wohlrabgasometer 299.
Wolletz, Hahn nach 138.
Wülste 57.

X-Glas 9.
Xylolthermometer 173.

Y-förmige Röhren 70.

Zanbras-Thermometer 170.
Zeichen anbringen 114.
— des Jenaerglases 11.
— des Fischerglases 8.
Ziehen der Glasröhren 15.
— der Kapillaren 54.
— der Kapillarspitzen 53.
— der Spitzen 50.
Zimmerthermometer 167.
Zinnoxyd 8.
Zirkel, Greif- 32.
Zuckerbäckerthermometer 191.
Zuckerfabrikations-Thermometer 191.
Zuckerwaage 129.
Zulaufbüretten 199.
Zusammensetzen 67.
Zusammensetzung des Glases 1.
Zuschmelzen 75.
Zwischenpunkte bestimmen 276.
Zylinder, Einguß- 196.
— für Aräometer 131, 280.
— Meß- 196.
Zylinderthermometer 165.

E. Leybold's Nachfolger A.-G.

Köln-Bayental, Bonner Straße 500

Rotierende Ölpumpen
  nach Gaede für Saug- und
  Druckluft

Diffusionsluftpumpen
  aus Metall, Glas und Quarz
  für höchstes Vakuum

Fachmännische Beratung und Sonderlisten auf Anfordern

GEBR. SCHÜBEL

GEGRÜNDET 1897

FRAUENWALD I. TH.
GLASHÜTTENWERK

*RÖHREN- UND GERÄTEGLAS FÜR
DEN LABORATORIUMSGEBRAUCH*

**SPEZIALITÄT:
HOCHWERTIGES HARTGLAS**

Gegr. 1884

Eingetr. Schutzmarke

Unsere langjährigen Spezialerzeugnisse:

Vollständige Einrichtungen von Glasbläserei-Anlagen mit allem erforderlichen Zubehör für die Anfertigung von Thermometern, Flüssigkeitswagen, Glasapparaten, Glühlampen, Spritzen usw.

Vollständige Einrichtungen von Glasteilerei- und Glasschreiberei-Anlagen mit allem Zubehör für das Justieren, Teilen und Beziffern von Thermometern, Meßgeräten, Spritzen usw.

Vollständige Einrichtungen von Glasschleiferei-Anlagen mit allem erforderlichen Zubehör für die Ausführung aller Sorten Schliffe an Glasapparaten, Hohlgläsern, Spritzen usw.

Metall-Bedarfsgegenstände für Laboratorien, Schulen, Apotheken usw. Gebläselampen, Radialbrenner, Abspreng- und Verschmelzbrenner für alle Industriezweige in reicher Auswahl

Verkapselmaschinen

Ampullen-Feilen

Gotth. Köchert & Söhne

Spez.-Fabrik. f. Maschinen, Apparate und Werkzeuge für Glasbearbeitung und Laboratoriums-Bedarf

Tel. 2347   **Jlmenau, Thür.**   Postfach 89

Verlag von Julius Springer / Berlin und Wien

*Handbuch der Aräometrie nebst einer Darstellung der gebräuchlichsten Methoden zur Bestimmung der Dichte von Flüssigkeiten, sowie einer Sammlung aräometrischer Hilfstafeln. Zum Gebrauche für Glasinstrumenten-Fabrikanten, Chemiker und Industrielle, unter Benutzung amtlichen Materials bearbeitet von Reg.-Rat Dr. **J. Domke** und Dr. **E. Reimerdes**, Berlin. Mit 22 Textfiguren. XII, 235 Seiten und 115 Seiten Tabellen. 1912. RM 24.—

Das Mikroskop und seine Anwendung. Handbuch der praktischen Mikroskopie und Anleitung zu mikroskopischen Untersuchungen. Nach Dr. **Hermann Hager** neu herausgegeben von Dr. **Friedrich Tobler**, Professor der Botanik an der Technischen Hochschule, Direktor des Botan. Instituts und Gartens zu Dresden, in Gemeinschaft mit Dr. **O. Appel**, Professor und Geh. Regierungsrat, Direktor der Biolog. Reichsanstalt für Land- und Forstwirtschaft zu Berlin-Dahlem, Dr. **G. Brandes**, Honorarprofessor für Zoologie an der Technischen Hochschule, Direktor des Zoologischen Gartens zu Dresden, Dr. **E. K. Wolff**, a. o. Professor für allgemeine Pathologie und pathologische Anatomie an der Universität Berlin. Vierzehnte, umgearbeitete Auflage. Mit 478 Abbildungen im Text. IX, 368 Seiten. 1932. Gebunden RM 16.50

*Die optischen Instrumente. Brille, Lupe, Mikroskop, Fernrohr, Aufnahmelinse und ihnen verwandte Vorkehrungen. Von Professor Dr. **Moritz von Rohr**, Wissenschaftlichem Mitarbeiter an der optischen Werkstätte von Carl Zeiß, Jena. Vierte, vermehrte und verbesserte Auflage. Mit 91 Abbildungen. V, 130 Seiten. 1930. RM 5.70

Praktische Optik. Die Gesetze der Linsen und ihre Verwendung. Von Privatdozent Dr. **Paul Schrott**, Wien. Mit 115 Abbildungen im Text. V, 135 Seiten. 1930. RM 7.—

Glastechnische Tabellen. Physikalische und chemische Konstanten der Gläser. Unter Mitwirkung von zahlreichen Fachgelehrten. Mit besonderer Unterstützung der Deutschen Glastechnischen Gesellschaft E.V. herausgegeben von Professor Dr. **Wilhelm Eitel**, Berlin, Professor Dr. **Marcello Pirani**, Berlin, und Professor Dr. **Karl Scheel**, Berlin. Mit zahlreichen Textfiguren. XII, 714 Seiten. 1932. RM 145.—; gebunden RM 149.80

*Lehrbuch der Physik in elementarer Darstellung. Von Dr.-Ing. e. h. Dr. phil. **Arnold Berliner**. Vierte Auflage. Mit 802 Abbildungen. V, 658 Seiten. 1928. Gebunden RM 19.80

*Handbuch für physikalische Schülerübungen. Von **Hermann Hahn**, Geheimer Regierungsrat, ehem. Direktor der Staatlichen Hauptstelle für den naturwissenschaftlichen Unterricht, Berlin. Dritte, verbesserte und umgearbeitete Auflage. Mit 340 Textabbildungen. XVI, 453 Seiten. 1929. RM 27.—; gebunden RM 28.40

Physikalisches Handwörterbuch. Herausgegeben von Dr.-Ing. e. h. Dr. phil. **Arnold Berliner** und Geh. Reg.-Rat Professor Dr. phil. **Karl Scheel**. Zweite Auflage. Mit 1114 Textfiguren. VI, 1428 Seiten. 1932. RM 96.—; gebunden RM 99.60

* Auf alle vor dem 1. Juli 1931 erschienenen Bücher des Verlages Julius Springer-Berlin wird ein Notnachlaß von 10% gewährt.

Hoch-Vakuum-Pumpen
aller Art

Rotierende Öl-Luftpumpen D.R.P.

Saugleistungen bis 250 cbm pro Stunde
Vakua bis 0,00001 mm Hg

Pharmapumpen 1 mm Hg / Zylinderpumpen 0,1 mm Hg / Kammerpumpen 0,005 mm Hg / Kapselpumpen 0,001 mm Hg / Röntgenpumpen 0,00001 mm Hg

Quecksilber-Diffusions-Pumpen D.R.P.

ganz aus Stahl, Quarz oder Glas
Vakuum höher als 1/1 000 000 mm Hg

Vakuummeter / Photometer
Kompressoren / Funkeninduktoren

Arthur Pfeiffer, Wetzlar G

Fabrik für physikalische, chemische und technische Apparate   Gegründet 1890

Bornkessel Brenner und Glasmaschinen

Gesellschaft mit beschränkter Haftung

Berlin SW 11
Stresemannstraße 103

Flammenwerkzeuge
für alle Glasbläserarbeiten
Glasbearbeitungsmaschinen — Laboratoriumsbedarf
Ampullen — Füllmaschinen — Stempelautomaten
zum Bedrucken von Glasartikeln aller Art
Benzingaserzeuger — Druckluftgebläse
Vakuumpumpen

KATALOGE

Preislisten. Werbematerial für die Glasinstrumenten-Industrie
Eigenes Übersetzungsbüro in allen Sprachen

Über

70000 Klischees

zur kostenlosen Benutzung

Buch- u. Kunstdruckerei **Carl Heiner**

Friedrichstr. 17—19

Jlmenau

vereinigt mit den Graph. Werkstätten
Ed. Schmidt, G. m. b. H., Gehren

Jena^{er} Glas
für alle Laboratorien

Langjährige Erfahrungen der Hütte bieten
höchste Zuverlässigkeit
der Gläser

Ausführliche Preisliste auf Wunsch

Jena^{er} Glaswerk Schott & Gen.
Jena

Dreihals-Sulfierkolben DRGM

Glasfilter-Nutsche DRP

Verkauf durch den Fachhandel

„RÖLI"
Röhren-Licht-Ges. m. b. H., Wien I, Sterngasse 13
Drahtanschrift „Röli Wien" T U 25 4 51

Wir erzeugen und liefern:

Oxarg-Gleichrichterröhren, Gleichrichter bis 25 Amp., Trockengleichrichter, Quecksilberschaltröhren, Röhrensicherungen, Neonleuchtröhren, Moorelicht

Fabrikseinrichtungen für die Erzeugung von Gleichrichterröhren und Neonleuchtröhren, Evakuierungsanlagen sowie komplette Neonanlagen

Fachzeitschrift für die Glas-, Glas-Instrumenten- und Thermometer-Industrie, die Laboratoriumsapparate- und verwandten Branchen

Wer wissenschaftlichen und technischen Laboratoriumsbedarf, Glasinstrumente, Thermometer, chiurg. Glaswaren, Glasemballagen usw. kaufen oder verkaufen will, inseriere in der

Fach- und Wirtschafts-Zeitschrift
„Glas und Apparat"

Wer über das Gebiet der Weiterverarbeitung des Glases zu wissenschaftlichen Instrumenten und Apparaten auf dem laufenden sein, über neue Apparate und Verfahren, Außenhandel, Wirtschaft und Recht stets bestens unterrichtet sein will, abonniere die Fach- und Wirtschaftszeitschrift

„Glas und Apparat"

Probehefte und Anschläge kostenlos.
Bezugspreis: 2,70 RM. pro Quartal.

Exportausgaben
in Englisch, Spanisch, Französisch und Deutsch.

Verlag R. Wagner Sohn in Weimar.

MIX
Papier aus verantwortungsvollen Quellen
Paper from responsible sources
FSC® C105338

If you have any concerns about our products,
you can contact us on
ProductSafety@springernature.com

In case Publisher is established outside the EU,
the EU authorized representative is:
**Springer Nature Customer Service Center GmbH
Europaplatz 3, 69115 Heidelberg, Germany**

Printed by Libri Plureos GmbH
in Hamburg, Germany